Jan Hayd

Nanoskalige Kathoden für den Einsatz in Festelektrolyt-Brennstoffzellen bei abgesenkten Betriebstemperaturen

Schriften des Instituts für Werkstoffe der Elektrotechnik,
Karlsruher Institut für Technologie
Band 21

Eine Übersicht über alle bisher in dieser Schriftenreihe erschienenen Bände
finden Sie am Ende des Buchs.

Nanoskalige Kathoden für den Einsatz in Festelektrolyt-Brennstoffzellen bei abgesenkten Betriebstemperaturen

von
Jan Hayd

Dissertation, Karlsruher Institut für Technologie
Fakultät für Elektrotechnik und Informationstechnik, 2012

Impressum

Karlsruher Institut für Technologie (KIT)
KIT Scientific Publishing
Straße am Forum 2
D-76131 Karlsruhe
www.ksp.kit.edu

KIT – Universität des Landes Baden-Württemberg und nationales
Forschungszentrum in der Helmholtz-Gemeinschaft

KIT Scientific Publishing 2012
Print on Demand

ISSN 1868-1603
ISBN 978-3-86644-838-4

Nanoskalige Kathoden für den Einsatz in Festelektrolyt-Brennstoffzellen bei abgesenkten Betriebstemperaturen

Zur Erlangung des akademischen Grades eines

DOKTOR-INGENIEURS (DR.-ING.)

von der Fakultät für

Elektrotechnik und Informationstechnik

des Karlsruher Instituts für Technologie (KIT)

genehmigte

DISSERTATION

von

Dipl.-Wi.-Ing. Jan Hayd

geb. in München

Tag der mündlichen Prüfung:	26.01.2012
Hauptreferent:	Prof. Dr.-Ing. Ellen Ivers-Tiffée
Korreferent:	Prof. Dr. rer. nat. Detlev Stöver

Meiner Familie

Danke

Zuerst gilt mein Dank Frau Professor Ivers-Tiffée, die es mir ermöglich hat, am Institut für Werkstoffe der Elektrotechnik (IWE) des Karlsruher Instituts für Technologie (KIT) diese Arbeit anzufertigen. Aber nicht nur für die fachliche Unterstützung möchte ich mich bedanken, sondern auch für die Möglichkeit die mir gegeben wurde, mich wissenschaftlich zu entfalten. Herrn Prof. Detlev Stöver vom Forschungszentrum Jülich möchte ich für die Übernahme des Korreferats danken.

Ganz besonderer Dank gilt auch meinen Kollegen Volker, Dino und André, die mir beim experimentellen Arbeiten und in der fachlichen Diskussion tatkräftig zur Seite standen, sowie dem SOFC-Arbeitsgruppenleiter Dr.-Ing. André Weber.

Auch möchte ich mich bei meiner Kollegin Cornelia und meinen Kollegen Alexander, Bernd, Christoph, Jochen, Michael und Stefan bedanken, die stets für fruchtbare Diskussionen zur Verfügung standen und zusammen mit den anderen Mitarbeitern des IWE für ein tolles Arbeitsklima gesorgt haben.

Den Kooperationspartnern Dr. Uwe Guntow vom Fraunhofer Institut für Silikatforschung, der maßgeblich an der Entwicklung der Dünnfilmkathoden beteiligt war, und Levin Dieterle vom Laboratorium für Elektronenmikroskopie des KIT, der mannigfaltige transelektronenmikroskopische Untersuchungen an meinen Proben durchgeführt hat, möchte ich für die fruchtbare Zusammenarbeit danken.

Besonderer Dank gilt auch den von mir betreuten Studenten Steffen Busché, Stefan Löffler, Jan Müller und Tobias Rickelhoff, deren engagierter und motivierter Einsatz nicht unwesentlich zu dieser Arbeit beigetragen hat.

Mein herzlichster Dank gilt meinen Freunden, meiner Familie und ganz speziell meiner Frau und meinen wundervollen Kindern, die mich – jeder auf seine Weise – bei meiner Arbeit mit viel Verständnis unterstützt haben.

Jan Hayd

Karlsruhe, im Dezember 2011

Inhaltsverzeichnis

1 Einleitung

Seit der durch das Erdbeben vom 11. März 2011 ausgelösten Reaktorkatastrophe von Fuku-shima, Japan, und dem daraus resultierenden endgültigen Ausstieg aus der Atomenergie in Deutschland bis 2022[1] ist die effiziente Nutzung fossiler Brennstoffe und die Entwicklung von Möglichkeiten zur Speicherung elektrischer Energie im großen Maßstab notwendiger denn je. Zu letzteren gehört beispielsweise die Speicherung elektrischer Energie in Form von Wasser-stoff, der mit Hilfe von z.B. Hochtemperatur-Elektrolyseuren [1] produziert und mittels Brenn-stoffzellen verlustarm wieder in elektrische Energie zurückgewandelt werden kann [2]. Zu ersterer zählt die direkte Energiewandlung der chemischen Energie fossiler Brennstoffe in elektrische Energie mittels Festelektrolyt-Brennstoffzellen (SOFC[2]) [3]. Entgegen der konventi-onellen Erzeugung elektrischer Energie über thermische und mechanische Energieformen kann in einer Brennstoffzelle die chemische Energie eines Brennstoffs direkt, und dies mit einem hohen Wirkungsgrad, in elektrische Energie umgewandelt werden [4]. Speziell die Festelektro-lyt-Brennstoffzelle wird daher als Brückentechnologie für die Wasserstoffwirtschaft angesehen.

Dies impliziert jedoch nicht nur den Einsatz von Festelektrolyt-Brennstoffzellen in Anlagen größerer Dimensionen oder als kleine dezentrale Blockheizkraftwerke (BHKW) [5], sondern auch den in kleinerem Maßstab, wie beispielsweise als Auxiliary Power Unit (APU) zur Senkung des Kraftstoffverbrauchs im mobilen Bereich [6] oder als Mikro-Festelektrolyt-Brennstoffzelle (μ-SOFC) zur Stromerzeugung für Kleingeräte. Letztere gilt aufgrund der hohen spezifischen Energiedichte auch als potentielle Alternative zu Batterien [7].

1.1 Zielsetzung der Arbeit

In vorausgegangenen Arbeiten zu nanoskaligen Dünnschichtkathoden am Institut für Werkstoffe der Elektrotechnik (IWE) von HERBSTRITT [8] und PETERS [9] konnte seinerzeit das große Potential nanoskaliger Dünnschichtkathoden demonstriert werden. Eine Anleitung zur weiteren Optimierung von Kathodenmikrostrukturen wurde in der Arbeit von RÜGER [10] gegeben, abgeleitet aus Simulationsergebnissen an realen und künstlich generierten Kathodenstrukturen.

---

[1] Quelle: http://www.bundesregierung.de/nn_1021804/Content/DE/Artikel/2011/06/2011-06-06-Schrittweiser_20-Atomausstieg.html (02. September 2011)
[2] SOFC: Solid Oxide Fuel Cell

Darauf aufbauend ist das Ziel dieser Arbeit, Dünnschichtkathoden unterschiedlicher Mikrostruktur herzustellen und den Einfluss der Mikrostruktur und der lokalen chemischen Zusammensetzung auf die Elektrochemie detailliert zu untersuchen. Ein Teilaspekt davon ist zudem die Entwicklung und Demonstration extrem leistungsfähiger nanoskaliger Dünnschichtkathoden für den potentiellen Einsatz im mittleren und niedrigen Temperaturbereich von 400 ... 600 °C.

Dies beinhaltet auch eine detaillierte Analyse der Kathoden-Polarisationsverluste mit dem Ziel, durch gezielte Optimierungsmaßnahmen noch leistungsfähigere Kathoden zu entwickeln. Ein weiterer zentraler Aspekt ist zudem die Untersuchung und Identifikation von Degradationsmechanismen und entsprechenden Gegenmaßnahmen, die bei einem Betrieb bei mittleren und niedrigen Betriebstemperaturen berücksichtigt werden sollten.

1.2 Gliederung der Dissertationsschrift

Im nachfolgenden Kapitel 2 „Festelektrolyt-Brennstoffzelle" werden das grundlegende Funktionsprinzip der SOFC sowie elektrochemische und materialwissenschaftliche Grundlagen erläutert. Dabei wurde der Schwerpunkt auf die die Kathode betreffenden Aspekte gelegt, welche für das Verständnis dieser Arbeit von zentraler Bedeutung sind. Das Verfahren zur Herstellung von nanoskaligen Dünnschichten und die Probenpräparation im Allgemeinen, der Aufbau der elektrischen Messtechnik, sowie die Grundlagen der Materialanalytik sind in Kapitel 3 „Experimentelle Methoden" beschrieben. Die experimentellen Resultate werden in Kapitel 4 „Ergebnisse und Diskussion" detailliert dargestellt und diskutiert. Hierbei wurden drei Schwerpunkte gesetzt. Dies sind: i) Die Analyse der Mikrostruktur und Leistungsfähigkeit unterschiedlich hergestellter, nanoskaliger $La_{0.6}Sr_{0.4}CoO_{3-\delta}$-Dünnschichtkathoden und deren Vergleich zu modellbasierten Berechnungen, ii) die detaillierte elektrochemische Analyse nanoskaliger $La_{0.6}Sr_{0.4}CoO_{3-\delta}$-Dünnschichtkathoden und iii) Aspekte zur Stabilität von nanoskaligen $La_{0.6}Sr_{0.4}CoO_{3-\delta}$-Dünnschichtkathoden. In Kapitel 5 „Zusammenfassung und Ausblick" werden die wesentlichen Erkenntnisse nochmals kompakt präsentiert und Fragestellungen für weiterführende Arbeiten daraus abgeleitet.

2 Festelektrolyt-Brennstoffzelle

In diesem Kapitel wird das grundlegende Funktionsprinzip der SOFC beschrieben, wobei kurz auf die zugrundeliegende Thermodynamik, Verlustmechanismen sowie verwendete Materialien und deren Anforderungen eingegangen wird. Für eine ausführliche Abhandlung dieser Themen sei auf die entsprechende Literatur verwiesen [11-13]. Gemäß der Zielsetzung dieser Arbeit liegt der Fokus dieses Einführungskapitels auf den die Kathode betreffenden Aspekten.

Vor ca. 170 Jahren, im Jahre 1839, entdeckte der deutsch-schweizerische Chemiker C. F. SCHÖNBEIN den grundlegenden Effekt, auf dem die Brennstoffzelle basiert, als er zwischen zwei in Säure getauchten und von Wasser- und Sauerstoff umspülten Platindrähten eine Spannung maß. Auf Basis dessen entwickelte SIR W. R. GROVE im Jahre 1842 die erste Brennstoffzelle, die er „galvanische Gasbatterie" nannte [13, 14]. Durch die Entdeckung der einfachen Erzeugung elektrischen Stroms mittels der Dynamomaschine durch W. VON SIEMENS im Jahre 1866 geriet die Brennstoffzelle dann jedoch ins Hintertreffen und erlebte erst wieder mit dem Beginn der Raumfahrt in den 50er und 60er Jahren des letzten Jahrhunderts eine Renaissance [13].

Über die Jahre wurde eine Vielzahl von Konzepten entwickelt, deren Hauptunterschiede in den verwendeten Elektrolytmaterialien und in den Betriebstemperaturen bestehen. Die im Nachfolgenden ausschließlich behandelte Festelektrolyt-Brennstoffzelle wurde zum ersten Mal 1937 durch E. BAUR und H. PREIS beschrieben [15]. Sie verwendeten als Erste einen Aufbau aus Metall und Metalloxiden, wobei speziell die Entdeckung der ionischen Leitfähigkeit von Yttrium dotiertem Zirkonoxid bei hohen Temperaturen durch W. H. NERNST Ende des 19. Jahrhunderts zur Entwicklung der Festelektrolyt-Brennstoffzelle beitrug [16]. Aufgrund der für diese Ionenleitfähigkeit notwendigen hohen Betriebstemperatur wird dieser Brennstoffzellentyp im Deutschen auch als „Hochtemperatur-Brennstoffzelle" bezeichnet.

2.1 Funktionsprinzip

Wie auch Batterien und Akkumulatoren sind Brennstoffzellen galvanische Elemente, die chemische Energie direkt in elektrische Energie umwandeln. Dabei ist das besondere Merkmal von Brennstoffzellen das kontinuierliche Zu- und Abführen der Reaktanten und Reaktionsprodukte [11, 17]. Im Gegensatz zu den Wärmekraftmaschinen ist der Wirkungsgrad jedoch nicht durch den Carnot-Prozess beschränkt, sondern es wird – im Falle einer verlustfreien

Reaktion – die gesamte freie Reaktionsenthalpie (ΔG) der Oxidationsreaktion des Brennstoffs in elektrische Energie umgewandelt. Für Wasserstoff (H_2) als Brenngas und Sauerstoff (O_2) als Oxidationsmittel (vgl. Reaktionsgleichung 2-1) beträgt die freie Reaktionsenthalpie ΔG = -228.59 kJ/mol bei Standardbedingungen (25 °C, 1 atm) [11].

$$\frac{1}{2}O_2(g) + H_2(g) \rightarrow H_2O(g) \qquad\qquad 2\text{-}1$$

Ein vereinfachter schematischer Aufbau einer Festelektrolyt-Brennstoffzelle ist in Abbildung 2.1 dargestellt. Die Gasräume des Brenngases (Anodenseite) und des Oxidationsmittels (Kathodenseite) werden dabei durch einen gasdichten, aber sauerstoffionenleitenden Elektrolyten separiert, der eine direkte Oxidation des Brenngases in Form einer Verbrennung, bzw. in diesem Fall einer Knallgasreaktion, unterbindet.

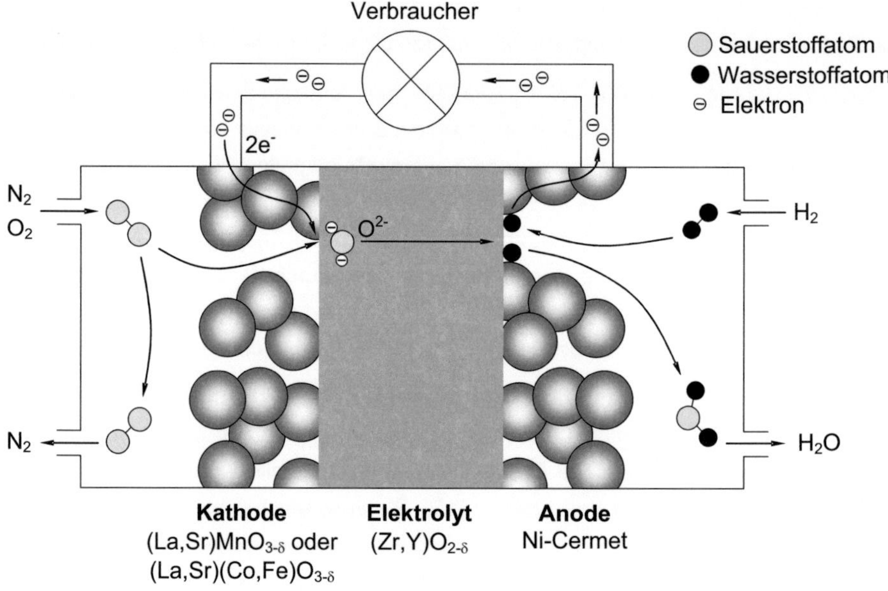

Abbildung 2.1: Funktionsprinzip einer SOFC in Anlehnung an [18]
Wasser- und Sauerstoff reagieren mittels eines gasdichten aber sauerstoffionenleitenden Elektrolyten zu Wasser. Die räumliche Trennung der Teilreaktionen ermöglicht es, die von der Kathode zur Anode zurückfließenden Elektronen der Redoxreaktion durch die Verrichtung elektrischer Arbeit in einem externen Stromkreises zu nutzen. Die aufgeführten Materialien für die einzelnen Komponenten einer SOFC entsprechen dem heutigen Stand der Technik.

An den porösen und elektronisch leitfähigen Elektroden, Anode und Kathode, laufen die eigentlichen elektrochemischen Reaktionen ab. Die Potentialdifferenz des chemischen Potentials des Sauerstoffs zwischen Oxidationsmittel und Brenngas führt dazu, dass der Sauerstoff an der Kathode durch die Aufnahme von Elektronen zu O^{2-} reduziert und in den Elektrolyten eingebaut wird, durch diesen hindurch diffundiert und anodenseitig unter der Abgabe von eben diesen zwei Elektronen mit dem Brenngas (in diesem Beispiel Wasserstoff) zum Reaktionsprodukt (in diesem Beispiel Wasser) reagiert. In einem äußeren Stromkreis fließen die Elektronen unter Verrichtung elektrischer Arbeit wieder zur Kathode zurück.

Das chemische Potential des Sauerstoffs kann auch mittels des Sauerstoffpartialdrucks ausgedrückt werden, wobei dieser kathodenseitig im Bereich von $pO_2 = 0.01 \dots 1$ atm und anodenseitig im Bereich von $pO_2 = 10^{-13} \dots 10^{-27}$ atm liegt [19].

Die kathodenseitige (vgl. Reaktionsgleichung 2-2) und anodenseitige (vgl. Reaktionsgleichung 2-3) Reaktion setzt sich dabei aus mehreren Teilreaktionen zusammen. Kathodenseitig wird der gasförmige Sauerstoff an der Kathodenoberfläche adsorbiert, dissoziiert, ionisiert und in das Kristallgitter des Kathoden- bzw. Elektrolytmaterials eingebaut. Ist das Kathodenmaterial rein elektronisch leitfähig, erfolgt dies an der Dreiphasengrenze (TPB[3]) zwischen Gasphase, Kathode und Elektrolyt, wobei das Sauerstoffion direkt in den Elektrolyten eingebaut wird. Im Fall eines gemischt elektronisch und ionisch leitenden Kathodenmaterials (MIEC[4]) kann der Sauerstoff an jeder beliebigen Stelle der Kathodenoberfläche in das Kathodenmaterial eingebaut werden, in dem es dann als Sauerstoffion zur Grenzschicht Kathode/Elektrolyt diffundiert und dort in den Elektrolyt eingebaut wird.

$$O_2(\text{Gasraum}) + 4\,e^- \rightarrow 2\,O^{2-}(\text{Elektrolyt}) \qquad \text{2-2}$$

Anodenseitig reagieren die Sauerstoffionen mit dem Wasserstoff unter der Abgabe von zwei Elektronen zu Wasser, welches gasförmig abgeführt wird. Die Reaktion ist dabei, ähnlich wie im Fall eines rein elektronisch leitenden Kathodenmaterials, auf die Dreiphasengrenze zwischen Anodengas, Anode und Elektrolyt beschränkt.

$$O^{2-}(\text{Elektrolyt}) + H_2(\text{Gasraum}) \rightarrow H_2O(\text{Gasraum}) + 2\,e^- \qquad \text{2-3}$$

Ist der äußere Stromkreis offen, baut sich aufgrund der Ladungstrennung entgegen des chemischen Potentials ein elektrisches Potential auf. Sind die beiden Potentiale gleich groß, kommt der Diffusionsstrom der Sauerstoffionen zum Erliegen. Die elektrische Spannung, die der chemischen Potentialdifferenz entgegen steht, wird als Nernstspannung U_N oder Leerlaufspannung (OCV[5]) bezeichnet:

$$U_N = \frac{R \cdot T}{z \cdot F} \cdot \ln \sqrt{\frac{pO_{2,kat}}{pO_{2,an}}} \qquad \text{2-4}$$

Darin sind R die allgemeine Gaskonstante, T die absolute Temperatur, z die Anzahl der an der Reaktion beteiligten Elektronen ($z = 2$ im Fall der SOFC), F die Faraday-Konstante, $pO_{2,kat}$ der kathodenseitige Sauerstoffpartialdruck (Index „kat" für Kathode) und $pO_{2,an}$ der anodenseitige Sauerstoffpartialdruck (Index „an" für Anode). Die 1889 hergeleitete Gleichung ist nach W. H. NERNST benannt.

---

[3] TPB: Three-Phase Boundary
[4] MIEC: Mixed Ionic-Electronic Conductor
[5] OCV: Open Circuit Voltage

Die Leerlaufspannung kann auch über die freie Reaktionsenthalpie $\Delta G(T)$ berechnet werden [19]:

$$U_N = -\frac{\Delta G(T)}{z \cdot F}$$

2-5

Die Abhängigkeit von ΔG von der Temperatur und den Sauerstoffpartialdrücken an Anode und Kathode berücksichtigend, ergibt sich dann folgender Ausdruck für die Leerlaufspannung [19]:

$$U_N = -\frac{\Delta G_0(T)}{z \cdot F} - \frac{R \cdot T}{z \cdot F} \ln\left(\frac{pH_2O_{an}}{\sqrt{pO_{2,kat}} \cdot pH_{2,an}} \right)$$

2-6

Bei $\Delta G_0(T)$ handelt es sich um die temperaturabhängige freie Standardreaktionsenthalpie der Reaktion. Im Temperaturbereich von 400 … 850 °C, mit Luft als Oxidationsmittel und H_2 als Brenngas (pH_2O_{an} = 0.01 atm) liegt die Leerlaufspannung im Bereich von U_N = 1.20 … 1.15 V.

2.2 Verlustmechanismen

Im belasteten Fall liegt die Arbeits- oder Zellspannung U_Z jedoch unterhalb der durch die Nernstgleichung berechneten Leerlaufspannung. Es kommt zu einem Spannungsabfall η am Innenwiderstand, der sich aus verschiedenen Verlustmechanismen zusammensetzt. Im Folgenden werden diese Verlustmechanismen im Detail erläutert.

2.2.1 Ohmsche Verluste

Die ohmschen Verluste R_{ohm} setzen sich aus den einzelnen Verlustanteilen R_k zusammen, die durch den elektronischen Transport in den Elektroden sowie dem ionischen Transport im Elektrolyten verursacht werden. Der durch die ohmschen Verluste bedingte Spannungsabfall η_{ohm} skaliert sich linear mit der Stromdichte j und wird nach dem ohmschen Gesetz wie folgt berechnet:

$$\eta_{ohm} = j \cdot \sum_k R_k = j \cdot R_{ohm}$$

2-7

In der gängigen, planaren Bauform von SOFC-Einzelzellen sind die ohmschen Verluste jedoch hauptsächlich auf die Elektrolytverluste zurückzuführen (vgl. Abschnitt 2.4.1).

2.2.2 Polarisationsverluste

Die Polarisationsverluste setzen sich aus den Diffusionsverlusten in den Gasräumen und den Verlusten an den Elektroden, resultierend aus den dort ablaufenden elektrochemischen Prozessen, zusammen. Im Gegensatz zu den ohmschen Verlusten skalieren sie nicht linear mit der Stromdichte [11].

Aktivierungspolarisation

Die Aktivierungspolarisation fasst alle Verluste der elektrochemischen Teilreaktionen an den Elektroden zusammen. Diese Teilreaktionen sind unter anderem die Adsorption und Dissoziation von gasförmigen Molekülen an den Elektroden und der Ladungstransfer. Im Fall der Kathodenreaktion erfolgt zusätzlich noch die Ionisation des Sauerstoffs und die Inkorporation des Sauerstoffions in das entsprechende Kristallgitter. Wird eine MIEC-Kathode verwendet, kommt die Festkörperdiffusion der Sauerstoffionen im Kathodenmaterial zur Grenzfläche Kathode/Elektrolyt noch als weiterer Reaktionsschritt hinzu, wobei die oben genannten Reaktionsschritte als Oberflächenaustauschreaktion zusammengefasst werden (vgl. Abschnitt 2.6.5). Dieser komplexe Sachverhalt kann vereinfacht durch die Butler-Volmer-Gleichung beschrieben werden [11]:

$$j(\eta) = j_0 \cdot \left(\exp\left[\beta \cdot \frac{z \cdot F}{R \cdot T} \cdot \eta \right] - \exp\left[-(1-\beta) \cdot \frac{z \cdot F}{R \cdot T} \cdot \eta \right] \right) \qquad \text{2-8}$$

Die Stromdichte j hängt somit von der Austauschstromdichte j_0, der Überspannung η und der absoluten Temperatur T ab. Die Austauschstromdichte ist ein Maß für die Leistungsfähigkeit der Elektroden, wobei der Durchtrittsfaktor β die Unsymmetrie zwischen kathodischer und anodischer Polarisation beschreibt. Entsprechend dem exponentiellen Zusammenhang zwischen der Überspannung und der resultierenden Stromdichte sinkt der relative Anteil der Aktivierungspolarisation mit steigender Stromdichte.

Diffusionspolarisation

Umgekehrt verhält es sich bei der Diffusions- bzw. Konzentrationspolarisation, die mit steigender Stromdichte zunimmt. Sie wird durch eine nur endlich schnell ablaufende gasförmige Diffusion der Edukte an den Ort der elektrochemischen Reaktion und den nur endlich schnellen diffusiven Abtransport der Reaktionsprodukte verursacht.

Der sich so über die Elektroden einstellende Konzentrationsgradient an Oxidationsmittel und Brenngas verursacht eine Überspannung, die mittels der Nernst-Gleichung (2-4) separat für die Anode ($\eta_{gas,an}$) und Kathode ($\eta_{gas,kat}$) berechnet werden kann [20]:

$$\eta_{gas,an} = \frac{R \cdot T}{2 \cdot F} \cdot \ln\left(\frac{pH_2O_{an}^{TPB} \cdot pH_{2,an}}{pH_2O_{an} \cdot pH_{2,an}^{TPB}} \right) \qquad \text{2-9}$$

$$\eta_{gas,kat} = \frac{R \cdot T}{4 \cdot F} \cdot \ln\left(\frac{pO_{2,kat}}{pO_{2,kat}^{TPB}} \right) \qquad \text{2-10}$$

Bei den mit „TBP" gekennzeichneten Partialdrücken handelt es sich um die am Ort der elektrochemischen Reaktion vorherrschenden Partialdrücke, wohingegen es sich bei den Partialdrücken ohne weitere Kennzeichnung um die der Atmosphären außerhalb der Elektroden handelt. Der Zusammenhang zwischen diesen beiden Größen kann über Diffusionsgesetze, wie zum Beispiel das Fick'sche Gesetz, beschrieben werden, in denen entsprechende gasspezifische

Diffusionskoeffizienten und die Geometrie der Elektroden berücksichtigende Korrekturterme angewendet werden (vgl. Abschnitt 3.4.5) [21].

2.3 Strom-Spannungs-Verhalten einer Einzelzelle

Die in Kapitel 2.2 beschriebenen Verlustmechanismen führen zu einer charakteristischen U-I-Kennlinie einer SOFC-Einzelzelle, wie sie schematisch in Abbildung 2.2 gezeigt ist.

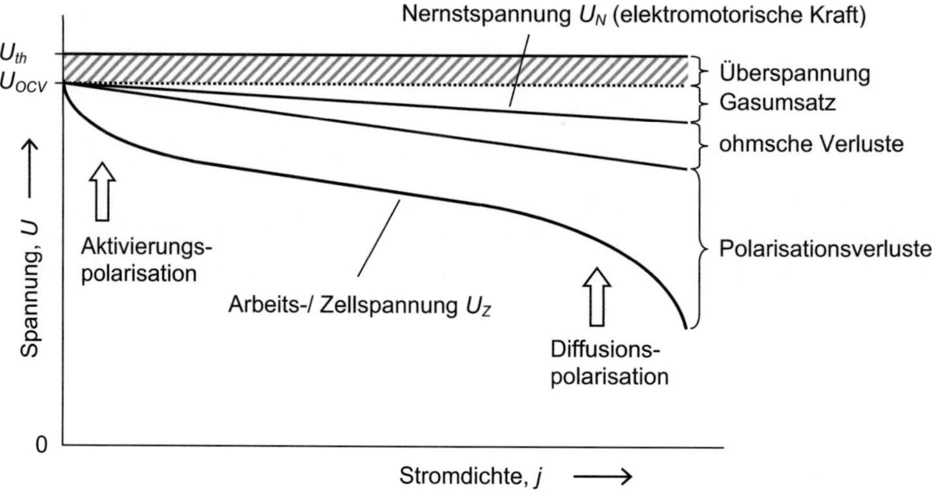

Abbildung 2.2: Qualitativer Verlauf der U-I-Kennlinie einer SOFC-Einzelzelle in Anlehnung an [19]
Die deutliche Nichtlinearität bei besonders großen und kleinen Stromdichten resultiert aus den Polarisationsverlusten, die entsprechend von der Diffusions- oder der Aktivierungspolarisation dominiert werden.

Die Arbeits- oder Zellspannung U_Z zeigt darin aufgrund der nicht mit der Stromdichte linear skalierenden Verluste einen nichtlinearen Verlauf. Weiterhin ist zu erkennen, dass im Leerlauf die Leerlaufspannung U_{OCV} nicht der theoretischen Zellspannung U_{th} entspricht. Dieser unerwünschte Effekt kann beispielsweise durch nicht 100 % dichte Gasräume oder eine elektronische Restleitfähigkeit des Elektrolyten verursacht werden. Weiterhin zeigt die Nernstspannung U_N, die als treibende Kraft für die Zellreaktion auch Elektromotorische Kraft (EMK) genannt wird, eine Abnahme mit der Stromstärke. Diese resultiert aus dem Gasumsatz in der Zelle unter Belastung, bedingt durch die Abnahme der Brenngas- und Oxidationsmittelpartialdrücke an der Anode bzw. Kathode, und dem Anstieg der Partialdrücke der Reaktionsprodukte mit steigender Stromdichte. Entsprechend Gleichung 2-6 stellt sich dann eine niedrigere Nernstspannung ein. Die ohmschen Verluste skalieren, wie in Abschnitt 2.2 beschrieben, mit der Stromdichte, wohingegen die Polarisationsverluste, je nach Belastung, bei kleinen Stromdichten von der Aktivierungspolarisation und bei großen Stromdichten von der Diffusionspolarisation dominiert werden. Zusammenfassend kann gesagt werden, dass die Verluste in einer SOFC-Einzelzelle zum größten Teil von den eingesetzten Elektroden- und Elektrolytmaterialien bestimmt werden.

Durch ihre physikalischen Eigenschaften bestimmen sie zum einen die Geschwindigkeit der Elektrodenreaktionen (Reaktionskinetik) und zum anderen die Ladungstransporteigenschaften im Festkörper. Weiterhin ist die Geometrie der Elektroden (Mikrostruktur) und des Elektrolyten (Dicke) von großem Einfluss, da die einzelnen Verluste mit den jeweilig relevanten Geometrieparametern skalieren. Als Beispiel seien hier die ohmschen Verluste im Elektrolyten genannt, die mit zunehmender Elektrolytdicke zunehmen. Entsprechend liegt ein Hauptaugenmerk der Entwicklung und Optimierung von Festelektrolyt-Brennstoffzellen auf der Reduktion der Polarisations- und der ohmschen Verluste durch die gezielte Entwicklung von Materialien und auf der Mikrostrukturoptimierung. Im Folgenden sollen zunächst gängige SOFC-Materialien vorgestellt werden.

2.4 Anoden- und Elektrolytwerkstoffe

Seit den 1930er Jahren hat die SOFC-Forschung eine Fülle von Materialien und Materialkombinationen hervorgebracht, wobei sich nur wenige Kandidaten tatsächlich durchgesetzt haben. In den folgenden Abschnitten werden gängige Materialien zur Herstellung von SOFC-Einzelzellen (MEA[6]) vorgestellt. Entsprechend dem Schwerpunkt dieser Arbeit wurde dabei der Fokus auf die Kathodenwerkstoffe gelegt, auf die in Abschnitt 2.5.2 allgemein eingegangen wird, bevor im Folgekapitel 2.6. im Speziellen der Werkstoff $La_{0.6}Sr_{0.4}CoO_{3-\delta}$ betrachtet wird.

Neben den funktionsspezifischen Anforderungen an die Materialien gibt es auch einige allgemeine Anforderungen, denen die Materialien und die Materialkombinationen im Einzelzellenverbund gerecht werden müssen. Dazu gehört, dass die Materialien bei den Betriebs- und Herstellungsbedingungen (Temperatur, Atmosphäre) dauerhaft chemisch stabil und chemisch kompatibel zu den angrenzenden Materialien sein müssen. Auch müssen die Materialien im thermischen Ausdehnungsverhalten aufeinander abgestimmt sein und sich zu mechanisch stabilen Schichtverbünden verarbeiten lassen. Nicht zuletzt sind auch die Material- und die Produktionskosten ausschlaggebende Kriterien für die Materialwahl.[19]

2.4.1 Elektrolytwerkstoffe

Die Hauptaufgabe des Festelektrolyten ist es, den Kathoden- und Anodengasraum zu separieren und Anode und Kathode ionenleitend zu verbinden. Die Membran muss somit gasdicht sein und sowohl eine hohe ionische Leitfähigkeit (σ_{ion}) als auch eine niedrige elektronische Leitfähigkeit (σ_{el}) aufweisen. Als Standardmaterial hat sich dotiertes Zirkonoxid (ZrO_2) etabliert, da es die Anforderungen am besten erfüllt. Die hohe ionische Leitfähigkeit des Materials resultiert aus der Substitution des Zr^{4+}-Kations durch ein dreiwertiges Kation aus der Gruppe der Übergangsmetalle. Typischerweise wird hier Yttrium oder Scandium verwendet, wobei auch andere Kationen, wie die der Erdalkalimetalle Calcium oder Magnesium (niedrige ionische Leitfähigkeit) oder die der Seltenen Erden Samarium, Neodym, Dysprosium oder Gadolinium, möglich wären [22]. Die

---

[6] MEA: Membrane-Electrode Assembly

durch diese Substitution im Kristallgitter gebildeten Sauerstoffleerstellen führen zu einer Verbesserung der ionischen Leitfähigkeit, die auf einem Hopping-Mechanismus basiert [23]. Dieser Prozess ist thermisch aktiviert, so dass für eine hohe ionische Leitfähigkeit hohe Temperaturen von bis zu 1000 °C notwendig sind (vgl. Abbildung 2.3). Am häufigsten wird Yttrium als Dotierungselement mit einem Anteil von 8 Mol-% Y_2O_3 in ZrO_2 ($8YSZ^7$) eingesetzt. Mit dieser Dotierungsmenge wird das Fluoritgitter bis zum Schmelzpunkt oberhalb von 2500 °C in der kubischen Phase stabilisiert und gleichzeitig eine hohe ionische Leitfähigkeit erzielt [12, 22]. Der thermische Ausdehnungskoeffizient von 8YSZ im Temperaturbereich von 30 ... 800 °C beträgt $\alpha_{8YSZ} = 10.5 \cdot 10^{-6}$ 1/K [24]. Bezüglich der Besonderheiten von nanoskaligem dotiertem Zirkonoxid sei auf die Arbeit von PETERS [9] und die darin enthaltenen Referenzen verwiesen. Neben 8YSZ wurde in der Vergangenheit auch teilstabilisiertes 3YSZ (3 Mol-% Y_2O_3 in ZrO_2) umfangreich untersucht. Es ist mechanisch wesentlich stabiler (höhere Bruchfestigkeit, elastischer), verfügt jedoch über eine deutlich niedrigere Ionenleitfähigkeit [22]. Für abgesenkte Betriebstemperaturen ist das Material aufgrund der geringen ionischen Leitfähigkeit somit nicht geeignet. Die bei weitem höchste ionische Leitfähigkeit von dotiertem Zirkonoxid wird mir einer Dotierung von 10 Mol-% Sc_2O_3 erreicht. Der Ionenradius des Sc^{3+}-Ions (81 pm) kommt im Vergleich zu dem vom Y^{3+}-Ion (92 pm) dem vom Zr^{4+}-Ion (79 pm) am nächsten, wodurch die Ionenleitung aufgrund einer geringeren Verzerrung des Kristallgitters begünstigt wird [22, 25-27]. Bei hohen Dotierungskonzentrationen von 10 ... 12.5 Mol-% müssen zusätzlich noch weitere Stoffe wie z.B. CeO_2 zudotiert werden, um eine Phasenumwandlung von kubisch nach rhomboedrisch bei Temperaturen von ungefähr 600 °C zu verhindern [28]. Zudem weist die bei niedrigen Temperaturen ($T < 600$ °C) koexistierende rhomboedrische Phase eine deutlich schlechtere Ionenleitfähigkeit auf als die kubische Phase [27].

Neben den Zirkonoxid-basierten Elektrolytmaterialien sind, besonders bei abgesenkten Betriebstemperaturen, Ceroxid-basierte Elektrolytmaterialien und Lanthangallate ($LaGaO_3$) interessante Alternativen [27]. Ceroxid besitzt jedoch den Nachteil, dass es bei niedrigen Sauerstoffpartialdrücken, wie sie brenngasseitig vorherrschen, durch die teilweise Reduktion von Ce^{4+} zu Ce^{3+} elektronisch leitfähig wird [29-31]. Würde man dieses Material nun als Elektrolyt in einer Brennstoffzelle verwenden, käme es aufgrund dieser elektronischen Leitfähigkeit zu einem partiellen internen Kurzschluss, der unter anderem zu einer herabgesetzten U_{OCV} führen würde [29, 31]. Untersuchungen an $Ce_{0.9}Gd_{0.1}O_{1.95}$ haben gezeigt, dass der Effekt bei Temperaturen von $T > 600$ °C besonders ausgeprägt ist [32], wobei er neben der Temperaturabhängigkeit auch eine Abhängigkeit von der Dotierungskonzentration aufweist [29]. Der daraus resultierende niedrigere Wirkungsgrad einer SOFC-Einzelzelle mit CGO-Elektrolyt kann jedoch für Anwendungen, bei denen eine hohe Leistungsdichte bei niedrigen Temperaturen maßgeblich ist, akzeptabel sein [32]. Weiterhin kann die elektronische Leitfähigkeit auch durch eine dünne, Elektronen blockierende Zwischenschicht aus dotiertem Zirkonoxid vollständig eliminiert werden [33-35]. Die gängigsten Dotierstoffe von Ceroxid-basierten Elektrolytmaterialien sind

---

[7] 8YSZ: 8 Mol-% Yttriumoxid stabilisiertes Zirkonoxid

Gadolinium (CGO[8]), Samarium (SDC[9]) und Yttrium (YDC[10]), wobei Ceroxid dotiert mit Gadolinium und Samarium aufgrund der Ce^{4+}-ähnlichen Ionenradien der Gd^{3+}- und Sm^{3+}-Ionen die höchste ionische Leitfähigkeit aufweist. Für Gadolinium liegt die optimale Dotierungskonzentration in $Ce_{1-x}M_xO_{2-x/2}$ bei $x = 0.1$ [36], für Samarium bei $x = 0.2$ [27, 37]. Der thermische Ausdehnungskoeffizient von $Ce_{0.9}Gd_{0.1}O_{1.95}$ (10CGO), dem in dieser Arbeit verwendeten Elektrolytmaterial, beträgt für den Temperaturbereich von 30 ... 800 °C $\alpha_{10CGO} = 12.5 \cdot 10^{-6}$ 1/K [24]. Bezüglich der Besonderheiten von nanoskaligem dotiertem Ceroxid sei auf die Arbeit von LITZELMAN [38] und die darin enthaltenen Referenzen verwiesen.

Im Vergleich zu Zirkonoxid-basierten Elektrolyten hat dotiertes Ceroxid jedoch den entscheidenden Vorteil, dass es gegenüber elektrochemisch besonders aktiven Kathodenmaterialien wie beispielsweise $(La,Sr)CoO_{3-\delta}$ (LSC), $(La,Sr)(Co,Fe)O_{3-\delta}$ (LSCF) und $La(Ni,Fe)O_{3-\delta}$ (LNF) (vgl. Abschnitt 2.5) chemisch stabil ist, weshalb es unter anderem als Interdiffusionsbarriere zwischen sonst inkompatiblen 8YSZ-Elektrolyt/Kathoden-Kombinationen eingesetzt wird [27, 35, 39]. Gänzlich unproblematisch ist der Einsatz von CGO als Interdiffusionsbarriere jedoch nicht. UHLENBRUCK [40] konnte nach dem Sintern einer Einzelzelle mit $Ce_{0.8}Gd_{0.2}O_{1.9}$ Dünnschicht-Interdiffusionsbarriere grenzflächennah eine Gd-Anreicherung von ca. 1 Atom-% in der $La_{0.58}Sr_{0.4}Co_{0.2}Fe_{0.8}O_{3-\delta}$-Kathode nachweisen. Dies hatte zur Folge, dass die Gd-Dotierungskonzentration in der Dünnschicht stark verringert wurde und auch die Kathode, wie weiterführende Tests gezeigt hatten, an Leistungsfähigkeit verlor. Im Gegensatz dazu konnte SIRMAN [41] an einer verpressten Pulvermischung aus $Ce_{0.9}Gd_{0.1}O_{1.95}$ und LSCF[11] nach 50 h bei 1400 °C keine Veränderung der Phasen feststellen. Dies legt die Vermutung nahe, dass, bedingt durch die Herstellung der CGO-Dünnschichten von UHLENBRUCK mittels Elektronenstrahlverdampfen (EB-PVD[12]), die Gd-Diffusion in das Kathodenmaterial begünstigt wurde. Ein weiteres Problem beim Einsatz von $Ce_{1-x}Gd_xO_{2-x/2}$ als Interdiffusionsbarriere in Kombination mit Zirkonoxid-basierten Elektrolyten ist die Mischphasenbildung zwischen den beiden Materialien bei Temperaturen von über 1200 °C, die zum Versintern der beiden Schichten nötig sind. Diese Mischphase weist im Vergleich zu den einzelnen Materialien eine deutlich niedrigere Leitfähigkeit auf und sollte somit vermieden werden [35, 42, 43]. Einige Beschichtungsverfahren wie beispielsweise EB-PVD kommen jedoch ohne einen Hochtemperaturschritt aus, wodurch eine Mischphasenbildung effektiv unterbunden werden kann und niedrige Elektrolytverluste realisiert werden können [33, 44].

Der Perowskit Lanthangallat, speziell mit Strontium und Magnesium dotiertes Lanthangallat $La_{1-x}Sr_xGa_{1-y}Mg_yO_{3-\delta}$ mit $x, y = 0.1 ... 0.2$ (LSGM), weist bei Temperaturen von > 600 °C im Vergleich zu den zuvor genannten Materialien die höchste ionische Leitfähigkeit auf (vgl. Abbildung 2.3). Der Einsatz dieses Materials ist jedoch ebenfalls nicht unproblematisch. Bei

---

[8] CGO: Cerium Gadolinium Oxide (dt. mit Gadoliniumoxid dotiertes Ceroxid)
[9] SDC: Samaria-Doped Ceria (dt. mit Samariumoxid dotiertes Ceroxid)
[10] YDC: Yttria-Doped Ceria (dt. mit Yttriumoxid dotiertes Ceroxid)
[11] Stöchiometrie nicht näher spezifiziert.
[12] EB-PVD: Electron Beam Physical Vapor Deposition (dt. Elektronenstrahlverdampfen)

niedrigen Sauerstoffpartialdrücken neigt es dazu, Gallium in die Gasphase abzugeben [45], und in Kombination mit nickelhaltigen Anoden kommt es zur Bildung einer schlecht leitenden Zweitphase [46]. Auch kathodenseitig kann es zur Interdiffusion von B-Platz-Kationen der Kathodenwerkstoffe LSM, LSC, LSCF und LNF in das LSGM kommen [27, 47], die zu einer elektronischen Leitfähigkeit im Elektrolyten führen kann [48]. Der thermische Ausdehnungskoeffizient von LSGM liegt im Temperaturbereich von $30 \dots 800\,°C$ im Bereich von $\alpha_{LSGM} = 10.4 \dots 10.9 \cdot 10^{-6}$ 1/K [24].

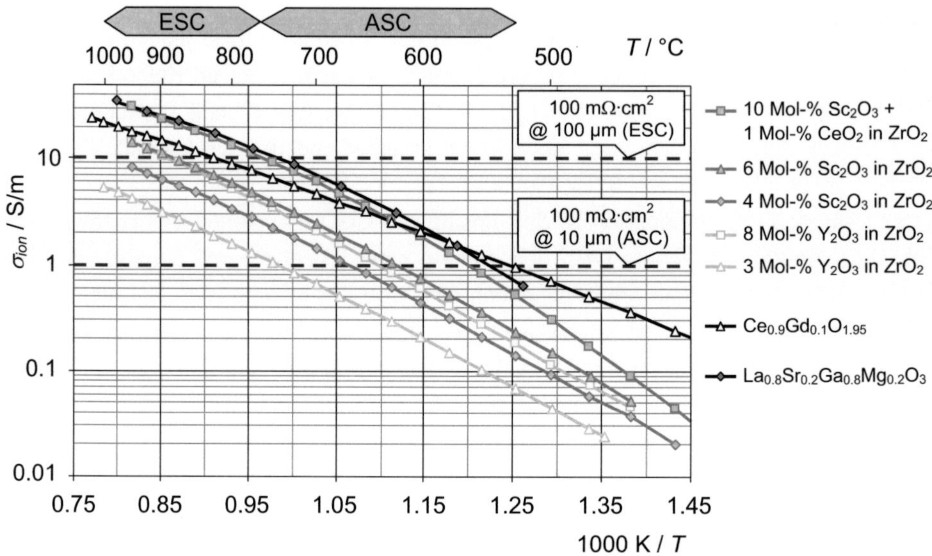

Abbildung 2.3: Temperaturabhängige ionische Leitfähigkeit von Festelektrolytmaterialien in Anlehnung an [49]

Bedingt durch die thermisch aktivierte Ionenleitfähigkeit und die technisch realisierbare Elektrolytdicke ergeben sich für die unterschiedlichen Elektrolytmaterialien und Bauformen (ESC oder ASC) unterschiedliche Betriebstemperaturfenster. Die Leitfähigkeit von $La_{0.8}Sr_{0.2}Ga_{0.8}Mg_{0.2}O_3$ wurde der Literatur entnommen [50], alle anderen Leitfähigkeiten wurden am IWE bestimmt (siehe [51]).

Abbildung 2.3 zeigt die Leitfähigkeiten gängiger Elektrolytwerkstoffe aufgetragen über der inversen Temperatur. Die Balken über den Graphen markieren dabei den typischen Bereich der Betriebstemperaturen von elektrolytgestützten Zellen (ESC[13]) und anodengestützten Zellen (ASC[14]). „Anodengestützt" bedeutet, dass das Anodensubstrat die tragende Struktur darstellt, und „elektrolytgestützt", dass der Elektrolyt im Schichtverbund einer Einzelzelle die Stabilität gibt. Weiterhin sind Leitfähigkeitsgrenzen für die Eignung der Materialien in ASCs und ESCs eingezeichnet. Diese ergeben sich aus dem flächenspezifischen Widerstand (ASR^{15}) der ohmschen Verluste von $ASR_{ohm} = 100$ mΩ·cm² [52] und der Elektrolytdicke. Ein

---

[13] ESC: Electrolyte Supported Cell
[14] ASC: Anode Supported Cell
[15] ASR: Area Specific Resistance

flächenspezifischer Widerstand ist ein auf die Querschnittsfläche A bezogener Widerstand R und wird typischerweise in $\Omega \cdot cm^2$ angegeben:

$$ASR = R \cdot A \qquad\qquad 2\text{-}11$$

Für ESCs liegt die Elektrolytdicke typischerweise bei 100 … 150 µm, für ASCs bei ca. 10 µm.

Neben den soeben genannten Einschränkungen für Elektrodenmaterialien müssen bei der Wahl des Elektrolytwerkstoffs auch noch Kostenaspekte, Anforderungen an die mechanische Stabilität des Materials (dotiertes Zirkonoxid ist deutlich stabiler als Ceroxid- oder Lathangallat-basierte Materialien [30]) und mögliche Alterungs- und Degradationseffekte berücksichtigt werden. Für dotiertes Lanthangallat wurden einige Degradationsmechanismen wie das anoden-seitige Abdampfen von Gallium oder die Interdiffusion von Kationen aus dem Kathodenmaterial in den Elektrolyten bereits angesprochen. Über das Alterungsverhalten von dotiertem Ceroxid ist bisher jedoch wenig bekannt. In Studien von ZHANG [53, 54] zeigte sich, dass eine Auslage-rung von Gd-dotiertem Ceroxid mit niedrigem Dotierungsgehalt ($x < 0.2$ in $Ce_{1-x}Gd_xO_{2-x/2}$) bei Temperaturen von 1000 °C über 8 Tage eine leichte Verbesserung der ionischen Leitfähigkeit bewirkt. Dies wird mit der Diffusion von Gd^{3+}-Ionen von den Gd-reichen Korngrenzen in das Korninnere und einer damit einhergehenden höheren Korngrenzleitfähigkeit erklärt. Für hohe Dotierungskonzentrationen ($x \geq 0.25$ in $Ce_{1-x}Gd_xO_{2-x/2}$) wurde eine signifikante Verschlechterung nach der Auslagerung von sowohl der Korngrenz- als auch der Kornleitfähigkeit von bis zu 50 % festgestellt. Als mögliche Ursache dafür wird die Bildung von die Sauerstoffionendiffusion behindernden Mikrodomänen genannt, die mit zunehmender Größe die Leitfähigkeit herabset-zen [55, 56]. Für eine Dotierungskonzentration von $x = 0.2$ veränderte sich die Leitfähigkeit lediglich um 4.6 %. Ein ähnliches Verhalten hat ZHANG auch für eine Dotierung mit Yttrium festgestellt, wobei die auftretende Verschlechterung der Leitfähigkeit weniger stark ausfiel. Weiterhin muss beachtet werden, dass die Reduktion des Ce^{4+}-Ions unter Brenngasbedingun-gen zu einer Volumenvergrößerung von bis zu 2 % führen kann, wobei die daraus im Material und im Schichtverbund einer Einzelzelle resultierenden mechanischen Spannungen zu Rissbil-dung oder Delamination einzelner Schichten führen können [29, 57].

Mit Abstand am besten wurde das Alterungsverhalten von dotiertem Zirkonoxid untersucht, das sich je nach Dotierungselement und Dotierungskonzentration anders ausprägt. Umfassende Abhandlungen zu diesem Thema können in der entsprechenden Literatur und den darin referenzierten Arbeiten gefunden werden [30, 35, 58]. An dieser Stelle sollen die wichtigsten Aspekte kurz aufgelistet werden: i) Bildung kleiner Domänen tetragonaler Phasen im kubischen YSZ-Gitter [59, 60], ii) Abbau von sich nicht im Gleichgewicht befindenden Phasen [30], iii) Entmischung des Materials, wobei sich die Dotierungskationen an den Korngrenzen anreichern [61], und iv) Ausscheidung von Verunreinigungen an den Korngrenzen [30, 62, 63]. Die letzten beiden Punkte sind jedoch mit hinreichend reinen Ausgangsmaterialien und einem optimierten Sinterprogramm von geringer Bedeutung.

Für das Sc_2O_3-ZrO_2-System sollte noch ergänzt werden, dass die rasche Abnahme der Leitfähigkeit bei Betriebstemperatur aus der Umwandlung einer metastabilen t'-Phase (verzerrte Fluorit-Typ Phase) resultiert, welche sich während des Sinterns bei hohen Temperaturen ausbildet [64]. Ein mit Sc_2O_3 dotiertes und mit CeO_2 stabilisiertes ZrO_2 zeigt hingegen nur eine geringe Degradation von beispielsweise ca. 2 % / 1000 h im Fall von 10 Mol-% Sc_2O_3 und 1 Mol-% CeO_2 dotiertem ZrO_2 [58, 65, 66]. In Brenngasatmosphäre degradiert die Leitfähigkeit jedoch deutlich stärker mit einer Rate von 6.6 % / 1000 h, wie aktuelle Untersuchungen ergeben haben [65]. Es wird davon ausgegangen, dass die Gitterausdehnung durch die Reduktion von Ce^{4+} zu Ce^{3+} die Migration von Sauerstoffleerstellen im Korn behindert und dass gleichzeitig die Korngrenzleitfähigkeit durch die langsame Diffusion der Ce^{3+}-Ionen vom Korninneren zu den Korngrenzen hin und die dadurch erhöhte Dotierungskonzentration an den Korngrenzen verschlechtert wird.

2.4.2 Anodenwerkstoffe

An der Anode reagiert das Brenngas an der Dreiphasengrenze mit Sauerstoffionen aus dem Elektrolyten unter der Abgabe zweier Elektronen je Sauerstoffion. Im Fall von Wasserstoff (H_2) als Brenngas entsteht dabei Wasserdampf (H_2O, vgl. Gleichung 2-3). In der Literatur werden dafür mehrere Reaktionsmechanismen diskutiert, die z.B. von BESSLER in [67] und den darin zitierten Artikeln und Übersichtsartikeln – auch für Kohlenwasserstoffe als Brenngas – ausführlich behandelt werden. Grundsätzlich ergeben sich folgende Anforderungen für die Anode: Die Elektrode muss eine hohe elektrische Leitfähigkeit aufweisen, entsprechend katalytisch aktiv sein, über eine hohe Anzahl an Reaktionsorten (TPB) verfügen und porös sein, um die Zu- und Abfuhr des Brenngases und der Reaktionsprodukte zu gewährleisten. Weiterhin muss sie bei Betriebsbedingungen chemisch stabil sein, chemisch kompatibel zum Elektrolytmaterial sein und vom thermischen Ausdehnungskoeffizienten im Bereich der anderen Zellkomponenten liegen. Speziell im Kohlenwasserstoffbetrieb kommt noch hinzu, dass sie bei Betriebsbedingungen eine Beständigkeit gegenüber Aufkohlung aufweisen muss, bzw. die Betriebsführung auf die entsprechende Anode angepasst sein muss, damit keine Aufkohlung auftritt [68]. Diesem Anforderungsprofil wird am besten mit Nickel entsprochen, das als Komposit-Anode in Kombination mit einem Elektrolytmaterial, in der Regel YSZ, zum Einsatz kommt [69]. Diese Mischung aus einem keramischen und einem metallischen Material wird auch als Cermet[16] bezeichnet und ist in Abbildung 2.4 skizziert.

Das Konzept einer Komposit-Anode zeichnet sich dadurch aus, dass die Elektrodenstruktur sowohl eine elektronisch leitfähige ($\sigma_{el,Ni}$ = 2.66·10^6 S/m bzw. 2.08 · 10^6 S/m bei 600 bzw. 1000 °C [71]), als auch eine ionisch leitfähige Phase (vgl. Abschnitt 2.4.1) hoher Leitfähigkeit aufweist, welche sich wechselseitig durchdringen. Dabei wird nicht nur die Dreiphasengrenze vergrößert, sondern auch gleichzeitig der hohe thermische Ausdehnungskoeffizient von Nickel von α_{Ni} = 18 · 10^{-6} 1/K [49] ausgeglichen. Der thermische Ausdehnungskoeffizient von Ni/8YSZ

---

[16] Cermet: Ceramic Metal

Cermet mit 40 Vol.-% Nickel liegt im Temperaturbereich von 30 ... 800 °C bei $\alpha_{Ni/8YSZ}$ = 12.5 · 10⁻⁶ 1/K [24].

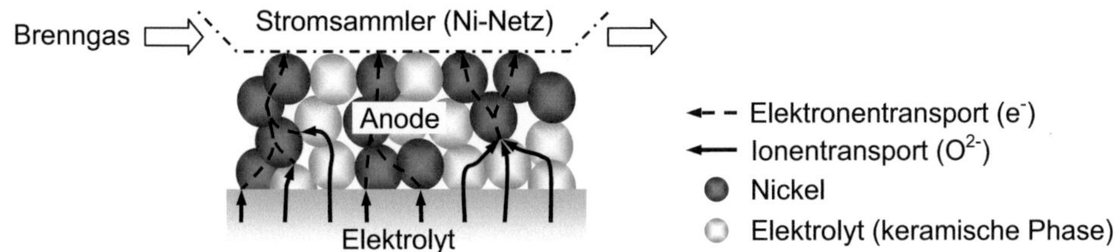

Abbildung 2.4: Struktur einer Ni-Cermet-Anode mit dem darin auftretenden Ladungs- und Stofftransport in Anlehnung an [70]

Die Sauerstoffionen gelangen über die ionenleitende, keramische Phase an die Dreiphasengrenzen, an denen sie unter Abgabe zweier Elektronen mit dem Brenngas reagieren. Die Elektronen werden dann über das metallische Nickel zum Kontaktnetz abgeführt.

Nickel liegt bei SOFC-Betriebstemperaturen in Brenngasatmosphäre reduziert als metallisches Nickel vor, in Luft jedoch in oxidierter Form als Nickeloxid (NiO). Kommt es im Betrieb zu einer teilweisen oder vollständigen Re-Oxidation des Nickels, ist dies mit einer Volumenzunahme verbunden, die bis zu 30 % betragen kann. Im Schichtverbund der Einzelzelle resultieren daraus dann zum Teil hohe mechanische Spannungen. Die Folge sind Degradation der Anode aufgrund mikrostruktureller Veränderungen im Fall einer Teilreduktion, oder der mögliche Total-ausfall der Einzelzelle aufgrund von Rissen im Elektrolyten im Fall einer vollständigen Redukti-on [72]. Eine Re-Oxidation kann unterschiedliche Auslöser haben. Mögliche Szenarien sind Leckagen in der Dichtung, die das Oxidationsgas vom Brenngas trennt, ein Ausfall der Brenn-gasversorgung oder eine Systemabschaltung. Weiterhin neigt Nickel bei hohen Temperaturen und Wasserdampfpartialdrücken zur Agglomeration der feinen Nickelpartikel. Dadurch wird die Anzahl der Dreiphasenpunkte (volumenspezifische Dreiphasengrenzlänge) für die elektroche-mische Reaktion reduziert, wodurch die anodenseitigen Verluste ansteigen [73-77].

Aus diesem Grund werden alternative Materialien und Materialkombinationen, speziell redox-stabile[17] Anoden auf keramischer Basis, untersucht, die MIEC-Eigenschaften besitzen und auch deutlich toleranter gegenüber Verunreinigungen im Brenngas (z.B. H_2S) sind [69, 70]. Mehrere Materialsysteme wie beispielsweise mit Titanoxid dotiertes ZrO_2 [78], mit Strontiumoxid und Manganoxid dotiertes $LaCrO_3$ [79] und mit Lanthanoxid oder Yttriumoxid dotiertes $SrTiO_3$ [80-82] sind aktuell Gegenstand der Forschung, wobei oftmals kleinere Mengen an Nickel (z.B. 3 Gew.-% NiO [82]) als Katalysator den Anoden hinzugefügt wird.

---

[17] Anoden, die mehrere Zyklen von abwechselnd reduzierender und oxidierender Atmosphäre unbescha-det durchlaufen können, werden als „redoxstabil" bezeichnet.

2.5 SOFC-Kathode

Nach wie vor hält sich hartnäckig die Meinung, dass die kathodenseitigen Verluste die Performance von SOFC-Einzelzellen dominieren. Dies mag für rein elektronisch leitende Kathodenmaterialien weitestgehend zutreffen, doch spätestens seit der intensiven Forschung an mischleitenden Materialien in den letzten zwei Dekaden ist diese Aussage nicht mehr haltbar. Speziell bei Temperaturen unterhalb von 750 °C machen MIEC-Materialien den Einsatz der SOFC überhaupt erst möglich. Die hohe Leistungsfähigkeit dieses Kathodentyps geht jedoch mit einigen Nachteilen einher, wie beispielsweise der chemischen Inkompatibilität zu einigen Elektrolytmaterialien und einem vergleichsweise hohen thermischen Ausdehnungskoeffizienten. Aber nicht nur die Materialwahl, sondern auch die Mikrostruktur mit Strukturgrößen von bis zu wenigen Nanometern bieten ein erhebliches Optimierungspotential.

2.5.1 Aktivierungspolarisation an der Kathode

Die in Abschnitt 2.2.2 schon kurz beschriebene Aktivierungspolarisation resultiert aus den Reaktionsschritten der Sauerstoffreduktion, dem Transport der Sauerstoffionen im Kathodenmaterial und dem Ladungstransfer an der Grenzfläche Kathode/Elektrolyt. Sie fasst somit alle die Elektrochemie betreffenden Verluste an der Kathode zusammen. Dabei spielen unterschiedliche Reaktionspfade zusammen, wobei der Sauerstoff in molekularer Form in der Gasphase ($O_2(g)$), adsorbiert an der Kathodenoberfläche ($O_x(ad)$) und als Sauerstoffion im Kathodenmaterial (O^{2-}) auftreten kann. Das genaue Zusammenspiel der einzelnen Reaktionen ist abhängig vom Kathodenmaterial, der Mikrostruktur und den Betriebsbedingungen (Temperatur, Sauerstoffpartialdruck, Polarisierung) und ist nach wie vor nicht zur Gänze geklärt [83].

Nach WEBER [49] ergeben sich folgende allgemeine Anforderungen an die Kathode:

- hohe elektronische Leitfähigkeit, zusätzliche ionische Leitfähigkeit ist von Vorteil

- ausreichend hohe offene Porosität

- hohe elektrokatalytische Aktivität für die Sauerstoffreduktion

- chemische Stabilität in oxidierenden Atmosphären (Luft) mit z.T. geringem Wasserdampf- und CO_2-Anteil bei Temperaturen von bis zu 1000 °C, bzw. bis zur Herstellungstemperatur

- chemische und thermomechanische Kompatibilität zum Festelektrolyten, auch bei lastwechselbedingten Sauerstoffpartialdruckvariationen ($10^{-5} < pO_2 < 1$ atm)

- optimierte, langzeitstabile Mikrostruktur; kein Nachsintern oder Verdichten bei Betriebstemperatur

- Strukturstabilität bei Last- und Temperaturzyklen

Grundsätzlich werden drei SOFC Kathodentypen unterschieden (vgl. Abbildung 2.5):

- rein elektronisch leitende Kathoden, z.B. $(La,Sr)MnO_{3-\delta}$ oder Pt

- Komposit-Kathoden aus sich wechselseitig durchdringendem, rein elektronisch leitendem Kathodenmaterial und ionisch leitfähigem Elektrolytmaterial, z.B. $(La,Sr)MnO_{3-\delta}/8YSZ$

- mischleitende (MIEC) Kathoden, z.B. $(La,Sr)(Co,Fe)O_{3-\delta}$

Wie in Abbildung 2.5-a skizziert ist, beschränkt sich die elektrochemische Reaktion bei rein elektronisch leitfähigen Kathoden im Wesentlichen auf die Dreiphasengrenze auf der Elektrolytoberfläche. Hinzu kommt ein paralleler Reaktionspfad über adsorbierte Sauerstoffspezies, die entlang der Oberfläche zur Dreiphasengrenze diffundieren. Mögliche Materialien sind Metalle und Metalloxide, wobei Platin und $(La,Sr)MnO_{3-\delta}$ (LSM) jeweils die gängigsten Vertreter der beiden Materialklassen sind.

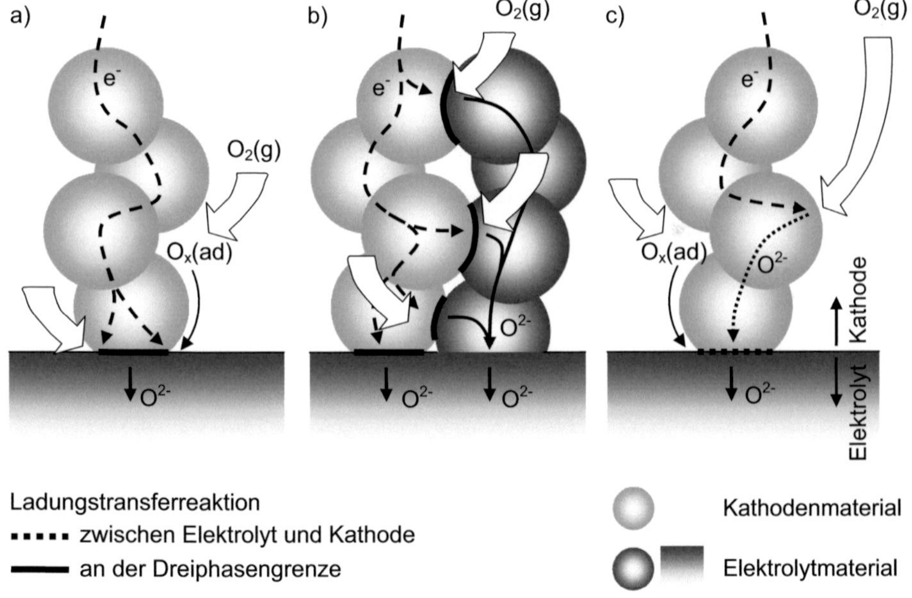

Abbildung 2.5: Unterscheidung der Kathodentypen inklusive Reaktionspfade in Anlehnung an [10]

Bei a) Kathoden aus rein elektronisch leitenden Materialien beschränkt sich die elektrochemisch aktive Zone auf die Dreiphasengrenze Kathode/Elektrolyt/Gas auf der Elektrolytoberfläche, wohingegen bei b) Komposit-Kathoden und c) Kathoden aus mischleitenden Materialien der elektrochemisch aktive Bereich auf das Elektrodenvolumen ausgedehnt wird.

In Komposit-Kathoden ist die Dreiphasengrenze auf das Kathodenvolumen ausgedehnt (vgl. Abbildung 2.5-b), wobei sich das aktive Volumen aufgrund der mit dem Abstand vom Elektrolyten zunehmenden Diffusionsverluste in der ionisch leitenden Phase nur auf eine wenige Mikrometer dicke Schicht beschränkt [84]. Wegen der kombinierten elektrischen und ionischen

Leitfähigkeit kann bei mischleitenden Kathoden die Sauerstoffreduktion auf der gesamten Kathodenoberfläche stattfinden (vgl. Abbildung 2.5-c). Als Materialen kommen Metalloxide wie $(La,Sr)CoO_{3-\delta}$ (LSC), $(La,Sr)(Co,Fe)O_{3-\delta}$ (LSCF) oder $La(Ni,Fe)O_{3-\delta}$ (LNF) zum Einsatz. Analog zu den Komposit-Kathoden nimmt auch hier die Aktivität mit dem Abstand zum Elektrolyten ab, wobei die Eindringtiefe der elektrochemischen Reaktion[18] δ für gängige MIEC-Materialien bei unter 10 µm liegt [85, 86]. Die Eindringtiefe ist jedoch nicht nur abhängig von den Materialeigenschaften (z.B. Oberflächenaustausch und Festkörperdiffusion), sondern auch von der Mikrostruktur, worauf in Abschnitt 3.4.4 nochmals ausführlich eingegangen wird.

2.5.2 Kathodenwerkstoffe

In den Anfängen der SOFC-Entwicklung wurde Platin als Kathodenmaterial verwendet [11]. Die damit verbundenen hohen Kosten führten jedoch dazu, dass man schon bald an günstigeren Alternativen forschte. Metalloxide mit Perowskitstruktur[19] gehören seither zu den vielversprechendsten Kandidaten. Die prominentesten Vertreter dieser Gruppe sind $(La,Sr)MnO_{3-\delta}$ und $(La,Sr)(Co,Fe)O_{3-\delta}$, wobei letzteres auch die Stöchiometrie ohne Eisen, also $(La,Sr)CoO_{3-\delta}$, beinhaltet [11, 83, 88]. LSM wird in der Regel als Komposit-Kathode verwendet, um niedrige Kathodenverluste zu erzielen [11, 83]. LSCF wurde speziell für den Einsatz in „intermediate temperature" SOFCs (IT-SOFC) bei Temperaturen zwischen 600 … 750 °C entwickelt, wobei die Zudotierung von Eisen der Anpassung des hohen thermischen Ausdehnungskoeffizienten von LSC (vgl. Abschnitt 2.6) an den Elektrolyten dient [89]. Weitere aktuelle Kandidaten sind beispielsweise $(Ba,Sr)(Co,Fe)O_{3-\delta}$ (BSCF) [88, 90] und mit Seltenen Erden dotierte Nickelate mit perowskitähnlicher K_2NiF_4-Struktur ($Ln_2NiO_{4+\delta}$ mit Ln = La, Nd, Pr) [91-93]. Bisher konnten sich diese Materialien jedoch nicht durchsetzen. BSCF bedarf wie LSC und LSCF einer Interdiffusionsbarriere, wobei es noch den erheblichen Nachteil aufweist, dass das darin enthaltene Barium mit dem in der Luft enthaltenen CO_2 bei Temperaturen < 800 °C zu $BaCoO_3$ reagiert, was die Oberflächenaustauschreaktion stark hemmt [94]. Die Kathoden der Nickelate hingegen erreichen noch nicht die hohe Leistungsfähigkeit von Perowskit-Kathoden [92, 95, 96].

Aber auch die Standardmaterialien LSM und LSCF sind in der Herstellung und im Betrieb nicht unproblematisch. LSM neigt in der Verbindung mit auf Zirkonoxid basierten Elektrolyten bei Herstellungs- und Betriebstemperaturen zur Bildung von schlecht leitendem [97] Lanthanzirkonat (LZO) mit der Summenformel $La_2Zr_2O_7$ [98] und Strontiumzirkonat (SZO) mit der Summenformel $SrZrO_3$ [99-103]. Dieser Effekt tritt verstärkt bei hoher kathodischer Polarisation respektive niedrigem Sauerstoffpartialdruck auf [18, 104], kann jedoch durch die Verwendung von LSM mit einem (La,Sr) / Mn Verhältnis < 1 unterdrückt werden [105, 106]. Das Problem ist, dass Mangan thermisch aktiviert und in einem höheren Maß als Lanthan und Strontium in den YSZ-Elektrolyten eindiffundiert, wobei das dann überschüssige Lanthan und Strontium mit dem

---

[18] Charakteristische Entfernung, bei der die ionische Stromdichte nur noch ca. 36 % des Maximalwerts beträgt [10, 85].
[19] Perowskit: Kristallstruktur des Kalziumtitanats $CaTiO_3$, welche nach dem russischen Mineralogen Lev Aleksevich von Perovski (1792-1856) benannt wurde [87].

Zirkonoxid zu LZO bzw. SZO reagiert. Durch die Verwendung von LSM mit überstöchiometrischem Mangananteil wird das grenzflächennahe YSZ-Gitter jedoch mit dem überschüssigen Mangan gesättigt, wodurch die Zirkonatbildung unterdrückt wird [49]. Aufgrund dieser und anderer weiterführender, langjähriger detaillierter Forschungs- und Entwicklungsarbeit ist es schlussendlich gelungen, stabile Kathoden aus LSM zu entwickeln [107].

Auch LSC [103, 108-111] (vgl. Abschnitt 2.6.7) und LSCF [112, 113] bilden in Kombination mit YSZ unter Herstellungs- und Betriebsbedingungen SZO und LZO. Die gebildete Menge an Zweitphasen ist dabei jedoch so groß, dass eine Interdiffusionsbarriere zwischen dem YSZ-Elektrolyten und der Kathode unumgänglich ist [112, 114] (vgl. Abschnitt 2.4.1 und 2.6.7). Allgemein gilt folgende Reihenfolge für die thermodynamische Stabilität der gängigsten Perowskit-Systeme: LSM > LSF > LSC [115].

Im Folgenden soll nun auf die materialspezifischen Eigenschaften des Materialsystems $(La,Sr)CoO_{3-\delta}$ im Detail eingegangen werden.

2.6 Der Kathodenwerkstoff LSC

Schon in den frühen 50er Jahren rückte das Materialsystem $La_{1-x}Sr_xCoO_3$ in den Fokus wissenschaftlichen Interesses. Anfänglich wurde es auf besondere magnetische, elektrische und strukturelle Eigenschaften hin untersucht, die zuvor bei manganbasierten Perowskiten entdeckt worden waren [116-118]. Im Jahre 1966 wurde $La_{0.6}Sr_{0.4}CoO_{3-\delta}$ laut MÖBIUS [16] dann erstmals durch BUTTON und ARCHER von den Westinghouse Research Laboratories [119] als potentielles Kathodenmaterial für die SOFC erwähnt und charakterisiert. Erste Zelltests erfolgten 1969 bei General Electric durch TEDMON [120] mit Einzelzellen bestehend aus Ni/YSZ-Komposit-Anode, YSZ-Elektrolyt und LSC-Kathoden unterschiedlichem Sr-Gehalts. Die anfängliche Leistung betrug dabei ca. 500 mW/cm^2 bei 1100 °C, doch die Zellen degradierten schnell und die Leistung sank nach 500 h Betrieb bei 1100 °C auf 50 % des Anfangswertes. In post-test Untersuchungen zeigte sich dann, dass sich zwischen dem Elektrolyten und der Kathode eine elektrisch nicht leitende Zweitphase gebildet hatte, die nach heutigem Wissensstand aus Strontium- und Lanthanzirkonat bestanden haben muss (vgl. Kapitel 2.6.7).

Weiterhin wird das Materialsystem als ein möglicher Kandidat für Sauerstoffpermeationsmembranen gehandelt, da es eine herausragende Sauerstoffionenleitfähigkeit bei hohen Temperaturen aufweist [121-126]. Diese resultiert aus einer bei diesen Temperaturen hohen Sauerstoffleerstellenkonzentration in Kombination mit einem hohen Diffusionsvermögen der Sauerstoffleerstellen (vgl. Abschnitt 2.6.4). Trotz einer ionischen Überführungszahl von $t_{O2-} < 0.01$ übersteigt die ionische Leitfähigkeit die von dotiertem Zirkonoxid [127].

Nach KILNER [128] spricht man von schnellen ionischen Sauerstoffleitern, wenn die ionische Leitfähigkeit in der Größenordnung von 1 S/cm liegt. Dies wird von einigen LSC-Stöchiometrien bei Temperaturen von 850 … 1000 °C erreicht. Weiterhin weist $La_{1-x}Sr_xCoO_{3-\delta}$ bei der Oxidation von Propan, Methan und Kohlenmonoxid eine hohe katalytische Aktivität auf [129-131], und auch der Einsatz in Sauerstoffsensoren stellt eine weitere Anwendungsmöglichkeit dar [125].

Speziell für µ-SOFCs bei niedrigen Betriebstemperaturen ist es eines der vielversprechendsten Kathodenmaterialien [132]. So konnte beispielsweise JOO [7] bei 450 °C bei nominell 3 Vol.-% H_2O in H_2 eine Leistungsdichte von 26 mW erreichen. Die Zelle bestand dabei aus einem 25 µm starken, porösen Nickel-Substrat mit $Ce_{0.8}Gd_{0.2}O_{1.9}$-Elektrolyt und einer $La_{0.5}Sr_{0.5}CoO_{3-\delta}$-Kathode, die mittels Laserstrahlverdampfen abgeschieden wurde.

Entsprechend der in dieser Arbeit verwendeten Stöchiometrie $La_{0.6}Sr_{0.4}CoO_{3-\delta}$ werden im Folgenden die Materialeigenschaften und -parameter von $La_{1-x}Sr_xCoO_{3-\delta}$ zwar allgemein beschrieben, der Fokus liegt dabei jedoch auf den Eigenschaften dieser speziellen Stöchiometrie.

2.6.1 Die Perowskitstruktur

Mineralien mit Perowskitstruktur kommen in der Natur häufig vor. Man geht davon aus, dass über 50 Vol.-% der Mineralien in der Erdkruste eine solche Struktur aufweisen. Im allgemeinen Fall wird die Perowskitstruktur mit ABX_3 beschrieben. Dabei sind der A- und B-Platz mit Metallkationen besetzt und auf dem X-Platz befinden sich Anionen des Wasserstoffs, Sauerstoffs, Stickstoffs, Kohlenstoffs oder eines Elements aus der Gruppe der Halogene. In der Regel ist der X-Platz jedoch mit dem Sauerstoffanion besetzt. [126]

Die räumliche Anordnung der einzelnen Ionen in der Perowskit-Elementarzelle ist in Abbildung 2.6 schematisch dargestellt. Im Fall von $La_{1-x}Sr_xCoO_{3-\delta}$ sitzen die Lanthan- und Strontiumionen auf den Ecken des Würfels (A-Platz), die Kobaltionen im Zentrum der Struktur (B-Platz) und die Sauerstoffionen zentriert auf den Würfelflächen (X-Platz). Bei der Perowskitstruktur ist es wichtig, dass die einzelnen Ionenradien im folgenden Verhältnis zueinander stehen: $r_A \approx r_O > r_B$ [126]. Hierbei sind r_A, r_B und r_O die Ionenradien des A-, bzw. B-Platz-Kations und des Sauerstoffanions. Weiterhin muss der Goldschmidtsche Toleranzfaktor t im Bereich von $0.75 \leq t \leq 1.0$ liegen, wobei nur bei $t \approx 1$ der Perowskit in der idealen kubischen Struktur vorliegt, ansonsten in rhomboedrisch oder orthorhombisch verzerrter Form [126]. Der Goldschmidtsche Toleranzfaktor berechnet sich mit [133]:

$$t = \frac{r_A + r_O}{\sqrt{2} \cdot (r_B + r_O)}$$

2-12

Für $La_{1-x}Sr_xCoO_{3-\delta}$ liegt der Goldschmidtsche Toleranzfaktor je nach Sr-Dotierung im Bereich von $0.97 \leq t \leq 1.0$. $La_{1-x}Sr_xCoO_{3-\delta}$ kann dabei als mit Strontium (Sr^{2+}) dotiertes $LaCoO_{3-\delta}$ angesehen werden, wobei die Dotierung mit Sr^{2+} ($r_{ion,Sr2+}$ = 144 pm [134]) auf dem A-Platz erfolgt, da Sr^{2+} einen ähnlichen Ionenradius wie La^{3+} ($r_{ion,La3+}$ = 136 pm [134]) aufweist. Zum Vergleich: Der Ionenradius von Co^{3+} beträgt $r_{ion,Co3+}$ = 61 pm [134], der von O^{2-} $r_{ion,O2-}$ = 140 pm [134]. VAN DOORN [135] konnte jedoch zeigen, dass Strontium nicht beliebig, sondern nur bis zu einem maximalen Gehalt von $x \approx 0.8$ zudotiert werden kann. Ab einem nominalen Gehalt von $x = 0.85$ war es nicht mehr möglich, phasenreines $La_{1-x}Sr_xCoO_{3-\delta}$ ohne $SrCoO_{3-\delta}$-Zweitphasen zu synthetisieren.

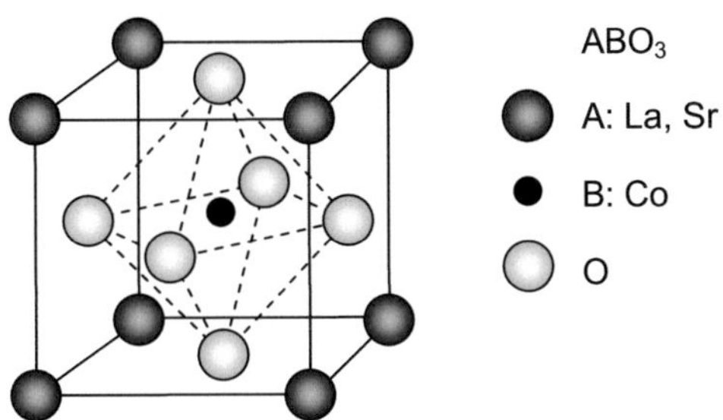

Abbildung 2.6: Kubische Elementarzelle von $La_{1-x}Sr_xCoO_{3-\delta}$ in Anlehnung an [9]

Wie bereits erwähnt, liegt $La_{1-x}Sr_xCoO_{3-\delta}$ je nach Sr-Dotierung entweder in einem rhomboedrischen oder kubischen Kristallgitter vor (vgl. Abbildung 2.7). Der kubische Fall kann als Spezialfall eines Rhomboeders angesehen werden, mit $\alpha = \beta = \gamma = 90°$. Umgekehrt entspricht ein Rhomboeder einem Würfel, der entlang der Raumdiagonale gestreckt wurde.

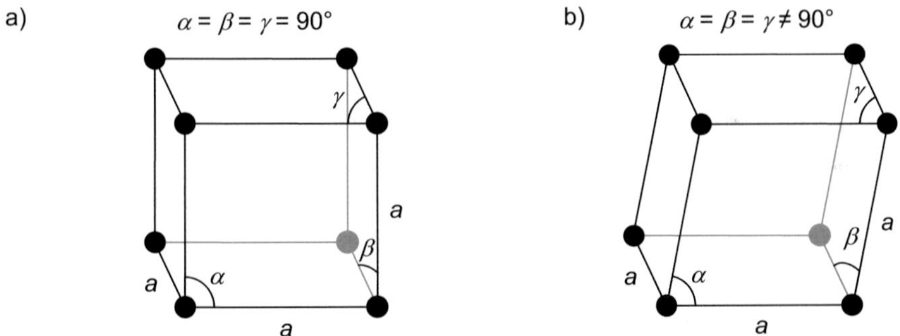

Abbildung 2.7: Schematische Darstellung einer a) kubischen und b) rhomboedrischen Elementarzelle

Grundsätzlich verhält es sich so, dass die rhomboedrische Verzerrung von $La_{1-x}Sr_xCoO_{3-\delta}$ mit steigender Sr-Dotierung abnimmt. Gleichzeitig vergrößert sich der Gitterabstand a. Messungen von MINESHIGE [136] haben gezeigt, dass der rhomboedrische Winkel α_r bei Raumtemperatur annähernd linear mit x abnimmt und bei $x = 0.55$ dann $\alpha_r = 60°$ beträgt, wo die Phase von rhomboedrisch zu kubisch wechselt. Dies stimmt auch gut mit den Extrapolationen der Messdaten von PETROV [137] aus dem Temperaturbereich von 4.2 … 400 K überein. Während für $x = 0.5$ bei Raumtemperatur noch eine leichte rhomboedrische Verzerrung erwartet wird, sollte die Kristallstruktur für $x > 0.52$ kubisch vorliegen. Auch nach VAN DOORN [135], ASKHAM [118] und JONKER [116] liegt der Phasenübergang bei $x \approx 0.5$. Weiterhin ist die Phase, in der die jeweilige Stöchiometrie von $La_{1-x}Sr_xCoO_{3-\delta}$ vorliegt, auch von der Temperatur abhängig. In Abbildung 2.8 ist die Phasenübergangstemperatur in Abhängigkeit des Sr-Anteils aufgetragen, wobei sich speziell bei niedrigem x die Angaben in der Literatur stark unterscheiden.

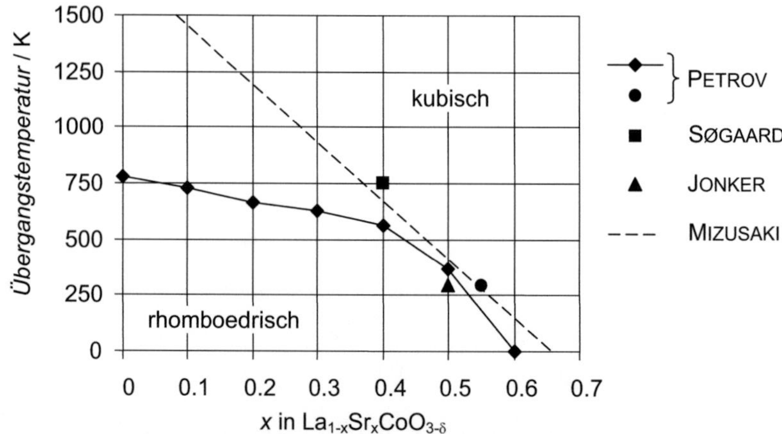

Abbildung 2.8: Temperaturabhängiger Phasenübergang von rhomboedrischer zu kubischer Gitterstruktur von La$_{1-x}$Sr$_x$CoO$_{3-\delta}$ in Abhängigkeit des Strontiumanteils x in Anlehnung an [9]

Die von PETROV [137] angegebenen Temperaturen für den Phasenübergang von rhomboedrisch zu kubisch wurden durch Extrapolation von Messdaten aus dem Bereich von 4.2 ... 400 K bestimmt. Weitere Werte stammen aus den Veröffentlichungen von JONKER [116], MIZUSAKI [138] und SØGAARD [139].

Abschließend kann festgehalten werden, dass bei der in dieser Arbeit verwendeten Stöchiometrie La$_{0.6}$Sr$_{0.4}$CoO$_{3-\delta}$ im Temperaturbereich von 290 ... 475 °C eine Phasenumwandlung von rhomboedrisch nach kubisch stattfindet. Weiterhin beträgt das Volumen der (pseudo-)kubischen Einheitszelle (UCV^{20}) von La$_{0.6}$Sr$_{0.4}$CoO$_{3-\delta}$ bei Raumtemperatur 56.4 Å^3 und steigt mit der Temperatur auf 60.3 Å^3 bei 1000 °C an [139].

Zur vertiefenden Lektüre sei an dieser Stelle die Dissertationsschrift von VAN DOORN [126] genannt, in der unter anderem auch Ergebnisse von Röntgenbeugungsuntersuchungen an La$_{1-x}$Sr$_x$CoO$_{3-\delta}$ für x = 0, 0.2, 0.3 ... 0.8 aufgeführt sind.

2.6.2 Thermische Ausdehnung

La$_{1-x}$Sr$_x$CoO$_{3-\delta}$ weist mit α_{LSC} = 18 ... 26·10^{-6} 1/K einen für keramische Werkstoffe extrem hohen thermischen Ausdehnungskoeffizienten auf (vgl. Abbildung 2.9) [140]. Er ist damit deutlich höher als diejenigen der restlichen Materialen einer SOFC-Einzelzelle (vgl. Abschnitt 2.4.1 und 2.4.2). Dies ist zum Teil darin begründet, dass die thermische Ausdehnung ab dem Temperaturbereich von 400 ... 600 °C aufgrund vermehrten Sauerstoffausbaus zunimmt [141], wobei der Effekt dieser chemischen Expansion mit steigendem Strontiumanteil bei niedrigeren Temperaturen einsetzt [142]. In Abbildung 2.9 zeigt sich dieser Effekt auch in dem Unterschied der Werte für den Temperaturbereich von 25 ... ca. 700 °C auf der einen Seite und für den Temperaturbereich von 25 ... ca. 1000 °C auf der anderen Seite. Zwei Ursachen werden als Erklärung für die den Sauerstoffausbau begleitende Expansion genannt: Zum einen kommt es zu einer verstärkten Abstoßung der Kationen aufgrund der sich bildenden Sauerstoffleerstellen,

---

[20] UCV: Unit Cell Volume

zum anderen vergrößert sich der mittlere Ionenradius der B-Platz-Kationen, da diese zur Aufrechterhaltung der Ladungsneutralität weiter reduziert werden [143].

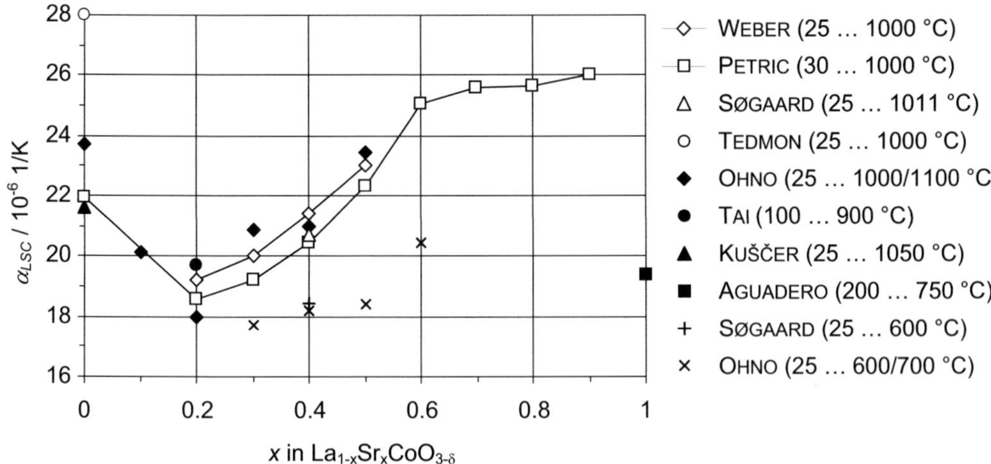

Abbildung 2.9: Thermische Ausdehnungskoeffizienten von La$_{1-x}$Sr$_x$CoO$_{3-\delta}$ in Abhängigkeit des Strontiumanteils x

Die Daten stammen aus den Arbeiten von AGUADERO [144], KUŠČER [145], OHNO [142], PETRIC [140], SØGAARD [139], TAI [143], TEDMON [120] und WEBER [146]. Um den Einfluss der chemischen Expansion zu verdeutlichen, wurden sowohl die Werte für den Temperaturbereich von 25 ... ca. 700 °C als auch Werte für den Temperaturbereich von 25 ... ca. 1000 °C in die Grafik aufgenommen.

Die chemische Expansion kann mit einem Zusatzterm in der Gleichung zur Berechnung der Wärmeausdehnung berücksichtigt werden. Nach SØGAARD [139] gilt für La$_{0.6}$Sr$_{0.4}$CoO$_{3-\delta}$[21]

$$\varepsilon\left(T,\delta\right) - \varepsilon\left(T_0,\delta_0\right) = \alpha \cdot \left(T - T_0\right) + \beta_c \cdot \left(\delta - \delta_0\right) \qquad \text{2-13}$$

wobei δ die Sauerstoffnichtstöchiometrie bei der Temperatur T [°C] ist, $T_0 = 25$ °C, $\delta_0 = 0$, $\alpha = 17.3 \cdot 10^{-6}$ 1/K und $\beta_c = 0.024 \pm 0.004$.

Dem zu hohen thermischen Ausdehnungskoeffizienten kann jedoch durch die Zudotierung von z.B. Eisen auf dem B-Platz des Perowskitgitters begegnet werden. Die Bindungsenergie von Sauerstoff ist bei Eisen größer als bei Kobalt, wodurch auch der Sauerstoff bei hohen Temperaturen vergleichweise stärker gebunden wird. Der niedrigere thermische Ausdehnungskoeffizient wird jedoch mit einer Verschlechterung anderer Materialeigenschaften erkauft. So sinkt beispielsweise mit zunehmender Eisendotierung die elektronische Leitfähigkeit, da die Konzentration der Ladungsträger aufgrund der Substitution von Co^{4+} durch Fe^{3+} verringert wird. Gleichzeitig sinkt auch die Ladungsträgerbeweglichkeit mit steigendem Eisenanteil. [140, 143, 147]

Weiterhin führt die Dotierung mit Eisen zu einer Verringerung der ionischen Leitfähigkeit [148] und zu einem Anstieg der Aktivierungsenergie der Oberflächenaustauschreaktion [149]. Werte

---

[21] In [139] als (La$_{0.6}$Sr$_{0.4}$)$_{0.99}$CoO$_{3-\delta}$ angegeben.

für den thermischen Ausdehnungskoeffizienten für potentiell geeignete Stöchiometrien von $La_{1-x}Sr_xCo_{0.2}Fe_{0.8}O_{3-\delta}$ mit $x = 0.2$ und 0.4 werden von MAI [89] mit $\alpha_{LSCF} = 13.8$ und $17.5 \cdot 10^{-6}$ 1/K für den Temperaturbereich von 30 ... 1000 °C angegeben. Zur Erinnerung, der thermische Ausdehnungskoeffizient von Ni/8YSZ-Cermet, das die thermische Ausdehnung einer ASC maßgeblich bestimmt, liegt im Temperaturbereich von 30 ... 800 °C bei $\alpha_{Ni/8YSZ} = 12.5 \cdot 10^{-6}$ 1/K [24]. Auch mit einer Al_2O_3-Dotierung kann ein ähnlicher Effekt erzielt werden. So kann beispielsweise der thermische Ausdehnungskoeffizient von $LaCoO_3$ mit steigender Al_2O_3-Dotierung fast linear von $\alpha = 21.6 \cdot 10^{-6}$ 1/K für $LaCoO_3$ bis $10.7 \cdot 10^{-6}$ 1/K für $LaAlO_3$ variiert werden. Wie schon bei der Dotierung mit Eisen führt jedoch auch hier die Dotierung zu einer deutlichen Verschlechterung der elektrischen Leitfähigkeit [145].

ULLMANN [150] hat den thermischen Ausdehnungskoeffizienten und die ionische Leitfähigkeit von einer Vielzahl von Kathodenmaterialien mit Perowskitstruktur untersucht und gegenübergestellt, wobei eine Korrelation zwischen dem thermischen Ausdehnungsverhalten und der ionischen Leitfähigkeit festgestellt werden konnte. Grund hierfür ist, dass beide Materialeigenschaften von der Bildung von Sauerstoffleerstellen im Perowskiten und deren Konzentration abhängen, weshalb Materialien mit einer hohen ionischen Leitfähigkeit auch einen hohen thermischen Ausdehnungskoeffizienten aufweisen.

2.6.3 Nichtstöchiometrie des Sauerstoffs

Wie im vorhergehenden Abschnitt bereits erwähnt wurde, besitzt $La_{1-x}Sr_xCoO_{3-\delta}$ die Eigenschaft, bei höheren Temperaturen erhebliche Mengen an Sauerstoffleerstellen ($V_O^{\bullet\bullet}$ in der Kröger-Vink-Notation [151]) zu bilden. Dies wird durch die sogenannte Nichtstöchiometrie des Sauerstoffs δ ausgedrückt, mit $\delta = [V_O^{\bullet\bullet}]$. Sie steigt mit zunehmender Temperatur, steigendem Strontiumgehalt und abnehmendem Sauerstoffpartialdruck an [152]. Die Erhaltung der Ladungsneutralität erfolgt dabei durch die Veränderung der Valenz des Kobaltions. Die vergleichsweise hohe Leerstellendichte trägt auch zu der hohen ionischen Leitfähigkeit dieser Materialien bei höheren Temperaturen bei (vgl. Abschnitt 2.6.5). [127]

In der Literatur wurde für $La_{0.6}Sr_{0.4}CoO_{3-\delta}$ die Nichtstöchiometrie des Sauerstoffs δ in Abhängigkeit von T und pO_2 von LANKHORST [127, 153], SØGAARD[22] [139] und HJALMARSSON[23] [154] untersucht. Eine umfassende Studie an $La_{1-x}Sr_xCoO_{3-\delta}$ mit $x = 0$, 0.1, 0.2, 0.3, 0.5 und 0.7 wurde von MIZUSAKI [152] durchgeführt. LANKHORST hat über eine nasschemische Methode, die iodometrische Titration [155], die Nichtstöchiometrie des Sauerstoffs von $La_{0.6}Sr_{0.4}CoO_{3-\delta}$ in Luft bei Raumtemperatur (RT) zu $\delta_{RT} = 0.00 \pm 0.02$ bestimmt. Zu einem ähnlichen Ergebnis kam auch MIZUSAKI, der für $La_{1-x}Sr_xCoO_{3-\delta}$ ($x = 0$, 0.1, 0.2, 0.3, 0.5 und 0.7) in Luft bei Raumtemperatur δ_{RT} zu null oder nahe null bestimmt hatte. Dies wurde zum einen mit der Wagner-

---

[22] In [139] als $(La_{0.6}Sr_{0.4})_{0.99}CoO_{3-\delta}$ angegeben.
[23] In [154] als $(La_{0.6}Sr_{0.4})_{0.99}CoO_{3-\delta}$ angegeben.

Theorie[24] [156] gezeigt und zum anderen durch die Reduktion von $La_{1-x}Sr_xCoO_{3-\delta}$ mit einer Gasmischung aus H_2 und Ar bei 800 °C mittels Thermogravimetrie bestätigt. SØGAARD nutzte ebenfalls Thermogravimetrie und bestimmte $\delta_{RT} = 0.014 \pm 0.02$. Das Ergebnis lässt sich aufgrund des angegebenen Fehlers mit den anderen Messungen vereinbaren. Dies ist jedoch nicht verwunderlich, wurde doch für die relative Messmethode der Referenzpunkt von $\delta = 0.0814$ bei 800 °C und Luft verwendet, den LANKHORST durch lineare Interpolation der Werte von MIZUSAKI von $La_{0.7}Sr_{0.3}CoO_{3-\delta}$ und $La_{0.5}Sr_{0.5}CoO_{3-\delta}$ bei 800 °C (in Luft) bestimmt hatte. Die unterschiedliche Wahl des Referenzpunkts ist auch die Ursache für die unterschiedlichen, aber in sich konsistenten Datensätze für $\delta = f(T)$. So gibt LANKHORST in [127] zwei Datensätze für $\delta = f(T)$ an, einen unter Verwendung des aus [152] abgeleiteten Referenzpunkts $\delta = 0.0814$ für 800 °C und Luft, einen anderen mit dem Referenzpunkt $\delta = 0.093 \pm 0.03$ für 800 °C und Luft, der mittels Thermogravimetrie bestimmt wurde. HJALMARSSON nutzte als Referenz $\delta_{RT} = 0$, basierend auf den Ergebnissen von MIZUSAKI.

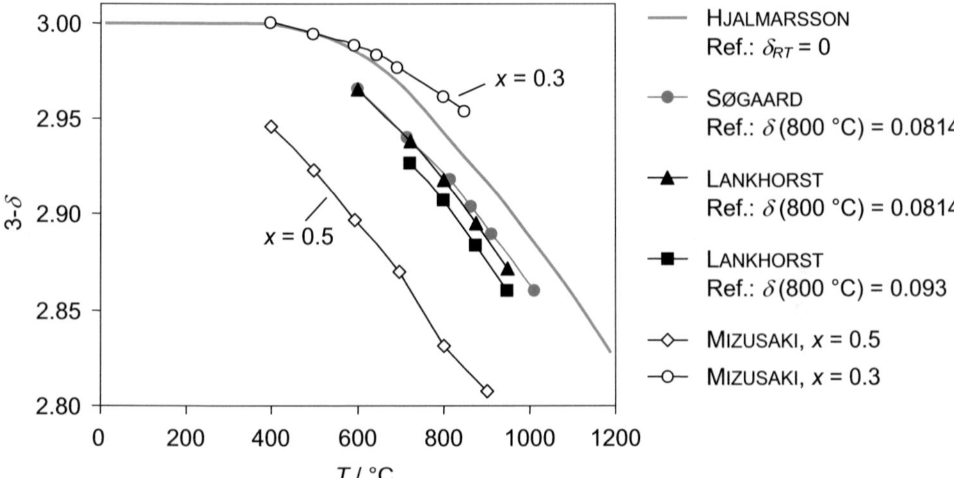

Abbildung 2.10: Temperaturabhängige Nichtstöchiometrie des Sauserstoffs von $La_{0.6}Sr_{0.4}CoO_{3-\delta}$ in Luft
Die Werte von LANKHORST [127, 153] und SØGAARD [139] für 600 °C wurden mittels Extrapolation ermittelt. Die Daten von HJALMARSSON stammen aus [154]. Zum Vergleich sind die Daten von $La_{0.7}Sr_{0.3}CoO_{3-\delta}$ und $La_{0.5}Sr_{0.5}CoO_{3-\delta}$ von MIZUSAKI [152] mit aufgeführt.

Abbildung 2.10 zeigt die Ergebnisse der unterschiedlichen Studien, wobei die Daten von $La_{0.7}Sr_{0.3}CoO_{3-\delta}$ und $La_{0.5}Sr_{0.5}CoO_{3-\delta}$ zum Vergleich ebenfalls mit aufgetragen wurden. Wie zu erwarten war, liegt die Nichtstöchiometrie des Sauerstoffs von $La_{0.6}Sr_{0.4}CoO_{3-\delta}$ zwischen den Kurven von $La_{0.7}Sr_{0.3}CoO_{3-\delta}$ und $La_{0.5}Sr_{0.5}CoO_{3-\delta}$. Unabhängig von der Wahl des Referenzpunkts zeigen alle Kurven zur Stöchiometrie $La_{0.6}Sr_{0.4}CoO_{3-\delta}$ einen ähnlichen Verlauf, wobei die Daten von HJALMARSSON einen erheblichen Versatz aufweisen. Da die Daten in der Arbeit von

---

[24] Im Graphen δ über log pO_2 weist die Steigung bei stöchiometrischer Zusammensetzung ein Minimum auf.

HJALMARSSON nicht mit Literaturwerten verglichen wurden, wurde diese Tatsache dort leider nicht diskutiert. Im Folgenden wird für $\delta(T)$ der Datensatz von SØGAARD verwendet.

Abschließend ist noch zu erwähnen, dass es bei der Applikation von LSC als Dünnschicht auf einem Substrat anderer thermischer Ausdehnung, bedingt durch mechanische Spannungen in der Dünnschicht, zu zusätzlichen, spannungsinduzierten Veränderungen der Sauerstoff-nichtstöchiometrie kommen kann [157].

Modelle zur Berechnung der Nichtstöchiometrie des Sauerstoffs

MIZUSAKI [152] hat die Nichtstöchiometrie des Sauerstoffs in $La_{1-x}Sr_xCoO_{3-\delta}$ (x = 0, 0.1, 0.2, 0.3, 0.5 und 0.7) in einem Sauerstoffpartialdruckbereich von $pO_2 = 10^{-5} \dots$ 1 atm und einem Temperaturbereich von 300 … 1000 °C mittels Thermogravimetrie (TG) bestimmt, wobei δ im Bereich von 0 bis $x/2$ lag. Unter Anwendung der Gibbs-Helmholtz Gleichung konnten die partielle molare Enthalpie und Entropie des Sauerstoffs im Material bestimmt werden. Erstere beschreibt eine lineare Abhängigkeit von δ, wobei sie unabhängig von der Temperatur ist. Letztere wird hauptsächlich von der Konfigurationsentropie der Sauerstoffleerstellen und der Sauerstoffionen im Perowskitgitter bestimmt. Weiterhin hat sich gezeigt, dass die Konfigurationsentropie resultierend aus den Elektronenzuständen, keinen merklichen Beitrag leistet.

Ausgangspunkt ist der Zusammenhang zwischen dem chemischen Potential des Sauerstoffs μ_O in $La_{1-x}Sr_xCoO_{3-\delta}$ und dem Sauerstoffpartialdruck in der Umgebungsatmosphäre (pO_2 [atm]) im Gleichgewichtszustand:

$$\mu_O - \mu_O^0 = \frac{R \cdot T}{2} \cdot \ln(pO_2) \qquad \text{2-14}$$

wobei μ_O^0 dem Wert von μ_O bei pO_2 = 1 atm entspricht. Das chemische Potential des Sauerstoffs im Festkörper kann auch über die molare Enthalpie h_O, die molare Entropie s_O und die Temperatur T ausgedrückt werden:

$$\mu_O = h_O - T \cdot s_O \qquad \text{2-15}$$

Die partielle molare Enthalpie des Sauerstoffs berechnet sich mit

$$h_O - h_O^0 = \Delta h_O^0(x) - a(x) \cdot \delta \qquad \text{2-16}$$

und die partielle molare Entropie mit

$$s_O - s_O^0 = \Delta s_O^0(x) + R \cdot \ln\left(\frac{\delta}{3-\delta}\right) \qquad \text{2-17}$$

wobei $\Delta h_O^0(x)$, $\Delta s_O^0(x)$ und $a(x)$ Konstanten sind, die mit Hilfe von Thermogravimetriemessungen bestimmt werden können.

Daraus ergibt sich der folgende Zusammenhang zwischen dem Saustoffpartialdruck und der Sauerstoffnichtstöchiometrie:

$$\mu_O - \mu_O^0 = \frac{R \cdot T}{2} \cdot \ln(pO_2) = \Delta h_O^0(x) - a(x) \cdot \delta - T \cdot \left(\Delta s_O^0(x) + R \cdot \ln\left(\frac{\delta}{3-\delta}\right) \right) \qquad \text{2-18}$$

Die Konstanten $\Delta h_O^0(x)$, $\Delta s_O^0(x)$ und $a(x)$ wurden für $La_{0.6}Sr_{0.4}CoO_{3-\delta}$ bisher noch nicht ermittelt, können aber durch Interpolation der Daten aus [152] abgeschätzt werden.

LANKHORST [153] beschreibt den Zusammenhang zwischen der Nichtstöchiometrie des Sauerstoffs in $La_{1-x}Sr_xCoO_{3-\delta}$ und dem chemischen Potential des Sauerstoffs mit dem „Itinerant Electron Model" [158]. In dem Modell wird angenommen, dass die aus der Leerstellenbildung (Abnahme des Sauerstoffpotentials im Material) bzw. Strontiumdotierung resultierenden delokalisierten Elektronen in ein teilweise gefülltes Leitungsband abgegeben werden. Weiterhin wird angenommen, dass dieses Band starr ist und zusätzliche Elektronen zu einem Anheben des Fermi-Niveaus führen. Bezüglich des Gittersauerstoffs und der Sauerstoffleerstellen wird angenommen, dass diese zufällig im Sauerstoffgitter verteilt vorliegen und nicht miteinander wechselwirken.

Das chemische Potential des Sauerstoffs im Festkörper $\mu_{O_2}^{oxid}$, wenn es im Äquilibrium mit der Umgebungsatmosphäre ist ($\mu_{O_2}^{oxid} = \mu_{O_2}^{gas}$), wird dann wie folgt berechnet:

$$\mu_{O_2}^{oxid} = \mu_{O_2}^0 + R \cdot T \cdot \ln(pO_2) = E_{ox}(x) - \frac{4}{g(\varepsilon_F)} \cdot (2 \cdot \delta - x) - T \cdot S_{ox}(x) - 2 \cdot R \cdot T \cdot \ln\left(\frac{\delta}{3-\delta}\right) \qquad \text{2-19}$$

Dabei sind E_{ox} und S_{ox} Konstanten für die Berechnung der molaren Enthalpie und Entropie des molekularen Sauerstoffs im Oxid, und $g(\varepsilon_F)$ ist die Zustandsdichte am Fermi-Niveau. Zahlenwerte zu diesen Größen sind in Tabelle 2.1 zu finden.

Tabelle 2.1: Wertetabelle für die Parameter des Itinerant Electron Models für $La_{0.6}Sr_{0.4}CoO_{3-\delta}$

Quelle:	LANKHORST [153]	SØGAARD [139]
E_{ox} / kJ/mol	-301.4	-217.2
S_{ox} / kJ/(mol·K)	69.6	141.2
$g(\varepsilon_F)$ / (kJ/mol)$^{-1}$	0.0159	0.0188

Auf der anderen Seite besteht folgender Zusammenhang zwischen dem chemischen Potential des molekularen Sauerstoffs im Gas $\mu_{O_2}^{gas}$ und dem Sauerstoffpartialdruck:

$$\mu_{O_2}^{gas} = \mu_{O_2}^0 + R \cdot T \cdot \ln(pO_2) \qquad \text{2-20}$$

Setzt man das Referenzpotential $\mu_{O_2}^0$ auf das von kristallinem Sauerstoff bei 0 K, kann das Sauerstoffpotential, wie in [153] oder [159] beschrieben, berechnet werden. Gleichung 2-19 und 2-20 wird in dieser Arbeit jedoch nur für die Berechnung des Thermodynamischen Faktors benötigt (vgl. Abschnitt 2.6.6), für die die Änderung und nicht der Absolutwert ausschlagend ist, weshalb zur Vertiefung auf die entsprechende Literatur verwiesen sein soll.

2.6.4 Elektronische und ionische Leitfähigkeit

Wenn $LaCoO_3$ mit Strontium (Sr^{2+}) dotiert wird, wird die durch Sr^{2+} eingebrachte Ladung durch die Oxidation von Co^{3+} zu Co^{4+}, also durch die Bildung von Defektelektronen, oder durch die Bildung von Sauerstoffleerstellen kompensiert. In Kröger-Vink-Notation kann dies wie folgt beschrieben werden [126]:

$$SrCoO_3 \xrightarrow{\ LaCoO_3\ } Sr'_{La} + Co^{\bullet}_{Co} + 3\ O^X_O \qquad\qquad 2\text{-}21$$

$$2\ Co^{\bullet}_{Co} + O^X_O \rightleftarrows V^{\bullet\bullet}_O + 2\ Co^X_{Co} + 1/2\ O_2 \qquad\qquad 2\text{-}22$$

Bei einem der Luft entsprechenden Sauerstoffpartialdruck führt die Dotierung für $x < 0.5$ hauptsächlich zur Löcherbildung (vgl. Abbildung 2.11) und zu nur wenigen Sauerstoffleerstellen. Der Anteil von Co^{4+} steigt dabei fast linear mit x an. Für höhere Strontiumkonzentrationen überwiegt die Sauerstoffleerstellenbildung, wobei dies auf Kosten des Anteils an Co^{4+} geschieht [116, 136, 137]. Die darauffolgende Abnahme an Co^{4+} mit steigendem x wird mit der begünstigten Bildung von Defektkomplexen aus Strontiumionen und Sauerstoffleerstellen in geordneten Strukturen in Form von Mikrodomänen begründet [137].

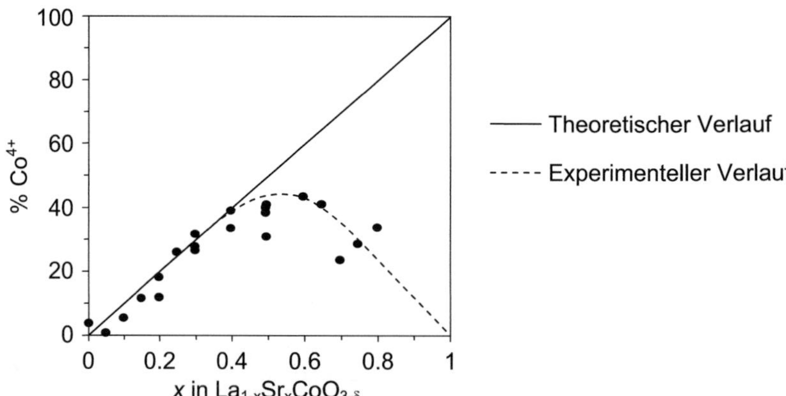

Abbildung 2.11: Relativer Anteil an Co^{4+} in $La_{1-x}Sr_xCoO_{3-\delta}$ [116]
Für den theoretischen Verlauf wurde angenommen, dass die Ladungsneutralität in $La_{1-x}Sr_xCoO_{3-\delta}$ mit steigendem Strontiumgehalt über die Oxidation von Co^{3+} zu Co^{4+} gewahrt wird. Experimentell zeigte sich jedoch, dass dies nur im Bereich von 0 … 40 % Sr-Substitution zutrifft. Für $x > 0.4$ erfolgt die Ladungskompensation zusätzlich noch über die Bildung von Sauerstoffleerstellen.

Entsprechend kann die mittlere elektrochemische Wertigkeit des Kobalts n_{Co} wie folgt berechnet werden [152]:

$$n_{Co} = 3 + x - 2 \cdot \delta \qquad\qquad 2\text{-}23$$

Hierbei ist $\delta = [V_O^{\bullet\bullet}]$, wobei angenommen wird, dass nur zweifach negativ geladene Sauerstoffleerstellen auftreten. In der Realität können Sauerstoffleerstellen jedoch auch unterschiedliche Wertigkeiten annehmen [160].

Elektronische Leitfähigkeit

Im Allgemeinen können Elemente der Übergangsmetalle wie beispielsweise Mn, Fe und Co in Verbindungen unterschiedliche Wertigkeiten annehmen. Für Kobalt sind das in der Regel Wertigkeiten von +II bis +IV [152]. Für La(+III), Sr(+II) und O(-II) können die Wertigkeiten hingegen als fest angenommen werden. In undotiertem $LaCoO_3$ liegt die mittlere Wertigkeit folglich bei +III, wobei speziell bei hohen Temperaturen ein Teil der Kobaltionen als Co^{2+} und Co^{4+} vorliegt. Die damit einhergehende hohe elektronische Leitfähigkeit resultiert aus der Bildung von Ladungsträgern für die n- und p-Leitung gleicher Anzahl entsprechend Gleichung [140]:

$$2\ Co^{3+} = Co^{2+} + Co^{4+} \qquad\qquad 2\text{-}24$$

Durch die Substitution von Lanthan durch Strontium auf dem A-Platz wird das Leitungsverhalten dann in Richtung verstärkter Löcherleitung verändert. Das zweiwertige Strontium (Sr^{2+}) fungiert dabei als Akzeptor, wobei der Ladungsausgleich für die Ladungsneutralität, wie oben beschrieben, unter anderem über $Co^{3+} \rightarrow Co^{4+}$ erfolgt ($Co_{Co}^{\bullet}$). $La_{1-x}Sr_xCoO_{3-\delta}$ mit $x > 0$ ist folglich ein p-Leiter. [140]

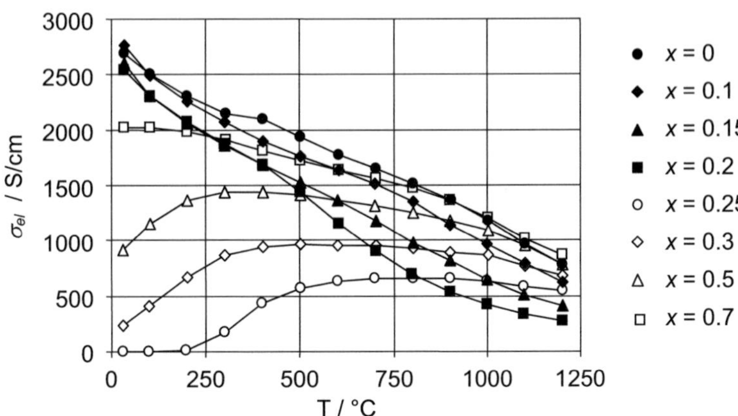

Abbildung 2.12: Temperaturabhängige Leitfähigkeit von $La_{1-x}Sr_xCoO_{3-\delta}$ für $x = 0 \dots 0.7$ [136]

Für $x > 0.2$ weist $La_{1-x}Sr_xCoO_{3-\delta}$ das temperaturabhängige Leitungsverhalten eines metallischen Leiters auf, für $x \leq 0.2$ und niedrige Temperaturen das eines Halbleiters. Bei höheren Temperaturen weisen auch Stöchiometrien mit $x \leq 0.2$ metallisches Leitungsverhalten auf.

Die temperaturabhängige Leitfähigkeit von $La_{1-x}Sr_xCoO_{3-\delta}$ mit unterschiedlicher Strontiumdotierung wird in Abbildung 2.12 am Beispiel der Studie von MINESHIGE [136] gezeigt. Für niedrige Dotierungskonzentrationen ($x < 0.25$) und niedrige Temperaturen zeigt die Leitfähigkeit von $La_{1-x}Sr_xCoO_{3-\delta}$ Halbleiterverhalten, d.h. die Leitfähigkeit steigt mit steigender Temperatur. Nach erreichen eines Maximums fällt die Leitfähigkeit mit weiter ansteigender Temperatur wieder ab, wobei man hier von metallischem Leitungsverhalten spricht. Dabei verschiebt sich die Temperatur, bei der die maximale Leitfähigkeit erreicht wird und bei der sich das Leitungsverhalten ändert, mit steigender Dotierungskonzentration zu niedrigeren Temperaturen. Die Leitfähigkeit von $La_{1-x}Sr_xCoO_{3-\delta}$ für Dotierungskonzentrationen von $x \geq 0.25$ zeigt im gesamten Temperaturbereich metallisches Leitungsverhalten.

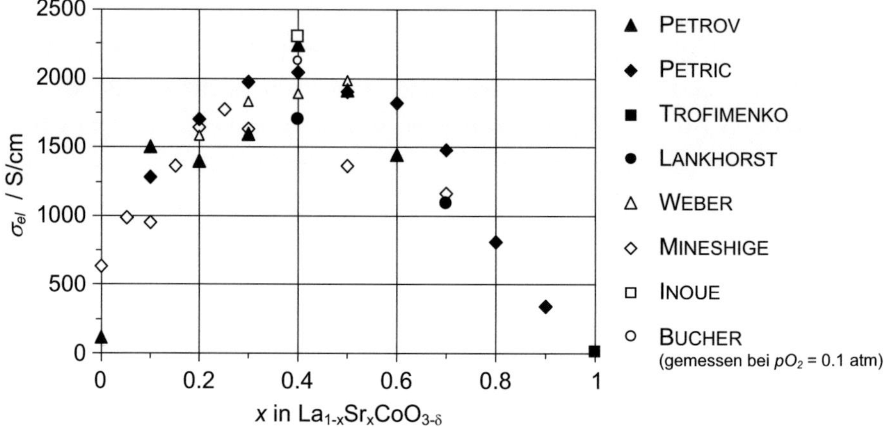

Abbildung 2.13: Elektronische Leitfähigkeit von $La_{1-x}Sr_xCoO_{3-\delta}$ bei 600 °C in Luft in Abhängigkeit der Strontiumdotierung

Bei 600 °C wird die höchste Leitfähigkeit bei einer Strontiumdotierung von $x = 0.4$ erreicht. Die Daten stammen von BUCHER[25], INOUE [161], LANKHORST [127], MINESHIGE [136], PETRIC [140], PETROV [137], TROFIMENKO [162] und WEBER [49].

Das Ergebnis einer Literaturrecherche zur elektronischen Leitfähigkeit von $La_{1-x}Sr_xCoO_{3-\delta}$ bei 600 °C ist in Abbildung 2.13 gezeigt, wobei die höchste Leitfähigkeit bei einem Strontiumgehalt von $x = 0.4$ erreicht wird. Dieses Leitfähigkeitsmaximum verschiebt sich jedoch mit ansteigender Temperatur zu niedrigeren Dotierungskonzentrationen ($x = 0.3$ bei 800 °C, $x = 0.2$ bei 1000 °C) [140]. Im Gegensatz dazu weist in der Arbeit von MINESHIGE [136] die Stöchiometrie mit $x = 0.25$ im gesamten Temperaturbereich von 25 … 1200 °C die höchste Leitfähigkeit auf (vgl. Abbildung 2.12), bei PETROV [137] im Temperaturbereich von 25 … 900 °C die Stöchiometrie mit $x = 0.4$. Es ist anzunehmen, dass unterschiedliche Herstellungs- und Sinterbedingungen zu den widersprüchlichen und teilweise erheblich abweichenden Datensätzen führen. So kann

---

[25] Persönliche Mitteilung von E. BUCHER und W. SITTE, Montanuniversität Leoben, Österreich, Mai 2010. Laut E. BUCHER ist eine Veröffentlichung dieser Daten geplant.

beispielsweise eine unterschiedliche Korngrenzdichte zu unterschiedlich starkem Einfluss der Korngrenzleitfähigkeit auf die Gesamtleitfähigkeit führen [140].

Abbildung 2.14 zeigt einen Literaturüberblick über die elektronische Leitfähigkeit von $La_{0.6}Sr_{0.4}CoO_{3-\delta}$ in Abhängigkeit der Temperatur. Die Datensätze weichen teilweise erheblich voneinander ab, wobei auch hier angenommen werden kann, dass dies von unterschiedlichen Herstellungs- und Sinterbedingungen herrührt.

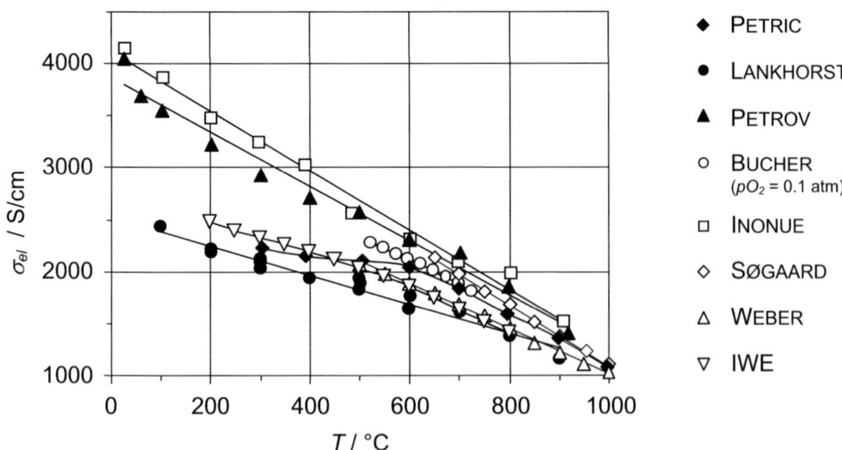

Abbildung 2.14: Temperaturabhängige elektronische Leitfähigkeit von $La_{0.6}Sr_{0.4}CoO_{3-\delta}$ in Luft
Bei den Geraden handelt es sich um lineare Fits (ausgenommen die Datensätze von PETRIC [140] und die IWE-Messung) an die Datensätze von BUCHER[25], INOUE [161], LANKHORST [127], PETROV [137], SØGAARD [139] und WEBER [49], die als Visualisierungshilfe dienen sollen.

Die elektronische Leitfähigkeit ist jedoch nicht nur von der Temperatur abhängig, sondern auch vom Sauerstoffpartialdruck, wobei sie für $x \geq 0.1$ mit sinkendem Sauerstoffpartialdruck sinkt. $LaCoO_{3-\delta}$ hingegen zeigt nur eine äußerst geringe Abhängigkeit der elektronischen Leitfähigkeit vom Sauerstoffpartialdruck [138]. Abbildung 2.15 zeigt die sauerstoffpartialdruckabhängige elektronische Leitfähigkeit von $La_{0.6}Sr_{0.4}CoO_{3-\delta}$ für Temperaturen von 550 ... 1000 °C, wobei auch hier eine breite Streuung der Daten vorliegt. Für niedrige Temperaturen wurde die Abhängigkeit der Leitfähigkeit vom Sauerstoffpartialdruck mit $\sigma_{el} \sim (pO_2)^{0.053}$ bestimmt, bei 1000 °C lag diese bei $\sigma_{el} \sim (pO_2)^{0.095}$. SØGAARD [139] konnte weiterhin zeigen, dass die elektronische Leitfähigkeit eine lineare Abhängigkeit von der Sauerstoffleerstellenkonzentration aufweist. Die Steigung nimmt jedoch mit steigender Temperatur ab, was mit einem Rückgang der Ladungsträgermobilität erklärt wird. Diese verringert sich auch mit steigendem Sr-Anteil [127, 139].

In der Literatur werden zwei Leitungsmechanismen für die elektronische Leitung diskutiert. Zum einen eine Hopping-Leitung [163], zum anderen eine Leitung über delokalisierte Defektelektronen in einem Leitungsband (Itinerant Electron Model) [139, 153].

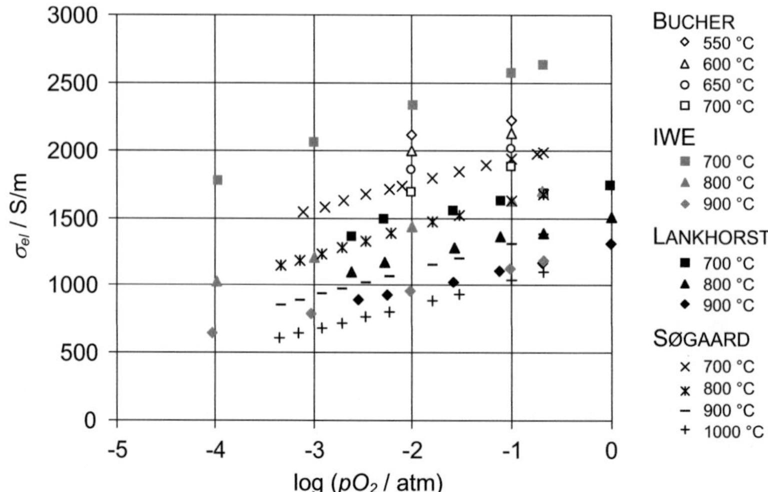

Abbildung 2.15: Sauerstoffpartialdruckabhängige elektronische Leitfähigkeit von $La_{0.6}Sr_{0.4}CoO_{3-\delta}$ bei Temperaturen von 550 … 1000 °C

Die elektronische Leitfähigkeit zeigt bei allen Temperaturen eine Abnahme mit sinkendem Sauerstoffpartialdruck. Die Daten stammen aus Studien von LANKHORST [127], SØGAARD[26] [139] und BUCHER[27] und aus einer am IWE durchgeführten Messung.

Der **Hopping-Leitung** liegt ein Punktdefektmodell zugrunde [164-168], das auch für die Beschreibung der elektronischen Leitung in anderen Kathodenmaterialien (z.B. $(La,Sr)MnO_{3-\delta}$) angewendet wird. Die Ladung ist dabei beim Kobaltion lokalisiert, wobei der Ladungstransport über den Wertigkeitswechsel zwischen Co^{3+} und Co^{4+} erfolgt. Dieser Ladungstransport durch Polaronen[28] ist ein thermisch aktivierter Prozess, da sich die Beweglichkeit der Defektelektronen μ_p und somit die elektronische Leitfähigkeit mit der Temperatur erhöht. [19]

Die Leitfähigkeit aufgrund von Löcherleitung wird nach [19] mit

$$\sigma_p = \mu_p(T) \cdot p \cdot e_0 \qquad \text{2-25}$$

berechnet, wobei p die Ladungsträgerkonzentration der Defektelektronen ist ($[Co_{Co}^{\bullet}] = p$) und e_0 die Elementarladung. Die temperaturabhängige Beweglichkeit $\mu_p(T)$ berechnet sich nach [19] mit:

$$\mu_p(T) = \frac{e_0 \cdot a_0^2 \cdot v_0}{k \cdot T} \cdot e^{-\frac{E_a}{k_B \cdot T}} \qquad \text{2-26}$$

Hierbei sind a_0 der Gitterabstand, v_0 die Sprungfrequenz, E_a die Aktivierungsenergie, k_B die Boltzmann-Konstante und T die absolute Temperatur. SITTE [163] konnte für $La_{0.4}Sr_{0.6}CoO_{3-\delta}$ im

---

[26] In [139] als $(La_{0.6}Sr_{0.4})_{0.99}CoO_{3-\delta}$ angegeben.
[27] Persönliche Mitteilung von E. BUCHER und W. SITTE, Montanuniversität Leoben, Österreich, Mai 2010. Laut E. BUCHER ist eine Veröffentlichung dieser Daten geplant.
[28] Elektron und sein Dehnungsfeld.

Bereich von $0.12 \leq \delta \leq 0.16$ eine Aktivierungsenergie von $0.02 \leq E_a \leq 0.05$ eV bestimmen, wobei diese mit ansteigender Nichtstöchiometrie des Sauerstoffs anstieg. Für die Stöchiometrie $La_{0.4}Sr_{0.6}CoO_{3-\delta}$ hingegen wurden negative Aktivierungsenergien bestimmt, weshalb hierfür ein „Itinerant Electron Model" vorgeschlagen wurde. Auch bereitet das Punktdefektmodell bei der Beschreibung des Leitungsverhaltens von $La_{0.6}Sr_{0.4}CoO_{3-\delta}$ Probleme, da mit ihm nicht die pO_2-Abhängigkeit mit dem Exponenten $n = 0.095$ erklärt werden konnte, die für eine Leerstellen-leitung bei 0.25 liegen sollte [139].

Beim **Itinerant Electron Model** wird angenommen, dass das 3d-Orbital des Kobalts und das 2p-Orbital des Sauerstoffs ein Leitungsband ausbilden. LANKHORST und SØGAARD haben für die Beschreibung der Leitfähigkeit von $La_{1-x}Sr_xCoO_{3-\delta}$ ($x = 0.15$, 0.2, 0.3, 0.4 und 0.7) und der Thermodynamik des Sauerstoffeinbaus das „Itinerant Electron Model" erfolgreich angewendet (vgl. Abschnitt 2.6.3). Neben der Annahme, dass die Sauerstoffleerstellen als willkürlich über gleichwertige Gitterplätze verteilt vorliegen, wird zudem angenommen, dass die Leitungselek-tronen als delokalisiert (itinerant[29]) vorliegen. Sie besetzen dabei Energieniveaus in einem teilweise gefüllten Elektronenband. Die Bildung von Sauerstoffleerstellen (vgl. Gleichung 2-27) führt somit zu einer Abnahme des Sauerstoffpotentials und zu einem Anstieg der Besetzung des Elektronenbandes, wodurch das Fermi-Niveau angehoben wird:

$$2 \cdot O_O^X \rightleftarrows O_2^{gas} + 2 \cdot V_O^{\bullet\bullet} + 4e' \qquad\qquad 2\text{-}27$$

Auch unterschiedliche Sr-Dotierungslevels führen zu einer unterschiedlichen Besetzung dieses Elektronenbands und somit zu unterschiedlich hohen Fermi-Niveaus. Typisch für delokalisierte, itinerante Elektronen ist das Vorliegen einer hohen elektronischen Leitfähigkeit und eines niedrigen Seebeck-Koeffizienten, was durch die Messungen von MIZUSAKI [138] für $x = 0.3$, 0.5 und 0.7 bestätigt wurde. Das Modell, das eine Veränderung im Fermi-Niveau mit der Konzentra-tion von ionisierten Defekten verbindet, wird im Allgemeinen als "electron gas rigid band model" bezeichnet. [139, 153, 158]

Aufgrund des Leitungsmechanismus über die Co-O-Co Bindungsketten existiert auch eine Abhängigkeit der elektronischen Leitfähigkeit von den Gitterparametern. MIZUSAKI [138] konnte zeigen, dass bei einem rhomboedrischen Winkel von $\alpha_R \approx 60.3\,°$ die Charakteristik der elektro-nischen Leitfähigkeit von einem Halbleiterverhalten ($\alpha_R \geq 60.4\,°$) zu einem metallischen Verhal-ten ($\alpha_R \leq 60.3\,°$) wechselt. Sowohl die Dotierung mit Strontium als auch steigende Temperatu-ren führen zu einer Reduktion des rhomboedrischen Winkels α_R. Dies äußert sich in einem Leitfähigkeitsmaximum, das mit steigendem Strontiumanteil x bei immer niedrigeren Temperatu-ren auftritt (vgl. Abbildung 2.12).

Bei hohem δ und bei niedrigen Temperaturen kommt es jedoch zur Ausbildung von Überstruktu-ren [137, 157, 169, 170], die mittels TEM-Analysen als Mikrodomänen (5 … 50 nm) der Gitterstruktur $A_2B_2O_5$ nachgewiesen werden konnten [126, 135]. Diese führen zu Abweichungen

---

[29] Das englische Wort „itinerant" kann mit „umherwandernd" übersetzt werden.

von dem vom Modell vorhergesagten Verhalten [153]. Durch eine Kodotierung mit Eisen auf dem B-Platz ($La_{0.6}Sr_{0.4}Co_{0.9}Fe_{0.1}O_{3-\delta}$) konnte der Effekt jedoch reduziert werden, so dass die Abweichungen vom Modell erst bei deutlich niedrigerem δ auftraten [127].

Abschließend ist zu erwähnen, dass aufgrund einer Überführungszahl von t_{O2-}< 0.01 für $La_{1-x}Sr_xCoO_{3-\delta}$ im Allgemeinen und sogar t_{O2-}< 0.005 für $La_{0.6}Sr_{0.4}CoO_{3-\delta}$ und $La_{0.3}Sr_{0.7}CoO_{3-\delta}$ im Speziellen, bei Leitfähigkeitsmessungen so gut wie ausschließlich die elektronische Leitfähigkeit bestimmt wird [127]. Es kann somit auf komplexe, die Ionenleitung blockierende Messanordnungen verzichtet werden. Umgekehrt bedarf es bei der direkten Messung der ionischen Leitfähigkeit deutlich aufwendigerer Messanordnungen.

Ionische Leitfähigkeit

Die hohe ionische Leitfähigkeit von $La_{1-x}Sr_xCoO_{3-\delta}$ bei hohen Temperaturen resultiert aus der hohen Sauerstoffleerstellenkonzentration (vgl. Abschnitt 2.6.3) und dem hohen Leerstellen-Diffusionskoeffizienten (vgl. Abschnitt 2.6.5) dieser Materialklasse. Sie kann je nach Strontium-dotierung sogar über der von 8YSZ liegen (vgl. Abbildung 2.17) [127]. Da beide Parameter temperatur- und zum Teil auch sauerstoffpartialdruckabhängig sind, ist auch die ionische Leitfähigkeit für Sauerstoffionen (σ_{ion}) von diesen Parametern abhängig. Sie berechnet sich mit

$$\sigma_{ion} = \frac{D_O \cdot c_O \cdot 4 \cdot F^2}{R \cdot T} \qquad \text{2-28}$$

bzw.

$$\sigma_{ion} = \frac{D_V \cdot c_V \cdot 4 \cdot F^2}{R \cdot T} \qquad \text{2-29}$$

wobei c_O und c_V die Sauerstoffionen- bzw. Sauerstoffleerstellenkonzentration im Kristallgitter sind, D_O und D_V die Festkörperdiffusionskoeffizienten der Sauerstoffionen bzw. der Sauerstoff-leerstellen (vgl. Abschnitt 2.6.5), F die Faraday-Konstante, R die allgemeine Gaskonstante und T die absolute Temperatur [126, 127, 171].

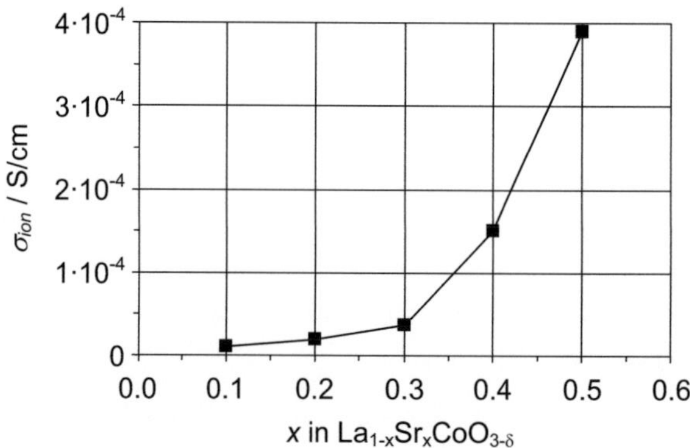

Abbildung 2.16: Ionische Leitfähigkeit von $La_{1-x}Sr_xCoO_{3-\delta}$ in Abhängigkeit der Strontiumdotierungs-konzentration bei 680 °C in Luft [172]

Entsprechend dem Anstieg der Leerstellenkonzentration mit zunehmendem Strontiumanteil x, steigt auch die ionische Leitfähigkeit mit zunehmendem x an.

Die Temperaturabhängigkeit der ionischen Leitfähigkeit kann im Allgemeinen mit der empirischen Arrhenius-Gleichung beschrieben werden [128]:

$$\sigma_{ion} = \frac{\sigma_0}{T} \cdot e^{-\frac{E_a}{k_B \cdot T}} \qquad 2\text{-}30$$

Hierbei sind σ_0 eine Konstante und E_a die Aktivierungsenergie des Leitungsmechanismus.

Entsprechend dem in Abschnitt 2.6.3 beschriebenen Verhalten, dass die Aufrechterhaltung der Elektroneutralität durch den Ausbau von Gittersauerstoff vermehrt erst bei $x > 0.4$ auftritt, steigt die ionische Leitfähigkeit, wie in Abbildung 2.16 zu sehen ist, mit x anfänglich nur leicht an und ab $x = 0.4$ deutlich stärker. Gleichzeitig sinkt die für Messungen in Luft bestimmte Aktivierungsenergie von $E_a = 2.2$ auf 1.1 eV. [172]

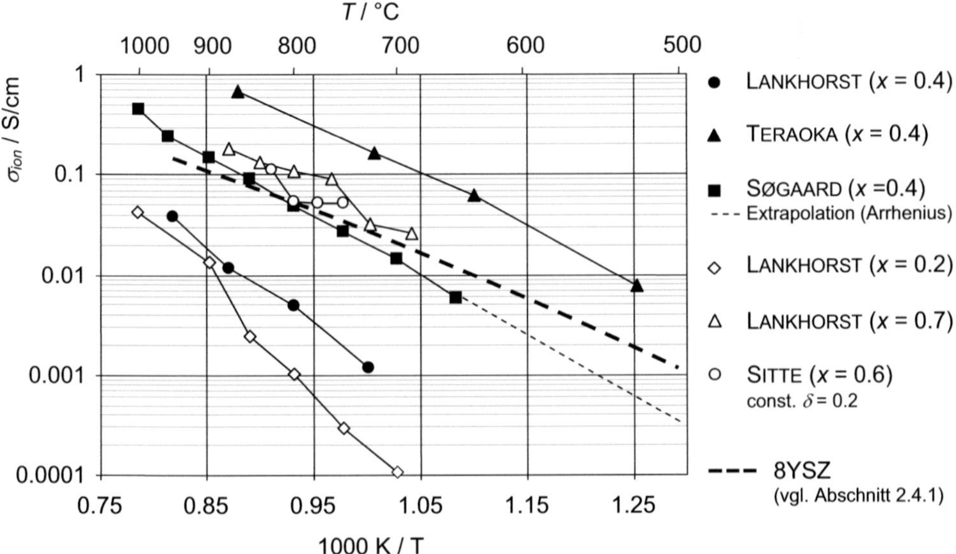

Abbildung 2.17: Temperaturabhängige ionische Leitfähigkeit von $La_{1-x}Sr_xCoO_{3-\delta}$ und 8YSZ in Luft
Die Daten stammen aus Untersuchungen von LANKHORST [127], SITTE [169], SØGAARD [139] und TERAOKA [173].

In Abbildung 2.17 ist die ionische Leitfähigkeit von unterschiedlichen Stöchiometrien von $La_{1-x}Sr_xCoO_{3-\delta}$ in Abhängigkeit der Temperatur gezeigt. Das Hauptaugenmerk soll dabei auf den unterschiedlichen Datensätzen von $La_{0.6}Sr_{0.4}CoO_{3-\delta}$ liegen, bei denen sich die Werte um bis zu zwei Größenordnungen unterscheiden. So liegen sogar die Leitfähigkeiten anderer Stöchiometrien – bis auf die von $x = 0.2$ – und auch die von 8YSZ innerhalb dieses Spektrums. Es ist anzunehmen, dass die breite Streuung – zumindest zum Teil – das Resultat unterschiedlicher Korngrenzdichten ist, resultierend aus unterschiedlichen Herstellungs- und Sinterbedingungen. Wie auch bei der elektronischen Leitfähigkeit kann die ionische Leitfähigkeit aufgrund eines unterschiedlichen Anteils der Korngrenzleitfähigkeit an der Gesamtleitfähigkeit stark variieren [140].

Abbildung 2.18 zeigt die ionische Leitfähigkeit von $La_{0.6}Sr_{0.4}CoO_{3-\delta}$ bei zwei unterschiedlichen Temperaturen in Abhängigkeit des Sauerstoffpartialdrucks. Bei 825 °C weist die ionische Leitfähigkeit ein deutliches Maximum auf. Der Anstieg der Leitfähigkeit mit sinkendem pO_2 wird durch die Bildung von Sauerstoffleerstellen mit sinkendem Sauerstoffpartialdruck erklärt, wodurch sich die Ladungsträgerkonzentration erhöht. Dem wirkt jedoch die Bildung von geordneten Leerstellenstrukturen entgegen, von denen erwartet wird, dass sie die Mobilität der Leerstellen verringern [174].

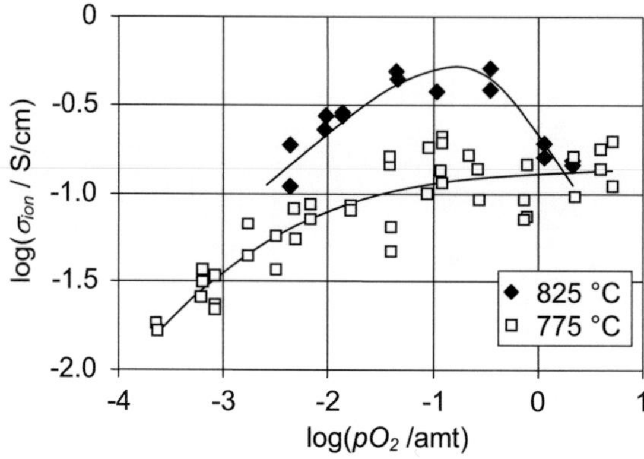

Abbildung 2.18: Ionische Leitfähigkeit von $La_{0.6}Sr_{0.4}CoO_{3-\delta}$ in Abhängigkeit des Sauerstoffpartialdrucks bei 775 und 825 °C [169]
Die in die Grafik eingezeichneten Linien sollen als Visualisierungshilfe dienen.

Nach dem Punktdefektmodell steigt die Leitfähigkeit mit sinkendem pO_2 an, da, wie oben erwähnt, die Ladungsträgerdichte mit sinkendem Sauerstoffpartialdruck zunimmt. Zufällig verteilte, nicht miteinander interagierende Defekte liegen jedoch nur bei niedriger Sauerstoffleerstellendichte oder hohen Temperaturen vor. Bei niedrigen Temperaturen und/oder hohen Sauerstoffleerstellenkonzentrationen tritt Leerstellenordnung auf. Entsprechend nimmt die Leitfähigkeit bei 775 °C im gesamten pO_2-Bereich mit sinkendem Sauerstoffpartialdruck ab. Das Maximum in der ionischen Leitfähigkeit verschiebt sich dabei mit steigender Temperatur zu höheren Sauerstoffpartialdrücken. SØGAARD [139] geht davon aus, dass Leerstellenordnung ab einer Nichtstöchiometrie des Sauerstoffs von $\delta = 0.15$ vorliegt. Weiterhin bestätigt die Zunahme der Aktivierungsenergie mit steigender Nichtstöchiometrie des Sauerstoffs dieses Verhalten. Da die ionische Leitfähigkeit sowohl von der Beweglichkeit, als auch von der Ladungsträgerkonzentration abhängig ist, sollte diese strenggenommen bei konstanter Leerstellenkonzentration bestimmt werden. Das Plateau für $pO_2 > 0.1$ atm bei 775 °C wird auf eine Sättigung des Gitters mit Sauerstoff zurückgeführt [169].

2.6.5 Oberflächenaustausch und Festkörperdiffusion

Neben der elektrischen Leitfähigkeit und dem angepassten thermischen Ausdehnungskoeffizienten sind die elektrochemischen Eigenschaften maßgebend für die Eignung eines Materials als Kathode einer Festelektrolyt-Brennstoffzelle. Sie werden durch den Sauerstoffaustausch an der Oberfläche und die Festkörperdiffusion der Sauerstoffionen im Festkörper beschrieben. Der Oberflächenaustausch von Sauerstoff wird durch den Oberflächenaustauschkoeffizienten k beschrieben, der ein Maß für die Geschwindigkeit dieses Schrittes darstellt. Der Oberflächenaustausch ist jedoch keine Einzelreaktion, sondern beinhaltet eine Vielzahl von Einzelschritten wie z.B. die Adsorption des Sauerstoffmoleküls an der Kathodenoberfläche, Dissoziation und Ionisation der Sauerstoffmoleküle an der Festkörperoberfläche und den Einbau der Sauerstoffionen in das Perowskitgitter [11] (vgl. Abschnitt 2.2.2). Hierbei wird auch die starke Doppelbindung des Sauerstoffmoleküls (Bildungsenthalpie von ca. 5.1 eV [175]) aufgebrochen. Die Zusammenhänge wurden jedoch noch nicht vollständig verstanden, so dass in der Regel ein lineares Verhalten für die Oberflächenaustauschrate j_O^S angenommen wird [176, 177]:

$$j_O^S = \frac{dc}{dt} = k_O \left(c_O \left(t \rightarrow \infty \right) - c_O \left(t \right) \right) \qquad \text{2-31}$$

k_O ist hierbei der Oberflächenaustauschkoeffizient, der durch Messungen im thermodynamischen Gleichgewicht bestimmt wurde.

Für kleine Differenzen im chemischen Potential ($\Delta\mu_O = \mu_s - \mu_g$) zwischen dem Feststoff (μ_s) und der Gasphase (μ_g) kann die Austauschrate wie folgt beschrieben werden [178]:

$$j_O^S = - \frac{k_O \cdot c_O}{R \cdot T} \cdot \Delta\mu_O \qquad \text{2-32}$$

Die Oberflächenaustauschrate ist somit direkt proportional zum Oberflächenaustauschkoeffizienten, weshalb er bei Kathodenmaterialien möglichst groß sein sollte.

Nach Mai [176] ist der Oberflächenaustausch ein thermisch aktivierter Prozess, der mit der Arrhenius-Gleichung beschrieben werden kann:

$$k_O = k_0 \cdot e^{-\frac{E_a}{k_B \cdot T}} \qquad \text{2-33}$$

Dabei ist k_0 ein präexponentieller Faktor, k_B die Boltzmann-Konstante und E_a die Aktivierungsenergie des Sauerstoffaustauschs. Es zeigte sich jedoch, dass der Oberflächenaustausch auch von der Leerstellenkonzentration abhängig ist, so dass die Aktivierungsenergie nicht nur den Austauschprozess an sich beschreibt, sondern auch noch einen Beitrag der thermisch aktivierten Leerstellenbildung beinhaltet [179].

Die Festkörperdiffusion in ABO_3-Perowskiten wird durch den Selbstdiffusionskoeffizienten D_O beschrieben und erfolgt durch eine Sauerstoffleerstellenleitung, d.h. der Ladungstransport im

Gitter findet über Platzwechselvorgänge zwischen Sauerstoffionen und Sauerstoffleerstellen statt [67]. Die Beweglichkeit der Sauerstoffionen μ_O kann dabei über die Nernst-Einstein-Beziehung aus dem Selbstdiffusionskoeffizienten D_O bestimmt werden [128]:

$$\mu_O = \frac{q \cdot D_O}{k_B \cdot T} \qquad \text{2-34}$$

Die elektrische Ladung $q = z \cdot e_0$ beträgt im Fall von O^{2-} als Ladungsträger (Ladungszahl $z = 2$) 2 eV.

Die ionische Leitfähigkeit berechnet sich dann nach [128] mit

$$\sigma_{ion} = n \cdot q \cdot \mu_O \qquad \text{2-35}$$

wobei n die Anzahldichte der beweglichen Ladungsträger ist, die über die Avogadro-Konstante N_A mit der molaren Konzentration des Ladungsträgers c_O verknüpft ist:

$$n = c_O \cdot N_A \qquad \text{2-36}$$

Werden nun Gleichung 2-34 und 2-36 in 2-35 eingesetzt, erhält man daraus die Verknüpfung der Leitfähigkeit mit dem Selbstdiffusionskoeffizienten für Sauerstoffionen D_O (vgl. Gleichung 2-28), bzw. unter Zuhilfenahme von Gleichung 2-40 die Verknüpfung mit dem Selbstdiffusionskoeffizienten für Sauerstoffleerstellen D_V (vgl. Gleichung 2-29), die hier nochmals aufgeführt werden sollen:

$$\sigma_{ion} = \frac{D_O \cdot c_O \cdot 4 \cdot F^2}{R \cdot T} \qquad \text{2-37}$$

bzw. mit Gleichung 2-40

$$\sigma_{ion} = \frac{D_V \cdot c_V \cdot 4 \cdot F^2}{R \cdot T} \qquad \text{2-38}$$

Daraus folgt, dass Kathodenmaterialien nicht nur über einen hohen Oberflächenaustauschkoeffizienten verfügen sollten, sondern auch über einen möglichst großen Diffusionskoeffizienten, um die aus der Festkörperdiffusion resultierenden Verluste gering zu halten.

Die Temperaturabhängigkeit des Selbstdiffusionskoeffizienten kann entsprechend der Random-Walk-Theorie mit einem Arrhenius-ähnlichen Ansatz beschrieben werden [9, 179]:

$$D_O = D_0 \cdot e^{-\frac{\Delta H_M}{k_B \cdot T}} \qquad \text{2-39}$$

Dabei ist ΔH_m die Enthalpie des Platzwechselmechanismus. Bei niedrigen Temperaturen muss oftmals noch ein zusätzlicher Term ΔH_a für die Bindungsenthalpie von Clustern berücksichtigt werden [128, 169]. Auch gilt Gleichung 2-39 streng genommen nur bei temperaturunabhängigem c_O, wie es für z.B. Elektrolytmaterialien wie YSZ der Fall ist. Für Kathodenmaterialien, deren Leerstellenkonzentration mit ansteigender Temperatur zunimmt, setzt sich die Aktivierungsenthalpie noch zusätzlich aus der Bildungsenthalpie von Fehlstellen ΔH_f zusammen [128, 176, 179].

Die beiden Selbstdiffusionskoeffizienten für Sauerstoffionen und Sauerstoffleerstellen sind in einem Punktdefekt-Modell mit Leerstellen-Leitungsmechanismus wie folgt verknüpft [180]:

$$D_O \cdot c_O = D_V \cdot c_V \qquad \text{2-40}$$

Die molaren Konzentrationen der Sauerstoffionen c_O und der Sauerstoffleerstellen c_V im Gitter berechnen sich mit [126]:

$$c_V = \frac{\delta}{UCV \cdot N_A} \qquad \text{2-41}$$

$$c_O = \frac{3-\delta}{UCV \cdot N_A} \qquad \text{2-42}$$

Dabei sind UCV das Volumen der Einheitszelle, N_A die Avogadro-Konstante und δ die Nichtstöchiometrie des Sauerstoffs.

Analog berechnet sich die Konzentration der Gitterplätze für Sauerstoffionen c_{mc} mit

$$c_{mc} = \frac{3}{UCV \cdot N_A} \qquad \text{2-43}$$

Das Verhältnis von D_O und D_V in Gleichung 2-40 kann mit 2-41 und 2-42 auch durch die Sauerstoffnichtstöchiometrie δ beschrieben werden:

$$D_O \cdot (3-\delta) = D_V \cdot \delta \qquad \text{2-44}$$

Für Perowskite variiert D_O über mehrere Zehnerpotenzen [181], wobei D_V sich von Material zu Material nur wenig unterscheidet [182]. Folglich wird die Ionenleitfähigkeit für Sauerstoffionen in Perowskiten maßgeblich von der Leerstellenkonzentration bestimmt [128].

Unterscheidung von *k*- und *D*-Werten je nach Bestimmungsmethode

In der Literatur werden drei Typen von *k*- und *D*-Werten unterschieden, um den unterschiedlichen Messverfahren Rechnung zu tragen, mit denen sie bestimmt wurden. Leider wurde eine Vielzahl von nicht einheitlichen Indizes verwendet, um dies zu kennzeichnen. Im Folgenden werden die Messverfahren entsprechend der Beschreibung von MAIER [183, 184] vorgestellt, die gleichwertigen Bezeichnungen aufgelistet und die Umrechnung der Größen untereinander aufgeführt.

Nach MAIER wird grundlegend von folgender Diffusionsgleichung ausgegangen:

$$j_O = -\frac{\sigma_{ion}}{z^2 \cdot F^2} \cdot \nabla \tilde{\mu}_O = -\frac{\sigma_{ion}}{z^2 \cdot F^2} \cdot (\nabla \mu_O + z \cdot F \cdot \nabla \Phi) = -\frac{\sigma_{ion}}{4 \cdot F^2} \cdot (\nabla \mu_O + 2 \cdot F \cdot \nabla \Phi) \qquad \text{2-45}$$

Dabei sind j_O die ionische Flussdichte, σ_{ion} die ionische Leitfähigkeit, z die Ladungszahl des Sauerstoffions, μ_O das chemische und $\tilde{\mu}_O$ das elektrochemische Potential des Sauerstoffs und Φ das elektrische Potential. Die ionische Flussdichte ist somit abhängig von den Gradienten im chemischen und im elektrischen Potential.

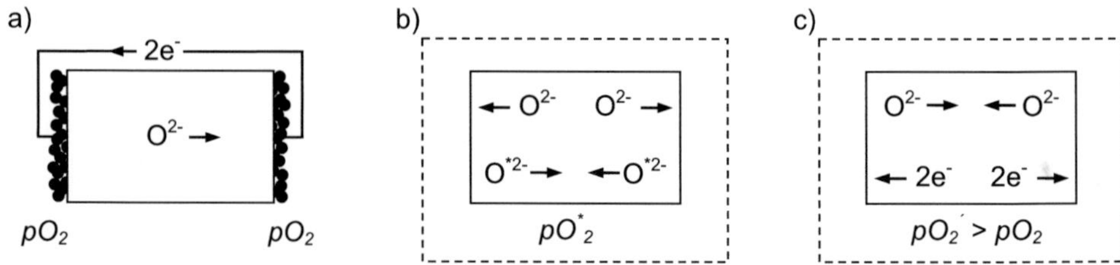

Abbildung 2.19: Schematischer Aufbau unterschiedlicher Experimente zur Bestimmung des Oberflächenaustauschkoeffizienten und des Festkörperdiffusionskoeffizienten in Anlehnung an [183]

Je nach treibender Kraft unterscheidet man a) das (stationäre) Leitfähigkeitsexperiment, b) das Tracer-Experiment und c) das chemische Experiment. Für Materialien mit elektronischer Leitfähigkeit muss Experiment a) noch durch einen in Reihe geschalteten, rein ionisch leitenden Elektrolyten modifiziert werden.

a) Elektrische Messung (Leitfähigkeitsexperiment): $\nabla\Phi$ als treibende Kraft

Hierbei handelt es sich um ein stationäres Leitfähigkeitsexperiment mit kleinen Strömen und reversiblen Elektroden, unter der Annahme, dass sich dadurch die Zusammensetzung (z.B. Nichtstöchiometrie des Sauerstoffs) nicht ändert (vgl. Abbildung 2.19-a). Weist das Material zusätzlich noch eine elektronische Leitfähigkeit auf, muss diese im Experiment z.B. durch einen in Reihe geschalteten, rein ionisch leitenden Elektrolyten unterdrückt werden. Die so bestimmten Koeffizienten werden mit „Q" gekennzeichnet, welches sich auf den Aspekt der Leitfähigkeit, also den Transport einer Ladung Q, bezieht:

$$k^Q, D^Q$$

Analog zu 2-37 berechnet sich der Diffusionskoeffizient für alle Ionen, egal ob beweglich oder nicht, gemittelt zu:

$$D^Q = \frac{R \cdot T}{4 \cdot F^2} \cdot \frac{\sigma_{ion}}{c_O} \qquad \text{2-46}$$

Dieser Diffusionskoeffizient entspricht dem Selbstdiffusionskoeffizienten D_O. In der oben beschriebenen, modifizierten Form des Experiments mit in Reihe geschaltetem, ionenleitendem Elektrolyten (nicht in Abbildung 2.19-a gezeigt), ist es bei bekannten Diffusionsverlusten auch möglich, k^Q zu ermitteln, der k_O entspricht. Untersucht man mit dieser Konfiguration jedoch das transiente oder das frequenzabhängige Verhalten, können zudem die Parameter k^δ und D^δ (siehe unten) bestimmt werden.

b) Tracer-Experiment: $\Delta\mu^*$ als treibende Kraft

Beim Tracer-Experiment wird eine Probe zeitlich definiert mit einem Gas umspült, in dem der O^{16}-Sauerstoff teilweise durch O^{18}-Sauerstoff ersetzt wurde. Im mischleitenden Material entsteht dadurch eine Gegendiffusion zweier Sauerstoffisotope, wobei sich in ihm ein zeitabhängiges O^{18}-Profil einstellt. Die treibende Kraft für den Austausch von O^{16}- mit O^{18}-Sauerstoffionen ist dabei die Konfigurationsentropie (Gradient in der Isotopenverteilung). Dieses Konzentrationsprofil kann dann gemessen und die Tracer-Koeffizienten mittels einer Fitprozedur daraus bestimmt werden. Wie beim Leitfähigkeitsexperiment ändert sich beim Tracer-Experiment die chemische Zusammensetzung nicht. Die Kennzeichnung der Tracer-Koeffizienten mit einem „*" soll auf die Verwendung eines Markierungs-Isotops hinweisen:

$$k^*, D^*$$

$$\text{oft auch } k^{tr}, D^{tr}$$

Bei D^* handelt es sich ebenfalls um einen Selbstdiffusionskoeffizienten, wobei hier die Wanderung des Isotops betrachtet wird und nicht die des Defekts, wie beim Leitfähigkeitsexperiment. Der Unterschied besteht darin, dass eine Leerstelle nach einem elementaren Sprung wieder die gleiche Umgebung wahrnimmt, wohingegen für das Isotopen-Teilchen, das in der Regel mit Sauerstoffleerstellen den Platz tauscht, eine nächste Leerstelle nicht immer gegeben ist und somit der Rücksprung in die alte Position begünstigt wird (vgl. Abbildung 2.20). Diese „Rückorientierung" unterscheidet den Tracer-Diffusionskoeffizienten vom Selbstdiffusionskoeffizienten, welcher das Resultat aus unkorrelierten Sprüngen ist.

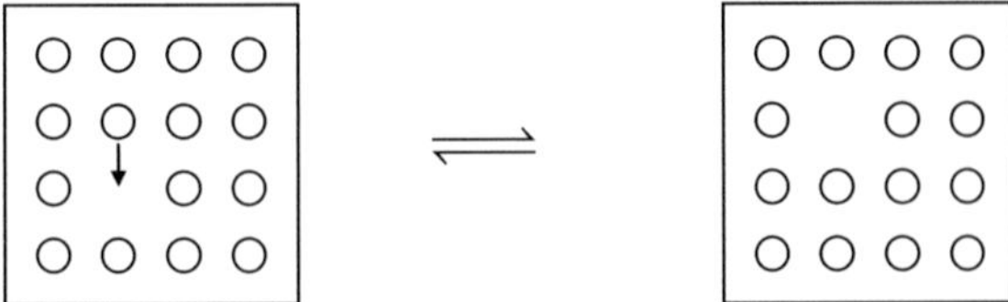

Abbildung 2.20: Leerstellensprungmechanismus in Kristallen in Anlehnung an [183]

Ein Korrelationsfaktor erlaubt es, die beiden Größen ineinander umzurechnen:

$$D^* = f \cdot D^Q \text{ bzw. } D^* = f \cdot D_O \qquad \text{2-47}$$

Dieser Korrelationsfaktor nach COMPAAN und HAVEN [185] wurde von ISHIGAKI für Perowskite zu $f = 0.69$ berechnet [180]. Im Fall eines Leerstellendiffusionsmechanismus ist dieser gleich dem Haven-Verhältnis (H) [125], das auch als Bardeen-Herring-Korrelationsfaktor bezeichnet wird [86]. Für eine einfache kubische Struktur wurde der Korrelationsfaktor zu $f = 0.65549$ berechnet [185, 186].

Oft jedoch werden D^* und D^Q als ungefähr gleich angenommen, wohingegen für die Oberflächenaustauschkoeffizienten gilt [183]:

$$k^* \approx k^Q \qquad \text{2-48}$$

c) Chemisches Experiment: $\Delta\mu$ als treibende Kraft

Nach MAIER kommt dem Diffusionskoeffizienten D^δ die größte Bedeutung zu, da dieser auch die Diffusionskinetik durch eine Veränderung der chemischen Zusammensetzung berücksichtigt (daher auch die Kennzeichnung mit einem hochgestellten δ).

$$k^\delta, D^\delta$$

$$\text{oft auch } \tilde{k}, \tilde{D} \qquad \text{2-49}$$

Beim chemischen Experiment ist die Triebkraft ein Gradient im chemischen Potential, ausgedrückt durch z.B. den Sauerstoffpartialdruck (pO_2). Entgegen dem Sauerstoffionenstrom bildet sich dann, wie in Abbildung 2.19-c gezeigt, ein Elektronenstrom aus. Voraussetzung hierfür ist somit, dass es sich beim Material um ein MIEC-Material handelt. Die beiden Flüsse sind über die Elektroneutralität gekoppelt. Im Gegensatz zu den beiden zuvor beschrieben Experimenten baut sich hier ein Gradient im chemischen Potential im Inneren des Materials auf. Ein weiterer Unterschied zum Selbstdiffusionskoeffizienten ist, dass der chemische Diffusionskoeffizient sich nur auf die mobilen Defekte und nicht mittelnd auf alle Sauerstoffionen bezieht. Dadurch ist er vom Betrag her deutlich (Größenordnungen) größer. Das Conductivity-Relaxation-Experiment [126, 139, 187] ist der wohl gängigste Vertreter des chemischen Experiments.

In LANKHORST [127] wird der chemische Diffusionskoeffizient über die Wagnergleichung[30] hergeleitet. Sie verknüpft den Sauerstofffluss mit einem Gradienten in dem virtuellen chemischen Potential von gasförmigem Sauerstoff μ_{O_2}:

$$j_O = -\frac{1}{8 \cdot F^2} \cdot \sigma_{ion} \cdot t_e \cdot \nabla \mu_{O_2} \qquad \text{2-50}$$

Für nicht-stationären Sauerstofftransport wird bei mischleitenden Materialien aufgrund der hohen elektrischen Leitfähigkeit ein konstantes elektrisches Potential angenommen. Die Diffusion von Sauerstoffionen kann dann auch durch die Diffusionsgleichung (erstes Fick'sches Gesetz) beschrieben werden, wobei die treibende Kraft hier als Konzentrationsgradient beschrieben wird:

$$j_O = -D^\delta \cdot \nabla c_O \qquad \text{2-51}$$

Aus der Kombination von Gleichung 2-50 und 2-51 ergibt sich:

$$D^\delta = \frac{\sigma_O}{8 \cdot F^2} \left(\frac{\partial \mu_{O_2}}{\partial c_O} \right) \qquad \text{2-52}$$

Wird diese Gleichung nun mit Gleichung 2-37 verknüpft, ergibt sich der Zusammenhang zwischen dem Selbstdiffusionskoeffizienten und dem chemischen Diffusionskoeffizienten:

$$D^\delta = \frac{D_O \cdot c_O}{2 \cdot R \cdot T} \left(\frac{\partial \mu_{O_2}}{\partial c_O} \right) \qquad \text{2-53}$$

Mit Gleichung 2-20 ergibt sich dann[31]:

$$D^\delta = \left(\frac{1}{2} \cdot \frac{\partial \ln(pO_2)}{\partial \ln(c_O)} \right) D_O \qquad \text{2-54}$$

Der Term innerhalb der Klammern wird als thermodynamischer Faktor γ_O bezeichnet, auf den in Abschnitt 2.6.6 nochmals explizit eingegangen wird.

---

[30] Fundamentale Gleichung, die den Sauerstofffluss in z.B. sauerstoffpermeable Membranen beschreibt [125].
[31] Aufgrund der Kettenregel gilt $1/c_O \cdot \partial c_O = \partial \ln(c_O)$

Der chemische Diffusionskoeffizient D^δ und der Leerstellenselbstdiffusionskoeffizient D_V sind wie folgt verknüpft:

$$D^\delta = \left(-\frac{1}{2} \cdot \frac{\partial \ln(pO_2)}{\partial \ln(c_v)} \right) D_V \qquad \text{2-55}$$

Auch hier wird der Term innerhalb der Klammern als thermodynamischer Faktor (γ_V) bezeichnet, diesmal jedoch bezogen auf Leerstellen.

Die unterschiedlichen Oberflächenaustauschkoeffizienten sind ebenfalls über den thermodynamischen Faktor γ_O verknüpft. Die Herleitung dieser Verknüpfung ist jedoch deutlich komplexer und zudem stark davon abhängig, welche Oberflächenreaktionsmechanismen involviert sind. Liegt der Fall eines Elektronenleiters hoher Elektronenkonzentration vor, wie beispielsweise LSC, lassen sich die Oberflächenaustauschkoeffizienten wie folgt ineinander umrechnen [184]:

$$k^\delta = \gamma_O \cdot k^*, \text{ wobei } k^* \approx k^Q \qquad \text{2-56}$$

Eine Herleitung für diesen Fall ist z.B. in [188] beschrieben.

Literaturübersicht k- und D-Werte von $La_{0.6}Sr_{0.4}CoO_{3-\delta}$

Abbildung 2.21 zeigt einen Überblick über die in der Literatur angegebenen Werte für den Diffusionskoeffizienten D^δ. Einige Werte wurden mit Hilfe des thermodynamischen Faktors (vgl. Abschnitt 2.6.6) nach Gleichung 2-54 bzw. 2-54 oder 2-55 in Kombination mit Gleichung 2-47 aus D_V oder D^* umgerechnet. Dies erfolgte jedoch nur in dem Temperaturbereich, in dem verlässliche Werte für den thermodynamischen Faktor zur Verfügung standen ($T \geq 600\ °C$).

Die Werte unterscheiden sich um bis zu eine Größenordnung, wobei dies, wie schon im Abschnitt zur ionischen Leitfähigkeit erwähnt wurde, auch hier zum Teil auf unterschiedliche Korngrenzdichten, resultierend aus unterschiedlichen Herstellungs- und Sinterbedingungen, zurückgeführt werden kann [140]. Weiterhin ist die Bestimmung der Koeffizienten im Allgemeinen nicht immer eindeutig. So wurden beispielsweise bei Conductivity-Relaxation-Experimenten an zwei Proben, die sich nur in der Oberflächenstruktur unterschieden, unterschiedliche Diffusionskoeffizienten bestimmt, obwohl beide Proben eigentlich denselben Diffusionskoeffizienten aufweisen sollten [139, 187]. Da bei diesem Verfahren der Diffusions- und Oberflächenaustauschkoeffizient gekoppelt ermittelt wird, hat dies dann auch Auswirkungen auf den ermittelten Wert des Oberflächenaustauschkoeffizienten.

Die Aktivierungsenergie von D^δ liegt für einen Sauerstoffpartialdruck von $pO_2 = 0.21$ atm im Bereich von $E_a = 1.05 \ldots 1.96$ eV. Der Datensatz von INOUE [161] weist mit $E_a = 0.92$ eV einen noch niedrigeren Wert auf, es ist jedoch nicht bekannt, in welcher Atmosphäre die Messung durchgeführt wurde. Weiterhin haben LANKHORST [127] und VAN DOORN [135] in ihren Studien gezeigt, dass die Aktivierungsenergie mit abnehmendem Strontiumgehalt sinkt. Für $La_{0.8}Sr_{0.2}CoO_{3-\delta}$ beispielsweise beträgt die Aktivierungsenergie nur noch $E_a = 1.4$ eV [127] bzw. 1.55 eV [135], die mittels coulometrischer Titration bzw. Sauerstoffpermeationsexperimenten ermittelt wurden. Zudem ist der Diffusionskoeffizient D^δ nur schwach vom Sauerstoffpartialdruck abhängig. Dies zeigten unter anderem Conductivity-Relaxation-Untersuchungen von PREIS [189] und LANKHORST [127]. LANKHORST hatte D^δ im Temperaturbereich von 700 … 1000 °C mittels coulometrischer Titration ermittelt, wobei D^δ im Bereich von $pO_2 = 10^{-2}$ … 0.21 atm unabhängig vom Sauerstoffpartialdruck war. Auch D_V zeigte in [86] bei 750 °C keine Abhängigkeit vom Sauerstoffpartialdruck, was auch für andere Stöchiometrien (x = 0.2 und 0.3) zutraf.

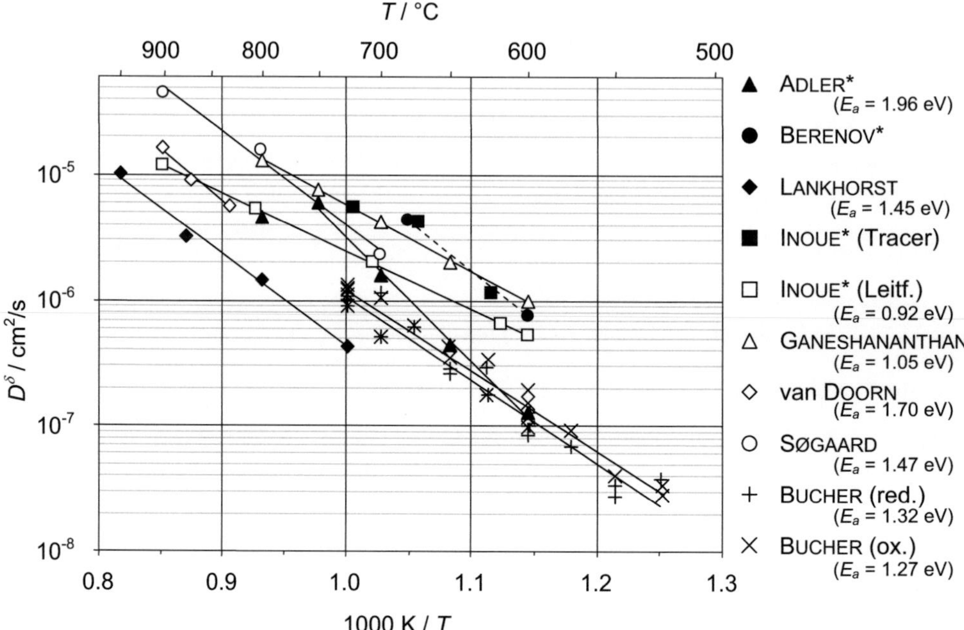

Abbildung 2.21: Temperaturabhängiger Diffusionskoeffizient D^δ von $La_{0.6}Sr_{0.4}CoO_{3-\delta}$

Die Werte wurden, wenn nicht anders angegeben, bei $pO_2 \approx 0.21$ atm bestimmt und stammen aus den Arbeiten von ADLER [86] (Impedanzanalyse), BERENOV [190] (Tracer-Experiment), BUCHER[32] (pO_2 = 0.125 atm, Conductivity-Relaxation-Experiment), GANESHANANTHAN [187] (Conductivity-Relaxation-Experiment), INOUE [161] (Tracer-Experiment und Leitfähigkeitsmessung bei unbekanntem pO_2), LANKHORST [127] (coulometrische Titration), SØGAARD [139] (Conductivity-Relaxation-Experiment) und VAN DOORN [126] (Conductivity-Relaxation-Experiment). In den Studien, in denen nur Tracer-Werte angegeben wurden (mit „*" gekennzeichnet), wurde D^δ mittels des thermodynamischen Faktors (vgl. Abschnitt 2.6.6) berechnet. Die Geraden sind Arrhenius-Fits an die Datensätze.

In Abbildung 2.22 wird ein Überblick über die in der Literatur angegebenen Werte für den Oberflächenaustauschkoeffizienten k^δ gegeben. Auch hier variieren die Werte über eine Größenordnung, was zum Teil auf die oben angeführten Schwierigkeiten bei der Bestimmung der Koeffizienten zurückgeführt werden kann.

Die Aktivierungsenergie der Datensätze liegt im Mittel bei E_a = 1.6 eV. Im Gegensatz zum Diffusionskoeffizienten zeigt der Oberflächenaustauschkoeffizient jedoch eine deutliche Abhängigkeit vom Sauerstoffpartialdruck, wobei er mit ansteigendem Sauerstoffpartialdruck größer

---

[32] Persönliche Mitteilung von E. BUCHER und W. SITTE, Montanuniversität Leoben, Österreich, Mai 2010. Laut E. BUCHER ist eine Veröffentlichung dieser Daten geplant.

wird [86, 139, 186, 189, 190]. Aufgrund einer in [86, 139] festgestellten $(pO_2)^{+1}$-Abhängigkeit wird von ADLER vermutet, dass es sich beim ratenbestimmenden Schritt um die Dissoziation handelt [86]. In einer späteren Arbeit kam ADLER zu dem Schluss, dass es sich bei dem limitierenden Mechanismus um die dissoziative Adsorption handeln muss [191], was eine Analyse der Daten von VAN DER HAAR [177] nahegelegt hatte. Dabei findet die Adsorption nur dann statt, wenn zwei nebeneinanderliegende Sauerstoffleerstellen vorliegen.

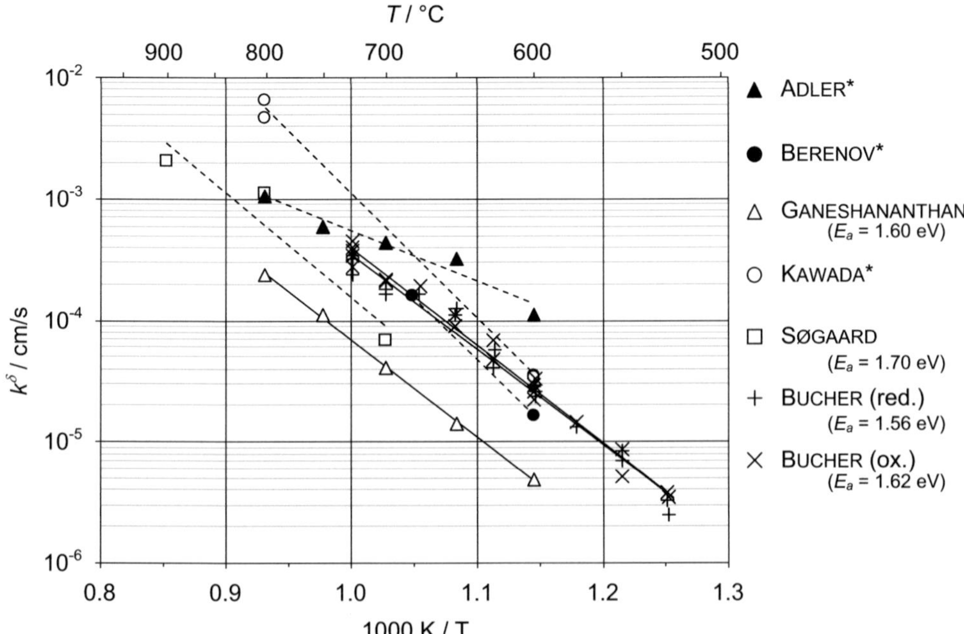

Abbildung 2.22: Temperaturabhängiger Oberflächenaustauschkoeffizient k^δ von La$_{0.6}$Sr$_{0.4}$CoO$_{3-\delta}$
Die Werte wurden, wenn nicht anders angegeben, bei $pO_2 \approx 0.21$ atm bestimmt und stammen aus den Arbeiten von ADLER [86] (Impedanzanalyse), BERENOV [190] (Tracer-Experiment), BUCHER[33] ($pO_2 = 0.125$ atm, Conductivity-Relaxation-Experiment), GANESHANANTHAN [187] (Conductivity-Relaxation-Experiment), KAWADA [186] ($pO_2 = 0.1$ atm, Tracer-Experiment) und SØGAARD [139] (Conductivity-Relaxation-Experiment). In den Studien, in denen nur Tracer-Werte angegeben wurden (mit „*" gekennzeichnet), wurde k^δ mittels des thermodynamischen Faktors (vgl. Abschnitt 2.6.6) berechnet. Die Geraden sind Arrhenius-Fits an die Datensätze.

Im Gegensatz dazu zeigen die Ergebnisse aus [192-194] Sauerstoffpartialdruckabhängigkeiten von $(pO_2)^n$ mit $n = 0.4 \dots 0.5$ für La$_{1-x}$Sr$_x$CoO$_{3-\delta}$ mit $x = 0 \dots 0.5$. Hier wird die simultane Inkorporations- und Reduktionsreaktion des Sauerstoffs als ratenbestimmend angesehen [195]. Temperaturabhängige Unstetigkeiten im Verhalten des Oberflächenaustauschs über dem Sauerstoffpartialdruck in [139] und allgemein im Verlauf über der Temperatur für La$_{0.8}$Sr$_{0.2}$CoO$_{3-\delta}$ in [86] weisen zudem darauf hin, dass bei niedrigeren Leerstellenkonzentrationen ein anderer ratenbestimmender Schritt auftritt [86]. Auch bei besonders hoher

---

[33] Persönliche Mitteilung von E. BUCHER und W. SITTE, Montanuniversität Leoben, Österreich, Mai 2010. Laut E. BUCHER ist eine Veröffentlichung dieser Daten geplant.

Leerstellenkonzentration ($pO_2 < 10^{-2}$ atm, $T = 600 \ldots 850\ °C$) verschlechtert sich das Oberflächenaustauschverhalten, was auf die Clusterbildung von Sauerstoffleerstellen zurückgeführt wird [177].

Charakteristische Dicke

Für dichte Kathodenschichten oder auch Membranen ist die charakteristische Dicke L_c ein Maß dafür, ob die Elektrochemie vom Oberflächenaustausch oder von der Festkörperdiffusion dominiert wird [196]. Sie berechnet sich mit:

$$L_c = \frac{D^*}{k^*} \qquad\qquad 2\text{-}57$$

Ist die Schichtdicke der Kathode in der Größenordnung von L_c sind beide Verlustanteile ungefähr gleich groß. Ist die Kathode dünner, dominiert der Oberflächenaustausch, ist sie dicker, die Festkörperdiffusion. Für die meisten Fluorite und viele Perowskite liegt L_c bei ungefähr 100 µm [197, 198]. Für die Materialklasse $La_{1-x}Sr_xCoO_{3-\delta}$ variiert L_c je nach Temperatur und Sauerstoffpartialdruck zwischen 50 und 150 µm [124, 177, 198].

2.6.6 Thermodynamischer Faktor und chemische Kapazität

Der thermodynamische Faktor wird benötigt, um, wie in Abschnitt 2.6.5 gezeigt wurde, die unterschiedlichen Diffusions- und Oberflächenaustauschkoeffizienten ineinander umzurechnen. Um sich die Eigenschaft dieser Größe zu veranschaulichen, ist es hilfreich, ihren Kehrwert zu betrachten. Dieser ist proportional zur chemischen Kapazität C_j^δ eines thermodynamischen Systems in Bezug auf eine austauschbare Spezies j, die als zweite Ableitung der freien Enthalpie G nach n_j, der molaren Anzahl der Spezies j, definiert wird[34]: $C_j^\delta \sim (\partial^2 G / \partial n_j^2)_{T,P}^{-1}$. Im Fall von Sauerstoff in einem Perowskitgitter misst sie „die differentielle Speicherfähigkeit von Sauerstoff im Oxid" [184] und ist als extensive Größe definiert. Folglich skaliert sie mit dem Probenvolumen bzw., wie im Fall von SOFC-Kathoden, mit der Schichtdicke. Der thermodynamische Faktor hingegen ist als intensive Größe definiert mit $1/C_j^\delta \sim \partial\mu_O / \partial c_O$ (vgl. Gleichung 2-53). [199]

Die chemischen Kapazität wird nach Kawada [200] mit

$$C_\delta = -\frac{4 \cdot F^2 \cdot l_{kat}}{V_m} \cdot \frac{d\delta}{d\mu_O} \qquad\qquad 2\text{-}58$$

berechnet, wobei δ die Nichtstöchiometrie des Sauerstoffs ist, μ_O das chemische Potential von Sauerstoff im MIEC-Material, l_{kat} die Kathodendicke (dicht) und V_m das molare Volumen.

Der thermodynamische Faktor kann gemäß Gleichung 2-54 aus einer doppellogarithmischen Auftragung der Sauerstoffionenkonzentration im MIEC-Material über dem Sauerstoffpartialdruck als halbe Steigung bestimmt werden.

---

[34] Die erste Ableitung der freien Enthalpie nach n_j ist das chemische Potential $\mu_j = (\partial G / \partial n_j)_{T,P}$ [184].

In der Literatur findet man jedoch kaum Werte für den thermodynamischen Faktor von $La_{0.6}Sr_{0.4}CoO_{3-\delta}$. Einzig in [190] wird er mit $\gamma_O = 112 \pm 4$ angegeben. Dieser Wert wurde für 700 °C bestimmt, wobei dort angenommen wurde, dass er im Temperaturbereich von 525 … 700 °C weitestgehend konstant bleibt. Zudem existieren in der Literatur keine experimentellen Daten von der Sauerstoffpartialdruckabhängigkeit der Nichtstöchiometrie des Sauerstoffs für Temperaturen unterhalb 700 °C, so dass für diesen Temperaturbereich der thermodynamische Faktor nicht auf Basis experimenteller Daten bestimmt werden kann. Abhilfe verschaffen, wie schon in Abschnitt 2.6.3 erwähnt, die zwei Modelle zur Berechnung der Nichtstöchiometrie des Sauerstoffs von LANKHORST und MIZUSAKI. Diese können zur Berechnung des thermodynamischen Faktors herangezogen werden [86].

Entsprechend dem „Itinerant Electron Model" von LANKHORST kann das chemische Potential des Sauerstoffs im Festkörper, wenn es im Äquilibrium mit der Umgebungsatmosphäre ist, gemäß Gleichung 2-30 berechnet werden. Wird diese Gleichung nach der molaren Sauerstoffkonzentration c_O (die gemäß Gleichung 2-42 mit δ verknüpft ist) abgeleitet, kann der thermodynamische Faktor γ_O nach Gleichung 2-53 wie folgt berechnet werden:

$$\gamma_O = \frac{c_O}{2 \cdot R \cdot T}\left(\frac{\partial \mu_{O_2}}{\partial c_O}\right) = \frac{4}{R \cdot T \cdot g(\varepsilon_F)} \cdot (3-\delta) + \frac{3}{\delta} \qquad \text{2-59}$$

Mit δ aus [153] bzw. [139] (vgl. Abschnitt 2.6.3) und den entsprechenden Werten für die Zustandsdichte am Fermi-Niveau $g(\varepsilon_F) = 0.0159$ mol/kJ [153] bzw. $g(\varepsilon_F) = 0.0188$ mol/kJ [139], berechnet sich der thermodynamischen Faktor für z.B. 600 °C zu $\gamma_O = 181 \pm 8$ (vgl. Abbildung 2.23).

Eine andere Berechnungsmöglichkeit bietet der von MIZUSAKI [152] bestimmte Zusammenhang zwischen dem Saustoffpartialdruck und der Sauerstoffnichtstöchiometrie (vgl. Gleichung 2-18). Leitet man diese Gleichung entsprechend Gleichung 2-53 nach der molaren Sauerstoffkonzentration c_O ab[35], kann der thermodynamische Faktor γ_O wie folgt berechnet werden:

$$\gamma_O = \frac{c_O}{2 \cdot R \cdot T}\left(\frac{\partial \mu_{O_2}}{\partial c_O}\right) = \frac{a(x)}{R \cdot T} \cdot (3-\delta) + \frac{3}{\delta} \qquad \text{2-60}$$

In [152] wurde jedoch $a(x)$ nur für $x = 0$, 0.1, 0.2, 0.3, 0.5 und 0.7 bestimmt, so dass der Wert für $x = 0.4$ interpoliert werden muss. In dieser Arbeit wird $a(0.4) = 286$ kJ/mol verwendet. Wie in Abbildung 2.23 zu erkennen ist, liegen die so berechneten Werte für γ_O etwa 15 % oberhalb der mit dem „Itinerant Electron Model" berechneten Werte. Es wird angenommen, dass diese Abweichung zu einem großen Teil der ungenauen, mittels Interpolation erfolgten Ermittlung des Parameters $a(0.4)$ zuzuschreiben ist. Im Rahmen dieser Arbeit wurden nur die mittels des „Itinerant Electron Model" berechneten Werte für die Umrechnung der unterschiedlichen k- und D-Werte verwendet.

---

[35] Es gilt: $\mu_{O_2} = 2 \cdot \mu_O$

Die Herleitung und Berechnung des thermodynamischen Faktors γ_V zur Umrechnung von D_V in D^δ (vgl. Gleichung 2-55) erfolgt für beide Modelle analog.

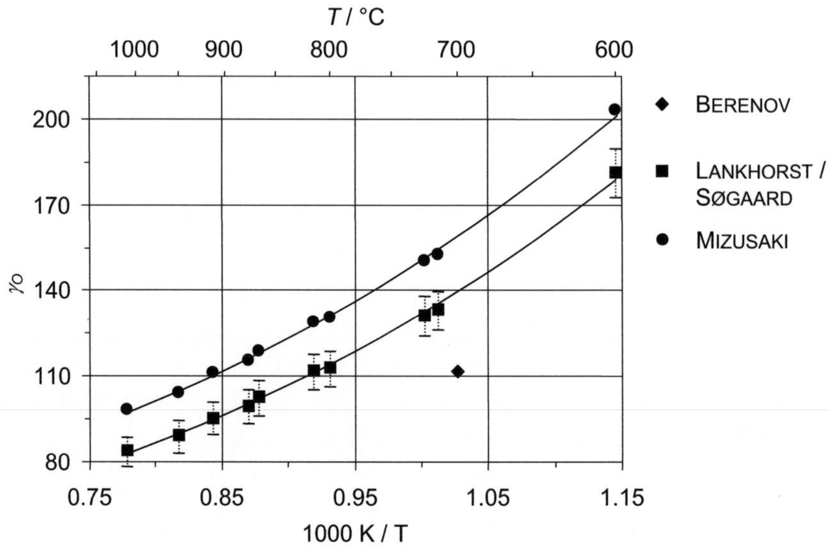

Abbildung 2.23: Temperaturabhängiger thermodynamischer Faktor von $La_{0.6}Sr_{0.4}CoO_{3-\delta}$

Die Werte wurden mittels des „Itinerant Electron Model" von LANKHORST [139, 153] mit den materialspezifischen Parametern von LANKHORST [153] und SØGAARD [139] und dem Modell von MIZUSAKI [152] berechnet. Der einzige Literaturwert stammt von BERENOV aus [190].

2.6.7 Chemische Stabilität von $La_{1-x}Sr_xCoO_{3-\delta}$ und ähnlichen Materialien

In diesem Abschnitt soll auf die unterschiedlichen, die Stabilität betreffenden Aspekte eingegangen werden. Dies sind zum einen die chemische Kompatibilität von LSC zu anderen, mit der Kathode in Kontakt stehenden Materialien, zum anderen die chemische Beständigkeit des Materials in unterschiedlichen Gasatmosphären.

Chemische Kompatibilität von $La_{1-x}Sr_xCoO_{3-\delta}$ zu Elektrolytmaterialien

Wie schon in Abschnitt 2.5.2 erwähnt wurde, reagiert LSC bei Herstellungs- und Betriebsbedingungen mit YSZ zu Lanthan- und Strontiumzirkonat (LZO bzw. SZO). So konnten beispielsweise in Pulverschüttungen von $La_{1-x}Sr_xCoO_{3-\delta}$ mit $0 \leq x \leq 0.5$ und 8YSZ, die bei 1100 °C für 96 h ausgelagert wurden, erhebliche Mengen LZO und SZO gefunden werden [109]. Die Menge an gebildetem SZO stieg dabei mit x an. Interessanterweise gingen die Mengen der gebildeten Zirkonate durch vorheriges Auslagern des 8YSZ Pulvers bei 1500 °C deutlich zurück. Dieser Effekt konnte jedoch nicht ausschließlich mit der Agglomeration der 8YSZ-Partikel erklärt werden, weshalb eine herabgesetzte Reaktivität des Zirkonoxids vermutet wurde. In einer Studie, bei der die Auslagerungstemperatur variiert wurde, konnten die Reaktionsprodukte LZO und SZO bei Pulverschüttungen von $La_{0.7}Sr_{0.3}CoO_{3-\delta}$ und $La_{0.5}Sr_{0.5}CoO_{3-\delta}$ mit 8YSZ schon ab 1000 °C nachgewiesen werden [201]. Aber nicht nur bei diesen hohen Temperaturen, die höchstens beim Sintern einer Kathode erreicht werden[36], sondern auch schon bei 850 °C ($La_{0.6}Sr_{0.4}CoO_{3-\delta}$ mit 8YSZ und 10Sc1CeSZ) [204] und 700 °C ($La_{0.6}Sr_{0.4}CoO_{3-\delta}$ auf YSZ, hergestellt bei $T_{max} < 700$ °C) [205] konnten Reaktionsprodukte nachgewiesen werden. Bei letztgenannter Studie, einer Langzeituntersuchung über 3800 h, konnte ein monotoner Anstieg der Polarisationsverluste bei 700 °C, bedingt durch die Bildung einer zuletzt 150 nm dicken strontiumhaltigen Zweitphase (vermutlich SZO) an der Grenzfläche Kathode/Elektrolyt, gemessen werden. In einer umfangreichen Studie an nanoskaligen $La_{0.5}Sr_{0.5}CoO_{3-\delta}$-Kathoden von DIETERLE [108] konnte ebenfalls bei 700 °C eine Reaktion von $La_{0.5}Sr_{0.5}CoO_{3-\delta}$ mit 8YSZ festgestellt werden. Zusätzlich angestellte thermodynamische Berechnungen bestätigten dieses Ergebnis dann nochmals. Abbildung 2.24 zeigt das berechnete Phasendiagramm des O-Co-Zr-La-Sr-Systems bei einem Sauerstoffpartialdruck von $pO_2 = 0.21$ atm im für die SOFC relevanten Temperaturbereich[37]. Außer für einen sehr hohen Lanthangehalt von fast 1 ($x < 0.001$) wird demnach eine Fremdphasenbildung erwartet. Bei Temperaturen oberhalb von 800 °C besteht diese aus SZO und LZO, unterhalb 800 °C nur aus SZO. Unklar ist jedoch, warum in Bereich iii) die Bildung von Kobaltoxid erwartet wird. Der Grafikbeschriftung zufolge sollte in diesem Bereich keine Zirkonatbildung auftreten, weshalb auch kein überschüssiges Kobalt vorliegen sollte. Möglicherweise ist die Beschriftung in diesem Fall unvollständig, und es tritt auch in diesem Bereich Zirkonatbildung auf, die eine Kobaltoxidausscheidung zur Folge hätte.

i): $La_2Zr_2O_7 + SrZrO_3 + ZrO_2 + CoO$
ii): $SrZrO_3 + La_{1-x}Sr_xCoO_{3-\delta} + ZrO_2 + CoO$
iii): $La_{1-x}Sr_xCoO_{3-\delta} + ZrO_2\ [+ CoO\ (oder\ Co_3O_4)]$
iv): $SrZrO_3 + La_{1-x}Sr_xCoO_{3-\delta} + ZrO_2 + Co_3O_4$

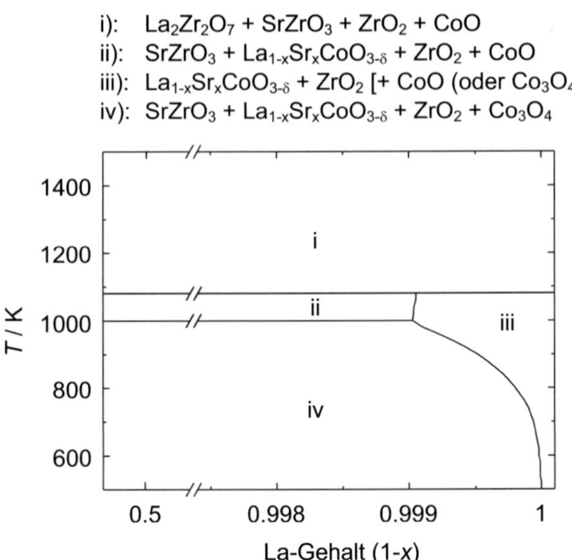

Abbildung 2.24: Phasendiagramm des O–Co–Zr–La–Sr-Systems bei $pO_2 = 0.21$ atm [108]
Die Kombination von $La_{1-x}Sr_xCoO_{3-\delta}$ und ZrO_2 ist im SOFC-relevanten Temperaturbereich nur bei einem extrem hohen Lanthangehalt von fast 1 ($x < 0.001$) chemisch stabil.

---

[36] Typischerweise werden LSC-Kathoden bei Temperaturen < 1000 °C gesintert [202-204].
[37] Temperaturen, die beim Sintern und im Betrieb auftreten

Im Rahmen dieser Arbeit wurden zusätzlich Untersuchungen zur Zirkonatbildung bei niedrigen Temperaturen von 500 ... 800 °C mittels Auslagerung von Pulverschüttungen angestellt. Details zu den Untersuchungen und die Ergebnisse im Einzelnen sind in Anhang 6.2 zu finden. Es konnte gezeigt werden, dass sich SZO bei $La_{1-x}Sr_xCoO_{3-\delta}$ mit $x = 0.3$, 0.4 und 0.5 in Kombination mit 8YSZ in Luft schon bei 600 °C bildet. Bei den $La_{1-x}Sr_xCoO_{3-\delta}$-Stöchiometrien mit $x = 0.1$ und 0.2 konnte erst ab 700 °C SZO nachgewiesen werden. Bei 500 °C jedoch konnten selbst nach 975 h und einem Sauerstoffpartialdruck von $pO_2 = 0.01$ atm keine Fremdphasen nachgewiesen werden. LZO hingegen konnte erst ab einer Temperatur von 700 °C detektiert werden, und dies nur bei $La_{1-x}Sr_xCoO_{3-\delta}$-Stöchiometrien mit $x = 0$, 0.1 und 0.2. Bei $x = 0.3$ setzte die LZO-Bildung erst ab 800 °C ein. Interessanterweise bildete sich, speziell bei Temperaturen < 800 °C, mehr Lanthan- und Strontiumzirkonat bei einem Sauerstoffpartialdruck von $pO_2 = 0.21$ atm (Umgebungsluft) als bei 0.01 atm (Mischung aus N_2 und O_2). Bei einem Sauerstoffpartialdruck von $pO_2 = 10^{-4}$ atm war die gebildete Zirkonatmenge in der Regel am größten.

Entgegen den Ergebnissen der Auslagerungsversuche mit auf Zirkonoxid-basierten Elektrolytmaterialien bilden sich in Kombination mit auf Ceroxid-basierten Elektrolytmaterialien keine Reaktionsprodukte aus (vgl. Abschnitt 2.4.1) [200, 204, 206-209]. Auch eine Interdiffusion von Kationen des Elektrolytmaterials in die Kathode konnte nicht beobachtet werden, was von YOKOKAWA im Temperaturbereich von 1000 ... 1200 °C mit einem 20 % Gd-dotierten Ceroxid Elektrolytmaterial in Kombination mit $La_{1-x}Sr_xCoO_{3-\delta}$ untersucht und mittels thermodynamischer Berechungen bestätigt wurde [210]. Den Berechnungen zufolge wird im Übrigen auch keine Zweitphasenbildung am LSC/CGO-Interface erwartet. Das verwandte Material $(La,Sr)FeO_{3-\delta}$ hingegen reagierte mit CGO zu $GdFeO_3$, was auch mit thermodynamischen Berechungen bestätigt werden konnte. Als Folge löste sich $LaO_{1.5}$ dann im CGO, wohingegen SrO entlang der Korngrenzen in das CGO eindiffundierte.

Temperatur- und sauerstoffpartialdruckabhängige Stabilität von $La_{1-x}Sr_xCoO_{3-\delta}$

Weiterhin ist $La_{1-x}Sr_xCoO_{3-\delta}$ nur in einem gewissen Temperatur- bzw. Sauerstoffpartialdruckbereich stabil. Jenseits der Stabilitätsuntergrenzen zerfällt der Perowskit. Reines $LaCoO_{3-\delta}$ ist beispielsweise bei 1000 °C bis zu einem Sauerstoffpartialdruck von $pO_2 = 10^{-7}$ atm stabil, wobei sich diese Stabilitätsgrenze mit zunehmender Strontiumdotierung auf dem A-Platz zu höheren Sauerstoffpartialdrücken verschiebt. Im Vergleich zu Perowskiten mit Mn, Fe oder Cr auf dem B-Platz verfügt $LaCoO_{3-\delta}$ jedoch über eine relativ geringe Stabilität, wobei sich die Stabilitätsgrenze der Materialien bei 1000 °C in dieser Reihenfolge auf bis zu $pO_2 = 10^{-20}$ bar für $LaCrO_{3-\delta}$ verschiebt [211].

Mit Hilfe von coulometrischer Titration und Röntgendiffraktometrie-Analysen konnte PETROV [160] für die Stöchiometrie $La_{0.7}Sr_{0.3}CoO_{3-\delta}$ bei 1110 °C als ersten Schritt der Zersetzung folgende Reaktion bestimmen:

$$2\,La_{0.7}Sr_{0.3}CoO_{3-\delta} = (La_{0.7}Sr_{0.3})_2\,CoO_{4\pm\upsilon} + \frac{1}{(1-\gamma)}\,Co_{1-\gamma}O + \left(1-\delta\pm\upsilon-\frac{1}{2\cdot(1-\gamma)}\right)O_2 \qquad 2\text{-}61$$

Bei dieser Temperatur setzte die Reaktion bei einem Sauerstoffpartialdruck von $pO_2 = 0.016$ atm ein, wobei die freie Standardenthalpie der Reaktion mit ΔG_0 (1110 °C) = 37 kJ/mol angegeben wird. Umgekehrt hat MORIN [212] die Zersetzungstemperatur von $La_{0.5}Sr_{0.5}CoO_{3-\delta}$ bei konstantem $pO_2 = 0.01$ atm zu 1361 °C bestimmt, wobei diese mit abnehmendem Sauerstoffpartialdruck sank (1295 °C bei $pO_2 = 0.001$ atm und 1254 °C bei $pO_2 = 10^{-4}$ atm). Unter der Annahme, dass die Stabilität von $La_{1-x}Sr_xCoO_{3-\delta}$ mit steigendem Strontiumanteil abnimmt, müsste sich $La_{0.6}Sr_{0.4}CoO_{3-\delta}$ bei einem Sauerstoffpartialdruck von $pO_2 = 0.01$ atm ab einer Temperatur von ungefähr 1200 °C entsprechend Gleichung 2-61 zersetzen. Dies wäre auch mit den Ergebnissen von OVENSTONE [213] im Einklang, denen zufolge $La_{0.6}Sr_{0.4}CoO_{3-\delta}$ bei einem Sauerstoffpartialdruck von $pO_2 \geq 0.001$ atm bis zu Temperaturen von 1000 °C stabil ist. Bei $pO_2 = 10^{-4}$ und 10^{-5} atm hingegen zerfiel das Material bei 1000 bzw. 950 °C zu einer Ruddlesden-Popper-Phase des Typs $La_{2-x}Sr_xCoO_{4\pm\delta}$ und CoO. In reduzierender Atmosphäre (4 % H_2) und bei Temperaturen zwischen 250 und 375 °C kam es zur Bildung einer Brownmilleritstruktur $(La,Sr)_2Co_2O_5$, in der die Sauerstoffleerstellen geordnet vorlagen. Oberhalb von 375 °C wandelte sich die Struktur dann wieder in eine Perowskitstruktur mit ungeordneten Sauerstoffleerstellen um. Gleichzeitig begann diese dann wiederum in La_2O_3, SrO, Co und $La_{2-x}Sr_xCoO_{4\pm\delta}$ zu zerfallen. Letzteres zerfiel mit weiter ansteigender Temperatur ebenso und konnte oberhalb von 600 °C nicht mehr nachgewiesen werden. Im Übrigen weist $LaSrCoO_4$ mit $\alpha_{LaSrCoO4} = 22.3 \cdot 10^{-6}$ 1/K für den Temperaturbereich von 25 ... 850 °C einen ähnlich hohen thermischen Ausdehnungskoeffizienten auf wie $La_{1-x}Sr_xCoO_{3-\delta}$ (vgl. Abschnitt 2.6.2) [213].

In Luft ist $La_{0.6}Sr_{0.4}CoO_{3-\delta}$ bis zu Temperaturen von 1350 °C stabil. Ab einer Auslagerungstemperatur von 1350 °C treten im XRD-Spektrum weitere Reflexe auf, die unter anderem als Kobaltoxid identifiziert werden konnten. Weiterhin konnte eine deutliche Blaufärbung des für die Auslagerung verwendeten Substrats neben dem Pulver festegestellt werden, was bei diesen Temperaturen einen Transport von Kobaltspezies über die Gasphase nahelegt. [204]

Was die Phasenreinheit in Abhängigkeit der Stöchiometrie betrifft, toleriert $La_{1-x}Sr_xCoO_{3-\delta}$ im Gegensatz zu z.B. LSM keine größeren Abweichungen vom A/B-Verhältnis (0.997 < A/B < 1.003). Außerhalb dieser Grenzen bilden sich bei A-Platz-Überschuss $La_{2-x}Sr_xCoO_{4\pm\delta}$ und bei B-Platz-Überschuss Kobaltoxid [212]. Abhängig von der Temperatur und dem Sauerstoffpartialdruck liegt Kobaltoxid dann als CoO oder Co_3O_4 vor [103].

Chemische Stabilität von $La_{1-x}Sr_xCoO_{3-\delta}$ gegenüber gasförmigen Stoffen

Neben der Fremdphasenbildung in Kombination mit anderen Feststoffen kann es auch zur Fremdphasenbildung mit gasförmigen Verunreinigungen des Oxidationsmittels oder natürlich vorkommenden Gasbestandteilen kommen. So zeigten $La_{0.6}Sr_{0.4}CoO_{3-\delta}$-Kathoden[38] in einer Studie von HJALMARSSON [203] im Temperaturbereich von 650 ... 850 °C in angefeuchteter Luft eine deutlich stärkere Degradation als in trockener synthetischer Luft. Bei 650 °C lag diese bei

---

[38] In [203] als $(La_{0.6}Sr_{0.4})_{0.99}CoO_{3-\delta}$ angegeben

0.53 $m\Omega \cdot cm^2$/Tag, wobei die der kathodenseitigen Elektrochemie zugeschriebenen Verluste anfänglich bei 25 $m\Omega \cdot cm^2$ lagen. Nachdem für diese Kathode der Oberflächenaustausch als ratenbestimmend angenommen wurde, wurde vermutet, dass die Ursache für die Degradation in der Reaktion der Kathodenoberfläche mit dem Wasserdampf liegt. Dies konnte mit post-test REM-Untersuchungen in Form einer stark veränderten, agglomerierten bzw. versinterten Mikrostruktur bestätigt werden. Diese starke mikrostrukturelle Veränderung jedoch außer Acht lassend, wurden folgende mögliche Erklärungen für den negativen Effekt von Wasser auf die Kathodenreaktion genannt:

1. Nach ADLER [191] stellt die dissoziative Sauerstoffadsorption von molekularem Sauerstoff an zwei benachbarten Sauerstoffleerstellen an der Kathodenoberfläche den ratenbestimmenden Schritt der Kathodenreaktion dar. Adsorbiert nun in einer zum Sauerstoffaustausch konkurrierenden Reaktion H_2O an der Kathodenoberfläche, blockiert dieser, in gebundener Form als Strontiumhydroxid, die Reaktionsorte:

$$2Co_{Co}^{X}+H_2O(g)+2V_O^{\cdot\cdot}+\frac{1}{2}O_2(g) \leftrightarrow 2OH_O^{\cdot}(Sr\text{-}assoziiert)+2Co_{Co}^{\cdot} \qquad \text{2-62}$$

2. Auch wird in Betracht gezogen, dass Strontiumhydroxid über die Gasphase abtransportiert werden könnte – wie es beispielsweise bei LSCF-Kathode nachgewiesen wurde [214] – was zu einer Strontiumverarmung im Material, und speziell auch an der Oberfläche und somit zu einer Veränderung der Perowskitphase führen würde.

Eine Reaktion von $La_{1-x}Sr_xCoO_{3-\delta}$ mit dem in der Luft enthaltenen CO_2, wie es z.B. bei BSCF der Fall ist [94], konnte bisher nicht nachgewiesen werden. In Thermogravimetrieuntersuchungen an $La_{0.6}Sr_{0.4}CoO_{3-\delta}$ in synthetischer Luft mit 5 Vol.-% CO_2 bis zu Temperaturen von 950 °C zeigten sich keine Anzeichen einer Carbonatbildung [204].

Weitere Degradationsmechanismen wurden beispielsweise von YOKOKAWA [115, 215] zusammengefasst und ausführlich diskutiert. Dazu gehört unter anderem die Vergiftung der Kathode durch Chromspezies ($CrO_3(g)$ oder $CrO_2(OH)_2(g)$), die aus dem metallischen Interkonnektor[39] zur elektrochemisch aktiven Zone der Kathode diffundieren und dort unter anderem passivierendes $SrCrO_4$ bilden. Weiterhin können im Oxidationsmittel Verunreinigungen wie gasförmige Schwefel- (SO_2 oder SO_3) oder Siliziumverbindungen ($Si(OH)_4$) enthalten sein, deren Reaktionsprodukte mit Strontium sich ebenfalls negativ auf die Kathodenreaktion auswirken. Speziell bei der Chromvergiftung konnte nachgewiesen werden, dass sie mit steigender Kathodenpolarisation zunimmt. Es kann somit angenommen werden, dass mit sinkenden Betriebstemperaturen diese Art der Degradation nicht besonders reduziert werden kann, da die Kathodenpolarisation mit sinkender Temperatur entsprechend den dann größer werdenden elektrochemischen Verlusten ansteigt [210].

---

[39] Der Interkonnektor wird in einem Brennstoffzellen-Stack dazu verwendet, die einzelnen Zellebenen miteinander elektrisch zu kontaktieren.

Chemische Stabilität verwandter Kathodenmaterialien

Da für $La_{1-x}Sr_xCoO_{3-\delta}$ bisher nur wenige Studien hinsichtlich der Stabilität gegenüber unterschiedlichen gasförmigen Stoffen durchgeführt wurden, ist es lohnenswert, auch die Ergebnisse von Untersuchungen an ähnlichen Kathodenmaterialien kurz zusammenzufassen. Speziell die verwandten Materialsysteme LSCF und BSCF, aber auch LSM waren in den letzten 10 Jahren Gegenstand intensiver Untersuchen, so dass im Folgenden kurz auf die wichtigsten Ergebnisse eingegangen werden soll. Diese dürfen natürlich nicht eins zu eins auf $La_{1-x}Sr_xCoO_{3-\delta}$ übertragen werden, doch helfen sie dabei, die Messergebnisse dieser Studie zu interpretieren.

So ergaben Langzeituntersuchungen von BECKER [214] an $La_{0.58}Sr_{0.4}Co_{0.2}Fe_{0.8}O_{3-\delta}$-Kathoden, dass Strontium während des Betriebs über die Gasphase aus der Kathode ausgetragen wird. In post-test Analysen konnten signifikante Mengen von Strontium auf der Elektrolytoberfläche nachgewiesen werden, wobei die Menge auf der Gasauslassseite deutlich höher war als auf der Gaseinlassseite und der Effekt bei 800 °C stärker ausgeprägt war als bei 700 °C. SIMNER [216] fand bei post-test Analysen an LSCF-Kathoden der Stöchiometrie $(La_{0.6}Sr_{0.4})_{0.98}Co_{0.2}Fe_{0.8}O_{3-\delta}$ eine deutliche Sr-Anreicherung an der Grenzfläche zum Elektrolyten $(Ce_{0.9}Sm_{0.2}O_{1.9})$ und an der Oberseite der Kathode. Als mögliche Ursache hierfür wird eine durch Festkörperentmischung hervorgerufene Strontiumanreicherung an der Perowskitoberfläche genannt. Grundsätzlich kommt es dann zu einer Festkörperentmischung, wenn ein Sauerstoffpotentialgradient im Kathodenmaterial auftritt und die einzelnen Kationen unterschiedliche Diffusionskoeffizienten aufweisen [210]. In der Regel ist der Diffusionskoeffizient von A-Platz-Kationen im Perowskit höher als der von B-Platz-Kationen [217]. Ein möglicher Transportmechanismus für die Strontiummigration könnte aber auch der oben genannte Transport in Form von gasförmigem Strontiumhydroxid sein. Entsprechend werden die Ergebnisse einer Reihe von Studien zu reaktiven Bestandteilen im Oxidationsmittel, wie beispielsweise Kohlenstoffdioxid und Wasserdampf, im Folgenden vorgestellt.

Nach einer Studie von BENSON [218] haben CO_2 und H_2O im Oxidationsmittel bei 750 °C keinen Einfluss auf den Oberflächenaustausch und die Festkörperdiffusion von LSCF-Kathoden der Stöchiometrie $La_{0.6}Sr_{0.4}Co_{0.2}Fe_{0.8}O_{3-\delta}$. Wird das Material jedoch in einer CO_2- und H_2O-haltigen Atmosphäre gequencht, bildet sich bei niedrigen Temperaturen eine den Oberflächenaustausch behindernde Phase. Laut YOKOKAWA [210] verschieben sich die mit der chemischen Stabilität zusammenhängenden Gleichgewichte, so dass sich beispielsweise bei niedrigeren Temperaturen bevorzugt Metallcarbonate bilden. Auch NIELSEN [219] konnte bei 750 °C und mit bis zu 12.8 Mol-% Befeuchtung des Kathodengases keine Degradation an einer $La_{0.6}Sr_{0.4}Co_{0.2}Fe_{0.8}$/ $Ce_{0.9}Gd_{0.1}O_{1.95}$-Komposit-Kathode feststellen. Der hierbei beobachtete minimale Anstieg der Polarisationsverluste wurde auf die Veränderung des Sauerstoffpartialdrucks durch die Anfeuchtung zurückgeführt. Im Gegensatz dazu degradierte $La_{0.6}Sr_{0.4}Co_{0.2}Fe_{0.8}O_{3-\delta}$ in [220] bei 800 °C schon ab 5 Vol.-% Wasserdampf im Oxidationsmittel. Nach 1000 h Betrieb bei 800 °C konnte oberhalb der Kathode sogar eine strontiumhaltige Schicht mittels Rasterelektronenmikroskopie nachgewiesen werden, die vermutlich aus SrO bestand. SrO weist im Übrigen eine schlechte Leitfähigkeit auf [126]. Es wird vermutet, dass der Wasserdampf zu einer kontinuierlichen Abreicherung von Strontium im Kathodenmaterial beiträgt, wodurch die elektrischen und katalytischen Eigenschaften des Materials verändert werden. Der Effekt, der auch mit leichten mikrostrukturellen Veränderungen einherging, trat verstärkt bei 700 °C und weniger stark bei 900 °C auf. Auch ESQUIROL [221] konnte einen Anstieg der Kathodenpolarisationsverluste an $La_{0.6}Sr_{0.4}Co_{0.2}Fe_{0.8}O_{3-\delta}$-Kathoden in wasserdampfhaltiger Luft nachweisen. Dazu wurde der Wasserdampfgehalt in Stufen bis 4.4 Vol.-% erhöht, wobei sich die Polarisationsverluste bei einem Gehalt von 4.4 Vol.-% im Vergleich zu trockener synthetischer Luft fast verdoppelt hatten. Es wurde vorgeschlagen, dass die Adsorption von Sauerstoffmolekülen durch das anwesende Wasser limitiert wird.

Auch in Studien am Risø DTU National Laboratory, Dänemark, an ASCs mit LSM/YSZ-Komposit-Kathoden $((La_{0.75}Sr_{0.25})_{0.90}MnO_3)$ in angefeuchteter Luft mit bis zu 12.8 Vol.-% Wasserdampf konnte eine Degradation der Kathode beobachtet werden [219, 222]. Durch Anfeuchten der Kathodenluft stiegen die Polarisationsverluste schlagartig an und nahmen dann mit der Zeit kontinuierlich zu, wobei die Degradationsrate vergleichsweise höher ausfiel als die bei Referenzmessungen in trockener Luft. Nach dem Abschalten der Befeuchtung sprangen die Polarisationsverluste dann wieder auf einen niedrigeren Wert, wobei sie nicht mehr das Anfangsniveau erreichten. Die Degradationsrate zeigte dabei Abhängigkeiten vom Wasserdampfpartialdruck, der Stromdichte und der Temperatur, wobei sie bei höherem Sauerstoffpartialdruck, höherer Stromdichte und bei niedrigerer Temperatur stärker ausfiel. Als Erklärung wurde vorgeschlagen, dass bedingt durch den Wasserdampf und die Polarisation der Kathode Verunreinigungen eine weit höhere Mobilität aufweisen und sich an den elektrochemisch aktiven Orten der Kathode abscheiden, was dann zu einer Verschlechterung der Elektrodenreaktion führt. Mittels energiedispersiver Röntgenspektroskopie-Analyse der Elektrolytoberfläche konnten dann auch Si, S und Ca nachgewiesen werden. Weiterhin kam es zu einer mikrostrukturellen Veränderung der Elektrolyt-Oberfläche, die nach dem Test eine rippenartige Oberfläche aufwies. Interessanterweise zeigte sich zudem eine Veränderung des ohmschen Widerstands unter Last (0.75 mA/cm^2), der durch die angefeuchtete Kathodenluft anstieg. Im Leerlauf hingegen waren sowohl der ohmsche als auch der Polarisationswiderstand unabhängig vom Wasserdampfpartialdruck.

Ebenso zeigte sich in Untersuchungen von YI [223] an Kathoden aus $Sr_{0.95}Co_{0.8}Fe_{0.2}O_{3-\delta}$ bei 810 °C eine Degradation des Oberflächenaustauschs in CO_2- und H_2O-haltigen Atmosphären, speziell wenn beide Gase gleichzeitig vorhanden waren. Im Fall von CO_2 und CO_2 + H_2O kam es nach dem Abschalten zu einer vollständigen Regeneration, im Fall von H_2O alleine war die Degradation irreversibel.

Dementgegen führte eine Anfeuchtung der Luft bei Kathoden aus $Sm_{0.5}Sr_{0.5}Co_{3-\delta}$ oder $Ba_{0.6}La_{0.4}Co_{3-\delta}$ zu einer deutlichen Verringerung der Polarisationsverluste, speziell bei niedrigen Temperaturen von 600 °C [224]. Hier wurde angenommen, dass H_2O die Sauerstoffdissoziation katalytisch beschleunigt.

Beim Kathodenmaterial BSCF ist speziell der Luftbestandteil CO_2 von großer Bedeutung. YAN hat den Effekt von CO_2 auf BSCF in mehreren Studien [225-227] gründlich untersucht. Es konnte gezeigt werden, dass die Kathodenverluste bei Temperaturen von 550 ... 750 °C und einem CO_2-Gehalt von bis zu 3 Vol.-% mit der CO_2-Konzentration deutlich ansteigen, wobei dieser Effekt reversibel und mit steigender Temperatur weniger stark ausgeprägt ist [225]. Dies wurde damit erklärt, dass das CO_2 an den aktiven Stellen der Sauerstoffadsorption und -dissoziation adsorbiert und diese dadurch blockiert. Mit zunehmender Temperatur unterbindet die Sauerstoffadsorption dann jedoch die CO_2-Adsorption [226]. Bei Temperaturen von 450 ... 500 °C war der Effekt hingegen irreversibel. Dies wurde mit einer einsetzenden Strontium- und Bariumcarbonatbildung [227] erklärt, die durch eine Temperbehandlung bei 800 °C in reinem Sauerstoff wieder rückgängig gemacht werden konnte[40]. Weiterhin wurde die Degradation durch die Kombination von CO_2 und H_2O verstärkt, was auf eine Bicarbonat-Bildung zurückgeführt wurde [226].

Eine oberflächliche Anlagerung von CO_2 konnte auch bei $La_{1-x}Sr_xMnO_3$ nachgewiesen werden, das nach einem Auslagerungsschritt bei 600 °C in Luft erhebliche Mengen von CO_2 adsorbiert hatte. Die adsorbierte Menge stieg dabei mit steigendem Strontiumgehalt im Perowskit an [229].

Aber nicht nur auf die Sauerstoffaustauschreaktion haben H_2O und CO_2 einen nicht unerheblichen Einfluss, auch die katalytischen Eigenschaften LSC-ähnlicher Perowskitmaterialien werden durch die Anwesenheit der beiden Gase beeinflusst. So wird beispielsweise die katalytische Reduktion von NO an $La_{0.66}Sr_{0.34}Ni_{0.3}Co_{0.7}O_{3-\delta}$ durch CO_2 ($pCO_2 \leq 0.1$ atm) stark und zu einem geringeren Grad auch durch H_2O ($pH_2O \leq 0.02$ atm) verschlechtert [230]. Weiterhin hemmt H_2O und CO_2 die katalytische Verbrennung von Propan über $La_{0.66}Sr_{0.34}Ni_{0.3}Co_{0.7}O_3$, wobei dieser Effekt bei H_2O stärker ausgeprägt ist und mit steigender Temperatur abnimmt [231].

Abschließend kann somit festgehalten werden, dass die Kompatibilität von $La_{1-x}Sr_xCoO_{3-\delta}$ zu Elektrolytmaterialien durch den Einsatz von Interdiffusionsbarrieren kein Problem darstellt und auch, dass das Material im SOFC-relevanten Temperaturbereich chemisch stabil ist. Was die Stabilität von $La_{1-x}Sr_xCoO_{3-\delta}$ in CO_2- und H_2O-haltiger Atmosphäre angeht, ist bisher wenig bekannt, außer, dass Wasserdampf zu einer Degradation der Kathode führt. Die Stabilität verwandter Kathodenmaterialien hingegen wurde in zahlreichen Studien untersucht, wobei sie, speziell was die Auswirkungen von Wasserdampf angeht, nicht zu einheitlichen Ergebnissen kamen. Die Auswirkung von CO_2 auf die elektrochemische Reaktion hingegen konnte im Fall von BSCF weitestgehend geklärt werden. Die Degradation der Kathode bei Temperaturen unterhalb von 500 °C konnte dabei auf die Strontium- und Bariumcarbonatbildung zurückgeführt werden und die bei höheren Temperaturen auf die zum Sauerstoffaustausch konkurrierende Adsorption von CO_2 an der Kathodenoberfläche.

---

[40] In Luft liegt die Zersetzungstemperatur von $SrCO_3$ bei 722 °C, die von $BaCO_3$ bei 895 °C [228].

2.7 Nanoskalige SOFC-Kathoden

Seit einigen Jahren beschäftigen sich weltweit Forscher mit der Applikation von SOFC-Kathoden mit nanoskaliger Mikrostruktur. Im Folgenden werden unterschiedliche Verfahren zur Herstellung von nanoskaligen SOFC-Kathoden vorgestellt, wobei etwas allgemeiner auf Beispiele aus der LSC(F)-Materialklasse, teilweise auch mit Ba-Dotierung auf dem A-Platz, eingegangen wird. Für eine ausführliche Übersicht über Verfahren zur Herstellung von nanoskaligen Dünnschichtkathoden und auch Dünnschichtelektrolyten sei auf die Dissertationsschrift von PETERS [9] und auf [232] verwiesen.

Der Begriff nanoskalig wurde hier so definiert, dass sowohl die Partikel- als auch die Strukturgrößen der Kathoden deutlich unter 500 nm liegen. Grundsätzlich kann die Frage gestellt werden, ob es nicht der „nano"-Aspekt alleine ist, der für die höhere Leistungsfähigkeit nanoskaliger Kathoden verantwortlich ist. HANSEN [233] untersuchte dies in einer kuriosen Studie, indem er die Wirkung von aktiven (LSM) und nicht aktiven (Al_2O_3) Nanopartikeln auf die Leistungsfähigkeit von SOFC-Kathoden untersuchte. Es zeigte sich jedoch ganz eindeutig, dass sich nur das nanoskalige Kathodenmaterial positiv auf die Leistungsfähigkeit der Kathoden auswirkte, nanoskaliges Al_2O_3 hingegen negativ. Auch konnte gezeigt werden, dass der Leistungszuwachs bei höheren Temperaturen (800 °C) aufgrund von Kornwachstumseffekten wieder verschwindet.

Weiterhin sind Leistungsdaten alleine oftmals kein ausreichend aussagekräftiges Maß für die Eignung eines Materials oder einer Elektrodenstruktur als SOFC-Kathode. Beispiele hierfür gibt MOGENSEN [234], der für unterschiedliche elektrochemische Eigenschaften von nominal gleichen Kathoden (hier LSM-YSZ) Fremdphasen, Verunreinigungen in den Ausgangsstoffen, nicht einphasige Herstellung und allgemein die Herstellung unter Laborbedingungen verantwortlich macht. Auch das Reproduzieren von publizierten Ergebnissen durch andere Gruppen ist oftmals nicht möglich (siehe hierfür z.B. die Dissertationsschrift von DE BOER [235]). Selbst Verunreinigungen im ppm-Bereich können bei schlechter Löslichkeit in den Elektroden- und Elektrolytmaterialien die Elektrochemie negativ beeinflussen. Oftmals genügt nur eine Atomlage, und die elektrochemisch aktiven Stellen an der Oberfläche oder an den Dreiphasengrenzen werden belegt und als Folge deaktiviert. MOGENSEN geht sogar so weit, das Labor, in dem eine Probe hergestellt wurde, den wichtigsten Parameter zu nennen. Doch um leichte Verunreinigungen in den Ausgangsstoffen und im Versuchsaufbau bzw. Brennstoffzellensystem und um solche, die durch den Herstellungsprozess bedingt sind, wird man nicht herumkommen, wenn die SOFC kommerzialisiert werden soll.

In Tabelle 2.2 sind Beispiele für nanoskalige (B)LSC(F)-Kathoden aufgeführt. Die Beispiele geben einen Einblick in die unerschöpfliche Anzahl an Permutationen, die mittels A- und B-Platz-Dotierung, Stöchiometrievariation, Herstellungsverfahren und Elektrolytmaterialwahl getestet und untersucht werden können. Wie in dieser Arbeit gezeigt wird, haben zudem die thermische Behandlung der Kathoden und auch die Testbedingungen, unter denen die Proben charakterisiert werden, einen erheblichen Einfluss auf die Leistungsfähigkeit.

Tabelle 2.2: Übersicht über Herstellungsverfahren nanoskaliger (B)LSC(F)-Kathoden, deren Mikrostruktur und Leistungsfähigkeit bei 600 °C

Kathode	Herstellungsverfahren	Elektrolyt	ASR_{pol} / $\Omega \cdot cm^2$ (@ 600 °C, Luft)	T_{max} / °C	l_{kat} / µm	ps / nm	E_a / eV	Stromsammler	Gas	Ref.
$La_{0.5}Sr_{0.5}CoO_{3-\delta}$	MOD	$Ce_{0.8}Gd_{0.2}O_{1.9}$ auf 3.5YSZ	0.13	900	0.2-0.3	54 ± 25	1.07	LSCF-Paste	Luft	209
$La_{0.5}Sr_{0.5}CoO_{3-\delta}$	MOD	YSZ	0.146	900	0.2-0.3	54 ± 25	1.07	LSCF-Paste	Luft	209
$La_{0.5}Sr_{0.5}CoO_{3-\delta}$	PLD	CGO	0.089	300-500	0.72 ± 0.02	8 Deckschicht, 50 Säulen	1.24	Gold Netz	Luft	246
$La_{0.5}Sr_{0.5}CoO_{3-\delta}$	PLD	$Ce_{0.9}Gd_{0.1}O_{1.95}$	-	500	1	100 - 200	-	Pt-Netz	Luft	236
$La_{0.6}Sr_{0.4}CoO_{3-\delta}$	Flammensprühsynthese, Siebdruck, Sintern	$Ce_{0.9}Gd_{0.1}O_{1.95}$	0.96	900	-	43	1.37	Pt-Netz	Syn. Luft	204
$La_{0.6}Sr_{0.4}CoO_{3-\delta}$	Flammesprüh-Abscheidung	$Ce_{0.9}Gd_{0.1}O_{1.95}$	0.96	700	0.2	21.4 ± 5	1.52	Pt-Paste	Luft	238
$La_{0.6}Sr_{0.4}CoO_{3-\delta}$	Citrat-EDTA Methode, Sprühabscheidung, Sintern	$Ce_{0.9}Gd_{0.1}O_{1.95}$ (200 µm)	0.17 (700°C)	950	14	~ 200	-	Pt-Paste	Luft	241
$La_{0.6}Sr_{0.4}CoO_{3-\delta}$	PLD	$Ce_{0.9}Gd_{0.1}O_{1.95}$	1.72 (700°C, O_2)	900	1.2	30 - 50	-	-	O_2	237
$La_{0.6}Sr_{0.4}CoO_{3-\delta}$	Praxair Pulver, Siebdruck, Sintern	$Ce_{0.8}Y_{0.2}O_{1.9}$ auf 3YSZ	0.237	1000	7	~ 200	1.09	Au-Netz	Syn. Luft	240
$La_{0.6}Sr_{0.4}CoO_{3-\delta}$ + $Ce_{0.9}Gd_{0.1}O_{1.95}$ (70/30)	Praxair Pulver, Siebdruck, Sintern	$Ce_{0.8}Y_{0.2}O_{1.9}$ auf 3YSZ	0.131	1000	8	~ 200	0.94	Au-Netz	Syn. Luft	240
$La_{0.6}Sr_{0.4}Co_{0.2}Fe_{0.8}O_{3-\delta}$	Sprühpyrolyse	$Ce_{0.8}Gd_{0.2}O_{1.9}$, poliert	2.03	650	~ 0.5	65 ± 15	1.55	Pt-Paste u. -Netz Luft		239
$La_{0.6}Sr_{0.4}Co_{0.2}Fe_{0.8}O_{3-\delta}$	PLD	$Ce_{0.8}Gd_{0.2}O_{1.9}$, poliert	9.23	650	~ 0.5	~ 65	1.49	Pt-Paste u. -Netz Luft		239
$La_{0.6}Sr_{0.4}Co_{0.2}Fe_{0.8}O_{3-\delta}$	Doppelbeschichtung: PLD u. Sprühpyrolyse	$Ce_{0.8}Gd_{0.2}O_{1.9}$, poliert	1.02	650	~ 0.6	~ 65	1.18	Pt-Paste u. -Netz Luft		239
$La_{0.4}Sr_{0.6}Co_{0.8}Fe_{0.2}O_{3-\delta}$	PLD	$Ce_{0.9}Gd_{0.1}O_{1.95}$	0.065 (O_2)	500	1	-	-	Pt-Netz	Luft	236
$La_{0.6}Sr_{0.4}Co_{0.2}Fe_{0.8}O_{3-\delta}$	Electrostatic Spray Deposition (ESD)	$Ce_{0.9}Gd_{0.1}O_{1.95}$	0.126	900	7	-	1.72	LSCF-Paste	Luft	245
$La_{0.6}Sr_{0.4}Co_{0.8}Fe_{0.2}O_{3-\delta}$ (Acetate Methode)	Schleuderbeschichtung, Sintern	$Ce_{0.9}Gd_{0.1}O_{1.95}$	0.066	900	11 ± 3	180 ± 40 SEM (40 ± 10 XRD)	-	Pt-Netz	Ar-O_2, pO_2 = 0.21	243
$La_{0.6}Sr_{0.4}Co_{0.8}Fe_{0.2}O_{3-\delta}$ (HMTA Methode)	Schleuderbeschichtung, Sintern	$Ce_{0.9}Gd_{0.1}O_{1.95}$	0.048	800	10 ± 2	130 ± 30 SEM (27 ± 3 XRD)	-	Pt-Netz	Ar-O_2, pO_2 = 0.21	243
$La_{0.6}Sr_{0.4}Co_{0.2}Fe_{0.8}O_{3-\delta}$	Sprühpyrolyse, Schleuderbeschichtung, Sintern	$Ce_{0.8}Gd_{0.2}O_{1.9}$ auf 8YSZ	0.252	750	< 1	< 68	1.47	LSM-Paste	Luft	242
$La_{0.6}Sr_{0.4}Co_{0.2}Fe_{0.8}O_{3-\delta}$ + $Ce_{0.8}Gd_{0.2}O_{1.9}$	Sprühpyrolyse, Schleuderbeschichtung, Sintern	$Ce_{0.8}Gd_{0.2}O_{1.9}$ auf 8YSZ	0.16	750	< 1	< 68	1.132	LSM-Paste	Luft	242
$La_{0.6}Sr_{0.4}Co_{0.2}Fe_{0.8}O_{3-\delta}$ + $Ce_{0.8}Gd_{0.2}O_{1.9}$	Sprühpyrolyse	$Ce_{0.8}Gd_{0.2}O_{1.9}$, poliert	1.81	650	~ 0.5	~ 65	1.27	Pt-Paste u. -Netz Luft		239
$Ba_{0.25}La_{0.25}Sr_{0.5}Co_{0.8}Fe_{0.2}O_{3-\delta}$	Sprühpyrolyse	$Ce_{0.8}Gd_{0.2}O_{1.9}$, poliert	0.77	650	~ 0.5	35 ± 7	1.28	Pt-Paste u. -Netz Luft		239
$Ba_{0.25}La_{0.25}Sr_{0.5}Co_{0.2}Fe_{0.8}O_{3-\delta}$	Sprühpyrolyse, Schleuderbeschichtung, Sintern	$Ce_{0.8}Gd_{0.2}O_{1.9}$ auf 8YSZ	0.038	700	< 1	< 68	1.328	LSM-Paste	Luft	242

Bei der Wahl des Verfahrens zur Herstellung nanostrukturierter Kathoden haben einige Autoren versucht, die Eigenarten der Herstellungsverfahren gezielt für die Bildung spezieller Mikrostrukturen auszunutzen. So verwendete beispielsweise YOON [236] das Laserstrahlverdampfen (PLD[41]), um gezielt säulenartige Strukturen aus $La_{0.5}Sr_{0.5}CoO_{3-\delta}$ und $La_{0.4}Sr_{0.6}Co_{0.8}Fe_{0.2}O_{3-\delta}$ zu erzeugen, mit dem Ziel, viele Dreiphasengrenzen und eine große Oberfläche zu erhalten. Weiterhin sollte dadurch zusätzlich die mechanische Stabilität erhöht werden, da es so dem Kathodenmaterial möglich ist, sich bei Erwärmung auszudehnen ohne abzuplatzen. Auch SASE [237] nutzte PLD, um $La_{0.6}Sr_{0.4}CoO_{3-\delta}$ abzuscheiden. Diese Kathoden wurden jedoch nicht auf Leistung getrimmt, sondern sollten besonders plan sein, um Untersuchungen zur Kathoden-Reaktionskinetik zu ermöglichen. Ebenfalls nicht besonders gute Leistungsdaten zeigten nanostrukturierte $La_{0.6}Sr_{0.4}CoO_{3-\delta}$-Dünnfilmkathoden von KARAGEORGAKIS [238], die mittels Flammensprühabscheidung hergestellt wurden und eigentlich mit Hilfe dieses Verfahrens mikrostrukturell optimiert werden sollten.

Es ist aber auch möglich, unterschiedliche Verfahren miteinander zu kombinieren. So konnte BECKEL [239] zeigen, dass mit einer 600 nm dicken $La_{0.6}Sr_{0.4}Co_{0.2}Fe_{0.8}O_{3-\delta}$-Doppelschichtkathode, bestehend aus einer dichten PLD-Schicht und einer porösen Schicht, die mittels Sprühpyrolyse aufgebracht wurde, höhere Leistungsfähigkeiten erzielt werden können als mit Kathoden, die nur mit jeweils einem der beiden Verfahren abgeschieden wurden. Mit nanoskaligen Komposit-Kathoden mit einer $Ce_{0.8}Gd_{0.2}O_{1.9}$-Phase konnten hingegen keine höheren Leistungsfähigkeiten erzielt werden. Dies gelang erst durch die Zudotierung von Barium auf dem A-Platz ($Ba_{0.25}La_{0.25}Sr_{0.5}Co_{0.8}Fe_{0.2}O_{3-\delta}$), was den Oberflächenaustausch signifikant verbessert.

Einen klassischen und für die Massenproduktion bestens geeigneten Ansatz verfolgten VAN BERKEL [240] und HEEL [204], die nanopartikuläres $La_{0.6}Sr_{0.4}CoO_{3-\delta}$-Pulver eingekauft bzw. mittels einer Flammensprüh-Synthese (FSS[42]) hergestellt und mittels Siebdruck appliziert haben. Obwohl in beiden Studien die nominell gleiche Stöchiometrie verwendet wurde, lagen die Ergebnisse um den Faktor vier auseinander. Bei VAN BERKEL konnte weiterhin noch eine Verbesserung der Performance durch den Einsatz eines LSC/CGO-Komposits erzielt werden.

Weitere Verfahren zur Herstellung von nanostrukturierten Kathoden über Pulver sind beispielsweise die kombinierte Citrat-EDTA[43] Methode [241] ($La_{0.6}Sr_{0.4}CoO_{3-\delta}$) und die Sprühpyrolyse [242] ((B)LSCF). BAQUÉ [243, 244] verwendete für die Herstellung nanostrukturierter $La_{0.6}Sr_{0.4}Co_{0.2}Fe_{0.8}O_{3-\delta}$-Kathoden ebenfalls das Sprühpyrolyse-Verfahren, aber auch zwei weitere chemische Routen kamen zum Einsatz. Damit konnten hervorragende Leistungsdaten erzielt werden, jedoch zeigten die Kathodenverluste besonders bei hohen Temperaturen kein typisches thermisch aktiviertes Verhalten, das im Allgemeinen mit einem Arrhenius-Ansatz beschrieben werden kann. Dies könnte zwar mit dem mit steigender Temperatur größer werdenden Gasphasenpolarisationsanteil erklärt werden, aber auch eine mangelnde Stabilität

---

[41] PLD: Pulsed Laser Deposition
[42] FSS: Flame Spray Synthesis
[43] EDTA: Ethylendiamintetraessigsäure

der Kathoden könnte dafür verantwortlich sein. Leider wurden die Angaben zur Messdatenauswertung recht knapp verfasst, so dass über die Ursache für dieses Verhalten hier nur spekuliert werden kann.

Weitere Methoden zur direkten Abscheidung von nanoskaligen Kathoden sind das MOD-Verfahren, welches in dieser Arbeit verwendet wurde und dessen Eignung PETERS [209] ($La_{0.5}Sr_{0.5}CoO_{3-\delta}$) schon eindrucksvoll unter Beweis stellen konnte, oder auch die elektrostatische Sprühabscheidung (ESD[44]) mit der MARINHA [245] nanostrukturierte $La_{0.6}Sr_{0.4}Co_{0.2}Fe_{0.8}O_{3-\delta}$-Kathoden abgeschieden hat.

Die Leistungsfähigkeit der in diesem Abschnitt vorgestellten nanoskaligen SOFC-Kathoden wird in Abschnitt 4.3.3 verglichen. In Abbildung 4.29 sind die Polarisationsverluste der Kathoden über der Temperatur aufgetragen, wobei sie dort als Benchmark für die Leistungsfähigkeit der Kathoden aus dieser Arbeit herangezogen werden.

2.8 Interface Kathode/Elektrolyt und Ladungstransferreaktion

Am Interface MIEC-Kathode/Elektrolyt erfolgt der Übertritt der Sauerstoffionen vom MIEC-Kathodenmaterial in den Elektrolyten, wobei der Ladungstransport von einem Elektronenstrom zu einem Ionenstrom übergeht. Die dabei auftretenden Verluste sind ebenfalls Teil der Polarisationsverluste einer Kathode (vgl. Abschnitt 2.5.1). In den vorausgegangen Studien an MOD-Dünnschichtkathoden aus $La_{0.5}Sr_{0.5}CoO_{3-\delta}$ konnte PETERS [209] zeigen, dass diese am Interface LSC/8YSZ, bedingt durch die Bildung von Strontiumzirkonat, sehr groß ausfallen und durch den Einsatz von CGO als Elektrolytmaterial signifikant verringert werden können. In Untersuchungen an Dünnfilm-Mikroelektroden von BAUMANN [247] zeigte sich ein ähnliches Verhalten auch für LSCF-Kathoden. In beiden Arbeiten wurden die Ladungstransferverluste an der LSC(F)/CGO-Grenzschicht jedoch nicht quantitativ bestimmt, was zum Teil daran gelegen haben mag, dass sie sehr klein ausfielen. Auch bei alternativen Elektrolytmaterialien wie Yttriumoxid stabilisiertem Bismutoxid, Gadoliniumoxid dotiertem Bariumcerat und Strontiumoxid dotiertem Ceroxid ist in Kombination mit einer $La_{0.7}Sr_{0.3}Co_{0.7}Fe_{0.3}O_{3-\delta}$-Kathode der Ladungstransfer verlustbehaftet, wobei er bei den verschiedenen Materialpaarungen unterschiedlich stark ausfällt [248]. Speziell bei den barium- und bismuthaltigen Elektrolytmaterialien wird vermutet, dass die relativ hohen Verluste den sich in Kombination mit dem Kathodenmaterial bildenden Fremdphasen zuzuschreiben sind [86]. Weiterhin konnte für die Kombination LSC(F)/YSZ gezeigt werden, dass der Ladungstransfer weitestgehend unabhängig vom Sauerstoffpartialdruck ist [247, 249, 250].

Nach PRESTAT [251] ist bei $La_{0.52}Sr_{0.48}Co_{0.18}Fe_{0.82}O_{3-\delta}$-Kathoden auf CGO-Elektrolyten der Ladungstransferwiderstand sogar zu vernachlässigen. Auch ADLER [86] geht davon aus, dass die Kombination LSC/CGO zu verschwindend geringen Ladungstransferwiderständen führt, vorausgesetzt, es kommen ausreichend reine Materialien zum Einsatz.

---

[44] ESD: Electrostatic Spray Deposition (dt. elektrostatische Sprühabscheidung)

Im Umkehrschluss bedeutet dies aber auch, dass Verunreinigungen am Interface Kathode/Elektrolyt nicht zu vernachlässigen sind. Dies wird beispielweise von ADLER in [83, 86] und von MOGENSEN in [234] diskutiert. So kann der Ladungstransfer nicht nur dann deutlich verlustbehaftet sein, wenn das Interface durch schlecht leitende Reaktionsprodukte von Elektrolyt- und Elektrodenmaterialien verändert wurde, sondern auch von Verunreinigungen aus dem Elektrolyt- bzw. Elektrodenmaterial, die sich an der Grenzschicht ansammeln und den Ladungstransfer behindern. Selbst wenn diese Fremdphasen nicht mittels Rasterelektronenmikroskopie oder energiedispersiver Spektroskopie detektiert werden können, können sie sich erheblich auf den Ladungstransfer auswirken und somit zu den Polarisationsverlusten beitragen. Dies kann beispielsweise durch eine selektive Diffusion von Kationen des Kathodenmaterials aufgrund unterschiedlicher Diffusionskoeffizienten und Löslichkeiten im Elektrolytmaterial verursacht werden, wenn das Kathodenmaterial als Folge schlecht leitende Zweitphasen ausscheidet [115]. Auch kann eine Interdiffusion von Kationen aus der Kathode und dem Elektrolyten zu einer Veränderung des Interfaces und somit zu einem gehemmten Ladungstransfer führen [40].

Speziell bei Elektrolytmaterialien haben, neben der chemischen Kompatibilität zum Elektrodenmaterial und der Reinheit der Ausgangsmaterialien im Allgemeinen, auch präparationsbedingte (Oberflächen-)Kontaminationen, z.B. durch verunreinigte Sinteröfen, und auch die Oberflächenmorphologie und -behandlung einen starken Einfluss auf die Polarisationsverluste der darauf applizierten Elektroden. DUNYUSHKINA hat einige der angesprochenen Aspekte in [252] systematisch an $Sm_{0.2}Ce_{0.8}O_{1.9}$-Elektrolytsubstraten in Kombination mit Platin- und $La_{0.8}Sr_{0.2}CoO_{3-\delta}$-Elektroden untersucht. Der dabei verwendete Elektrolyt wurde mittels Folienziehen und Sintern bei 1650 °C für 4 h hergestellt. Neben Kohlenstoff, von dem angenommen wird, dass er von adsorbiertem CO_2 herrührt, wurden mittels Röntgen-Photoelektronenspektroskopie (XPS[45]) die Elemente Mo, Ca, Na und S auf der Oberfläche nachgewiesen. Da sie nur auf der Oberfläche und nicht auch auf der Bruchfläche gefunden wurden, schlossen die Autoren, dass die Verunreinigungen durch die Prozessierung und/oder die Anhäufung von geringfügigen Materialverunreinigungen an der Oberfläche während des Sinterns verursacht wurden. So stammt beispielsweise das Molybdän höchstwahrscheinlich von den molybdänhaltigen Heizelementen im Sinterofen. Weiterhin konnte eine deutlich erhöhte Sm-Konzentration an der Oberfläche nachgewiesen werden. Auch auf Proben mit einer polierten und nachgesinterten Probenoberfläche konnte dieser Effekt beobachtet werden, jedoch in einem deutlich geringeren Maße. Auf Proben mit einer aufgerauten oder polierten Oberfläche konnte keine erhöhte Sm-Konzentration festgestellt werden. Interessanterweise zeigte die Probe mit dem höchsten Sm-Anteil an der Oberfläche in Kombination mit einer gesinterten $La_{0.8}Sr_{0.2}CoO_{3-\delta}$-Kathode die niedrigsten Polarisationsverluste, die mit SiC-Schleifpapier (600er Körnung) aufgeraute mittlere und die polierte Elektrolytoberfläche die höchsten Verluste. Dabei prägte sich mit ansteigenden Verlusten auch ein hochfrequenter, vom Sauerstoffpartialdruck unabhängiger Prozess immer stärker aus, der dem Ladungstransfer am Interface Kathode/Elektrolyt zugeschrieben wurde. Die tatsächliche

---

[45] XPS: X-Ray Photoelectron Spectroscopy

Ursache für die Abhängigkeit der Polarisationsverluste von der Elektrolytoberfläche konnte nicht abschließend geklärt werden, es wurden jedoch einige mögliche Erklärungen dafür diskutiert. Dies sind unter anderem eine ungenügende Versinterung von Kathode und Elektrolyt (auf der polierten Elektrolytoberfläche konnte die Kathode trotz Sinterns bei 1080 °C mit den Fingern abgewischt werden), positive Auswirkung von Verunreinigungen auf die Elektrochemie und/oder Sintereigenschaften des Kathoden- und Elektrolytmaterials oder eine verbesserte Kathodenreaktion aufgrund der hohen Sm-Konzentration an der Elektrolytoberfläche. Der Elektrolyt selbst dürfte nur wenig zur Kathodenreaktion beitragen. Für das verwandte Material $Ce_{0.9}Gd_{0.1}O_{1.95}$ beispielsweise liegt der Oberflächenaustauschkoeffizient bei 600 °C mit ca. $k^* = 7.3 \cdot 10^{-10}$ cm/s ungefähr drei Größenordnungen unterhalb desjenigen von $La_{0.6}Sr_{0.4}CoO_{3-\delta}$ [253].

Ähnliche Studien wie die von DUNYUSHKINA an $Sm_{0.2}Ce_{0.8}O_{1.9}$ wurden an dem in dieser Arbeit verwendeten Elektrolytmaterial CGO bisher nicht durchgeführt. In der Literatur konnte lediglich eine Untersuchung zur oberflächennahen chemischen Zusammensetzung von gesinterten $Ce_{0.8}Gd_{0.2}O_{1.9}$-Elektrolyten gefunden werden [254]. Mittels niederenergetischer Ionenstreuspektroskopie (LEIS[46]) konnte dabei eine starke Gd-Anreicherung in den obersten fünf Monolagen nachgewiesen werden, wobei das Ce/Gd-Verhältnis zu 1:1 bestimmt wurde. Ob die Elektrolyte für 8 h bei 1300 °C oder bei 1600 °C gesintert wurden, führte dabei zu keinem signifikanten Unterschied. In den Proben wurden gelegentlich auch Spuren von Si oder Na und auch Ca nachgewiesen, wobei Ca nur in der äußersten Monolage auftrat. Grundsätzlich liegt das Ce/Gd-Verhältnis von 1:1 noch innerhalb des Mischbereichs des Mischkristalls $Ce_yGd_{1-y}O_{2-2/y}$ von $0 < y < 0.5$ [255], die Leitfähigkeit des Materials dieser Stöchiometrie sollte jedoch deutlich unter der von $Ce_{0.8}Gd_{0.2}O_{1.9}$ liegen. Eine Studie an Samarium dotiertem Ceroxid (SDC) kann dazu als qualitativer Vergleich herangezogen werden, da für $Ce_yGd_{1-y}O_{2-2/y}$ ein ähnliches Verhalten der Leitfähigkeit über der Dotierungskonzentration zu erwarten ist [37, 128]. So ist die Leitfähigkeit von $Ce_ySm_{1-y}O_{2-2/y}$ mit $y = 0.5$ bei 600 °C um zwei Größenordnungen kleiner als die bei optimaler Dotierung von $y = 0.2$ [37]. Ob eine Dotierstoffanreicherung an der Oberfläche von Ceroxid-basierten Elektrolyten auch zu einer Veränderung des Ladungstransfers führen kann, wurde in keiner der Studien erörtert.

---

[46] LEIS: Low Energy Ion Scattering

3 Experimentelle Methoden

Im folgenden Kapitel werden die in dieser Arbeit verwendeten Methoden zur Probenherstellung (Abschnitt 3.1) und die Versuchsdurchführung (Abschnitt 3.3) beschrieben, sowie analytische und messtechnische Verfahren (Abschnitt 3.2) erläutert. Weiterhin wird auf die Weiterverarbeitung der Messdaten und deren Auswertung (Abschnitt 3.4) eingegangen, wobei ein besonderes Augenmerk auf die zentralen Verfahren dieser Arbeit gelegt wird. An anderen Stellen wird, dem Umfang dieser Arbeit Rechnung tragend, auf eine detaillierte Beschreibung verzichtet und auf weiterführende Literatur verwiesen.

3.1 Probenpräparation

Die Präparation der in dieser Arbeit verwendeten Proben ist in mehrere Prozessschritte unterteilt. In Abschnitt 3.1.1 wird auf die Präparation symmetrischer Halbzellen eingegangen, wobei die Herstellung nanoskaliger Dünnschichtkathoden in Abschnitt 3.1.2 im Detail beschrieben wird. Die Herstellung des Stromsammlers, welcher als Kontaktierung der nanoskaligen Dünnschichtkathoden Anwendung findet, wird in Abschnitt 3.1.3 erläutert.

3.1.1 Präparation symmetrischer Halbzellen

Die Charakterisierung nanoskaliger Dünnschichtkathoden erfolgte in der vorliegenden Arbeit im Verbund einer symmetrischen Halbzelle, wie sie in Abbildung 3.1 schematisch dargestellt ist. Die Verwendung dieser Messkonfiguration bietet signifikante Vorteile:

- einfache Herstellung

- im Vergleich zu Vollzellen sind symmetrische Halbzellen wesentlich einfacher zu charakterisieren (z.B. werden für die beiden Kathoden keine getrennten Gasräume benötigt)

- die Polarisationsverluste einer Kathode entsprechen der Hälfte der gemessenen Polarisationsverluste; sie müssen nicht aufwendig von anderen Verlusten (z.B. Verlusten an der Anode) getrennt werden

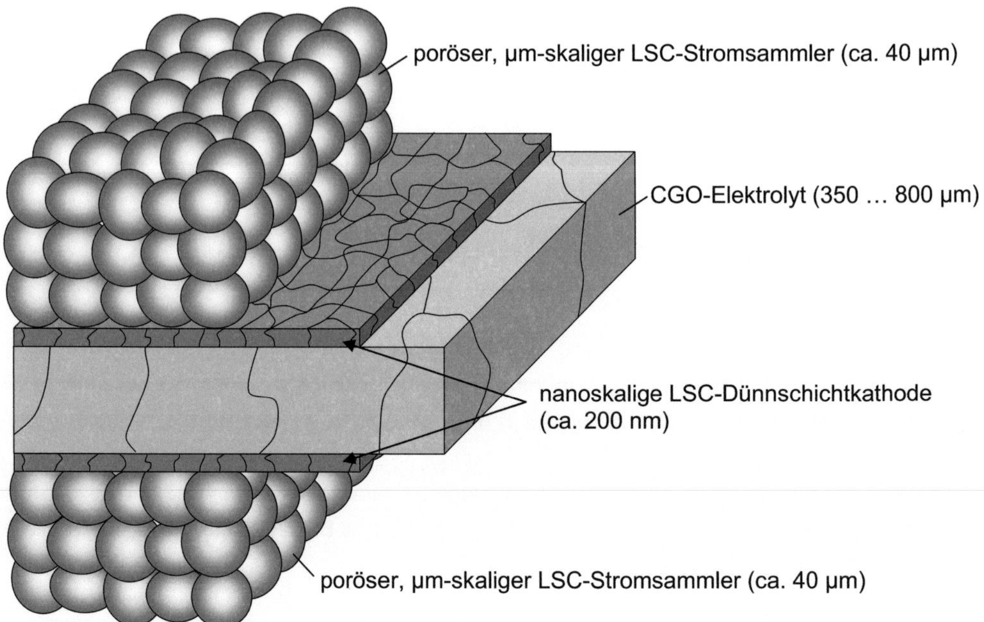

Abbildung 3.1: Schematischer Aufbau einer symmetrischen Halbzelle

Die Schichtdicken (Werte in Klammern) sind in der schematischen Darstellung der symmetrischen Halbzelle nicht maßstabsgetreu dargestellt.

Bei symmetrischen Halbzellen ist der Elektrolyt das tragende Element (ESC), auf dem auf beiden Seiten identische Kathoden aufgebracht werden. In dieser Arbeit wurde als Elektrolytmaterial $Ce_{0.9}Gd_{0.1}O_{1.95}$ verwendet, das in Form von Pellets mit ca. 25 mm Durchmesser von der Firma Daiichi Kigenso Kagaku Kogyo Co., Ltd (Japan) bezogen wurde. Die Pellets wurden herstellerseitig auf eine Dicke von 700 ... 900 µm heruntergeschliffen, wobei ein Teil davon am IWE nochmals auf ca. 400 µm gedünnt und anschließend mit einer Diamantsuspension (1 µm) poliert wurde. Die weitere Dünnung diente der Reduktion der durch den Elektrolyten verursachten hohen ohmschen Verluste. Vor der Beschichtung wurden die Pellets nochmals bei 1300 °C für 3 h getempert, um die durch den Schleif- und Polierprozess eingebrachten oberflächennahen Gitterbaufehler wieder auszuheilen und um eine typische und technisch relevante, gesinterte Elektrolytoberfläche zu erhalten. TEM-Analysen hatten ergeben, dass das Kristallgitter des oberflächennahen Volumens durch das Schleifen und Polieren bis zu 160 nm in die Tiefe geschädigt wird (vgl. Abbildung 3.2). Da die Oberflächenmorphologie die Kathodenverluste, insbesondere die Ladungstransferreaktion (vgl. Abschnitt 2.8), beeinflusst, ist eine reproduzierbare und technisch relevante Elektrolytoberfläche unabdingbar. Zudem kann so sichergestellt werden, dass es nicht aufgrund der Gitterbaufehler zu einer möglichen (selektiven) Kationendiffusion aus der Kathode in den Elektrolyten kommt, die das Interface Kathode/Elektrolyt verändern würde und sich somit wiederum negativ auf den Ladungstransfer auswirken könnte [83].

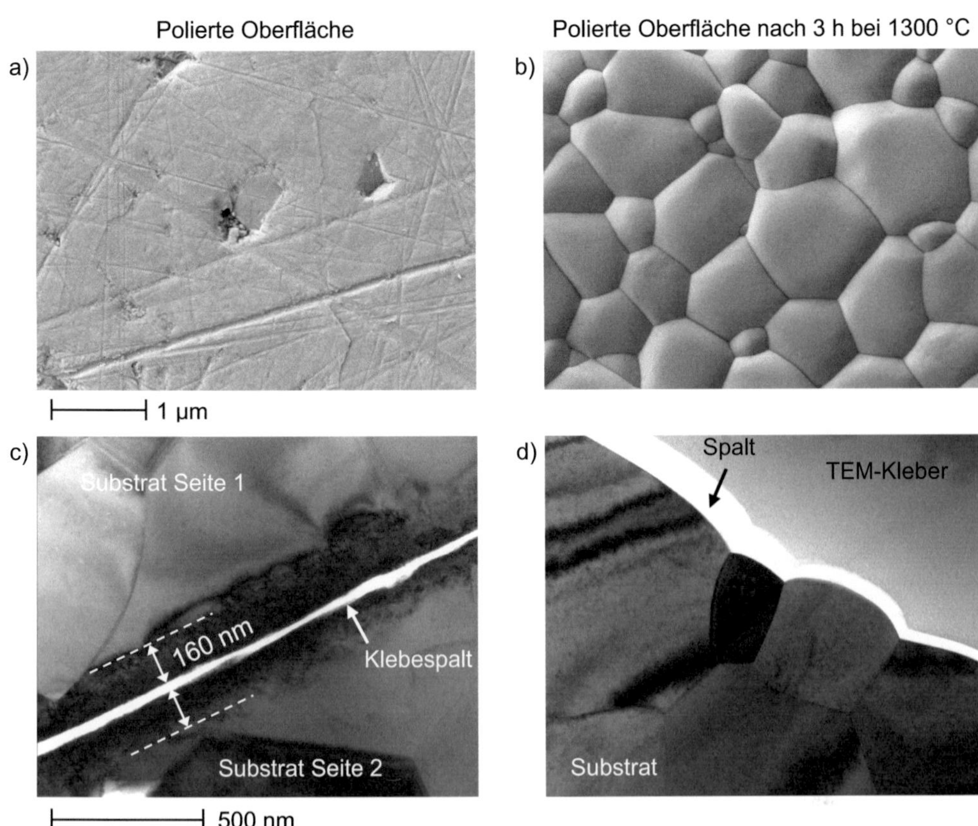

Abbildung 3.2: Elektronenmikroskopische Aufnahmen der Oberfläche und des oberflächennahen Volumens von polierten und getemperten CGO-Substraten

Die obere Bildreihe zeigt REM-Aufnahmen der Substratoberfläche a) nach dem Polieren und b) nach dem Polieren und einem anschließenden Temperschritt bei 1300 °C für 3 h. Die untere Reihe zeigt TEM-Aufnahmen von Querschnitten des oberflächennahen Volumens eines c) polierten Substrats (Sandwich aus zwei Substraten) und eines d) anschließend getemperten Substrats (aufgenommen von LEVIN DIETERLE am Laboratorium für Elektronenmikroskopie des KIT). Es zeigt sich, dass die Kristallstruktur durch das Polieren bis in eine Tiefe von 160 nm stark gestört wird. Diese heilt jedoch durch eine dreistündige Temperung bei 1300 °C wieder vollständig aus.

Nach dem Tempern des Elektrolyten wurden auf beiden Seiten LSC-Dünnschichtkathoden mittels Tauch- oder Schleuderbeschichtung abgeschieden (vgl. Abschnitt 3.1.2) und eine ca. 40 µm dicke LSC-Stromsammlerschicht der Fläche 1 cm^2 mittels Siebdruck aufgebracht (vgl. Abschnitt 3.1.3). Abschließend musste noch die Fläche der nanoskaligen LSC-Dünnschicht entsprechend der aktiven Kathodenfläche von 1 cm^2 angepasst werden, um eine mögliche Ausweitung der elektrochemisch aktiven Kathodenfläche aufgrund der Querleitung in der LSC-Dünnschicht zu unterbinden. Zu diesem Zweck wurde die Dünnschichtkathode mittels eines Diamantritzers entlang des Rands der Stromsammlerschicht eingeritzt (vgl. Abbildung 3.3).

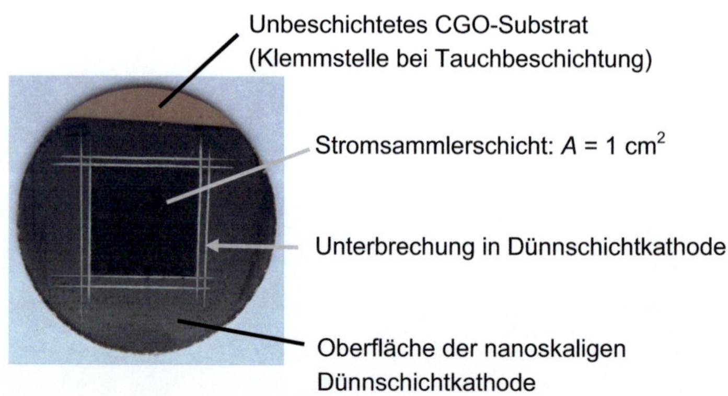

Abbildung 3.3: Symmetrische Halbzelle mit Stromsammlerschicht

Die weißen, parallelen Linien sind Unterbrechungen in der Dünnschichtkathode, die mittels eines Ritzdiamanten eingebracht wurden. Am oberen Rand der Probe ist das Elektrolytsubstrat unbeschichtet. Das Substrat wurde an dieser Stelle für die Tauchbeschichtung fixiert.

Die Katalogisierung erfolgte nach folgender Nomenklatur, die sich aus der Kennung PNC (Project Nano Cathode) und einer fortlaufenden 3-stelligen Nummerierung zusammensetzt. Proben, auf denen eine nanoskalige Dünnschichtkathode implementiert wurde, wurden durch eine Ziffer zwischen 1 und 499 gekennzeichnet (Beispiel: PNC-037), für alle anderen Proben war der Zahlenraum ab 500 reserviert. Eine vollständige Auflistung aller in dieser Arbeit verwendeten Proben ist in Anhang 6.3 zu finden.

3.1.2 Präparation der Dünnschichtkathoden

Die in dieser Arbeit untersuchten nanoskaligen Dünnschichtkathoden wurden mittels metallorganischer Abscheidung (MOD[47]), einem Sol-Gel Verfahren, hergestellt. Die Herstellung von LSC mit diesem nasschemischen Verfahren erfolgte erstmalig 1995 durch EGNER [256] am Fraunhofer Institut für Silicatforschung (ISC) in Würzburg. Später wurde es dann am IWE von HERBSTRITT [8] und PETERS [9] als SOFC-Kathode eingesetzt und charakterisiert.

Beim Sol-Gel-Prozess handelt es sich um ein Verfahren, welches nichtmetallische, anorganische Materialien aus nassen, molekular gelösten Präkursoren herstellt und sich wie folgt auszeichnet [9]:

Vorteile:

- Herstellung qualitativ hochwertiger Beschichtungsfilme

- vergleichsweise günstiges Verfahren

- tauglich für die Beschichtung großer Flächen

- je nach Verfahren und Solzusammensetzung vielseitig einsetzbar

---

[47] MOD: Metal-Organic Deposition

Nachteile:

- niedrige maximale Schichtdicke

- höhere Schichtdicken müssen über Mehrfachbeschichtung realisiert werden

Daraus ergeben sich folgende Anforderungen an das Sol:

- hohe Ausbeute

- niedrige Kristallisationstemperatur

- gute Beschichtungs-, Filmbildungs- und Abdampfeigenschaften

Die Herstellung der MOD-Dünnschichtkathoden unterteilt sich in die Sol-Synthese und die Abscheidung der Dünnschichten auf Elektrolytsubstrate. Die Abfolge der einzelnen Schritte wird in Abbildung 3.4 gezeigt.

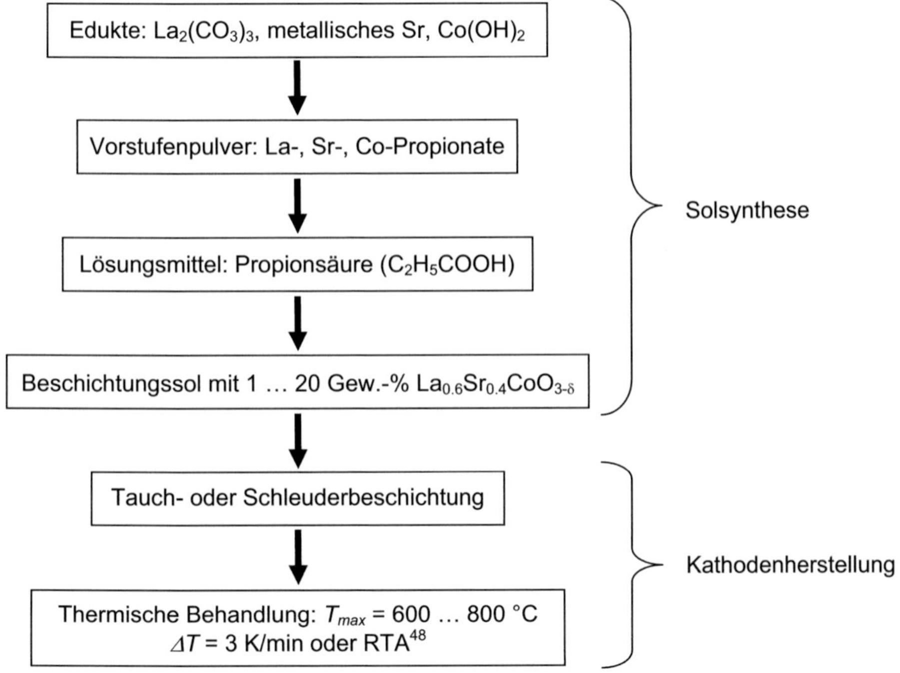

Abbildung 3.4: Synthese des Beschichtungssols und Herstellung von MOD-Dünnschichtkathoden
Die Herstellung von MOD-Dünnschichtkathoden unterteilt sich in zwei Prozessschritte: 1. Sol-Synthese und 2. Abscheidung der Dünnschichten auf Elektrolytsubstrate

---

[48] RTA: Rapid Thermal Annealing (dt. Schnelles thermisches Auslagern)

Sol-Synthese

Die im Rahmen dieser Arbeit verwendeten Sole wurden vom ISC (DR. UWE GUNTOW) bezogen, wobei die eigentliche Beschichtung und die thermische Behandlung der Proben am IWE stattfanden. Entsprechend soll an dieser Stelle nur kurz auf die Sol-Synthese eingegangen werden.

Als Ausgangsstoffe wurden $La_2(CO_3)_3$, $Co(OH)_2$ und metallisches Sr verwendet. In separaten Synthesen wurden diese dann mit Propionsäure und Propionsäureanhydrid zu Propionaten umgesetzt, welche nach weiteren Destillations-, Fällungs- und Filtrationsschritten als pulverförmige Vorstufen vorlagen. Für die Herstellung des Beschichtungssols wurden die Vorstufen dann entsprechend der Zielstöchiometrie bei Raumtemperatur in Propionsäure gelöst. Abschließend wurde die Stöchiometrie dann nochmals mit Hilfe der Atomemissionsspektroskopie mittels induktiv gekoppeltem Plasma (ICP-AES[49]) überprüft.

Abscheidung der LSC-Dünnschicht

Die eigentliche Beschichtung des Elektrolytsubstrats erfolgte mittels Tauch- oder Schleuderbeschichtung. Bei der Tauchbeschichtung kam hauptsächlich ein Sol mit 10 Gew.-% resultierendem Oxid zum Einsatz, da es die besten Beschichtungsresultate hinsichtlich Schichtdicke und Homogenität erzielte. An diesem Sol wurde bei 20 °C eine kinematische Viskosität von $v = 3.67 \times 10^{-6}$ m^2/s gemessen. Die Tauchgeschwindigkeit betrug $v_0 = 8$ cm/min. Entsprechend der Gleichung von Landau-Levich [257] beeinflussen diese beiden Parameter maßgeblich die Dicke h des nassen Beschichtungsfilms:

$$h = 0.8\sqrt{\frac{\eta \cdot v_0}{\rho \cdot g}}$$

3-1

Dabei sind ρ die Dichte des Sols, g die Erdbeschleunigung und η die dynamische Viskosität, die mit $\eta = v \cdot \rho$ berechnet wird. Die Tauchbeschichtung wurde mit einer am IWE entwickelten Apparatur durchgeführt.

Bei der Schleuderbeschichtung [258] kamen Sole mit 13 … 20 Gew.-% resultierendem Oxid zum Einsatz, die mittels Pipette auf dem Substrat verteilt wurden. Je nach Substratbeschaffenheit und Solviskosität[50] wurde die Probe dann mit bis zu 4000 rpm für 60 s geschleudert, um überschüssiges Sol abzuführen. Als Schleuderbeschichtungsanlage kam eine WS-400B-6NPP-Lite von Laurell Technologies Corporation (North Wales, PA, USA) zum Einsatz.

Nach der Beschichtung wurden die Schichten 5 min bei Raumtemperatur und weitere 5 min in einem vorgeheizten Trockenschrank bei 170 °C getrocknet. In einem zweiten thermischen Prozessschritt bei Temperaturen von $T_{max} = 600$, 700 oder 800 °C hat sich dann die eigentliche Perowskitphase gebildet. Die Metallorganiken zerfielen dabei thermisch bedingt [9]. Dieser Prozessschritt wurde bei einem Teil der Proben mittels Rapid Thermal Annealing (RTA)

---

[49] ICP-AES: Inductively Coupled Plasma Atomic Emission Spectroscopy
[50] Die Viskosität des Sols steigt mit dem Feststoffgehalt.

durchgeführt, bei dem anderen Teil der Probe wurde eine vergleichsweise niedrige Heizrate von ΔT = 3 K/min verwendet. Das besondere beim Rapid Thermal Annealing ist, dass die Proben in einen vorgeheizten Ofen eingebracht werden und so eine sehr hohe Heizrate von ΔT > 200 K/min erfahren.

Weiterhin wurde ein Teil der Proben über t_{an} = 10 bzw. 100 h bei den entsprechenden Herstellungstemperaturen (T_{max}) isotherm ausgelagert, was als Tempern bezeichnet wird. Dazu wurden die Proben zwischen zwei mit LSC-Stromsammler bedruckte 8YSZ-Substrate gelegt und auf einem LSC-Pulverbett in einem Al_2O_3-Tiegel mit Deckel der Temperbehandlung unterzogen. Im Fall der mit einer langsamen Heizrate hergestellten Proben erfolgte die thermische Behandlung (Kalzinierung) der LSC-Dünnschichten und die anschließende Temperung in einem Prozessschritt.

3.1.3 Präparation des Stromsammlers

Als Stromsammler zur Kontaktierung der nanoskaligen Dünnschichtkathoden wurde µm-skaliges $La_{0.6}Sr_{0.4}CoO_{3-\delta}$ verwendet. Es wurde dasselbe Material gewählt, da es zum einen eine sehr gute elektronische Leitfähigkeit aufweist (vgl. Abschnitt 2.6) und zum anderen eine mögliche Kontamination bzw. Interdiffusion von Kationen aus der Stromsammlerschicht in die Dünnschichtkathode – und umgekehrt – ausgeschlossen werden kann (vgl. Abschnitt 4.4).

Das $La_{0.6}Sr_{0.4}CoO_{3-\delta}$ für die Stromsammlerpaste wurde mittels eines Mixed-Oxide-Verfahrens[51] hergestellt. Die Ausgangsstoffe dafür waren pulverförmiges Kobaltoxid (Co_3O_4)[52], Strontiumcarbonat ($SrCoO_3$)[53] und Lanthanoxid (La_2O_3)[54], welches vorher noch bei 800 °C ausgeglüht wurde, um Einwaagefehler durch Hydrooxide zu vermeiden. Die Edukte wurden entsprechend der Zielstöchiometrie eingewogen, auf einer Rollenbank 18 h homogenisiert, anschließend getrocknet und bei einer Temperatur von 1050 °C für 10 h in Luft kalziniert.

Es ist anzumerken, dass entgegen den anderen Edukten Strontiumcarbonat in geringen Mengen in Wasser löslich ist[55]. Es wird jedoch davon ausgegangen, dass bei einer Einwaagemenge von > 40 g und einer Wassermenge beim Homogenisierungsschritt von ca. 0.2 l diese Löslichkeit nicht zu einem signifikanten Strontiumverlust führt.

Nach dem Kalzinieren wurde das $La_{0.6}Sr_{0.4}CoO_{3-\delta}$ 44 h auf einer Rollenbank mittels Mahlkugeln aus Zirkonoxid auf eine Partikelgröße von 1.8 µm gemahlen und vor der Weiterverarbeitung zu einer Siebdruckpaste mittels Röntgendiffraktometrie (vgl. Abschnitt 3.2.2) auf Phasenreinheit überprüft (vgl. Abschnitt 4.1.1). Die Herstellung der Siebdruckpaste erfolgte durch das Unterrühren des Pulvers mit Hilfe eines Propellerrührers in einen organischen Binder (Terpineol,

---

[51] Für eine detaillierte Beschreibung dieses Verfahrens sei auf [87] verwiesen.
[52] E. Merck KGaA, Darmstadt, Deutschland: Selectipur K 23695843738
[53] E. Merck KGaA, Darmstadt, Deutschland: Selectipur F 537661638
[54] E. Merck KGaA, Darmstadt, Deutschland: K 32653420434
[55] Laut Datenblatt liegt die Löslichkeit bei 20 °C bei 0.01 g/l.

Ethylcellulose, Dioctylphalat), wobei der Feststoffgehalt 60 Gew.-% betrug. Abschließend wurde die Paste auf einem Walzenstuhl homogenisiert.

Die Abscheidung des Stromsammlers auf der Kathodenfunktionsschicht erfolgte mittels Siebdruck auf einer Handsiebdruckmaschine (Dickfilm System AG, Bergdietikon, Schweiz). Siebdruck ist ein technisch einfaches und reproduzierbares Verfahren zur Abscheidung von beliebigen, flächigen Geometrien, bei der mittels einer Gummirakel eine definierte Pastenmenge durch ein feines, in einen Rahmen gespanntes Netz gedrückt wird [259]. Die nicht zu bedruckenden Flächen sind dabei durch einen Kunststofffilm auf dem Netz maskiert. Für das Drucken der LSC-Stromsammlerschicht wurde ein Metallnetz (VA 80 0.065*45°, Koenen, Ottobrunn) mit einer quadratischen Geometrie von 1 x 1 cm^2 verwendet. Abschließend wurden die Schichten für 24 h in einem Trockenschrank getrocknet, wobei der Binder erst beim initialen Aufheizen der Probe für die elektrochemische Charakterisierung bei einer Temperatur von ungefähr 300 °C ausgaste.

3.2 Analytische Verfahren

Zur Untersuchung der LSC-Dünnschichtkathoden, Pulverschüttungen und Elektrolytsubstrate kamen im Rahmen dieser Arbeit eine Vielzahl analytischer Verfahren zum Einsatz. Ein Großteil der Analysen konnte direkt am Institut für Werkstoffe der Elektrotechnik durchgeführt werden. Für transmissionselektronenmikroskopische Untersuchungen wurde jedoch die Expertise des Kooperationspartners Laboratorium für Elektronenmikroskopie (LEM) des Karlsruher Instituts für Technologie (KIT) in Anspruch genommen. Im Folgenden soll auf die eingesetzten analytischen Verfahren kurz eingegangen werden.

3.2.1 Mikrostrukturanalyse mittels Elektronenmikroskopie

Die Bestimmung der Mikrostruktur der nanoskaligen Dünnschichtkathoden erfolgte mittels elektronenmikroskopischer Verfahren. Dabei kam das Rasterelektronenmikroskop (REM) Zeiss 1540XB (Carl Zeiss NTS GmbH, Oberkochen) zum Einsatz, mit dem Oberflächen- und Bruchaufnahmen der unterschiedlich hergestellten Proben angefertigt wurden. Dafür wurden Bruchstücke der Proben vertikal (Bruchflächenaufnahmen) und horizontal (Oberflächenaufnahmen) mittels Kohlenstoffpads an Probenträgern fixiert und mittels Silberleitlack für die Ableitung der Primärelektronen kontaktiert. In der Regel wurden für die Aufnahmen ein Arbeitsabstand von 1 ... 2 mm und eine Beschleunigungsspannung zwischen 1 ... 2 kV gewählt.

Weiterhin wurde die Transmissions- (TEM) und Raster-Transmissionselektronenmikroskopie (STEM[56]) für strukturelle Untersuchungen herangezogen, wobei diese Verfahren teilweise noch mit energiedispersiver Röntgenspektroskopie (EDX[57]) und Elektronenbeugung für chemische und strukturelle Analysen gekoppelt wurden. Für die Quantifizierung der Porosität der

---

[56] STEM: Scanning Transmission Electron Microscopy
[57] EDX: Energy Dispersive X-Ray Spectroscopy

Dünnschichtkathoden wurde die High-Angle Annular Dark-Field (HAADF) STEM-Tomographie eingesetzt. Entgegen anderer Verfahren, die zur Bestimmung der Porosität eingesetzt werden, wie das Archimedes-Verfahren [260, 261], die Quecksilberporosimetrie [260, 262, 263], die Strickstoffadsorption [264], die μ-Tomographie [260], die FIB-Tomographie[58] [265, 266] oder die Transmissionsröntgenmikroskopie basierte Röntgentomographie [262, 267, 268], bietet dieses Verfahren den Vorteil einer hohen räumlichen Auflösung von Poren der Größenordnung 10 … 40 nm und der genauen räumlichen Verteilung dieser [232]. Für detaillierte Beschreibungen der angewendeten Verfahren sei auf die Dissertationsschrift von DIETERLE verwiesen [269].

Die Proben für die TEM-Untersuchungen wurden mit konventionellen Methoden wie Schleifen, Polieren und Ar^+-Ionenätzen präpariert. Die Aufnahmen für die mikrostrukturellen Untersuchungen wurden an einem 200 keV Philips CM200 FEG/ST Mikroskop mit Feldemissionskathode durchgeführt. Die Porositätsuntersuchungen mittels HAADF-STEM-Tomographie wurden an einem FEI Titan 3 80-300 FEG durchgeführt. Dabei wurden Kippserien (± 70 ° mit einem Winkelinkrement von 1.5 °) aufgenommen, die mit Hilfe der Software FEI Inspect3D V3.0 ausgewertet und zu dreidimensionalen Strukturen zusammengesetzt wurden.

Die Korngrößen wurden sowohl mittels REM- als auch mittels TEM-Analyse bestimmt. Für die Auswertung der REM-Bilder kam das Bildbearbeitungsprogramm SPIP™ (Image Metrology A/S; Lyngby, Dänemark) zum Einsatz. Ausgewertet wurden Aufnahmen der Dünnschichtoberflächen, wobei die mittlere Korngröße $d_{mean,REM}$ als kreisäquivalenter Durchmesser der Kornfläche berechnet wurde. Dieser wurde dann über mindestens 288 Körner gemittelt. Die mittels TEM bestimmte Korngröße $d_{mean,TEM}$ wurde mit derselben Methode bestimmt, jedoch mit dem Unterschied, dass hierbei das frei erhältliche Bildbearbeitungsprogramm ImageJ (http://rsbweb.nih.gov/ij/) zum Einsatz kam. Ausgewertet wurden dazu TEM-Hellfeldaufnahmen von parallel zur Grenzfläche liegenden Kathodenausschnitten. Da die Abgrenzung der einzelnen Körner in den TEM-Hellfeldaufnahmen nicht immer eindeutig war, wurden hierfür nur die Körner mit einem hohen Kontrast (ca. 100 … 150 Körner) zur Auswertung herangezogen.

Alle TEM-spezifischen Arbeiten wurden im Rahmen von CFN[59] Projekten im Bereich D „Nanostructured Materials" und den Folgeprojekten im Bereich F „Nano-Energy" von LEVIN DIETERLE am LEM geführt. Die Ergebnisse wurden zum Großteil in [232] veröffentlicht.

3.2.2 Röntgendiffraktometrie

Die kristalline Struktur der in dieser Arbeit verwendeten Materialien wurde mit Hilfe von Röntgendiffraktometrie / -beugungsanalyse (XRD[60]) untersucht. Das Verfahren basiert auf der Wechselwirkung von Röntgenstrahlen mit Elektronen in Kristallen, die zu Beugungserscheinungen führt. Dabei wird eine Probe mit Röntgenquanten bestrahlt und die Intensität der Reflektion in Abhängigkeit des Winkels gemessen. Die Auswertung eines solchen Reflektionsspektrums

---

[58] FIB: Focused Ion Beam
[59] CFN: Center for Functional Nanostructures
[60] XRD: X-Ray Diffraction

hinsichtlich der Identifikation der in der Probe enthaltenen Phasen erfolgte durch den Vergleich mit bekannten Referenzspektren aus der Datenbank des JCPDS[61]. Im Rahmen dieser Arbeit wurde ein Siemens D5000 Röntgendiffraktometer (Bruker-AXS, Karlsruhe) mit einer Cu-Kα-Strahlungsquelle (λ = 0.15406 nm) verwendet. Für die Analyse von Pulvern oder von Vollmaterial wurde die Anlage im Bragg-Bretano Modus betrieben [270], wobei detektorseitig der positionsempfindliche Detektor PSD-50m (PSD[62], MBRAUN, Garching) verwendet wurde. Für die Untersuchung der LSC-Dünnschichtkathoden wurde die Methode des streifenden Einfalls (GID[63]) gewählt, die schematisch in Abbildung 3.5 dargestellt ist. Hierbei wurden die Proben unter einem konstanten, flachen Winkel von 1.5 ° angestrahlt, wobei auf der Detektorseite ein Szintillationsdetektor mit Sollerspalt und Monochromator (Bruker AXS) zum Einsatz kam. Dieses Verfahren ist besonders oberflächensensitiv und ermöglicht es, Dünnschichten zu analysieren. Aufgrund des flachen Glanzwinkels dringen die Röntgenstrahlen nur wenig in die Probe und somit in das unter der Dünnschicht befindliche Substrat ein, wodurch die Beugungsintensität der Dünnschicht erhöht und die des Substrats deutlich verringert wird [270].

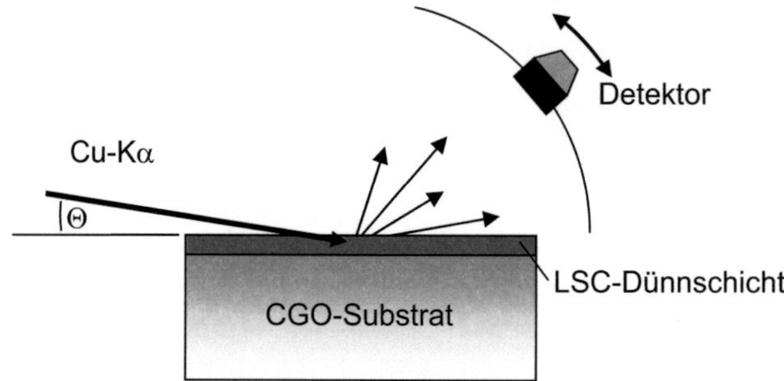

Abbildung 3.5: Schematische Darstellung einer XRD-Messung in streifendem Einfall in Anlehnung an [271]

In dieser Arbeit wurde ein Einfallswinkel der Röntgenstrahlung von Θ = 1.5 ° gewählt.

Die Nachweisgrenze bei der Röntgendiffraktometrie ist von einer Reihe von Faktoren abhängig. So haben die gewählten Parameter für die Erzeugung und Detektierung der Röntgenstrahlung einen nicht unerheblichen Einfluss, sowie die Dichte der Materialien und deren Geometrie. Bei ausreichender Kristallinität liegt laut HENEKA [18] die vom Material und der Anzahl der Phasen abhängige Nachweisgrenze zwischen 1 und 5 Vol.-%. Für den Werkstoff LSC ist noch anzumerken, dass es bei der Verwendung von Cu-Kα-Strahlung zu Dispersions- und Adsorptionseffekten am Kobaltatom kommt. Alternativ kann Mo-Kα-Strahlung verwendet werden, wie sie beispielsweise MINESHIGE [136] für Kristallstrukturuntersuchungen an $La_{1-x}Sr_xCoO_{3-\delta}$ unterschiedlicher Stöchiometrie verwendet hat.

---

[61] JCPDS: Joint Committee on Powder Diffraction Standards
[62] PSD: Position Sensitive Detector
[63] GID: Grazing Incidence Diffraction

3.3 Elektrochemische Charakterisierung

Das zentrale Verfahren dieser Arbeit zur Untersuchung nanoskaliger Dünnschichtkathoden ist die elektrochemische Charakterisierung symmetrischer Halbzellen bei unterschiedlichen Temperaturen und Atmosphären mittels elektrochemischer Impedanzspektroskopie (EIS) [272]. Im Folgenden werden die verwendeten Messanordnungen, Verfahren und Analysemethoden im Detail beschrieben.

3.3.1 Elektrochemische Charakterisierung symmetrischer Halbzellen

Die elektrochemische Charakterisierung symmetrischer Halbzellen wurde an zwei unterschiedlichen Messplätzen, Messplatz SOFC3 und SOFC10, durchgeführt. Alle Messplätze können skriptgesteuert betrieben werden, so dass identische Messabläufe für die Probencharakterisierung angewendet werden konnten.

In Messplatz SOFC3 können zwei symmetrische Halbzellen gleichzeitig in ruhender Luftatmosphäre mittels elektrochemischer Impedanzspektroskopie [273] charakterisiert werden, wobei ein Temperaturprofil nachgefahren wird.

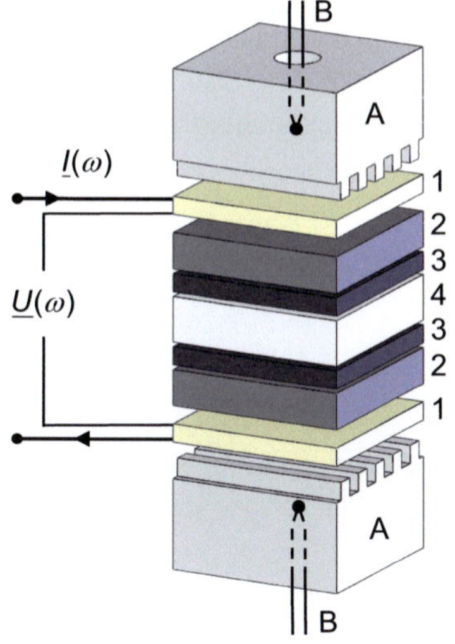

Abbildung 3.6: Schematische Darstellung des Messaufbaus für die Charakterisierung von symmetrischen Einzelzellen in Messplatz SOFC3 [9]

Abbildung 3.6 zeigt den schematischen Aufbau des in Messplatz SOFC3 verwendeten Messkopfs. Die symmetrischen Halbzellen, bestehend aus Elektrolyt, Dünnschichtkathode und Stromsammlerschicht, werden darin mit Goldnetzen zur Kontaktierung zwischen zwei Aluminiumoxid-Kontaktklötzen (99.7 % Al_2O_3) platziert, die mit einem Gewicht von 150 g zusammengedrückt werden. Diese zusätzliche Beschwerung soll dabei für eine sichere Kontaktierung der

Stromsammlerschicht mit dem Goldnetz sorgen, welches aus zwei punktverschweißten Einzel-netzen besteht. Die Goldnetze verfügen über 1024 Maschen pro cm^2 wobei die Reinheit des Goldes der 0.06 mm starken Drähte mit > 99.99 % angegeben wird. Auch die restliche Verdrah-tung innerhalb des heißen Bereichs ist aus Gold realisiert, wobei der Strom- und Spannungsab-griff an den Goldnetzen separat erfolgt. Thermoelemente (Typ S: Pt – Pt/Rh) in den Kontakt-klötzen, die ca. 1.5 mm von den Elektroden entfernt angeordnet sind, erlauben es, kontinuierlich die Temperatur zu überwachen.

Der Messplatz SOFC10 ist ähnlich aufgebaut wie Messplatz SOFC3, mit dem Unterschied, dass der Gasraum zur Umgebungsatmosphäre hin abgeschlossen ist und die Elektroden über die Gaskanäle im Kontaktklotz mit Gas angeströmt werden können. Die Auswahl und Mischung der Gase (O_2, N_2, CO_2 und Luft) und die Regelung des Massenflusses der Gase erfolgt über eine Gasmischbatterie. Messplatz SOFC10 unterscheidet sich nur in wenigen Details von einem IWE Standard-Messplatz, dessen Aufbau detailliert in [214] beschrieben wurde.

Elektrochemische Impedanzmessungen wurden mit einem Solartron 1260 FRA[64] durchgeführt. In der Regel wurde im Frequenzbereich von $1 \cdot 10^6$ ... 0.1 Hz, in Einzelfällen jedoch auch bis zu niedrigeren Frequenzen von 0.01 Hz gemessen. Alle Messungen wurden im Leerlauf durchge-führt. Bezüglich möglicher Messungenauigkeiten sei auf PETERS [9] verwiesen, der einen Fehler von maximal 17.5 % durch den Vergleich von Messergebnissen von zwei identischen Proben bestimmt hatte. Als Ursachen dafür wurden herstellungsbedingte Unterschiede an den Dünn-schichtkathoden, die Probenvorbereitung (leichter Versatz der Stromsammlerschichten und Verfließen des Stromsammlers nach dem Siebdruck), die Messungenauigkeit des FRA und der Temperaturmessung, sowie eine inhomogene Temperaturverteilung im Ofen des Messplatzes genannt. Für eine detaillierte Beschreibung der Anwendung der elektrochemischen Impedanz-spektroskopie bei der SOFC-Charakterisierung sei auf die Dissertationsschrift von LEONIDE [273] verwiesen.

Alle Messplätze verfügen über eine Softwaresteuerung[65], die sowohl Messdaten aufzeichnet und speichert, als auch alle Geräte des Messplatzes (Digitalmultimeter, Massenflussregler, FRA, Ofenregelung, etc.) manuell oder skriptgesteuert ansteuern kann.

3.3.2 Messdatenauswertung

Eine detaillierte Auswertung der komplexen Impedanzspektren ist nicht ohne Vorwissen möglich. In der Regel werden die Daten mittels CNLS-Fit[66] [274] analysiert, wofür jedoch ein Ersatzschaltbild (vgl. Abschnitt 3.4) benötigt wird, das an die Impedanzdaten angefittet werden kann. Es ist somit Vorwissen in Form eines elektrochemischen Modells nötig, von dem ein entsprechendes Ersatzschaltbild abgeleitet werden kann. Beschreibt das Modell das tatsächli-che System jedoch nur schlecht, liefert der Fit falsche Ergebnisse [272, 275].

---

[64] FRA: Frequency Response Analyzer
[65] „Universelles Meß- und Auswerte-Programm", entwickelt von Dr.-Ing. A. Krügel.
[66] CNLS: Complex Non-Linear Least Squares

Eine Voridentifikation direkt aus der komplexen Impedanz ist somit notwendig. Für einfache Systeme mit wenigen Prozessen deutlich getrennter Zeitkonstanten ist eine Ableitung des Ersatzschaltbilds aus z.B. der Nyquist-Darstellung der Impedanz möglich. Weit schwieriger ist es jedoch, wenn mehrere Prozesse ähnliche Zeitkonstanten aufweisen und speziell, wenn diese noch zusätzlich leicht verteilt sind. In einem solchen Fall ist die Voridentifikation mittels der Methode der verteilten Relaxationszeiten ein leistungsstarkes Verfahren, die Impedanzdaten detaillierter zu analysieren. Das Verfahren ermöglicht es, Polarisationsprozesse mit unterschiedlicher Zeitkonstante mit einer hohen Auflösung zu trennen [276, 277].

Verteilung der Relaxationszeiten (DRT[67])

Im einfachsten, idealisierten Fall kann das dynamische Strom-Spannungsverhalten eines elektrochemischen Prozesses mit einer Parallelschaltung aus einem Widerstand und einem Kondensator (RC-Glied, vgl. Abschnitt 3.4.1) beschrieben werden (vgl. Abbildung 3.7-a). Die charakteristische Zeitkonstante für diese Schaltung – die Relaxationszeit – wird über die Beziehung $\tau = R \cdot C = 1/(2 \cdot \pi \cdot f)$ definiert. In der Realität laufen elektrochemische Reaktionen jedoch oftmals über eine Vielzahl von kombinierten Prozessen ab, wobei das Verhalten der Prozesse aufgrund von lokalen Unterschieden, bedingt durch inhomogene Mikrostrukturen und Materialinhomogenitäten, von einem idealen RC-Verhalten abweicht und verteilte Relaxationszeiten aufweist (vgl. Abbildung 3.7-b). Mathematisch kann dies durch die Distributionsfunktion der Relaxationszeiten $\gamma(\tau)$, bzw. als Funktion der Frequenz f mit $g(f)$ beschrieben werden. Im Folgenden wird nun ausschließlich die Funktion $g(f)$ verwendet, da die Darstellung über der Frequenz im Allgemeinen vertrauter ist. Dem allgemeinen Sprachgebrauch folgend, wird jedoch weiterhin der Ausdruck „Verteilung der Relaxationszeiten" kurz DRT verwendet.

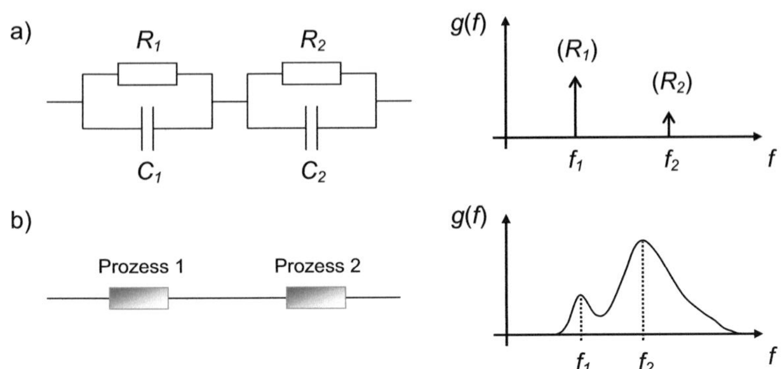

Abbildung 3.7: Konzept der Verteilungsfunktion der Relaxationszeiten nach [278]
In der Distributionsfunktion der Relaxationszeiten werden a) ideale RC-Glieder als Dirac-Impuls dargestellt, die mit dem jeweiligen Widerstand gewichtet sind. b) Reale elektrochemische Prozesse hingegen bilden eine Verteilung der Relaxationszeiten um Hauptpeaks aus. Die Fläche unterhalb der Kurve entspricht dabei dem Widerstand.

---

[67] DRT: Distribution of Relaxation Times

Dabei nutzt die DRT-Methode die Tatsache, dass jede Impedanz als differentielle Summe von infinitesimal kleinen RC-Gliedern beschrieben werden kann, wenn sie der Kramers-Kronig Beziehung genügt [276]. Entsprechend kann eine Zellimpedanz mit

$$Z(\omega) = R_0 + Z_{pol}(\omega) = R_0 + \int_0^\infty \frac{g(\tau)}{1 + j \cdot \omega \cdot \tau} \, d\tau \qquad \text{3-2}$$

beschrieben werden, wobei R_0 die ohmschen Verluste sind, $Z_{pol}(\omega)$ die von der Kreisfrequenz ω ($\omega = 2 \cdot \pi \cdot f$) abhängigen komplexen Polarisationsverluste und $g(\tau)/(1+j \cdot \omega \cdot \tau) \cdot d\tau$ der Anteil der Polarisationsverluste deren Relaxationszeiten zwischen τ und $\tau + d\tau$ liegen [276]. Für die Berechnung der Inversion von Gleichung 3-2 wird hier eine Tikhonov-Regularisierung verwendet, die mittels der Software FTIKREG angewendet wird [279]. Das Verfahren wurde am IWE von VOLKER SONN in einem Microsoft Excel Sheet benutzerfreundlich umgesetzt.

Mittels geeigneter Parametervariationen ist es mit diesem Verfahren nun möglich, einzelne Prozesse zu identifizieren, deren Parameterabhängigkeiten zu analysieren und daraus ein elektrochemisches Ersatzschaltbild abzuleiten. Mit dem so erlangten Ersatzschaltbild können die Impedanzdaten dann unter der Verwendung der Relaxationszeiten der einzelnen Prozesse als Startwerte mittels CNLS-Fit ausgewertet werden. Für das Fitten der Impedanzdaten wurde die Software Z-View® (v2.8, Scribner Associates Inc., USA) verwendet.

3.4 Elektrische Ersatzschaltbilder und Kathodenmodelle

Im vorherigen Abschnitt wurde bereits erläutert, dass für die quantitative Auswertung der Impedanzdaten ein die Testzelle beschreibendes elektrisches Ersatzschaltbild benötigt wird. In den nächsten Abschnitten soll dazu kurz auf die die gängigsten Ersatzschaltbildelemente eingegangen werden und im Anschluss daran zwei Modelle für die Beschreibung von SOFC-Kathoden vorgestellt werden. Ob ein Ersatzschaltbild ein System jedoch physikalisch korrekt beschreibt, kann nur mit Hilfe detaillierter Parameterstudien nachgewiesen werden. Die Ergebnisse der Fits müssen dann in ihren Abhängigkeiten quantitativ mit denen der entsprechenden physikalischen Prozesse übereinstimmen [273].

3.4.1 Ersatzschaltbildelemente

Ohmscher Widerstand R

Für den ohmschen Widerstand gilt $Z_R(\omega)$ = konstant. Die komplexe Impedanz $Z_R(\omega)$ ist somit identisch mit dem Gleichstromwiderstand R, der von der Leitfähigkeit des Materials σ, dem Leitungsquerschnitt A und der Länge des Leiters l abhängt:

$$Z_R(\omega) = R = \frac{l}{\sigma \cdot A} \qquad \text{3-3}$$

Die Elektrolytverluste werden in der Regel mit einem ohmschen Widerstand beschrieben.

RC- / RQ-Element

Eines der wichtiges Ersatzschaltbildelement für die Beschreibung von elektrochemischen Reaktionen ist das RQ-Element. Es setzt sich aus einem ohmschen Widerstand und einem kapazitiven Konstantphasenelement (CPE[68]) zusammen. Im einfachsten Fall werden elektrochemische Reaktionen, wie beispielsweise der Ladungstransfer an der Grenzfläche Kathode/Elektrolyt, mit einem Widerstand, der den gehemmten Ladungstransfer widerspiegelt, und einer Kapazität, die die sich an der Grenzfläche ausbildende elektrische Doppelschicht abbildet, beschrieben [275]. Im Fall nichtidealer, realer Elektroden wird als kapazitives Element jedoch meistens ein Konstantphasenelement Q (mit der Einheit einer Kapazität, F/cm^2) verwendet, welches der Abweichung vom Idealverhalten eines Kondensators Rechnung trägt [280]. Denn aufgrund der makroskopischen Verteilung von Eigenschaften, resultierend aus der Dreidimensionalität der Interfaces, und lokalen Inhomogenitäten im Material, variieren der lokale Widerstand und die lokale Kapazität geringfügig. Gemessen wird jedoch nur das gesamte Elektrodenverhalten mit einer Impedanz, die eine Verteilung von Relaxationszeiten um einen Hauptwert aufweist [272, 275].

Die Impedanz eines Konstantphasenelements ist definiert mit [281]

$$Z_Q(\omega) = \frac{1}{Q \cdot (j \cdot \omega)^n} \qquad \text{3-4}$$

die Impedanz eines RQ-Elements mit [281]

$$Z_{RQ}(\omega) = \frac{R}{1 + (j \cdot \omega)^n \cdot R \cdot Q} = \frac{R}{1 + (j \cdot \omega \cdot \tau_{RQ})^n} \qquad \text{3-5}$$

wobei $0 < n < 1$ ist. Je kleiner der Parameter n ist, desto abgeflachter ist der Halbkreis in der Nyquist-Darstellung der Impedanz (vgl. Abbildung 3.8-a) und desto breiter ist der Peak in der Verteilungsfunktion der Relaxationszeiten (vgl. Abbildung 3.8-b). Für den Grenzfall $n = 1$ ist der Ausdruck identisch mit der Impedanz einer Parallelschaltung eines Widerstands R und einer Kapazität C. Die charakteristische Zeitkonstante eines RQ-Elements kann mit der folgenden Gleichung berechnet werden:

$$\tau_{RQ} = (R \cdot Q)^{1/n} \qquad \text{3-6}$$

Eine dem CPE äquivalente Kapazität C_{CPE} wird nach JACOBSEN [282] wie folgt berechnet:

$$C_{CPE} = (R^{1-n} \cdot Q)^{1/n} \qquad \text{3-7}$$

Die in der Realität auftretenden Elektrodenreaktionen lassen sich jedoch nur selten über einfache Ersatzschaltbilder beschreiben, da sie sich oftmals aus mehreren Reaktionsschritten

---

[68] CPE: Constant Phase Element

oder physikalischen Prozessen wie Gasdiffusion, Festkörperdiffusion, Oberflächendiffusion und Oberflächenaustauschreaktion zusammensetzen.

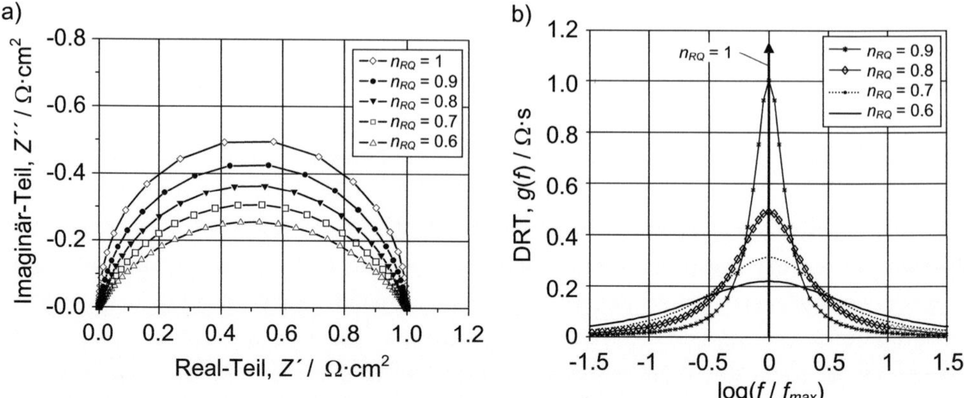

Abbildung 3.8: a) Nyquist-Darstellung der Impedanz eines RQ-Elements für fünf unterschiedliche Exponenten n und b) die dazugehörigen DRTs ($f_{max} = 1/(2 \cdot \pi \cdot \tau_{RQ})$) [275]

Für $n = 1$ entspricht das CPE einem Kondensator, und die Impedanz beschreibt in der Nyquist-Darstellung einen Halbkreis. In der DRT entspricht dies einem Dirac-Impuls. Mit abnehmendem n flacht sich der Halbkreis ab, was in der auf f_{max} normierten DRT-Darstellung zu einer breiter werdenden Verteilung der Relaxationszeiten führt.

Weiterhin ist die Verschaltung von RC- bzw. RQ-Elementen nicht immer eindeutig. In der detaillierten Beschreibung zur Vorgehensweise beim CNLS-Fit geht BOUKAMP in [274] auch auf die Schwierigkeiten bei der Anwendung des Verfahrens ein. So können beispielsweise die beiden elektrischen Schaltungen in Abbildung 3.9 bei entsprechender Parametrierung die gleiche Impedanzantwort liefern.

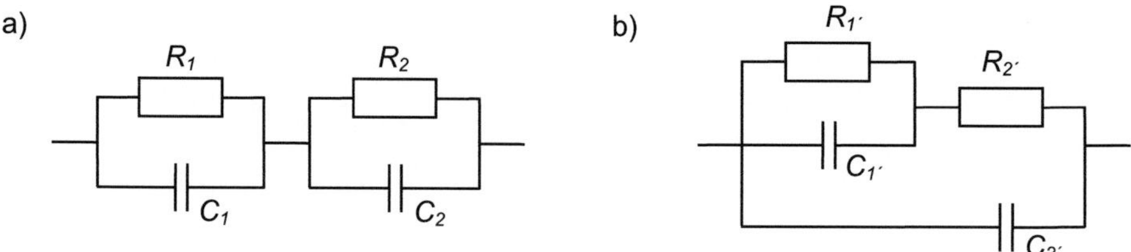

Abbildung 3.9: Elektrische Schaltungen, die bei entsprechender Parametrierung die gleiche Impedanzantwort aufweisen [247]

Gerischer-Element

1996 wurde von ADLER [85] die Impedanz einer semi-infiniten, porösen SOFC-Kathode aus mischleitendem Material hoher ionischer und elektronischer Leitfähigkeit analytisch hergeleitet (vgl. Abschnitt 3.4.4), die mathematisch der Impedanz eines Gerischer-Elements entspricht.

Die Impedanz des Gerischer-Elements berechnet sich wie folgt:

$$Z_G(\omega) = \frac{R_{chem}}{\sqrt{1 + j \cdot \omega \cdot t_{chem}}}$$

3-8

Hierbei sind R_{chem} der charakteristische Widerstand und t_{chem} die charakteristische Zeitkonstante der Kathode, die von der Mikrostruktur der Kathode, der ionischen Leitfähigkeit, den Oberflächenaustauscheigenschaften und anderen thermodynamischen Eigenschaften des Kathodenmaterials abhängen. Die Definitionen dieser Größen sind in Abschnitt 3.4.4 zu finden, in dem im Detail auf das von ADLER vorgeschlagene Modell eingegangen wird. Abbildung 3.10-a zeigt die Impedanz eines Gerischer-Elements in der Nyquist-Darstellung. Charakteristisch für deren Verlauf ist die Gerade bei hohen Frequenzen, die mit der x-Achse einen Winkel von 45 ° einschließt und die von der semi-infiniten Diffusion der Sauerstoffionen im Festkörper herrührt. Bei niedrigen Frequenzen entspricht die Ortskurve der eines RC-Elements [85].

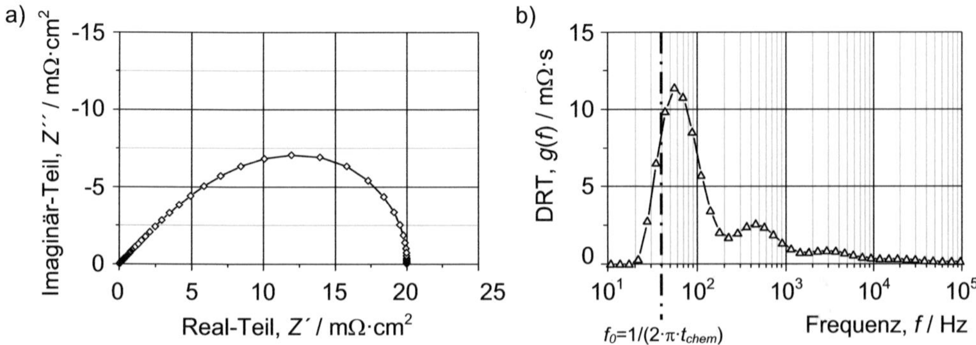

Abbildung 3.10: a) Simulierte Impedanz eines Gerischer-Elements in der Nyquist-Darstellung und b) die dazugehörige DRT [273]
Die Parameter der Simulation waren t_{chem} = 0.004 s und R_{chem} = 20 mΩ·cm².

3.4.2 Modellansätze

In der Literatur existiert eine Vielzahl unterschiedlicher Modelle zur Beschreibung von SOFC-Kathoden. Einige davon sind physikalisch motiviert und wurden auf Basis von physikalischen Prozessen hergeleitet. Andere ergeben sich aus Ersatzschaltbildern, mit denen zufriedenstellend gemessene Impedanzen angefittet werden konnten. Ihnen werden dann mögliche physikalische Prozesse zugeschrieben, wobei dies oftmals mit Temperatur- und Sauerstoffpartialdruckabhängigkeiten begründet wird.

Im Folgenden sollen nun zwei auf physikalischen Prinzipien basierende Modelle für die Beschreibung der Kathodenelektrochemie vorgestellt werden, mit denen Dünnschichtelektroden beschrieben werden können. Abschließend wird auf die Modellierung der Gasdiffusion eingegangen.

3.4.3 Dünnschichtkathodenmodell nach Jamnik

JAMNIK und MAIER [199] haben 2001 ein Modell für eine dichte, mischleitende und oberflächen-austauschkontrollierte (Dünnschicht-)Kathode vorgestellt, das von grundlegenden physikalischen Prinzipien abgeleitet wurde. Ausgehend von einem Drift-Diffusion Modell, basierend auf drei Differentialgleichungen, die die Potentiale und Flüsse im Festkörperverbund abbilden, wurde eine Transmission-Line (Leitermodell) mit drei „Rails" (Pfaden) gebildet. Diese repräsentieren den ionischen, den elektronischen und den Verschiebungsstrom. Der ionische und der elektronische Pfad sind dabei über eine chemische Kapazität C_{chem} miteinander verbunden. Diese ermöglicht es, die Veränderlichkeit der Sauerstoffstöchiometrie im Mischleiter abzubilden.

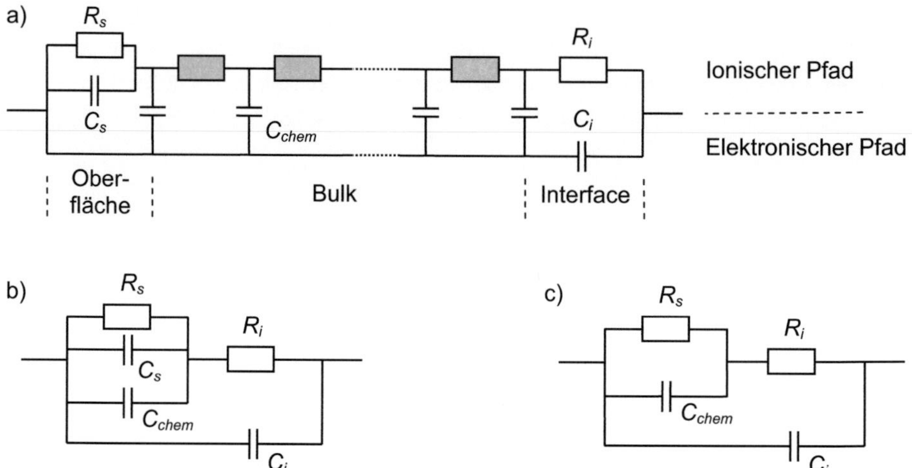

Abbildung 3.11: Elektrisches Ersatzschaltbild einer Dünnschichtkathode, abgeleitet aus dem Drift-Diffusion Modell in Anlehnung an [199] und [247]

a) Vereinfachtes Ersatzschaltbild für einen Mischleiter hoher elektronischer Leitfähigkeit auf einem Festelektrolyten. b) Weitere Vereinfachung aufgrund hoher ionischer Leitfähigkeit (z.B. bei LSC) und einer Elektrodengeometrie, bei der der Oberflächenaustausch ratenbestimmend ist. c) ohne C_s, da $C_{chem} \gg C_s$.

Abbildung 3.11-a zeigt die Vereinfachung dieser Transmission-Line für eine mischleitende Elektrode mit hoher elektronischer Leitfähigkeit in Kombination mit einem ionenleitenden Festelektrolyt. Durch den Widerstand R_s und die Kapazität C_s wird die Oberflächenaustauschreaktion (Gas/Elektrode) berücksichtigt, durch den Widerstand R_i und die Kapazität C_i der Ladungstransfer am Interface Kathode/Elektrolyt. Die Kapazität C_s berücksichtigt dabei Phänomene wie beispielsweise Sauerstoffadsorption und Oberflächendiffusion.

Für Materialien, die zusätzlich eine hohe ionische Leitfähigkeit besitzen, wie beispielsweise LSC, und bei Dünnschichtgeometrien, bei denen der Sauerstofftransport nur durch den Oberflächenaustausch bestimmt wird, kann das Ersatzschaltbild durch den Kurzschluss des ionischen Pfads noch weiter vereinfacht werden (vgl. Abbildung 3.11-b). JAMNIK gibt zwar zu bedenken, dass aufgrund der Transmission-Line die Energiespeicherung mit dem Sauerstoffionentransport im Kathodenmaterial gekoppelt ist, was zu einer Abweichung vom idealen RC-Element führt, im Fall hoher ionischer Leitfähigkeit verhält sich die chemische Kapazität jedoch wie eine ideale Kapazität. Weiterhin wurde eine lokale Elektroneutralität in der Elektrode angenommen, und Kontaktwiderstände werden aufgrund der hohen elektronischen Leitfähigkeit vernachlässigt. Übrig bleibt eine chemische Kapazität für den Bulk, die parallel zur Oberflächenkapazität C_s angeordnet ist. C_s kann jedoch aufgrund der viel größeren chemischen Kapazität vernachlässigt werden, woraus das Ersatzschaltbild in Abbildung 3.11-c resultiert.

Der Widerstand R_s der Oberflächenreaktion hängt dabei direkt vom Oberflächen-austauschkoeffizienten ab, der nach FLEIG [283] und MAIER [284] als flächenspezifischer Widerstand ASR_s wie folgt berechnet werden kann:

$$ASR_s = \frac{k_B \cdot T}{4 \cdot e^2 \cdot k^Q \cdot c} \quad \text{bzw.} \quad ASR_s = \frac{R \cdot T}{4 \cdot F^2} \cdot \frac{1}{k^Q \cdot c_O} \qquad \text{3-9}$$

In der Originalgleichung (linker Ausdruck) wurde die Variable c als Sauerstoffionenkonzentration in $1/m^3$ definiert. Rechts in Gleichung 3-9 ist der Ausdruck unter Verwendung der molaren Konzentration aufgeführt ($c = N_A \cdot c_O$).

BAUMANN [247] hat in seinen Untersuchungen an mischleitenden Mikroelektroden dieses Ersatzschaltbild angewendet, wobei er die beiden Kapazitäten durch Konstantphasenelemente ersetzt hat, um der räumlichen Ausdehnung der Elektrodenstruktur und -reaktion und anderweitigen Inhomogenitäten der Elektroden Rechnung zu tragen. Entsprechend konnte der als „niederfrequenter Prozess" bezeichnete Prozess der Oberflächenreaktion zugeordnet werden, wohingegen das Kathode/Elektrolyt-Interface bei „mittleren" Frequenzen angesiedelt war.

In [247] wurde auch ein Überblick über die Größenordnungen der in der Festkörper-Elektrochemie auftretenden Kapazitäten gegeben, die in Tabelle 3.1 aufgeführt sind. Aufgrund der doch deutlichen Unterschiede kann die Kapazität neben anderen Faktoren zur Prozessidentifikation bei der detaillierten Impedanzanalyse herangezogen werden (vgl. Abschnitt 4.5.1).

Tabelle 3.1: Typische Größenordnungen einiger in der Festkörper-Elektrochemie auftretender Kapazitäten für eine MIEC-Kathodenschicht der Dicke 100 nm aus [247]

Kapazität	Physikalischer Ursprung	Größenordnung [F/cm^2]
C_{bulk}	Dielektrische Relaxation im Bulk-Material	$\approx 10^{-12}$
C_{gb}	Korngrenz-Kapazität (polykristallines Elektrolytmaterial)	$\approx 10^{-8}$
C_{dl}	Elektrische Doppelschichtkapazität am Interface Kathode/Elektrolyt	$\approx 10^{-5}$
C_{chem}	Chemische Kapazität aufgrund der variablen Sauerstoffstöchiometrie im Festkörper des Mischleiters	$\approx 10^{-2}$

Auch KAWADA hat sich für seine Untersuchungen zur Sauerstoffleerstellenkonzentration in $La_{0.6}Sr_{0.4}CoO_{3-\delta}$-Dünnfilmelektroden [200] dieses Modells bedient, wobei mögliche kapazitive Effekte am Interface Kathode/Elektrolyt nicht berücksichtigt wurden. Für dichte Dickfilmelektroden, bei denen die Kopplung aus chemischer Kapazität und Sauerstoffionendiffusion im Mischleiter (vgl. Bulk-Teil von Abbildung 3.11-a) mittels einer sogenannten Warburg-Diffusion oder Warburg-ähnlichen Ersatzschaltbildern beschrieben werden kann, sei auf die entsprechende Literatur [200, 250, 285, 286] verwiesen.

3.4.4 Homogenisiertes analytisches 1D Modell nach Adler[69]

ADLER, LANE und STEELE haben 1996 in [85] ein homogenisiertes 1D Modell für die elektrochemische Reaktion in porösen mischleitenden Kathodenmaterialien hoher Ionenleitfähigkeit, basierend auf Kontinuum-Modellierung, vorgestellt. Darin wird bei den Kathodenprozessen zwischen Ladungstransferprozessen und chemischen Prozessen und den damit verbundenen Verlusten unterschieden, die als in Reihe geschaltet betrachtet werden [86]. Ladungstransferverluste (ASR_{ct}) treten am Übergang vom Stromsammler zum Kathodenmaterial und an der Grenzfläche Kathode/Elektrolyt auf. Zu den chemischen Verlusten (ASR_{chem}) zählen die Verluste, die durch den Oberflächenaustausch und die Festkörperdiffusion im Kathodenmaterial verursacht werden. Strenggenommen gehören dazu auch die gekoppelten Gasdiffusionsverluste in den Poren der Kathode und im Stromsammler bzw. in der stehenden Gasschicht oberhalb der Stromsammlerschicht. Im Folgenden wird jedoch nur auf den Fall ohne Gasdiffusionslimitationen eingegangen, wobei in Abschnitt 3.4.5 dann separat auf die Gasdiffusionsverluste eingegangen wird.

Für eine semi-infinite Kathode ohne Gasdiffusionslimitationen im unbelasteten Fall kann die Impedanz der nicht am Ladungstransfer beteiligten Prozesse Z_{chem} wie folgt beschrieben werden:

$$Z_{chem} = R_{chem} \sqrt{\frac{1}{1 + j \cdot \omega \cdot t_{chem}}} \qquad \text{3-10}$$

Dieser Ausdruck entspricht dem einer Gerischer-Impedanz (vgl. Abschnitt 3.4.1). Der Widerstand R_{chem}, bzw. flächenspezifisch als ASR_{chem}, berechnet sich mit

$$ASR_{chem} = \frac{R \cdot T}{4 \cdot F^2} \cdot \sqrt{\frac{\tau}{(1-\varepsilon) \cdot c_V \cdot D_V \cdot a \cdot r_O \cdot (\alpha_f + \alpha_b)}} \qquad \text{3-11}$$

Hierbei sind ε, τ und a die Porosität, Tortuosität und volumenspezifische Oberfläche der Kathode, r_O die austauschneutrale Flussdichte und α_f und α_b kinetische Parameter der Größenordnung eins. Über $r_O \cdot (\alpha_f + \alpha_b) = k^* \cdot c_{mc}$ können diese Größen mit gängigen thermodynamischen Parametern ausgedrückt werden. Die Kathode ist dabei gemischtkontrolliert, d.h. sowohl der Oberflächenaustausch, als auch die Diffusion bestimmen die Rate der Reaktion.

---

[69] Entsprechend der Autorennamen wird das Modell in der Literatur oftmals als ALS-Modell bezeichnet.

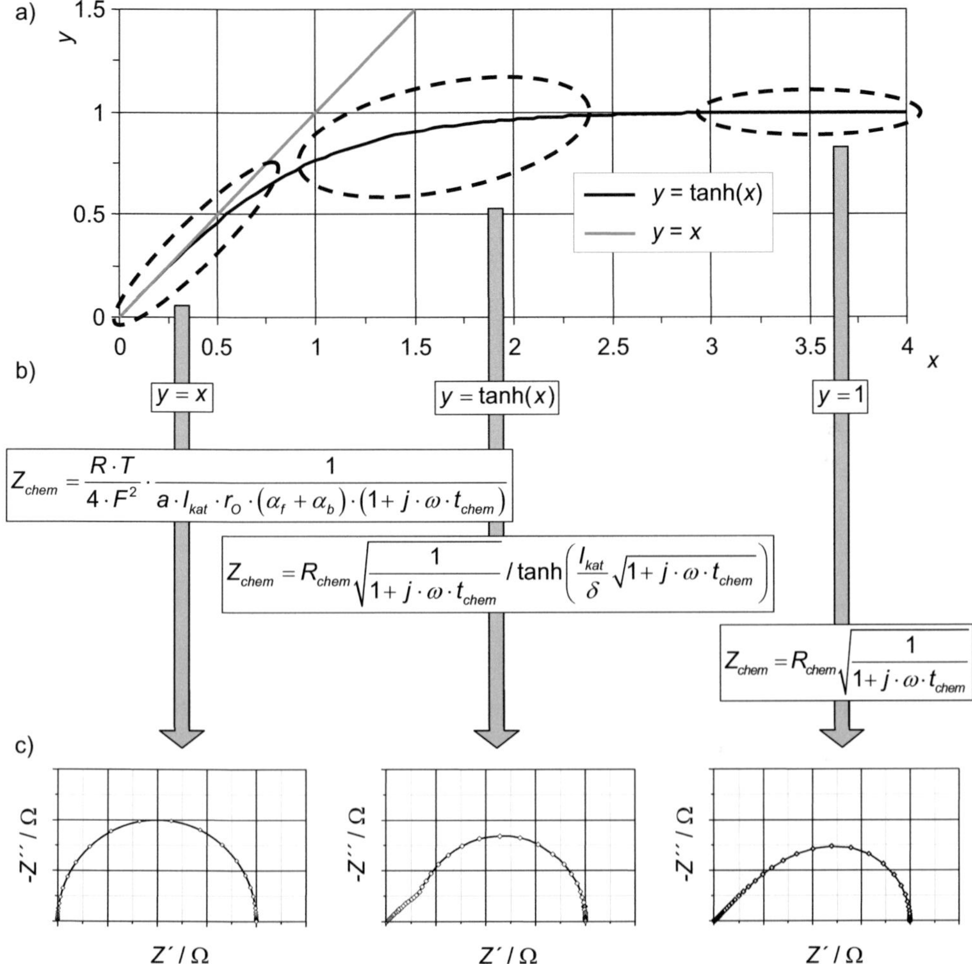

Abbildung 3.12: a) Plot der Funktionen $y = \tanh(x)$ und $x = y$ für $x = 0 \ldots 4$. b) Fallunterscheidung: Vereinfachung von Gleichung 3-14 durch Annäherung der tanh-Funktion in Abhängigkeit von l_{kat}/δ. c) Nyquist-Darstellung repräsentativer Impedanzspektren der drei Fälle aus b).

Für $l_{kat}/\delta < 1$ wird der tanh-Term linear ($x = y$), bei $l_{kat}/\delta > 3$ entfällt er. Entsprechend kann in diesen beiden Fällen Gleichung 3-14 deutlich vereinfacht werden.

Die charakteristische Zeitkonstante t_{chem} ist lediglich vom Oberflächenaustauschkoeffizienten abhängig und nicht vom Diffusionskoeffizienten und berechnet sich mit

$$t_{chem} = \frac{c_V \cdot (1 - \varepsilon)}{\gamma_V \cdot a \cdot r_O \cdot (\alpha_f + \alpha_b)} \tag{3-12}$$

Ob eine Kathode als semi-infinit angesehen werden kann oder nicht, hängt von der Schichtdicke der Kathode und der Eindringtiefe der elektrochemischen Reaktion δ ab.

Diese wird wie folgt berechnet und ist abhängig von materialspezifischen Eigenschaften wie dem Oberflächenaustausch- und dem Diffusionskoeffizienten, aber auch von der Geometrie, repräsentiert durch ε, τ und a:

$$\delta = \sqrt{\frac{c_V \cdot D_V \cdot (1-\varepsilon)}{a \cdot r_O \cdot (\alpha_f + \alpha_b) \cdot \tau}} \approx \sqrt{\frac{(1-\varepsilon)}{a \cdot \tau} \cdot \frac{D^\delta}{k^\delta}} \qquad \text{3-13}$$

Gleichung 3-10 gilt nur für Kathodendicken mit $l_{kat} > 3 \cdot \delta$. Eine weitere Voraussetzung für das Modell ist, dass die Partikelgröße (ps) der Kathode deutlich kleiner ist als δ.

Im allgemeinen Fall berechnet sich der komplexe Widerstand einer mischleitenden Kathode mit

$$Z_{chem} = R_{chem} \sqrt{\frac{1}{1 + j \cdot \omega \cdot t_{chem}}} \, / \tanh\left(\frac{l_{kat}}{\delta} \sqrt{1 + j \cdot \omega \cdot t_{chem}}\right) \qquad \text{3-14}$$

wobei sich der Sonderfall von Gleichung 3-10 aus dem Verlauf des Tangens Hyperbolicus ergibt (vgl. Abbildung 3.12-a). Ab $l_{kat} > 3 \cdot \delta$ ergibt $\tanh(l_{kat} / \delta) \approx 1$ und der Tangens Hyperbolicus Term verschwindet. Übrig bleibt eine Impedanz, die der Gerischer-Impedanz entspricht (vgl. Abbildung 3.12-b, rechts).

Im entgegengesetzten Fall, bei dünnen Kathodenschichten, weicht die Impedanz für $l_{kat} < 3 \cdot \delta$ immer stärker von der Gerischer-Impedanz ab, bis sie für $l_{kat} < \delta$ in einem Halbkreis (RC-Impedanzantwort) mündet (vgl. Abbildung 3.12-c, links). Der Term $\tanh(l_{kat} / \delta)$ wird für diesen Fall weitestgehend linear und kann mit $y = x$ (anstatt $y = \tanh(x)$) angenähert werden. Gleichung 3-14 vereinfacht sich dann in Kombination mit 3-12 und 3-13 zu dem folgenden Term, der nur vom Oberflächenaustauschkoeffizienten abhängig ist, was bedeutet, dass die Kathode rein oberflächenaustauschkontrolliert ist:

$$Z_{chem} = \frac{R \cdot T}{4 \cdot F^2} \cdot \frac{1}{a \cdot l_{kat} \cdot r_O \cdot (\alpha_f + \alpha_b) \cdot (1 + j \cdot \omega \cdot t_{chem})} \qquad \text{3-15}$$

Der Polarisationswiderstand skaliert sich folglich nur mit der zur Verfügung stehenden Oberfläche $a \cdot l_{kat}$. Die Gleichung entspricht dabei weitestgehend Gleichung 3-9 (vgl. Abschnitt 3.4.3), mit dem Unterschied, dass die Oberflächenvergrößerung durch die Porosität hier Berücksichtigung findet und dass hier die Konzentration der Gitterplätze für Sauerstoffionen c_{mc} anstelle der Sauerstoffkonzentration im Gitter c_O verwendet wird. Die Sauerstoffkonzentration im Gitter entspricht jedoch in erster Näherung der Konzentration der Gitterplätze für Sauerstoffionen, wobei der Fehler für $La_{0.6}Sr_{0.4}CoO_{3-\delta}$ in Luft für Temperaturen $\leq 600\,°C$ bei weniger als $1.5\,\%$ liegt (vgl. Abschnitt 2.6.3).

Im Übergangsbereich $3 \cdot \delta > l_{kat} > \delta$ und sogar noch bei etwas dünneren Kathodenschichtdicken tritt eine quasi-halbkreisförmige Impedanzantwort auf (vgl. Abbildung 3.12-c, Mitte), die noch ein leicht diffusives Verhalten aufweist. Dieses tritt in Form einer Gerade bei hohen Frequenzen in Erscheinung, die in den der Oberflächenaustauschreaktion zuzuordnenden Halbkreis mündet. Je dünner die Kathode ist, desto weniger stark ist das diffusive Verhalten ausgeprägt.

3.4.5 Behandlung der Gasdiffusion

Nach ADLER [85] tritt die Gasdiffusion nicht additiv, sondern als Teil der chemischen Verluste, gekoppelt mit den anderen nicht am Ladungstransfer beteiligten Prozessen, auf. LEONIDE [273] hingegen betrachtet die Gasdiffusion als nicht gekoppelten, separaten Prozess, da die Diffusionsstrecke in der Kathode und im Kathodenkontaktnetz im Vergleich zur Eindringtiefe der elektrochemischen Reaktion wesentlich größer ist. Diese separate Betrachtung ist jedoch nur bei hohen Sauerstoffpartialdrücken zulässig. Für niedrige Sauerstoffpartialdrücke erhöht sich bei MIEC-Kathoden die Eindringtiefe der elektrochemischen Reaktion und somit das Verhältnis von Eindringtiefe zu Kathodendicke. Dies führt zu einer Verstärkung des Kopplungseffekts. Eine getrennte Betrachtung der Gasdiffusion und der Sauerstoffreduktion ist dann nicht mehr möglich.

Im Fall von nanoskaligen Dünnschichtkathoden, bei denen sich die elektrochemisch aktive Funktionsschicht nur auf die Dünnschichtkathode beschränkt (vgl. Abschnitt 4.3.2), ist es auch hier zulässig, die Diffusionsverluste, die hauptsächlich in der > 150-fach dickeren Stromsammlerschicht und im Kathodenkontaktnetz auftreten (vgl. Abschnitt 4.5.2), separat als additiven Prozess zu betrachten. In der komplexen Impedanz in der Nyquist-Darstellung treten sie dann als separater Prozess in Form eines RC-Halbkreises bei niedrigen Frequenzen auf [85].

Die kathodenseitigen Gasdiffusionsverluste können, wie in [21, 85, 86] beschrieben wurde, wie folgt berechnet werden:

$$ASR_{gas} = \left(\frac{R \cdot T}{4 \cdot F}\right)^2 \cdot \frac{l_{kat}}{P} \cdot \frac{\tau_p}{D_{N2,O2} \cdot \varepsilon} \cdot \left(\frac{1}{x_{O2} \cdot \dfrac{D_K}{D_K + D_{N2,O2}}} - 1\right) \qquad \text{3-16}$$

Es handelt sich dabei um einen Ausdruck, der als triviale Lösung für $j = 0$ hergeleitet wurde und somit eine Linearisierung der eigentlich stromdichtenabhängigen Diffusionsverluste um den Leerlaufzustand beschreibt. Hierbei sind l_{kat} die Kathodendicke, ε die Porosität, τ_p die Porentortuosität, x_{O2} der Stoffmengenanteil von Sauerstoff, P der Druck, $D_{N2,O2}$ der binäre Diffusionskoeffizient von Sauerstoff und Stickstoff (vgl. Abschnitt 4.5.2) und D_K der Knudsen-Diffusionskoeffizient von Sauerstoff (vgl. Abschnitt 4.5.2). Für eine Bewertung des hier verwendeten Ansatzes und für alternative Ansätze zur Berechnung der Gasdiffusion wird auf die entsprechende Literatur verwiesen [287, 288].

4 Ergebnisse und Diskussion

In Kapitel 4 werden die Ergebnisse der Versuche, Simulationen und Modellberechnungen dargelegt und diskutiert. In Abschnitt 4.1 wird zunächst auf die Mikrostruktur und die chemische Zusammensetzung der mittels MOD hergestellten nanoskaligen LSC-Dünnschichtkathoden eingegangen, deren elektrochemische Charakterisierung dann in Abschnitt 4.2 vorgestellt wird. Die Ergebnisse dieser Untersuchungen werden anschließend in Abschnitt 4.3 mit Hilfe von 3D-FEM[70] Simulationen und Berechnungen mit dem homogenisierten 1D Modell von ADLER diskutiert. Bevor in Abschnitt 4.5 die elektrochemischen Impedanzdaten nanoskaliger LSC-Dünnschichtkathoden dann im Detail analysiert werden, wird in Abschnitt 4.4 der Einfluss der Stromsammlerschicht auf die elektrochemische Kathodenreaktion von LSC-Dünnschichtkathoden untersucht. Abschließend wird in Abschnitt 4.6 auf das Alterungsverhalten der LSC-Dünnschichtkathoden eingegangen, wobei unterschiedliche Degradationseffekte diskutiert werden.

4.1 Mikrostruktur und chemische Zusammensetzung

Zunächst werden im folgenden Kapitel die Ergebnisse der systematischen Variation der Herstellungsbedingungen der LSC-Dünnschichtkathoden vorgestellt. Dabei liegt der Fokus in Abschnitt 4.1.1 auf der chemischen Charakterisierung und in Abschnitt 4.1.2 auf der mikrostrukturellen Charakterisierung. In 4.1.3 werden daraus die Mikrostrukturparameter der einzelnen Proben ermittelt, die im Weiteren für die Interpretation der elektrochemischen Messdaten benötigt werden.

4.1.1 $La_{0.6}Sr_{0.4}CoO_{3-\delta}$-Synthese mittels MOD

In den anfänglichen Arbeiten zu nanoskaligen MOD-Dünnschichtkathoden hatte PETERS [9] mittels Differential-Thermoanalyse und Thermogravimetrie gezeigt, dass die metallorganischen Präkursoren in einem Temperaturbereich von rund 240 … 330 °C zerfallen und die Reaktionsprodukte der Organik über die Gasphase ausgetragen werden. Ab einer Temperatur von ungefähr 700 °C ist dieser Prozess dann vollständig abgeschlossen und das Material liegt kristallin in der Perowskitphase vor. Entsprechend lag der Fokus der Untersuchungen auf

---

[70] FEM: Finite-Elemente-Methode

Kalzinierungstemperaturen $T_{max} \geq 700\,°C$, wobei auch Proben bei $T_{max} = 600\,°C$ hergestellt wurden. Abbildung 4.1 zeigt das Röntgendiffraktogramm von einer bei $T_{max} = 700\,°C$ mit einer Heizrate von $\Delta T = 3$ K/min hergestellten $La_{0.6}Sr_{0.4}CoO_{3-\delta}$-Dünnschichtkathode, die anschließend keine weitere Temperung erfahren hat ($t_{an} = 0$ h). Zum Vergleich sind die Röntgendiffraktogramme des mit dem Mixed-Oxide-Verfahren hergestellten $La_{0.6}Sr_{0.4}CoO_{3-\delta}$-Stromsammlers und des $Ce_{0.9}Gd_{0.1}O_{1.95}$-Elektrolytsubstrats mit aufgeführt. Das $La_{0.6}Sr_{0.4}CoO_{3-\delta}$ liegt sowohl in der Dünnschichtkathode als auch im Stromsammler phasenrein vor, wobei die Verbreiterung der $La_{0.6}Sr_{0.4}CoO_{3-\delta}$-Peaks im Spektrum der Dünnschichtkathode auf die nanoskaligen Kristallite zurückzuführen ist, welche gemäß der Formel von SCHERRER zu einer Peakverbreiterung führen. Zweitphasen, wie beispielsweise Reaktionsprodukte von $La_{0.6}Sr_{0.4}CoO_{3-\delta}$ und $Ce_{0.9}Gd_{0.1}O_{1.95}$ oder anderweitige Reaktionsprodukte der MOD-Präkursoren, wurden nicht detektiert.

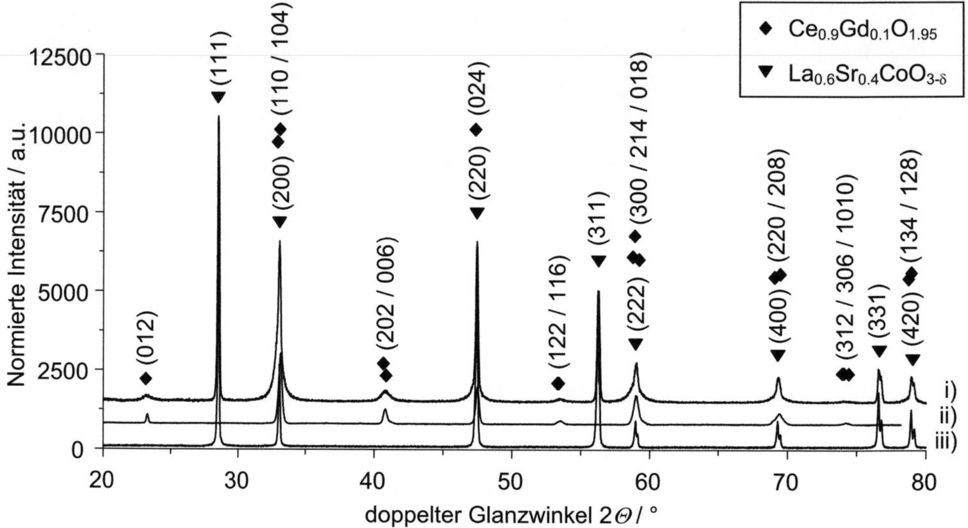

Abbildung 4.1: Röntgendiffraktogramme i) einer nanoskaligen $La_{0.6}Sr_{0.4}CoO_{3-\delta}$-Dünnschichtkathode auf $Ce_{0.9}Gd_{0.1}O_{1.95}$ Substrat, ii) des $La_{0.6}Sr_{0.4}CoO_{3-\delta}$-Stromsammlers und iii) des $Ce_{0.9}Gd_{0.1}O_{1.95}$-Elektrolytsubstrats

Das Röntgendiffraktogramm von der mit $\Delta T = 3$ K/min, $T_{max} = 700\,°C$ und $t_{an} = 0$ h hergestellten nanoskaligen Dünnschichtkathode (Probe: PNC-156) wurde mit der Methode des streifenden Einfalls aufgenommen, wobei der Einfallswinkel der Röntgenstrahlung konstant bei $1.5\,°$ gehalten wurde. Die Spektren wurden für die bessere Vergleichbarkeit entsprechend skaliert, zudem wurde der Hintergrund der Röntgenbremsstrahlung rechnerisch abgezogen. Die Reflexpositionen von $La_{0.6}Sr_{0.4}CoO_{3-\delta}$ wurden [126] entnommen, diejenigen von $Ce_{0.9}Gd_{0.1}O_{1.95}$ entsprechen der JCPDS[71] Referenz PDF#01-075-0161. Die Spektren wurden zum Teil in [289, 290] veröffentlicht.

Im Röntgendiffraktogramm einer mit $\Delta T = 3$ K/min bei $T_{max} = 800\,°C$ hergestellten und über $t_{an} = 100$ h bei dieser Temperatur getemperten Probe waren zusätzlich noch Peaks der Ruddlesden-Popper-Phase $La_{2-x}Sr_xCoO_{4\pm\delta}$ zu erkennen (vgl. Abbildung 4.2-i). In einer post-test

---

[71] JCPDS-ICDD: Joint Committee on Powder Diffraction Standards – International Centre for Diffraction Data, Newtown Square, USA; PDF: powder diffraction file.

XRD-Analyse an einer identisch hergestellten Probe konnte jedoch kein $La_{2-x}Sr_xCoO_{4\pm\delta}$ mehr nachgewiesen werden (vgl. Abbildung 4.2-ii), weshalb davon ausgegangen wird, dass sich diese Phase im Betrieb bei Temperaturen $\leq 600\ °C$ wieder abbaut, bzw. sich auf ein Level unterhalb der Detektionsgrenze reduziert.

Auch in den bei $T_{max} = 600\ °C$ hergestellten Proben konnte neben $La_{1-x}Sr_xCoO_{3-\delta}$ noch eine weitere kristalline Phase detektiert werden (vgl. Abbildung 4.2-iii bis -v). Dabei handelt es sich um SrO, dessen Reflexe jedoch mit zunehmender Temperdauer an Intensität verloren und nach $t_{an} = 100\ h$ bei $600\ °C$ an der Nachweisgrenze lagen (vgl. Abbildung 4.2-v). Weiterhin kam es mit zunehmender Temperzeit – speziell in den ersten 10 h – zu einem fortschreitenden Kornwachstum der LSC Körner, was aus der Peak-Verschmälerung der LSC-Peaks in Abbildung 4.2-iii bis -v mit zunehmender Temperzeit abgeleitet werden kann.

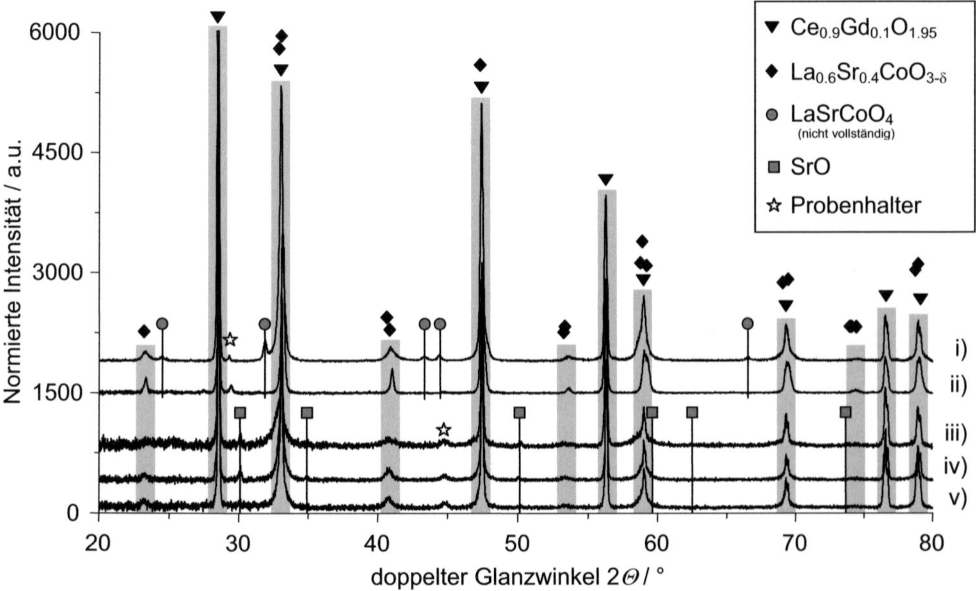

Abbildung 4.2: Röntgendiffraktogramme nanoskaliger $La_{0.6}Sr_{0.4}CoO_{3-\delta}$-Dünnschichtkathoden unterschiedlicher Herstellung

Alle Röntgendiffraktogramme wurden mit der Methode des streifenden Einfalls aufgenommen, wobei der Einfallswinkel der Röntgenstrahlung konstant bei 1.5 ° gehalten wurde. Für die bessere Vergleichbarkeit wurden die Spektren entsprechend skaliert, zudem wurde der Hintergrund der Röntgenbremsstrahlung rechnerisch abgezogen. Der obere Teil der Grafik zeigt Spektren, die an identisch hergestellten Proben ($\Delta T = 3\ K/min$, $T_{max} = 800\ °C$ und $t_{an} = 100\ h$) aufgenommen wurden, jedoch i) vor (PNC-161) und ii) nach (PNC-127) der elektrochemischen Charakterisierung. Die Spektren iii) bis v) sind die von Proben, die bei $T_{max} = 600\ °C$ ($\Delta T = 3\ K/min$) hergestellt wurden, jedoch unterschiedlich lange bei dieser Temperatur getempert wurden: iii) $t_{an} = 0\ h$ (PNC-141), iv) $t_{an} = 10\ h$ (PNC-146) und v) $t_{an} = 100\ h$ (PNC-148). Zum Vergleich sind die Reflexpositionen von SrO (JCPDS Referenz: PDF#01-075-0263), LaSrCoO$_4$ (nur die Reflexe hoher Intensität, JCPDS Referenz: PDF#00-050-0093), $La_{0.6}Sr_{0.4}CoO_{3-\delta}$ [126] und Ce$_{0.9}$Gd$_{0.1}$O$_{1.95}$ (JCPDS Referenz: PDF#01-075-0161) aufgeführt, wobei sämtliche Peaks der letzten beiden Materialien der Übersicht halber grau hinterlegt wurden.

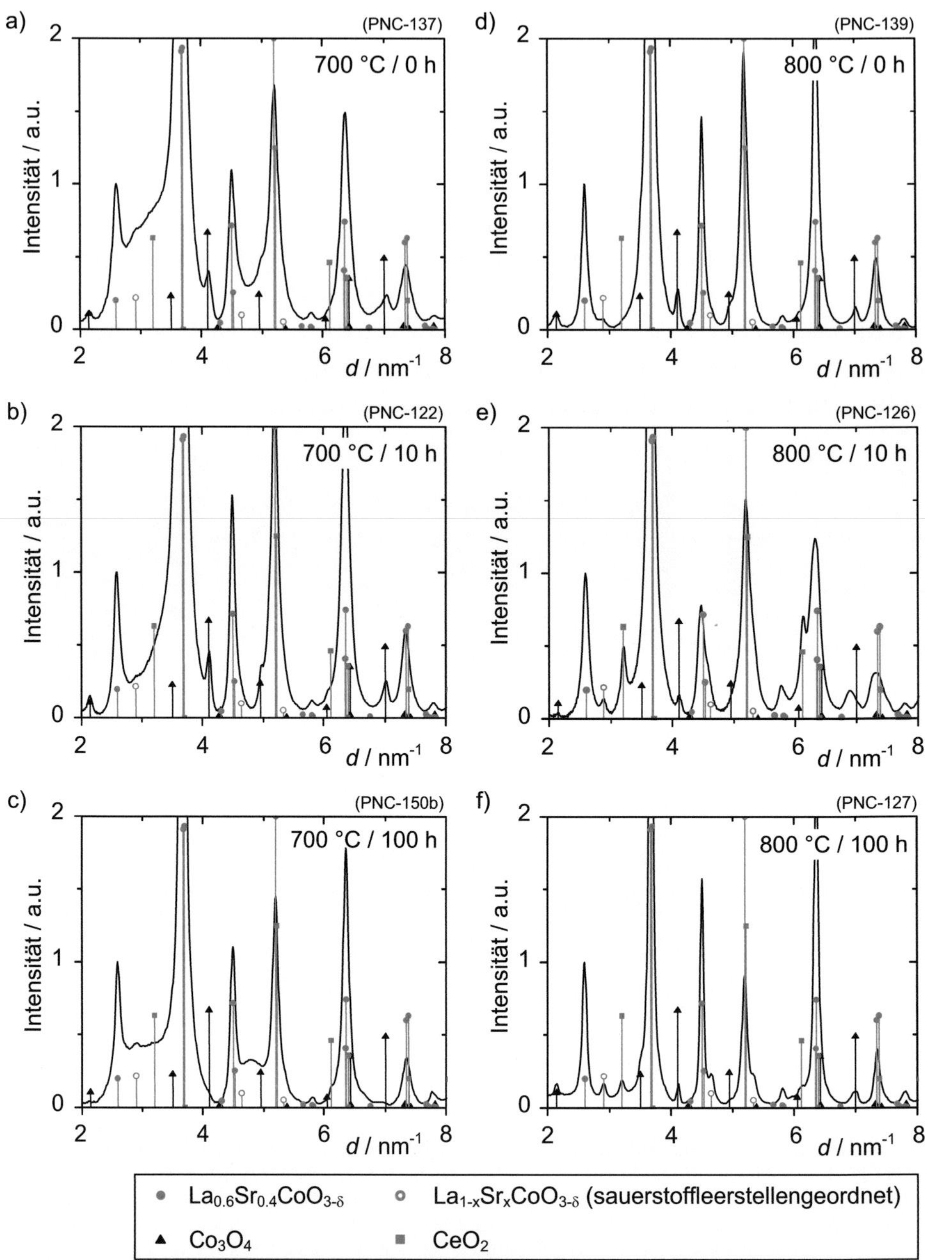

Abbildung 4.3: Debye-Beugungsspektren von nanoskaligen LSC-Dünnschichtkathoden [232]

Die Dünnschichtkathoden wurden mit ΔT = 3 K/min bei a) T_{max} = 700 °C und t_{an} = 0 h, b) T_{max} = 700 °C und t_{an} = 10 h, c) T_{max} = 700 °C und t_{an} = 100 h, d) T_{max} = 800 °C und t_{an} = 0 h, e) T_{max} = 800 °C und t_{an} = 10 h und f) T_{max} = 800 °C und t_{an} = 100 h hergestellt. Die Debye-Beugungsspektren wurden durch Rotationsmittelung der Debye-Beugungsmuster ermittelt. Folgende Vergleichsspektren wurden verwendet: $La_{0.6}Sr_{0.4}CoO_{3-\delta}$ [291], sauerstoffleerstellengeordnetes $La_{1-x}Sr_xCoO_{3-\delta}$ [292], Co_3O_4 [293] und CeO_2 [294].

Die bei T_{max} = 700 und 800 °C hergestellten Dünnschichtkathoden wurden zudem mittels Elektronenbeugung von DIETERLE [269] beim Kooperationspartner LEM analysiert (vgl. Abbildung 4.3). Bei diesen Untersuchungen konnte jedoch kein $La_{2-x}Sr_xCoO_{4\pm\delta}$ explizit nachgewiesen werden. Bei den Reflexen, die in [232] der $La_{2-x}Sr_xCoO_{4\pm\delta}$-Phase zugeordnet wurden, kam DIETERLE nach erneuter, intensiver Datenanalyse zu dem Schluss, dass es sich dabei um die Reflexe des CGO-Elektrolytsubstrats gehandelt haben muss. Auch wenn $La_{2-x}Sr_xCoO_{4\pm\delta}$-Reflexe schwächerer Intensität aufgetreten wären, hätten die starken CGO-Reflexe diese überlagert, so dass es mit der Elektronenbeugung in diesem Fall nicht möglich war, Kleinstmengen von $La_{2-x}Sr_xCoO_{4\pm\delta}$ nachzuweisen. Weiterhin konnten entgegen den Ergebnissen der XRD-Analyse in den meisten Proben auch Co_3O_4 gefunden werden, wobei die Intensität der Peaks weder mit der maximalen Herstellungstemperatur noch mit der Temperzeit korrelierte (vgl. Abbildung 4.3). Hinsichtlich der Kristallinität wurde aufgrund des teilweise hohen Untergrunds in den Spektren der bei T_{max} = 700 °C hergestellten Proben von DIETERLE anfänglich angenommen, dass bei dieser Herstellungstemperatur das Material noch nicht völlig auskristallisiert sei und noch teilamorphes Material vorlag [232]. In [269] wird diese Vermutung jedoch wieder entkräftet, da es sich dabei auch um präparationsbedingte Artefakte gehandelt haben könnte. Hätte es sich tatsächlich um herstellungsbedingtes amorphes Material gehandelt, hätte es mit ansteigender Temperzeit abnehmen müssen, was bei dieser Probenserie jedoch nicht der Fall war.

Abbildung 4.4 zeigt die mittels EDX-Analyse ermittelte Elementverteilung im Querschnitt ausgewählter Dünnschichtkathoden, die bei T_{max} = 700 bzw. 800 °C hergestellt wurden. Wie zu erwarten war, hat weder eine Interdiffusion einzelner Kationen aus der Kathode in den Elektrolyten oder in umgekehrter Richtung stattgefunden, noch kam es zu einer Sekundärphasenbildung an der Grenzfläche Kathode/Elektrolyt. An der Kathodendünnschichtoberfläche konnten jedoch Körner mit hoher Kobaltkonzentration nachgewiesen werden, die gleichzeitig auch eine Verarmung an Lanthan und Strontium aufwiesen. Besonders ausgeprägt ist dies in Abbildung 4.4-d zu sehen. Bei diesen nanoskaligen Körnern handelt es sich um Co_3O_4, das schon mittels Elektronenbeugung nachgewiesenen werden konnte. Bei der bei T_{max} = 700 °C kalzinierten und nicht ausgelagerten Probe (vgl. Abbildung 4.4-a) lag das Kobaltoxid als nanopartikuläre Phase in den obersten Kathodenschichten vor. Mit ansteigender Kalzinierungstemperatur und Temperzeit agglomerierte es dann zu größeren Körnern (vgl. Abbildung 4.4-d). Es wird davon ausgegangen, dass das Kobalt während der Herstellung über gasförmige Spezies an die Oberfläche transportiert wurde und sich dort abgeschieden hat. Quantitative EDX-Analysen konnten eine leichte Kobalt-Anreicherung in Richtung Kathodenoberfläche dann nochmals bestätigen. Weiterhin konnte bei diesen Untersuchungen in der oberen Hälfte der Kathodendünnschicht eine leichte Verarmung an Lanthan festgestellt werden. [232]

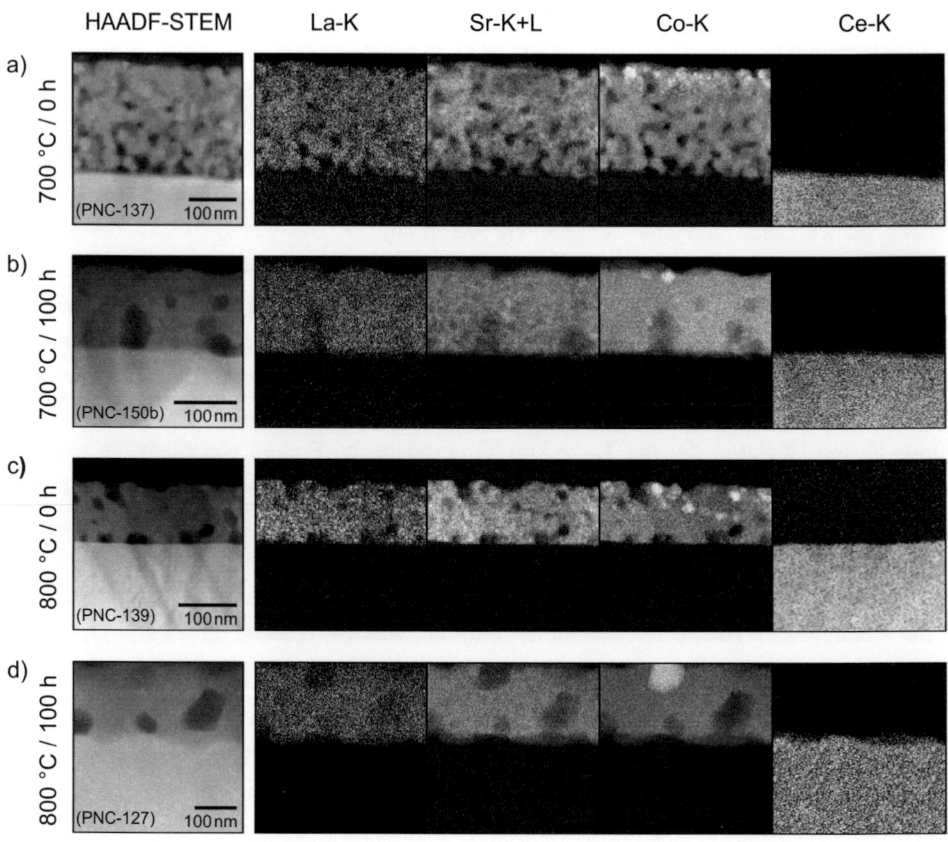

Abbildung 4.4: Elementverteilung im Querschnitt von LSC-Dünnschichtkathoden ermittelt mittels EDX [232]

Die vier rechten Spalten zeigen die Elementverteilungen von La (K-Linie), Sr (K- und L-Linie), Co (K-Linie) und Ce (K-Linie) im Querschnitt unterschiedlich hergestellter LSC-Dünnschichtkathoden (ΔT = 3 K/min, a) T_{max} = 700 °C, t_{an} = 0 h, b) T_{max} = 700 °C, t_{an} = 100 h, c) T_{max} = 800 °C, t_{an} = 0 h und d) T_{max} = 800 °C, t_{an} = 100 h). Die linke Spalte zeigt HAADF-STEM Abbildungen der analysierten Querschnitte.

4.1.2 Mikrostruktur nanoskaliger LSC-Dünnschichtkathoden

Variation des Feststoffgehalts im Sol und RTA-Behandlung

In anfänglichen Versuchen wurden Sole mit unterschiedlichem Feststoffgehalt hinsichtlich der Eignung zur Herstellung von Dünnschichtkathoden untersucht. Da der Feststoffgehalt einen maßgeblichen Einfluss auf die Viskosität des Sols hat, erfolgte die Beschichtung für Sole mit einem Feststoffgehalt von ≤ 10 Gew.-% resultierendem Oxid im Sol mittels Tauchbeschichtung, für > 10 Gew.-% mittels Schleuderbeschichtung.

Bei einer thermischen Behandlung mittels RTA führten Sole mit ≥ 8 Gew.-% zur Wulstbildung auf der Oberfläche (vgl. Abbildung 4.5-a bis- c), die sich mit steigendem Feststoffgehalt immer stärker ausprägte. Sole mit < 8 Gew.-% hingegen bildeten glatte und homogene Schichten aus, erzielten jedoch nur geringe Schichtdicken von < 60 nm. Das 10 Gew.-% Sol stellte somit den besten Kompromiss zwischen Schichtdicke und -homogenität dar. Die im Folgenden gezeigten und beschriebenen Dünnfilmkathoden wurden dann ausschließlich mit dem Sol mit einem Feststoffgehalt an resultierendem Oxid von 10 Gew.-% hergestellt.

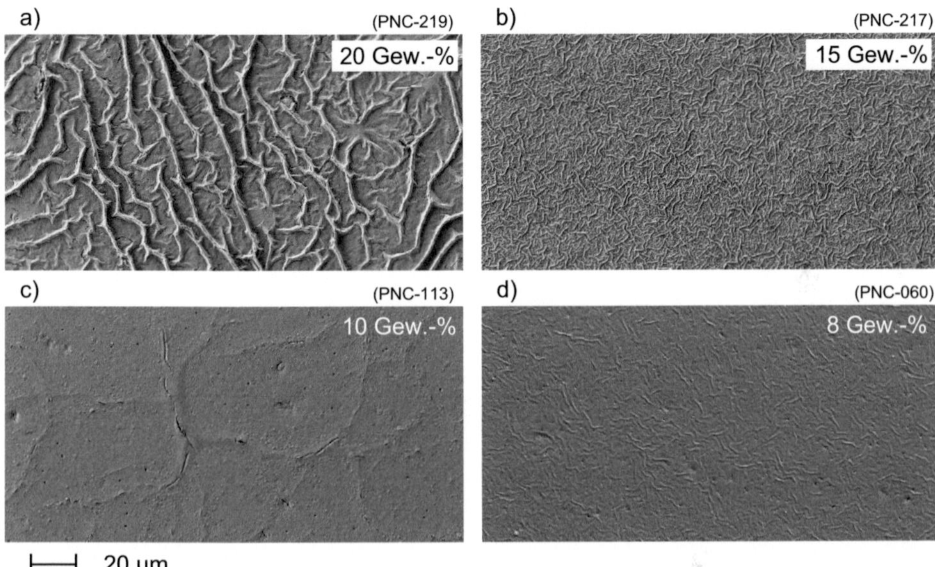

Abbildung 4.5: Oberflächenstruktur von LSC-Dünnschichtkathoden, die mit Solen unterschiedlichen Feststoffgehalts und RTA hergestellt wurden

Ausgewählte REM-Aufnahmen von LSC-Dünnschichtkathodenoberflächen, die mit Solen mit einem Feststoffgehalt an resultierendem Oxid von a) 20 Gew.-% (schleuderbeschichtet bei 4000 rpm für 60 s), b) 15 Gew.-% (schleuderbeschichtet bei 4000 rpm für 60 s), c) 10 Gew.-% (tauchbeschichtet) und d) 8 Gew.-% (tauchbeschichtet) hergestellt wurden. Alle Proben wurden mittels RTA bei T_{max} = 700 °C ohne nachfolgende Temperung thermisch behandelt.

Abbildung 4.6 zeigt die Mikrostruktur von LSC-Dünnschichtkathoden, die mittels RTA bei T_{max} = 700 und 800 °C hergestellt wurden. Nach Gleichung 3-15 ist für niedrige Polarisationsverluste eine hohe volumenspezifische innere Oberfläche notwendig. Problematisch bei mittels RTA thermisch behandelten LSC-Dünnschichtkathoden ist somit, dass sich an der Dünnschichtoberfläche in allen Fällen eine dichte Deckschicht über dem darunterliegenden, porösen Kathodenvolumen ausgebildet hat. Es wird vermutet, dass der RTA Prozess dazu führt, dass die Filmoberfläche durch die schlagartige Hitzeeinwirkung sofort kristallisiert, wobei das darunterliegende Volumen langsamer umgesetzt wird. Die dabei entstehenden gasförmigen Reaktionsprodukte der Metallorganiken führen dann zur Bildung von geschlossener Porosität und auch zur Bildung von größeren Kavitäten, wie sie beispielsweise in Abbildung 4.6-f zu sehen sind.

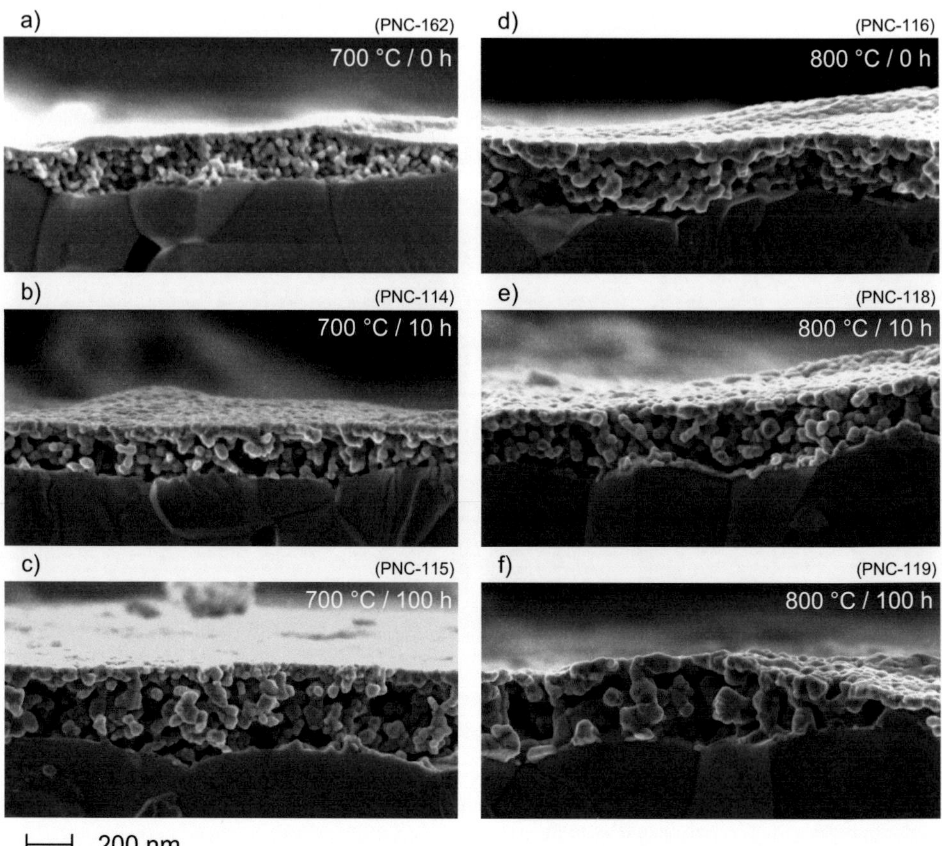

Abbildung 4.6: Mikrostruktur von mittels RTA bei T_{max} = 700 und 800 °C hergestellten LSC-Dünnschicht-kathoden

Zu sehen sind REM-Aufnahmen von LSC-Dünnschichtkathoden im Querschnitt, die mittels RTA herge-stellt wurden. Die auf der linken Seite gezeigten Brüche (a bis c) wurden einer Maximaltemperatur von T_{max} = 700 °C ausgesetzt, diejenigen auf der rechten Seite (d bis f) einer Maximaltemperatur von T_{max} = 800 °C. Die Proben b) und e) wurden anschließend noch für 10 h und die Proben c) und f) für 100 h bei der jeweiligen Temperatur getempert.

Variation der Parameter der thermischen Behandlung unter Verwendung einer Heizrate von ΔT = 3 K/min

MOD-basierte funktionale Dünnschichten wie die $La_{0.5}Sr_{0.5}CoO_{3-\delta}$-Dünnschichtkathoden [9, 209] und die 8YSZ-Dünnfilmelektrolyte [9, 295] von PETERS und auch die Dünnschichtinterdiffusi-onsbarrieren aus $Ce_{0.8}Gd_{0.2}O_{1.9}$ von ENDLER-SCHUCK [296] wurden bisher ausschließlich mittels RTA hergestellt. Speziell für leistungsfähige Kathoden ist dieses Verfahren jedoch aufgrund der sich bildenden dichten Deckschicht ungeeignet. Durch die Verwendung einer langsamen Heizrate von ΔT = 3 K/min konnte die resultierende Mikrostruktur jedoch hinsichtlich der Eignung als Kathode optimiert werden.

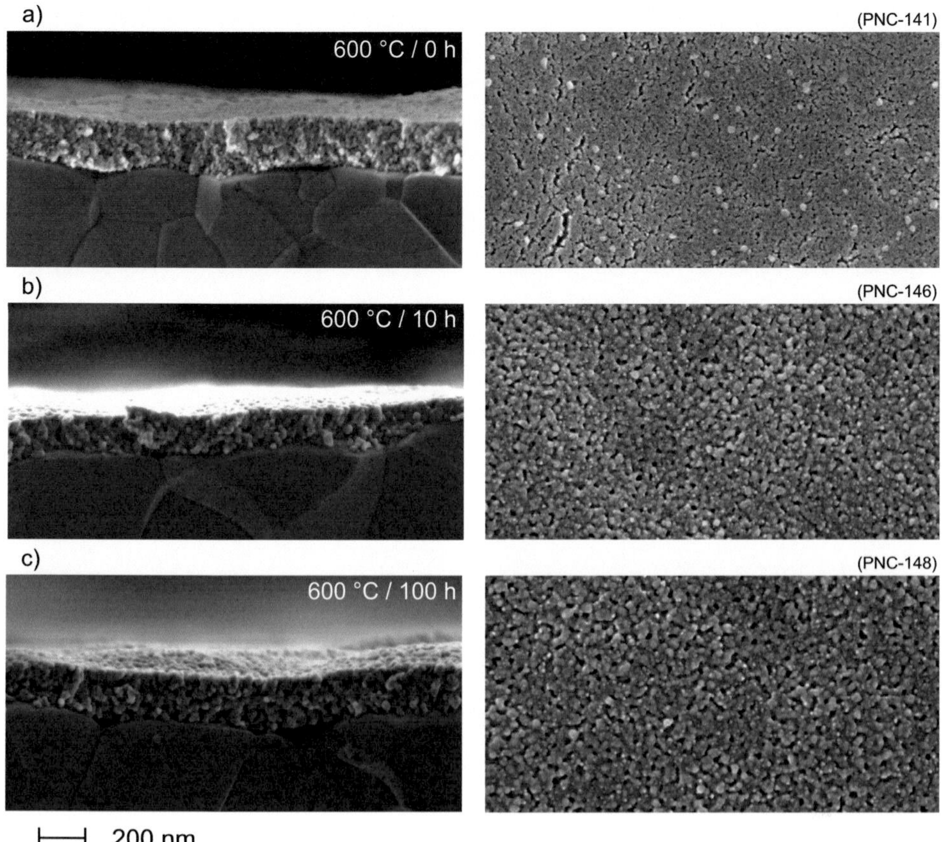

Abbildung 4.7: Mikrostruktur von LSC-Dünnschichtkathoden unterschiedlicher Temperung, die bei T_{max} = 600 °C hergestellt wurden

Zu sehen sind REM-Aufnahmen von LSC-Dünnschichtkathoden, die bei T_{max} = 600 °C hergestellt und für a) 0 h, b) 10 h und c) 100 h getempert wurden (ΔT = 3 K/min). Auf der linken Seite sind Brüche der Kathoden abgebildet, rechts die entsprechenden Kathodenoberflächen.

In Abbildung 4.7 bis Abbildung 4.10 sind die Ergebnisse einer systematischen Variation der Herstellungsparameter zu sehen. Variiert wurde die maximale Herstellungstemperatur mit T_{max} = 600, 700 und 800 °C und die Zeit der anschließenden Temperung bei eben diesen Temperaturen von t_{an} = 0, 10 und 100 h. Als durchschnittliche mittels REM-Analyse bestimmte Schichtdicke kann 200 nm angegeben werden, wobei diese lokalen Schwankungen unterlag. TEM-Messungen an relativ kleinen Probenausschnitten hingegen ergaben Schichtdicken von 115 … 175 nm für dichte bzw. poröse Schichten [269]. Eindeutiger verhält es sich mit der Korngröße. Sie steigt mit ansteigender Herstellungstemperatur und Temperzeit an. Die Porosität hingegen nimmt mit ansteigender Herstellungstemperatur und Temperzeit ab. Eine Ausnahme zu diesem Trend stellen die Proben dar, die bei T_{max} = 600 °C hergestellt und getempert wurden. Bei ihnen ist jedoch anzunehmen, dass entsprechend der Ergebnisse der

Thermogravimetrieanalysen von PETERS [9] ein Teil des Materials noch amorph vorlag. Speziell bei der Probe, die keiner weiteren Auslagerung unterzogen wurde, scheint die Kristallisation noch nicht abgeschlossen gewesen zu sein, da auf den REM-Aufnahmen in Abbildung 4.7-a noch keine einzelnen LSC-Körner zu erkennen sind. Dies zeigen auch die teilamorphen Bereiche in der TEM-Hellfeldaufnahme dieser Probe in Abbildung 4.8-a. Nach 10 h tempern bei 600 °C war die Kristallisation jedoch schon ausreichend vorangeschritten, so dass bei der Probe in Abbildung 4.8-b die einzelnen Kristallite klar voneinander abgegrenzt werden können. Die größte Porosität wurde erst nach einer Temperzeit von 100 h erreicht (vgl. Abbildung 4.7-c). Sie unterschied sich jedoch nur geringfügig von der 10 h getemperten Probe.

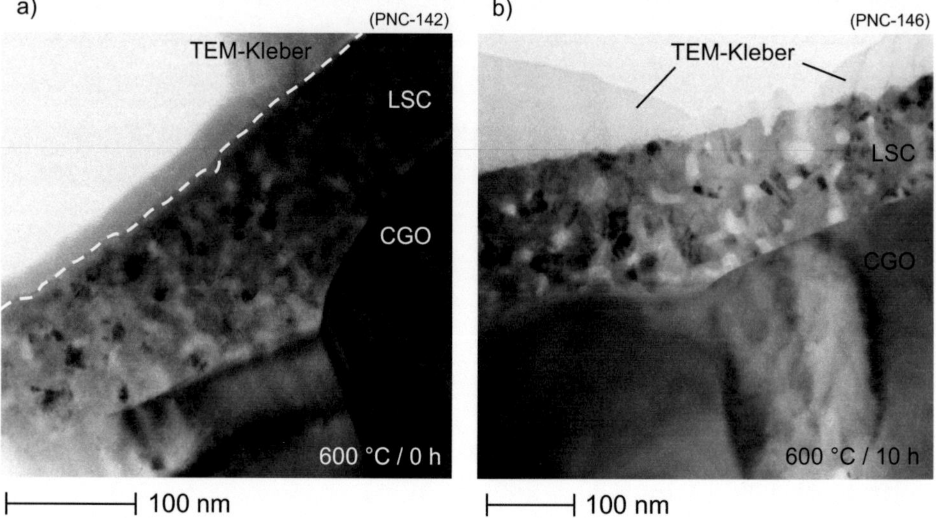

Abbildung 4.8: TEM-Hellfeldaufnahmen von LSC-Dünnschichtkathoden, die bei T_{max} = 600 °C hergestellt wurden, im Querschnitt

Probe PNC-142 wurde mit den Parametern ΔT = 3 K/min, T_{max} = 600 °C und t_{an} = 0 h hergestellt, Probe PNC-146 mit ΔT = 3 K/min, T_{max} = 600 °C und t_{an} = 10 h. Die mittlere Kristallitgröße wurde zu 13 ± 4 nm (PNC-142) und 19 ± 4 nm (PNC-146) ermittelt, wobei erstere aufgrund unzureichender Kristallisation nur wenig aussagekräftig ist. Die Aufnahmen stammen von LEVIN DIETERLE, LEM, KIT.

Bezüglich der Porosität ist noch zu erwähnen, dass die Proben mit ansteigender Herstellungstemperatur immer schneller dichtsinterten. War bei den bei T_{max} = 600 °C hergestellten und ausgelagerten Proben nach 100 h noch immer eine deutliche Porosität vorhanden (vgl. Abbildung 4.7-c), konnte bei Proben, die bei T_{max} = 700 °C hergestellt wurden, nach 100 h fast keine offene Porosität mehr festgestellt werden (vgl. Abbildung 4.9-c). Bei 800 °C waren die Schichten schon nach 10 h dicht gesintert (vgl. Abbildung 4.10-b).

Weiterhin hat sich bei allen Proben eine stabile Verbindung zwischen der Dünnschichtkathode und dem Elektrolytsubstrat ausgebildet. Gelegentlich kam es jedoch vor, dass diese durch einen Spalt von wenigen zehn Nanometern Breite entlang der Vertiefungen der Korngrenzen des CGO-Substrats unterbrochen wurde (vgl. Abbildung 4.9-a und Abbildung 4.10-b).

Vermutlich entsteht dieser durch eine nicht ausreichende Benetzung des Substrates mit dem MOD-Sol, bedingt durch die Oberflächenspannung des Sols [232].

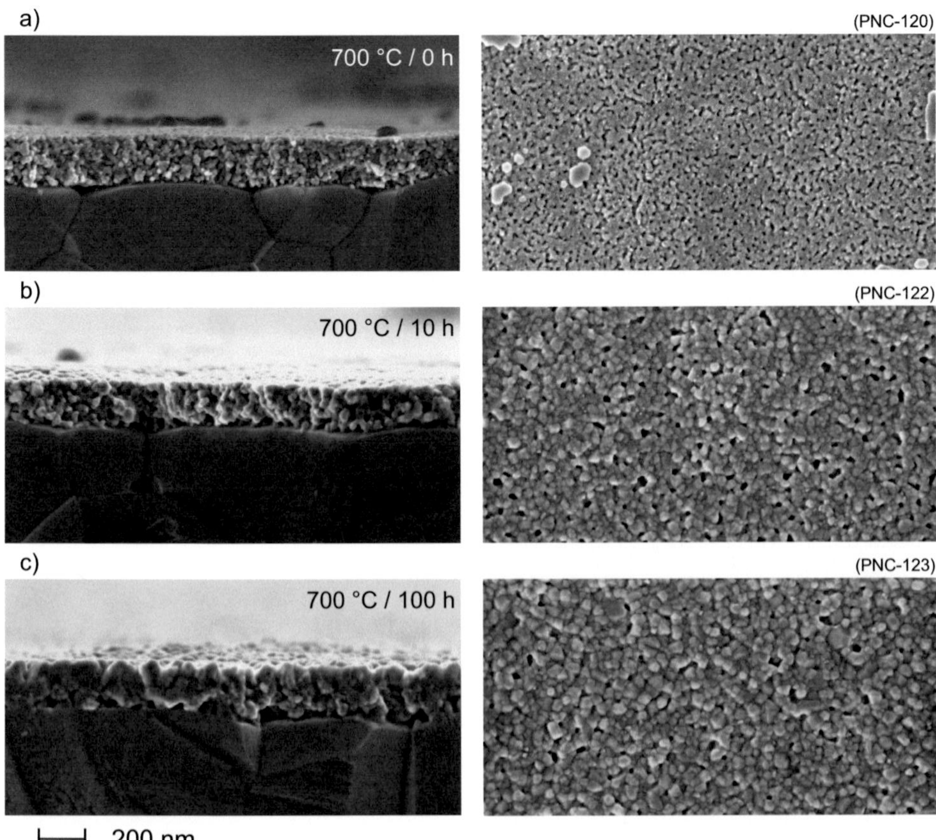

Abbildung 4.9: Mikrostruktur von LSC-Dünnschichtkathoden unterschiedlicher Temperung, die bei T_{max} = 700 °C hergestellt wurden

Zu sehen sind REM-Aufnahmen von LSC-Dünnschichtkathoden, die bei T_{max} = 700 °C hergestellt und für a) 0 h, b) 10 h und c) 100 h getempert wurden (ΔT = 3 K/min). Auf der linken Seite sind Querschnitte der Kathoden abgebildet, rechts die entsprechenden Kathodenoberflächen.

Aufgrund der geringen Schichtdicke der LSC-Dünnschichtkathoden führt der erhebliche Unterschied im thermischen Ausdehnungskoeffizienten von $La_{0.6}Sr_{0.4}CoO_{3-\delta}$ (vgl. Abschnitt 2.6.2) und dem $Ce_{0.9}Gd_{0.1}O_{1.95}$-Elektrolytsubstrat (vgl. Abschnitt 2.4.1) zudem nicht zu einer Delamination der Kathode. Entsprechend dem großen Volumen dominiert der Elektrolyt zwar die thermische Ausdehnung, die LSC-Dünnschicht passt sich jedoch unbeschadet daran an.

Abbildung 4.11 zeigt TEM-Hellfeldaufnahmen ausgewählter Proben im Querschnitt und in der Aufsicht. In den Querschnittsaufnahmen in Abbildung 4.11-b bis -d ist die Spaltbildung zwischen der Kathode und dem Substrat nochmals deutlich zu erkennen. Es gibt jedoch auch

Ausnahmen, wie in der Querschnittsaufnahme von Abbildung 4.11-a zu sehen ist. Hier ist die Vertiefung an der Korngrenze des CGO-Substrats vollständig mit Kathodenmaterial gefüllt.

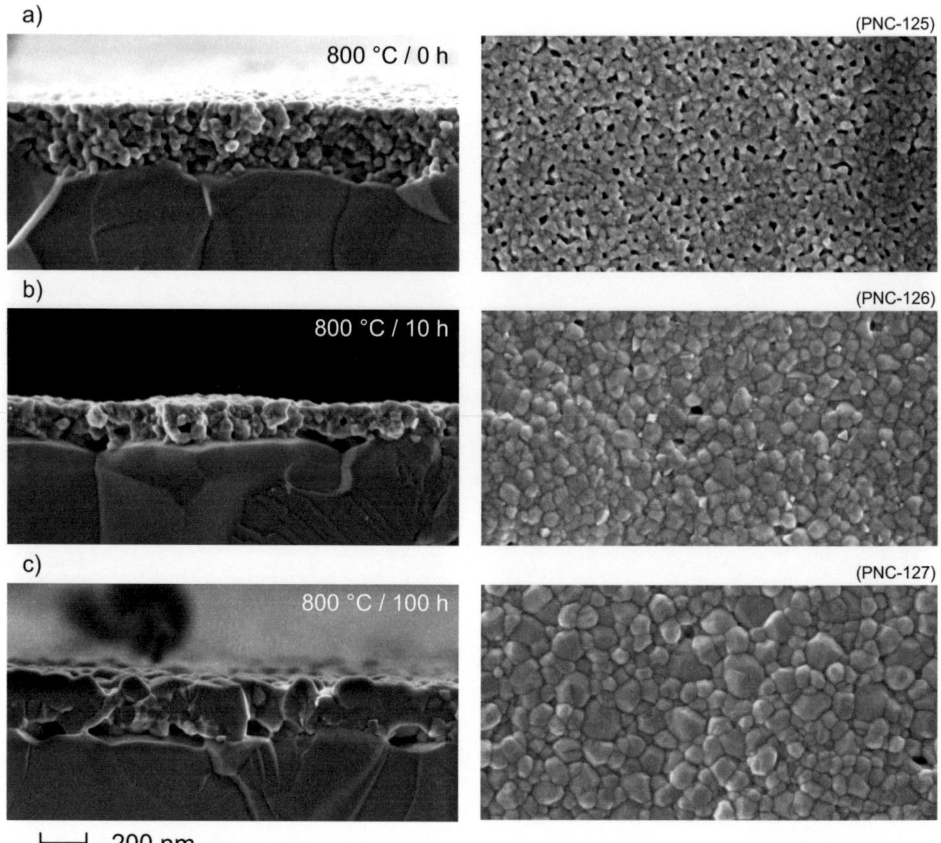

Abbildung 4.10: Mikrostruktur von LSC-Dünnschichtkathoden unterschiedlicher Temperung, die bei T_{max} = 800 °C hergestellt wurden

Zu sehen sind REM-Aufnahmen von LSC-Dünnschichtkathoden, die bei T_{max} = 800 °C hergestellt und für a) 0 h, b) 10 h und c) 100 h getempert wurden (ΔT = 3 K/min). Auf der linken Seite sind Querschnitte der Kathoden abgebildet, rechts die entsprechenden Kathodenoberflächen.

Abbildung 4.12 zeigt 3D-Rekonstruktionen von zwei Dünnschichtkathoden, die mittels STEM-Tomographie erstellt wurden. In den rekonstruierten Volumenausschnitten sind besonders gut die unterschiedlichen Porositäten der Proben zu erkennen. Speziell die bei T_{max} = 700 °C hergestellte Probe weist eine hohe Porosität und folglich eine hohe innere Oberfläche auf (vgl. Abbildung 4.12-a). Auch hier ist wieder ein Spalt zwischen dem Kathoden- und dem Elektrolyt-material entlang der Elektrolytkorngrenzen im rechten unteren Bildteil zu erkennen. Die bei T_{max} = 800 °C hergestellte Probe verfügt über eine vergleichsweise geringe Porosität, wobei nicht immer davon ausgegangen werden kann, dass es sich dabei um offene Porosität handelt.

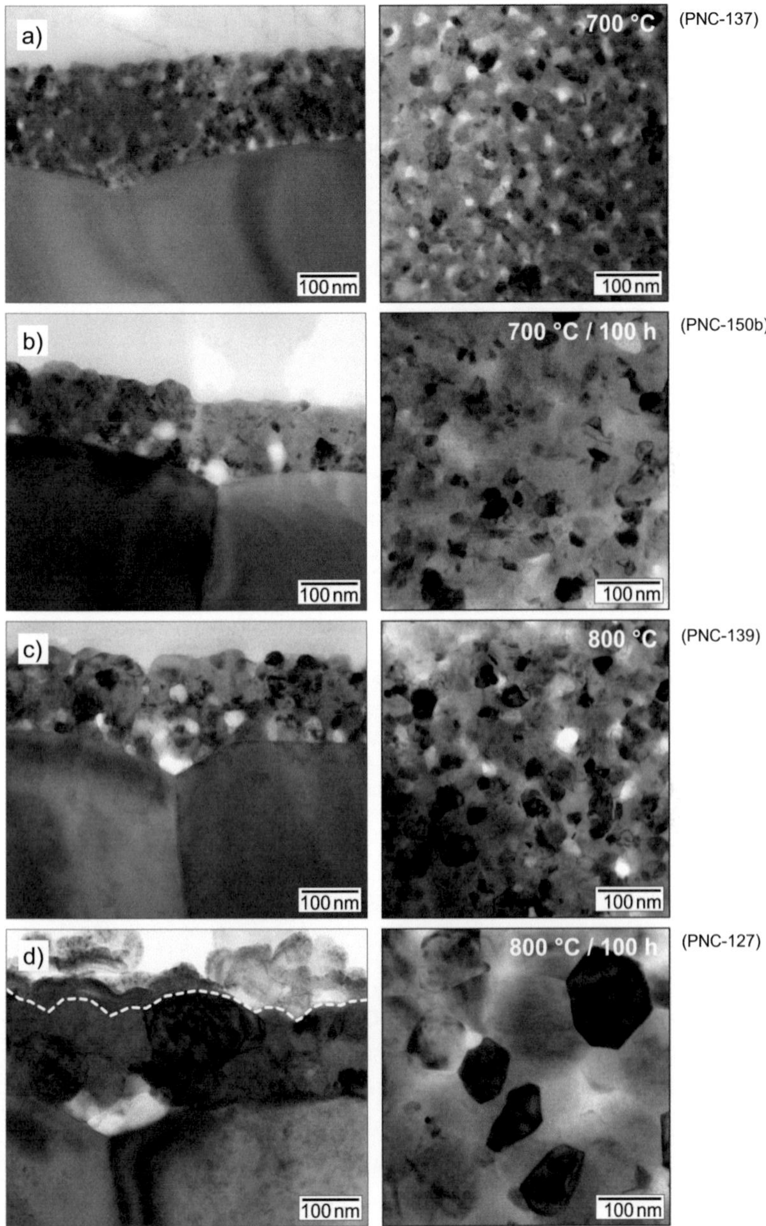

Abbildung 4.11: TEM-Hellfeldaufnahmen ausgewählter LSC-Dünnschichtkathoden [232]

Zu sehen sind TEM-Hellfeldaufnahmen von LSC-Dünnschichtkathoden unterschiedlicher Herstellung (ΔT = 3 K/min, a) T_{max} = 700 °C, t_{an} = 0 h, b) T_{max} = 700 °C, t_{an} = 100 h, c) T_{max} = 800 °C, t_{an} = 0 h und d) T_{max} = 800 °C, t_{an} = 100 h) im Querschnitt (linke Spalte) und in der Aufsicht (rechte Spalte). In der Querschnittaufnahme in d) wurde die Grenze zwischen der Dünnfilmkathode und des während des Ionenätzens redeponierten Materials mit einer gestrichelten Linie gekennzeichnet.

Mit Hilfe der Rekonstruktionen konnte die Porosität der einzelnen Proben auch quantitativ bestimmt werden. Sie lag für die bei T_{max} = 700 °C hergestellte Probe bei ε = 0.38 ± 0.10 und bei der bei T_{max} = 800 °C hergestellten Probe bei ε = 0.17 ± 0.05.

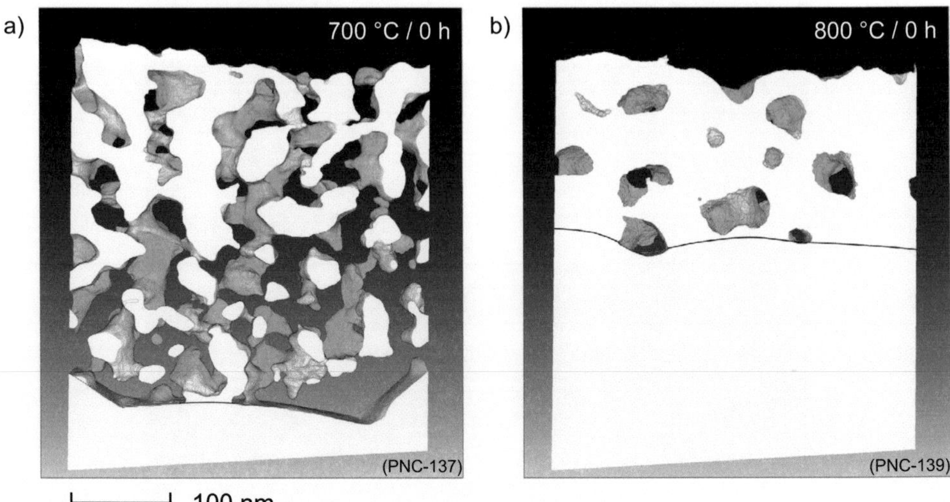

Abbildung 4.12: Dreidimensionale Rekonstruktion nanoskaliger LSC-Dünnschichtkathoden [232]
Die Abbildungen zeigen STEM-Tomographie-Rekonstruktionen der Mikrostruktur von zwei LSC-Dünnschichtkathoden, die bei a) T_{max} = 700 °C und b) T_{max} = 800 °C hergestellt wurden (ΔT = 3 K/min, t_{an} = 0 h). Das Kathoden- und Elektrolytmaterial ist in weiß dargestellt, die Poren transparent, wobei das Interface zwischen Kathode und Elektrolyt mit einer dünnen schwarzen Linie gekennzeichnet wurde. Die rekonstruierten Ausschnitte haben eine Seitenlänge von 360 nm.

In Abbildung 4.13 sind die Ergebnisse der Korngrößenbestimmung an den Probenserien mit T_{max} = 700 und 800 °C Herstellungstemperatur zusammengefasst. Bei der Probenserie, die bei T_{max} = 700 °C kalziniert und getempert wurde, stimmen die aus REM-Oberflächenaufnahmen bestimmten Korngrößen gut mit den mittels TEM-Analyse ermittelten Werten überein. Bei den größeren Korngrößen der bei T_{max} = 800 °C kalzinierten und getemperten Proben liegen die mittels REM-Analyse bestimmten Korngrößen jedoch deutlich unterhalb der mittels TEM-Analyse bestimmten Werte. Dies kann damit erklärt werden, dass auf den REM-Oberflächenaufnahmen speziell kleinere Körner andere Körner teilweise verdecken. Der tatsächliche Durchmesser der teilweise verdeckten Körner ist somit nicht mehr sichtbar und wird mittels REM-Analyse als zu klein bestimmt. Aufgrund dessen werden im Folgenden für weiterführende Auswertungen und Berechnungen die mittels TEM-Analyse bestimmten Korngrößen verwendet.

Beide Probenserien zeigen, wie auch schon in Abbildung 4.9 und Abbildung 4.10 qualitativ zu sehen war, ein monotones Kornwachstum mit ansteigender Temperzeit und Kalzinierungs- bzw. Auslagerungstemperatur. Bei 700 °C ist das Kornwachstum nach 10 h weitestgehend abgeschlossen, wobei eine mittlere Korngröße von 28 nm erreicht wurde. Für eine Herstellungs- und Auslagerungstemperatur von 800 °C kann keine Aussage bezüglich der sich einstellenden

Korngröße getroffen werden. Hierzu wäre mindestens eine weitere Messung an einer Probe notwendig, die wesentlich länger als 100 h ausgelagert wurde.

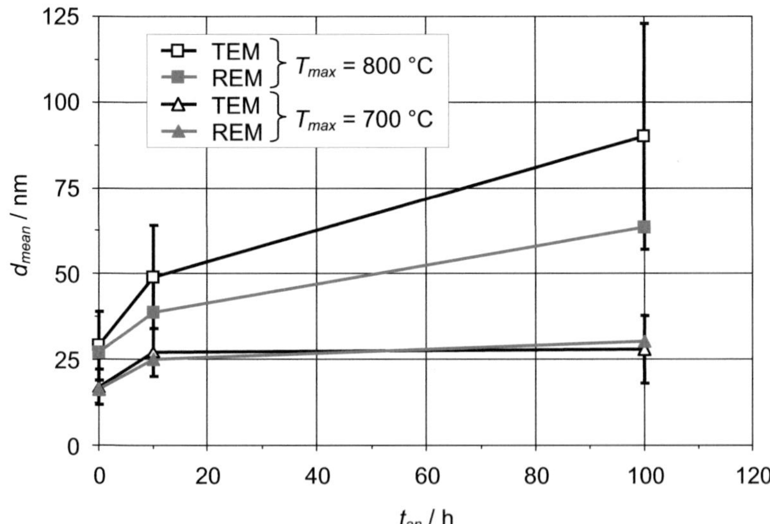

Abbildung 4.13: Mittlere Korngröße d_{mean} der LSC-Körner in LSC-Dünnschichtkathoden in Abhängigkeit der Kalzinierungstemperatur T_{max} und Temperzeit t_{an}

Bei 700 und 800 °C Herstellungs- und Auslagerungstemperatur zeigt sich ein Kornwachstum mit zunehmender Temperzeit. Bei der Serie mit T_{max} = 700 °C stimmen die mittels TEM-Analyse (Werte aus [269]) und REM-Analyse ermittelten Werte gut überein. Bei der T_{max} = 800 °C Serie liegen die mittels TEM-Analyse bestimmten Werte deutlich über den mittels REM-Analyse bestimmten Werten.

Tabelle 4.1: Ergebnisse der elektronenmikroskopie-basierten Mikrostrukturanalysen. Bei den Parametern d_{mean} und ε handelt es sich um die mittlere Korngröße und die Porosität der Dünnschichtkathoden. Die Daten der (S)TEM-Untersuchungen stammen aus [269].

Herstellungsparameter		REM-Analyse		TEM -Analyse		
T_{max} / °C	t_{an} / h	$d_{mean,REM}$ / nm	SD[72] / nm	$d_{mean,TEM}$ / nm	SD / nm	ε / -
700	0	16.4	± 7.8	17	± 5	0.38 ± 0.10 [a]
700	10	25.0	± 11.4	27	± 7	0.31 ± 0.10 [a]
700	100	30.2	± 14.1	28	± 10	0.18 ± 0.05 [a]
800	0	27.0	± 10.6	29	± 10	0.17 ± 0.05 [a]
800	10	38.8	± 18.8	49	± 15	ca. 0.05 [b]
800	100	63.5	± 33.5	90	± 33	ca. 0.05 [b]

[a] Ermittelt mittels STEM-Tomographie
[b] Abgeschätzt aus TEM-Aufnahmen

---

[72] SD: Standardabweichung

In Tabelle 4.1 sind die Ergebnisse der TEM- und REM-basierten Korngrößenanalysen und der STEM-Tomographie-basierten Porositätsbestimmung abschließend nochmals zusammengefasst.

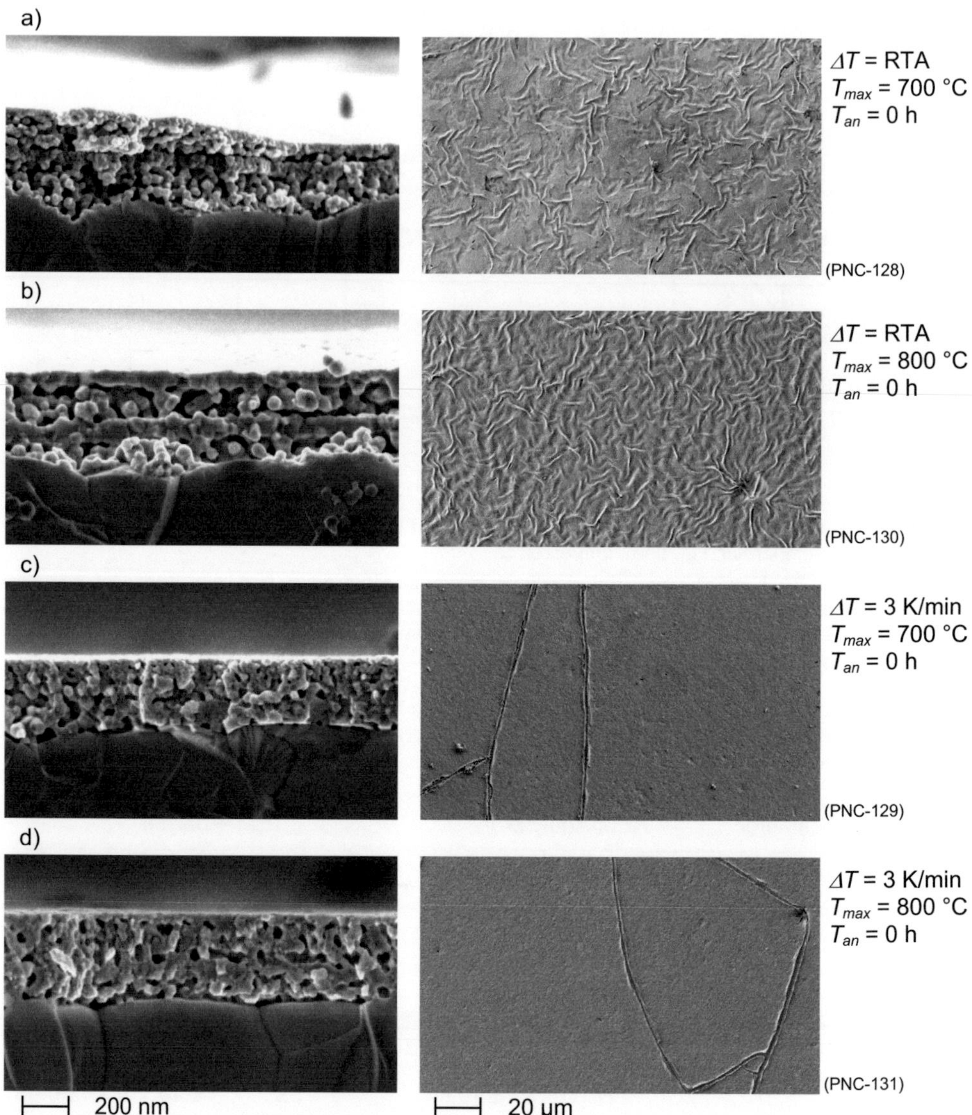

Abbildung 4.14: Durch Zweifachbeschichtung hergestellte LSC-Dünnschichtkathoden unterschiedlicher thermischer Behandlung

Zu sehen sind ausgewählte REM-Aufnahmen von LSC-Dünnschichtkathoden, die durch zweifache Tauchbeschichtung mit 10 Gew.-% Sol hergestellt wurden. Auf der linken Seite sind Querschnitte der Dünnschichtkathoden abgebildet, rechts die entsprechenden Oberflächen und Herstellungsparameter.

Zweifachbeschichtung

Durch eine zweifache Beschichtung konnte die Schichtdicke auf durchschnittlich rund 400 nm erhöht werden (vgl. Abbildung 4.14). Dabei wurde der Herstellungsprozess von der Tauchbeschichtung bis hin zum Hochtemperaturschritt zweimal durchlaufen, d.h. nach jeder Tauchbeschichtung wurden die Proben mit der entsprechenden Heizrate und Maximaltemperatur thermisch behandelt. Die Mehrfachbeschichtung hatte jedoch auch Auswirkungen auf die Mikrostruktur. So sind in Abbildung 4.14-a und -b die für RTA typischen, dichten Deckschichten mit darunterliegender geschlossener Porosität der einzelnen Schichten zu erkennen. Zudem kam es auch hier zur RTA-typischen Wulstbildung, mit der auch die unterschiedliche Dicke der beiden Schichten in Abbildung 4.14-a erklärt werden kann. Mit einer Heizrate von ΔT = 3 K/min war es wiederum möglich, glatte und homogene Schichten zu erzeugen. Nur vereinzelt wurde die Deckschicht von Rissen durchzogen (vgl. Abbildung 4.14-c und -d). Auch konnte ein deutlich homogenerer Querschnitt der Kathodenschicht erzielt werden, wobei die untere Schicht aufgrund der doppelten thermischen Behandlung geringfügig größere Kristallite aufwies.

4.1.3 Ermittlung der Mikrostrukturparameter

Für weiterführende Berechnungen (vgl. Abschnitt 4.3.2) ist es notwendig, aus den mittels TEM- und REM-Analyse gewonnenen Geometriedaten wie der Porosität, Korngröße und Schichtdicke die Mikrostrukturparameter Tortuosität τ und volumenspezifische Oberfläche a abzuleiten. Hierzu wurden in dieser Arbeit sowohl das von RÜGER am IWE entwickelte 3D-FEM Modell [10, 297] verwendet, als auch 3D-FIB/REM-Tomographie-Rekonstruktionen von realen µm-skaligen Kathodenschichten von JOOS [298], die zur Bestimmung eines Geometriekorrekturfaktors herangezogen wurden.

Das 3D-FEM Modell generiert über einen Geometriegenerator entsprechend einer Partikelgröße ps und Porosität ε eine Mikrostruktur, deren Oberfläche anschließend bestimmt werden kann. Setzt man dann die durch offene Porosität zugängliche Oberfläche mit dem Kathodenvolumen ins Verhältnis erhält man die volumenspezifische Oberfläche a_{FEM}.

Es hat sich gezeigt, dass für Mikrostrukturen mit einer Porosität von $0.2 \leq \varepsilon \leq 0.5$ die volumenspezifische Oberfläche a_{FEM} mit einem Fehler von < 1 % auch mit der folgenden Gleichung berechnet werden kann:

$$a_{FEM} = \frac{5.812 \cdot \left(\varepsilon - \varepsilon^2\right)}{ps} \qquad \text{4-1}$$

Hierbei sind ps die Partikelgröße der als Kugeln angenommenen Kathodenkörner und ε die Porosität des Materials. Die Gleichung setzt die Oberfläche einer Kugel A_{Kugel} mit dem freien Oberflächenanteil α ($0 < \alpha < 1$) mit dem um die Porosität ε vergrößerten Volumen der Kugel V_{Kugel} ins Verhältnis (vgl. Gleichung 4-2). Der Anteil an freier Oberfläche α ist dabei ein Maß für die Oberflächenbelegung durch Sinterhälse.

Gleichung 4-1 resultiert dann aus der Parametrierung von α mit Hilfe der Simulationsergebnisse des 3D-FEM Modells, wobei α und ε im Bereich $0.2 \leq \varepsilon \leq 0.5$ eine lineare Abhängigkeit beschreiben.

$$a = \frac{A_{Kugel} \cdot \alpha}{V_{Kugel} \cdot \dfrac{1}{(1-\varepsilon)}} = \frac{4 \cdot \pi \cdot \left(\dfrac{ps}{2}\right)^2 \cdot \alpha}{\dfrac{4}{3} \cdot \pi \cdot \left(\dfrac{ps}{2}\right)^3 \cdot \dfrac{1}{(1-\varepsilon)}} = \frac{6 \cdot (1-\varepsilon) \cdot \alpha}{ps} \qquad \text{4-2}$$

Für kleinere Porositätswerte ($\varepsilon < 0.2$) weichen die mit dieser Gleichung berechneten Werte für die volumenspezifische aktive Oberfläche jedoch aufgrund des signifikant ansteigenden Anteils an geschlossener Porosität und somit nicht zur Kathodenreaktion beitragenden Porosität von den mittels des 3D-FEM Modells berechneten Werten ab. Zudem kann die aktive Oberfläche für kleine Porositätswerte eigentlich auch nicht mehr volumenspezifisch, sondern nur noch absolut angegeben werden. Das Verhältnis von offener Porosität zu geschlossener Porosität ist dann schichtdickenabhängig und nimmt mit zunehmender Schichtdicke immer weiter ab. In Abschnitt 4.3.2 wird auf diesen Aspekt nochmals im Detail eingegangen.

Tabelle 4.2: Mikrostrukturparameter der unterschiedlich hergestellten LSC-Dünnschichtkathoden. Die Parameter a_{FEM} und $a_{FEM,korr}$ sind die volumenspezifischen Oberflächen, die mittels des 3D-FEM Modells und unter Einbeziehung des Oberflächenkorrekturfaktors (Gleichung 4-3) ermittelt wurden. Die Tortuosität τ_{MIEC} wurde nach Gleichung 4-4 berechnet. Für die Berechnungen wurde angenommen, dass die Partikelgröße ps der Korngröße $d_{mean,TEM}$ entspricht.

Herstellungsparameter		Mikrostrukturdaten		mittlere vol.-spezifische Oberfläche		Tortuosität
T_{max} / °C	t_{an} / h	$d_{mean,TEM}$ / nm	ε / -	a_{FEM} 1/m	$a_{FEM,korr}$ 1/m	τ_{MIEC}
700	0	17	0.38	$8.05 \cdot 10^7$	$1.47 \cdot 10^8$	1.66
700	10	27	0.31	$4.60 \cdot 10^7$	$8.43 \cdot 10^7$	1.44
700	100	28	0.18	$2.99 \cdot 10^7$	$5.47 \cdot 10^7$	1.15
800	0	29	0.17	$2.74 \cdot 10^7$	$5.01 \cdot 10^7$	1.13
800	10	49	ca. 0.05	-*	-*	1.01
800	100	90	ca. 0.05	-*	-*	1.01

* a ist für diese Strukturen nicht bestimmbar, da sie keine offene Porosität aufweisen.

Ein Nachteil des 3D-FEM Modells ist jedoch, dass die Geometrie nur recht ungenau beschrieben wird. Um dies zu korrigieren, wurde mittels FIB/REM-Tomographie eine reale Kathodenmikrostruktur rekonstruiert und analysiert [298]. Durch den Vergleich der simulierten mit den realen Daten konnte dann ein Oberflächenkorrekturfaktor bestimmt werden. Die reale Kathodenstruktur hatte dabei eine um den Faktor 1.83 größere volumenspezifische Oberfläche als die entsprechende 3D-FEM Mikrostruktur (vgl. Gleichung 4-3). Die mit diesem Faktor korrigierte volumenspezifische Oberfläche des 3D-FEM Modells wird im Folgenden mit $a_{FEM,korr}$ bezeichnet.

$$a_{FEM,korr} = 1.83 \cdot a_{FEM} \qquad\qquad 4\text{-}3$$

Aus der Studie von JOOS konnte auch folgender Zusammenhang zwischen der Porosität und Tortuosität der Kathode τ_{MIEC} im Bereich $\varepsilon \leq 0.5$ mittels Fit bestimmt werden:

$$\tau_{MIEC} = 4.55 \cdot \varepsilon^2 + 1 \qquad\qquad 4\text{-}4$$

Daraus ergeben sich die in Tabelle 4.2 zusammengefassten mittleren Strukturparameter der unterschiedlich hergestellten Dünnschichtkathoden. Für die Bestimmung von a und τ_{MIEC} wurde dabei angenommen, dass die Partikelgröße ps der mittels TEM-Analyse ermittelten Korngröße $d_{mean,TEM}$ entspricht.

4.2 Leistungsfähigkeit nanoskaliger LSC-Dünnschichtkathoden

Die im vorherigen Abschnitt vorgestellten Kathodenstrukturen haben bei der elektrochemischen Charakterisierung unterschiedliche Leistungsfähigkeiten gezeigt. Zunächst wird in Abschnitt 4.2.1 auf die elektrochemische Charakterisierung in ruhender Luft eingegangen, wobei die beiden mit unterschiedlicher Heizrate hergestellten Probenserien separat diskutiert werden. In Abschnitt 4.2.2 werden die Ergebnisse der elektrochemischen Charakterisierung unter Anströmung mit Druckluft und synthetischer Luft vorgestellt und mit den Ergebnissen aus 4.2.1 verglichen.

4.2.1 Leistungsfähigkeit in ruhender Luft

Die unterschiedlich hergestellten LSC-Dünnschichtkathoden aus Abschnitt 4.1.2 wurden einer standardisierten elektrochemischen Charakterisierung unterzogen. Dabei wurden in Messplatz SOFC3 jeweils zwei Proben gleichzeitig in ruhender Luft charakterisiert. Das Messprogramm hierfür beginnt mit einer Aufheizphase, in der der Ofen mit 2 K/min auf 300 °C aufgeheizt und bei dieser Temperatur für 60 min gehalten wird. Dies dient dazu, den Binder der Stromsammlerpaste auszugasen. Anschließend wird die Temperatur mit einer Heizrate von 3 K/min auf 400 °C erhöht, wobei 40 min nach Erreichen dieser Temperatur nacheinander Impedanzmessungen an beiden Proben durchgeführt werden. Im weiteren Verlauf wird die Temperatur dann in 25 °C Schritten mit 3 K/min auf 600 °C erhöht, wobei bei jedem Schritt nach einer Haltezeit von 40 min, die dem Erreichen des thermischen Gleichgewichts dient, Impedanzmessungen erfolgen. Bei 600 °C verweilen die Proben dann für ca. 125 h, wobei in regelmäßigen Abständen Impedanzspektren aufgenommen werden. Abschließend werden die Proben, analog zum Aufheizen, auch beim Abkühlen mittels Impedanzspektroskopie charakterisiert.

Abbildung 4.15 zeigt beispielhaft ein Impedanzspektrum einer leistungsfähigen (niedriger ASR_{kat}) Dünnschichtkathode bei 600 °C in ruhender Luft in der Nyquist-Darstellung und in der

Darstellung, in der Real- und Imaginärteil über der Frequenz aufgetragen sind. In der Nyquist-Darstellung ist zwischen 30 und 100 kHz eine deutliche Stufe im Spektrum zu erkennen. Es handelt sich dabei um einen Artefakt des Messgeräts (Solartron 1260). Vermutlich ist das ungünstige Verhältnis der Polarisationsverluste (ca. 0.083 Ω) zum ohmschen Anteil der Impedanz (ca. 1.96 Ω) einer symmetrischen Testzelle von ungefähr 1:24 die Ursache für die schlechte Auflösung des Messgeräts. Zudem tritt dieser Effekt hauptsächlich bei Temperaturen > 550 °C auf, verursacht durch die niedrige Aktivierungsenergie der Ionenleitung im Elektrolytmaterial von $E_{a,ion} \approx 0.64$ eV [36] und die deutlich höhere Aktivierungsenergie der Kathodenreaktion von $E_{a,kat} \approx 1.5$ eV.

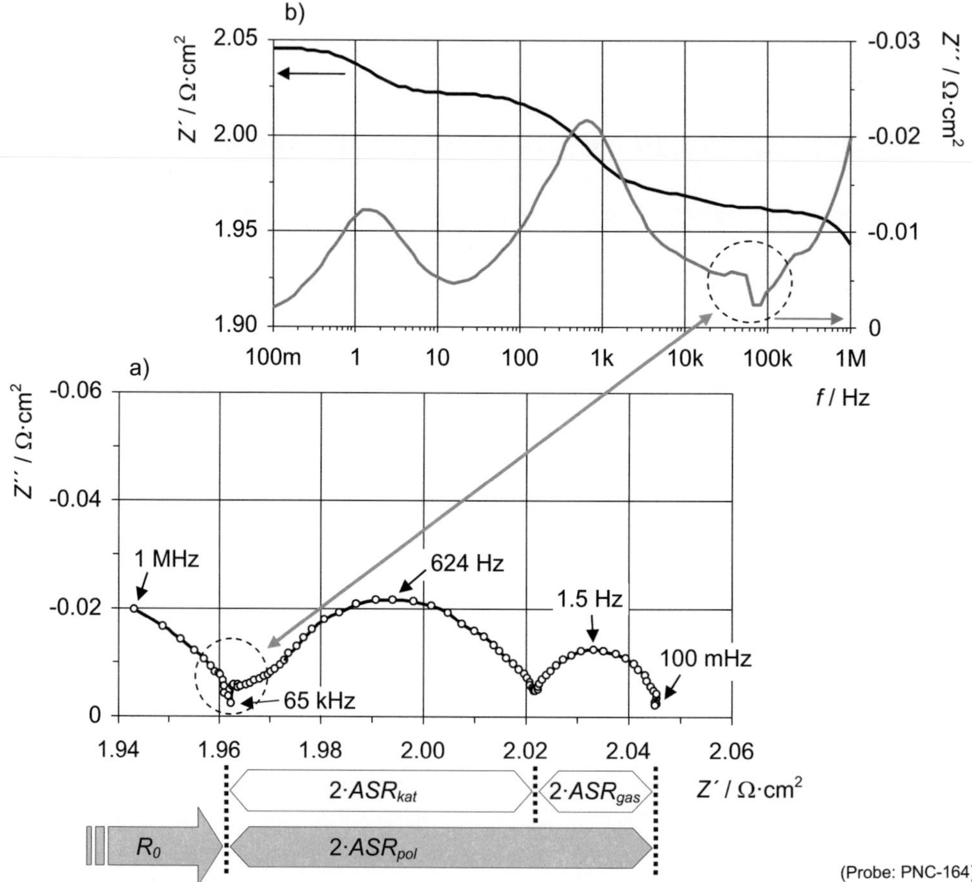

Abbildung 4.15: Impedanzspektrum einer symmetrischen Halbzelle gemessen bei 600 °C in Luft in Anlehnung an [300]
Die Impedanzdaten sind in a) in der Nyquist-Darstellung dargestellt, in b) sind der Imaginär- und der Realteil über der Frequenz aufgetragen. Es handelt sich dabei um eine symmetrische Halbzelle (PNC-164), deren LSC-Dünnschichtkathode mit ΔT = 3 K/min, T_{max} = 700 °C und t_{an} = 0 h hergestellt wurde.

Um die Messdatenqualität zu verbessern, wurde ein Teil der CGO-Substrate von ursprünglich > 800 µm Dicke auf 350 ... 400 µm heruntergeschliffen. Mit dieser Maßnahme konnte die

Messdatenqualität deutlich verbessert, der Artefakt hingegen nicht vollständig beseitigt werden. Betroffen ist jedoch nur der Imaginärteil der Impedanz (vgl. Abbildung 4.15-b). Da der Real- und Imaginärteil einer Impedanz eines linearen und zeitinvarianten Systems über die Kramers-Kronig-Transformation [299] verknüpft sind, ist es ausreichend, nur den Realteil der Impedanz bei der Datenanalyse mittels z.B. DRT-Berechnung zu analysieren. Anders als der Imaginärteil weist der Realteil im gesamten Frequenzbereich keinerlei Artefakte oder Unstetigkeiten auf, so dass trotz nicht optimaler Messdatenqualität eine detaillierte Datenauswertung möglich war.

Die Interpretation der Impedanzspektren erfolgte wie in Abbildung 4.15-a gezeigt. Der Anteil bis zum hochfrequenten Schnittpunkt des Spektrums mit der x-Achse entspricht dem Widerstand R_0. R_0 setzt sich aus den Verlusten im CGO-Elektrolyt und den ohmschen Verlusten in den Elektroden und den Stromsammlerschichten zusammen. Dabei entspricht der Wert ziemlich genau dem zu erwartenden ohmschen Verlust des Elektrolytsubstrats. In diesem Beispiel berechnet sich der theoretische ohmsche Verlust eines durchschnittlich 415 µm dicken Elektrolyten bei 600 °C zu $ASR_{Elektrolyt} = 2.02 \pm 0.07\ \Omega\cdot cm^2$. Die entsprechende Leitfähigkeit des Elektrolytmaterials bei 600 °C wurde zuvor mit einer Vierpunkt-Leitfähigkeitsmessung zu $\sigma_{ion} = 2.05 \pm 0.07$ S/m bestimmt.

ASR_{pol} repräsentiert die Summe aller Kathodenverluste. Diese umfassen Verluste durch die elektrochemische Reaktion und den Ladungstransfer (zusammen ASR_{kat}) und Gasdiffusionsverluste (ASR_{gas}). Letztere resultieren aus Gasdiffusionslimitationen, die hauptsächlich in der stehenden Gasschicht in den Gaskanälen oberhalb des Stromsammlers und in den Poren der Stromsammlerschicht auftreten (vgl. Abschnitt 4.5.2). Speziell bei Kathoden hoher Leistungsfähigkeit sind sie in ruhender Luft ab Temperaturen von 500 °C im Impedanzspektrum als separater Halbkreis bei niedrigen Frequenzen sichtbar [209]. Diese nicht der Elektrochemie zuzuordnenden Verluste sind für die Bewertung der nanoskaligen Dünnschichtkathoden nicht von Relevanz und werden somit in diesem Abschnitt nicht weiter betrachtet.

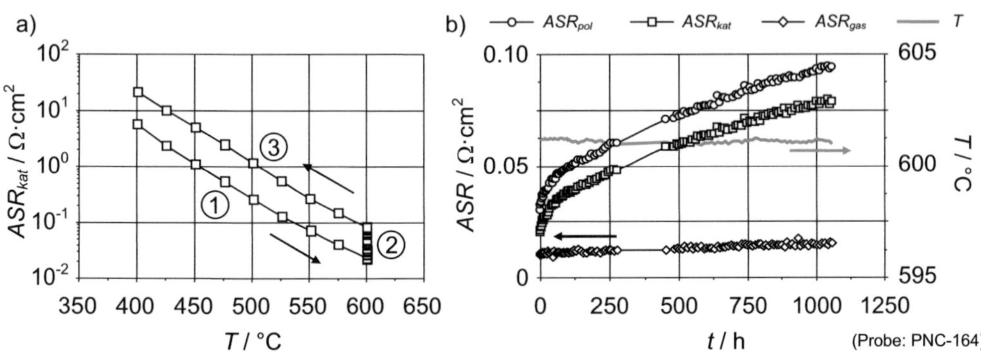

Abbildung 4.16: Kathodenverluste einer LSC-Dünnschichtkathode im Verlauf einer Charakterisierung a) Temperaturverlauf des ASR_{kat} (1) während des Aufheizens, (2) im Verlauf von 1060 h bei 600 °C und (3) während des Abkühlens. b) Veränderung des ASR_{kat}, ASR_{pol} und ASR_{gas} bei 600 °C in ruhender Luft über einen Zeitraum von 1060 h (entspricht Phase (2) in a)). Die LSC-Dünnschichtkathode (PNC-164) wurde mit ΔT = 3 K/min, T_{max} = 700 °C und t_{an} = 0 h hergestellt.

In Abbildung 4.16-a wird exemplarisch der Verlauf des ASR_{kat} während einer Charakterisierung gezeigt, bei der die Haltephase bei 600 °C nicht wie standardmäßig 126 h betrug, sondern 1060 h. Dabei verschlechterte sich der ASR_{kat} um den Faktor 4 (vgl. Abbildung 4.16-b). Die Gasphasenverluste sind hingegen nur leicht angestiegen, wobei vermutet wird, dass dies auf ein Nachverdichten des Stromsammlers zurückgeführt werden kann.

ΔT = 3 K/min - Probenserie

In Abbildung 4.17 ist der Temperaturverlauf des ASR_{kat} von unterschiedlichen symmetrischen Testzellen, die mit einer Heizrate von ΔT = 3 K/min hergestellt wurden, abgebildet. Es zeigt sich, dass die Dünnschichtkathoden, die bei 700 °C hergestellt und getempert wurden, durchweg niedrigere Polarisationsverluste aufweisen als die entsprechenden bei 800 °C hergestellten Proben und dass die Polarisationsverluste mit zunehmender Temperzeit (t_{an}) ansteigen. Die gemittelten Aktivierungsenergien liegen im Temperaturbereich von 400 … 600 °C bei E_a = 1.40 ± 0.02 eV, mit Ausnahme der Aktivierungsenergie der Probe, die bei 700 °C und ohne weitere Auslagerung hergestellt wurde, die mit einem Wert von E_a = 1.24 eV deutlich kleiner ist. Weiterhin zeigt sich bei den meisten Messungen ab einer Temperatur von ungefähr 500 °C eine deutliche Abweichung vom Arrhenius-Verhalten[73] hin zu höheren Widerständen, vermutlich aufgrund der einsetzenden anfänglichen Degradation.

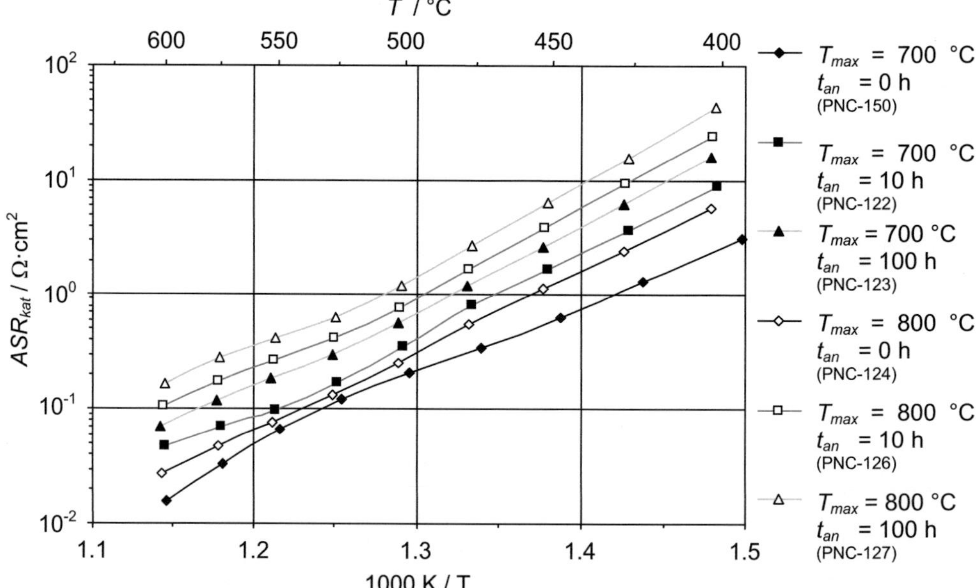

Abbildung 4.17: ASR_{kat} von unterschiedlichen mit ΔT = 3 K/min hergestellten LSC-Dünnschichtkathoden in Luft während der initialen Aufheizphase
Es handelt sich dabei um symmetrische Testzellen, die in Messplatz SOFC3 in ruhender Luft charakterisiert wurden.

---

[73] In logarithmischer Darstellung über 1000 K/T beschreibt der ASR bei Arrheniusverhalten eine Gerade.

Abbildung 4.18 zeigt den Verlauf des ASR_{kat} während der isothermen Charakterisierung bei 600 °C in Luft. Die stärkste Degradation erfuhren die Proben in den ersten 10 h, wobei diese unterschiedlich stark ausfiel. Dabei konnte jedoch keine eindeutige, die Herstellungsparameter betreffende Systematik gefunden werden. Lediglich bei den bei T_{max} = 800 °C hergestellten Proben zeigte sich eine Abnahme der Degradation mit zunehmender Temperzeit bei 800 °C. Diese Proben zeigten zudem relativ starke Schwankungen im ASR_{kat} im Verlauf der 126 h isothermer Charakterisierung bei 600 °C.

Wie schon beim initialen Aufheizen folgten die Proben beim abschließenden Abkühlen ebenfalls nicht dem Arrhenius-Verhalten (vgl. Abbildung 4.19). Die gemittelte Aktivierungsenergie lag dabei im Temperaturbereich von 600 … 400 °C bei E_a = 1.52 ± 0.02 eV. Lediglich die Probe, die bei 800 °C und ohne weitere Auslagerung hergestellt wurde, wies beim Abkühlen eine etwas niedrigere Aktivierungsenergie von E_a = 1.44 eV auf.

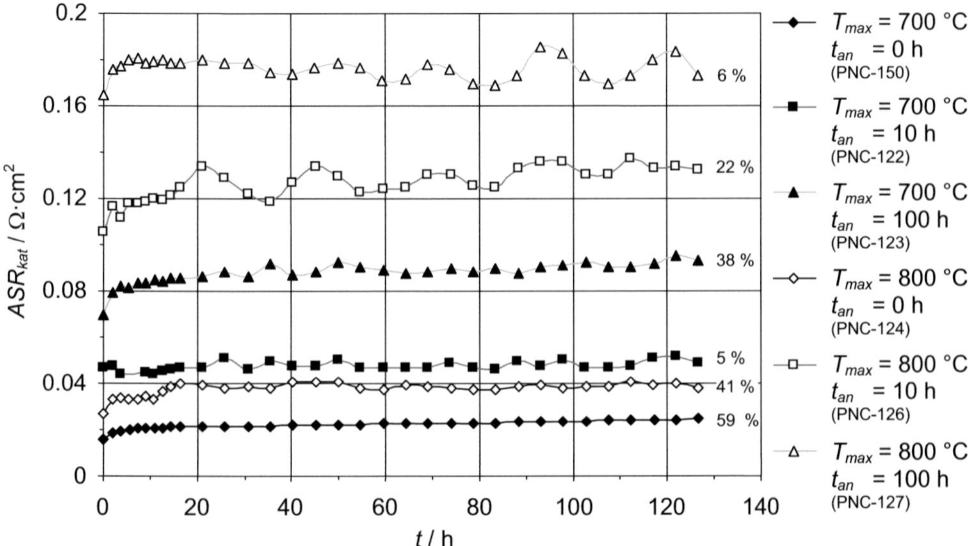

Abbildung 4.18: ASR_{kat} von unterschiedlichen, mit ΔT = 3 K/min hergestellten LSC-Dünnschichtkathoden bei isothermer Charakterisierung bei 600 °C in Luft aufgetragen über der Charakterisierungszeit t

Es handelt sich dabei um symmetrische Testzellen, die in Messplatz SOFC3 in ruhender Luft charakterisiert wurden. Die Prozentangaben am Ende einer jeden Kurve geben die Veränderung zwischen dem ersten und dem letzten Messwert bezogen auf den Anfangswert wieder.

Eine Sonderstellung nimmt die bei T_{max} = 600 °C hergestellte Probe ein. Entsprechend den Ergebnissen der Thermoanalyseuntersuchungen von PETERS [9] und den Ergebnissen aus Abschnitt 4.1.1 war das Kathodenmaterial in dieser Dünnschichtkathode noch nicht vollständig auskristallisiert, und ein Teil des Kathodenmaterials lag noch amorph vor. Auf die Charakterisierung von weiteren Proben, die bei der Herstellungstemperatur von 600 °C noch zusätzlich über 10 h und 100 h getempert wurden, wurde bewusst verzichtet, denn diese Auslagerung erfolgte entsprechend während des Experiments bei der isothermen Charakterisierung bei 600 °C.

Lediglich für die REM- und TEM-Analysen von Abschnitt 4.1.2 wurden zwei Proben nochmals extra über 10 h und 100 h bei 600 °C getempert.

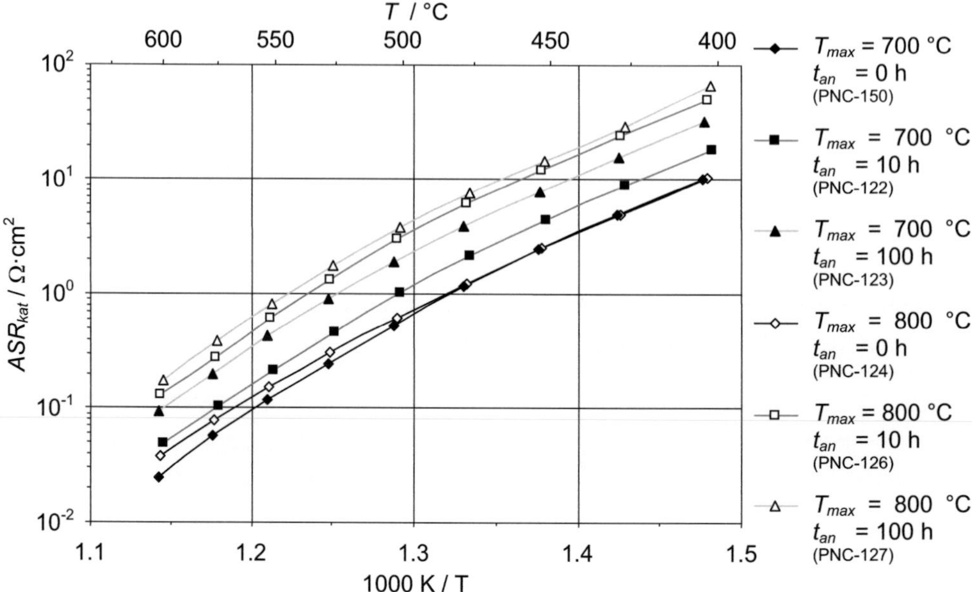

Abbildung 4.19: ASR_{kat} von unterschiedlichen mit ΔT = 3 K/min hergestellten LSC-Dünnschichtkathoden in Luft während des Abkühlens nach 126 h bei 600 °C
Es handelt sich dabei um symmetrische Testzellen, die in Messplatz SOFC3 in ruhender Luft charakterisiert wurden.

Abbildung 4.20 zeigt die Ergebnisse der Charakterisierung der bei T_{max} = 600 °C hergestellten LSC-Dünnschichtkathode. Auch diese Kathode folgte weder beim Aufheizen noch beim Abkühlen dem Arrhenius-Verhalten. Entgegen den im vorherigen Abschnitt gezeigten Ergebnissen (vgl. Abbildung 4.17) weicht bei dieser Probe die Kurve in der Aufheizphase ab ca. 500 °C nicht zu höheren Widerstandswerten ab, sondern zu niedrigeren.

Es wird angenommen, dass dies durch die weiter fortschreitende Kristallisation des noch teilamorphen LSC-Materials bzw. mit der Bildung des LSC-Perowskits aus den einzelnen Oxiden erklärt werden kann, so dass mit steigender Temperatur immer mehr aktive, mit dem Elektrolyt ionisch leitend verbundene Oberfläche für die elektrochemische Reaktion zur Verfügung stand. Dieser Effekt führte dann auch zu einer weiteren Reduktion der Polarisationsverluste bei der isothermen Charakterisierung bei 600 °C während der ersten 55 h. In den Abschnitten 4.1.1 und 4.1.2 konnte bereits gezeigt werden, dass mit zunehmender Temperzeit bei 600 °C die LSC-Bildung immer weiter fortschreitet, so dass nach t_{an} = 100 h fast keine binären Oxide mehr nachgewiesen werden konnten. Das Kornwachstum hingegen kam schon nach 10 h weitestgehend zum Erliegen. Es wurde ein Minimalwert von ASR_{kat} = 32 mΩ·cm^2 erreicht, wobei anschließend die Polarisationsverluste, vermutlich durch einsetzende Degradation, wieder leicht anstiegen (vgl. Abbildung 4.17-b). Der Temperaturverlauf des ASR_{kat} während des

Abkühlens weist einen ähnlichen Verlauf auf wie der der Proben aus Abbildung 4.19, die bei T_{max} = 700 und 800 °C hergestellt wurden. Auch die mittlere Aktivierungsenergie liegt mit einem Wert von E_a = 1.56 eV im Bereich der Aktivierungsenergien dieser Proben.

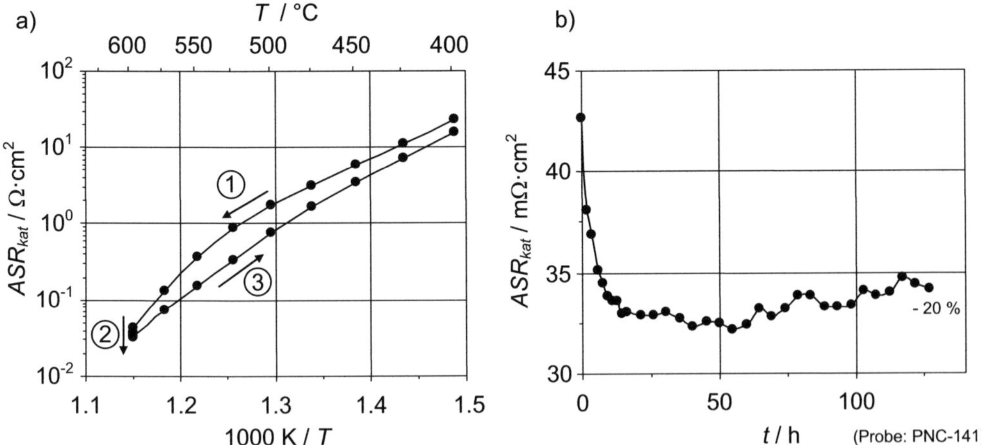

Abbildung 4.20: ASR_{kat} einer bei T_{max} = 600 °C hergestellten LSC-Dünnschichtkathode in Luft

Die Graphen zeigen den ASR_{kat} a) aufgetragen über 1000 K / T und b) aufgetragen über der Zeit t bei isothermer Charakterisierung bei 600 °C. Es handelt sich dabei um eine symmetrische Testzelle, die in Messplatz SOFC3 in ruhender Luft charakterisiert wurde. Teil (1) des Graphen in a) beschreibt das initiale Aufheizen, Teil (2) 126 h isotherme Charakterisierung bei 600 °C (vgl. Graph b) und Teil (3) die Abkühlphase am Ende der Charakterisierung. Die Prozentangabe am Ende der Kurve in b) gibt die Veränderung zwischen dem ersten und dem letzten Messwert bezogen auf den Anfangswert wieder.

Vergleicht man nun die mit ΔT = 3 K/min und t_{an} = 0 h, aber bei unterschiedlichen Temperaturen hergestellten Proben – die gleichzeitig auch die drei leistungsfähigsten waren – zeigt sich, dass die Herstellungstemperatur von T_{max} = 700 °C zu den niedrigsten Polarisationswiderständen geführt hat (vgl. Abbildung 4.21). Obwohl die bei T_{max} = 600 °C hergestellte Probe noch einen signifikanten Anteil an Zweitphasen aufzeigte und zudem teilamorph war, erzielte sie nach einer anfänglichen Formierungsphase ebenfalls eine hervorragende Leistungsfähigkeit. Es ist anzunehmen, dass die optimale Herstellungstemperatur somit zwischen T_{max} = 600 und 700 °C liegt. Eine genauere Eingrenzung der optimalen Herstellungstemperatur wurde im Rahmen dieser Arbeit jedoch nicht durchgeführt. Zwar könnte durch die Herstellung von Proben bei fein abgestuften Temperaturen zwischen 600 und 700 °C und unterschiedlicher Temperzeit sicher eine theoretisch noch bessere Mikrostruktur als die der mit ΔT = 3 K/min, T_{max} = 700 °C und t_{an} = 0 h hergestellten Probe erlangt werden, doch sind nicht nur mikrostrukturelle Aspekte für die Leistungsfähigkeit nanoskaliger LSC-Dünnschichtkathoden ausschlaggebend, sondern auch chemische, die, wie in Abschnitt 4.3.3 gezeigt wird, ebenfalls einen großen Einfluss auf die Polarisationsverluste haben können. Entsprechend würden dann zwei Herstellungstemperatur und Temperzeit abhängige Eigenschaften – die Mikrostruktur und die lokale chemische Zusammensetzung – gleichzeitig verändert, so dass die Auswirkungen der Eigenschaften im Einzelnen nicht mehr sauber voneinander getrennt werden könnten.

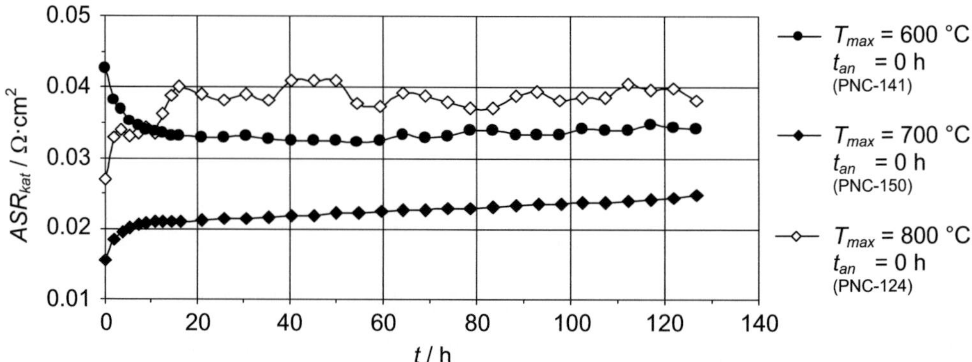

Abbildung 4.21: Veränderung des ASR_{kat} bei isothermer Charakterisierung bei 600 °C in Luft von LSC-Dünnschichtkathoden, die bei unterschiedlichen Temperaturen hergestellt wurden (ΔT = 3 K/min, t_{an} = 0 h)

Die Grafik zeigt einen Vergleich der leistungsfähigsten Dünnschichtkathoden aus Abbildung 4.18 und Abbildung 4.20.

In Tabelle 4.3 sind einige Ergebnisse der elektrochemischen Charakterisierung der unterschiedlichen LSC-Dünnschichtkathoden dieses Abschnitts nochmals zusammengefasst.

Tabelle 4.3: Ergebnisse der elektrochemischen Charakterisierung der mit einer Heizrate von ΔT = 3 K/min hergestellten LSC-Dünnschichtkathoden in Messplatz SOFC3 in ruhender Luft

Herstellungsparameter		Aufheizen	Abkühlen	Degradation bei 600 °C	Proben-ID
T_{max} / °C	t_{an} / h	E_a / eV	E_a / eV	% / 126 h	-
600	0	1.52	1.56	-20	PNC-141
700	0	1.24	1.54	60	PNC-150
700	10	1.38	1.52	4	PNC-122
700	100	1.39	1.50	35	PNC-123
800	0	1.38	1.44	41	PNC-124
800	10	1.40	1.53	25	PNC-126
800	100	1.42	1.50	5	PNC-127

RTA - Probenserie

Wie auch schon die Proben im vorherigen Abschnitt, zeigten die mit RTA präparierten LSC-Dünnschichtkathoden sowohl während des Aufheizens (vgl. Abbildung 4.22-a) als auch in der Abkühlphase eine Abweichung vom Arrhenius-Verhalten. Besonders auffällig ist, dass sich die ASR_{kat}-Werte der Proben beim Aufheizen, mit Ausnahme der bei T_{max} = 800 °C hergestellten und über 100 h getemperten Probe, erst ab ca. 500 °C signifikant unterscheiden (vgl. Abbildung

4.22-a). Im Temperaturbereich unter 500 °C weichen die einzelnen Werte maximal um den Faktor 1.5 voneinander ab, was vermutlich mit der ähnlichen Mikrostruktur aufgrund der dichten Deckschicht erklärt werden kann.

Entgegen dem Ergebnis zur Probenserie aus dem vorherigen Abschnitt ergab die isotherme Charakterisierung über 126 h bei 600 °C bei dieser Probenserie einen eindeutigeren Trend. Es zeigte sich, dass die Degradationsrate mit zunehmender Temperzeit während der Herstellung abnimmt, bzw. für die bei 800 °C hergestellten und über 10 und 100 h getemperten Proben weitestgehend gleich ist (vgl. Tabelle 4.4).

In der Abkühlphase verhielten sich die Proben dann wieder wie die mit ΔT = 3 K/min hergestellten Proben, wobei die ASR_{kat}-Werte ähnliche Verläufe beschrieben, wie sie in Abbildung 4.19 gezeigt wurden.

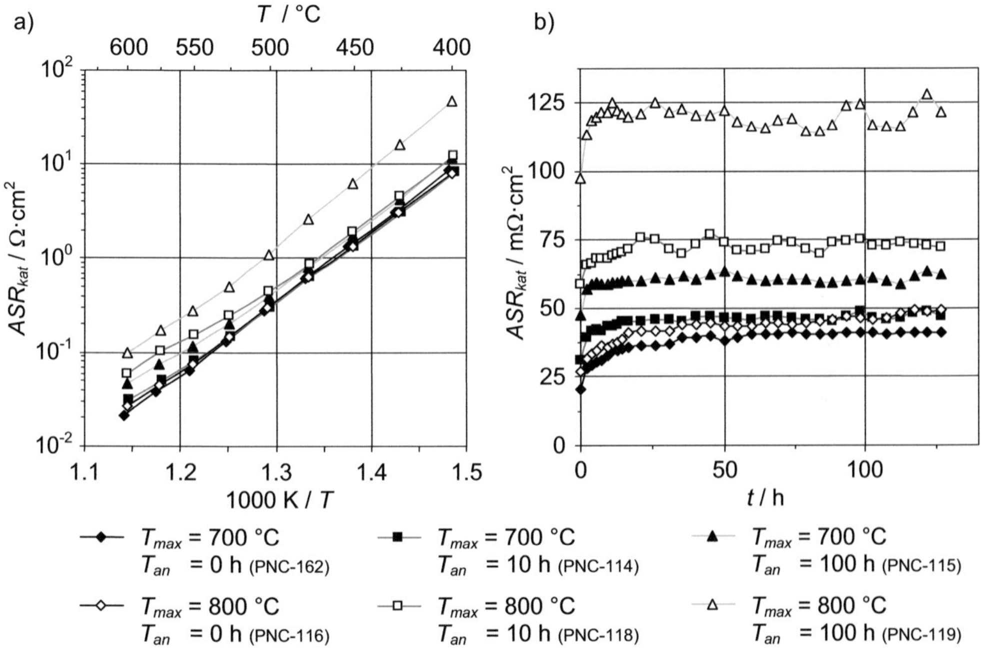

Abbildung 4.22: ASR_{kat} unterschiedlicher mit RTA hergestellter LSC-Dünnschichtkathoden in Luft
a) Temperaturabhängiger ASR_{kat} von unterschiedlichen mit RTA hergestellten LSC-Dünnschichtkathoden in Luft während der initialen Aufheizphase und b) Veränderung des ASR_{kat} während 126 h isothermer Charakterisierung bei 600 °C. Es handelt sich dabei um symmetrische Testzellen, die in Messplatz SOFC3 in ruhender Luft vermessen wurden.

Auch bei der mittels RTA bei 600 °C hergestellten Probe zeigte sich während der 126-stündigen Temperung bei 600 °C eine Verbesserung der Polarisationsverluste, die jedoch um den Faktor 2 größer waren als die der entsprechende Probe, die mit einer Heizrate von 3 K/min hergestellt wurde. Weiterhin zeigte die Probe keine einsetzende Degradation im untersuchten Zeitraum, wobei sich nach 126 h bei 600 °C ein ASR_{kat} = 78 m$\Omega\cdot$cm^2 eingestellt hatte. Die anfängliche deutliche Verbesserung der Elektrode fand hauptsächlich während der ersten 30 h statt.

Die Ergebnisse der elektrochemischen Charakterisierung der RTA-Probenserie sind in Tabelle 4.4 zusammengefasst.

Tabelle 4.4: Ergebnisse der elektrochemischen Charakterisierung der mittels RTA hergestellten LSC-Dünnschichtkathoden in Messplatz SOFC3 in ruhender Luft

Herstellungsparameter		Aufheizen	Abkühlen	Degradation bei 600 °C	Proben-ID
T_{max} / °C	t_{an} / h	E_a / eV	E_a / eV	% / 126 h	-
600	0	1.20	1.47	-23	PNC-143
700	0	1.53	1.52 [a]	98	PNC-162
700	10	1.42	1.46	51	PNC-114
700	100	1.40	1.54	31	PNC-115
800	0	1.46	1.51	82	PNC-116
800	10	1.34	1.55	23	PNC-118
800	100	1.58	1.58	25	PNC-119

[a] Nach ca. 1060 h bei 600 °C.

Proben mit Zweifachbeschichtung

Bei den zweifach beschichteten Proben wurden ausschließlich Proben ohne weitere Temperung (t_{an} = 0 h) hergestellt und charakterisiert. Das Parameterfeld bestand somit aus den unterschiedlichen Heizraten (ΔT = 3 K/min und RTA) und Maximaltemperaturen (T_{max} = 700 und 800 °C), wobei die Probe, die mit RTA bei T_{max} = 800 °C hergestellt wurde (PNC-130), beim zweiten RTA-Schritt dem thermischen Schock nicht standgehalten hat und zersprungen ist. Die Bruchstücke konnten für REM-Analysen verwendet werden, für eine elektrochemische Charakterisierung waren sie jedoch zu klein.

Tabelle 4.5: Ergebnisse der elektrochemischen Charakterisierung der zweifach beschichteten LSC-Dünnschichtkathoden

Herstellungsparameter			Aufheizen	Abkühlen	Degradation bei 600 °C	Proben-ID
T_{max} / °C	ΔT / K/min	t_{an} / h	E_a / eV	E_a / eV	% / 126 h	-
700	3	0	1.45	1.49	23	PNC-129
700	RTA	0	1.38	1.41	66	PNC-128
800	3	0	1.45	1.51	69	PNC-131

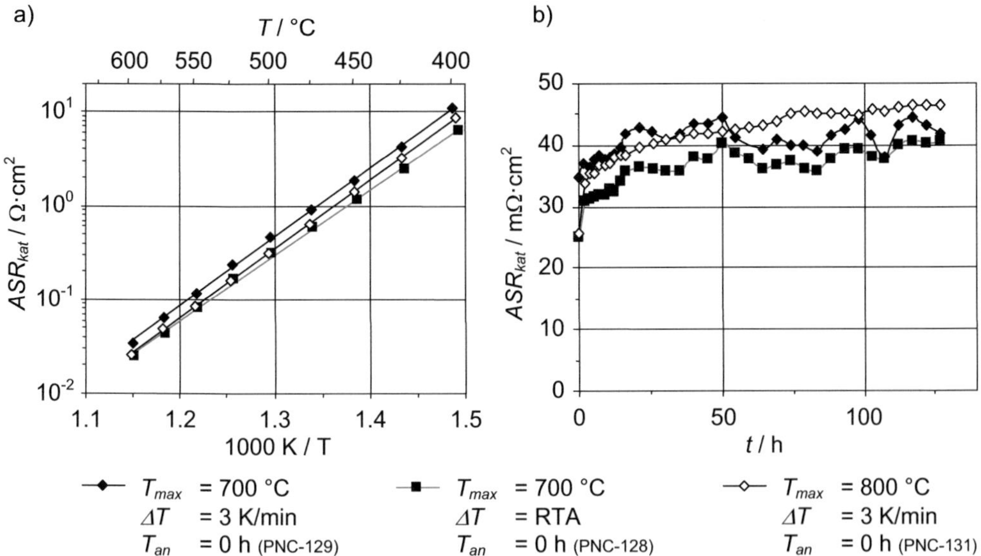

Abbildung 4.23: ASR_{kat} von zweifach beschichteten LSC-Dünnschichtkathoden in Luft
a) Temperaturabhängiger ASR_{kat} von doppelt beschichteten Proben unterschiedlicher thermischer Behandlung in Luft während der initialen Aufheizphase und b) Veränderung des ASR_{kat} während 126 h isothermer Charakterisierung bei 600 °C. Es handelt sich dabei um symmetrische Testzellen, die in Messplatz SOFC3 in ruhender Luft charakterisiert wurden.

Die Ergebnisse der elektrochemischen Charakterisierung sind in Abbildung 4.23 und Tabelle 4.5 zusammengefasst. Es hat sich gezeigt, dass das doppelte Kathodenvolumen nicht zu einer Leistungsverbesserung führt, sondern im Gegenteil die Leistungsfähigkeit der Kathoden verschlechtert. Auch hinsichtlich der Degradation bieten doppelt beschichtete Kathoden keinen Vorteil. Die Leistungsfähigkeit der unterschiedlichen zweifach beschichteten LSC-Dünnschicht-kathoden unterschied sich zudem vergleichsweise wenig.

4.2.2 Leistungsfähigkeit angeströmter Kathoden

Um Diffusionsverluste gering zu halten und um ein gezieltes Einstellen des Sauerstoff-partialdrucks zu ermöglichen, wurde eine Reihe ausgewählter Proben zusätzlich noch in Messplatz SOFC10 charakterisiert. Bei diesem Messaufbau befinden sich die symmetrischen Testzellen in einem zur Umgebungsatmosphäre abgedichteten Gasraum und werden über die Gaskanäle in den Kontaktklötzen mit einem Gasfluss von 250 sccm[74] je Seite angeströmt (vgl. Abschnitt 3.1.1). Für die Bestimmung der Leistungsfähigkeit der unterschiedlichen Kathoden-mikrostrukturen wurde sowohl Druckluft, als auch synthetische Luft[75] verwendet. Letztere hat den Vorteil, dass keine der in der Umgebungsluft und somit auch in der Druckluft enthaltenen Spurengase wie beispielsweise CO_2 oder H_2O im Gas enthalten sind. Im Rahmen dieser

---

[74] Standardkubikzentimeter pro Minute (Gasvolumen pro Minute bei 0 °C und 1013 mbar)
[75] Gasmischung aus 20 Vol.-% O_2 und 80 Vol.-% N_2

Versuchsreihe wurden jedoch nur ausgewählte Proben charakterisiert, da der Fokus bei diesen Experimenten auf der detaillierten Bestimmung und Analyse der kathodenseitigen Polarisationswiderstände lag (vgl. Abschnitt 4.3) und nicht auf der Bestimmung der Leistungsfähigkeit unterschiedlicher Mikrostrukturen.

Abbildung 4.24 zeigt die Temperaturabhängigkeit des in synthetischer Luft bestimmten ASR_{kat} von drei unterschiedlich hergestellten LSC-Dünnschichtkathoden. Entsprechend den von den unterschiedlichen Herstellungsparametern herrührenden Mikrostrukturen steigen die Polarisationsverluste mit abnehmender Porosität und steigender Korngröße an. Auffällig sind jedoch die stark unterschiedlichen Aktivierungsenergien von 1.28 … 1.59 eV. Weiterhin erzielten die in synthetischer Luft charakterisierten Proben durchweg niedrigere Polarisationsverluste als die in ruhender Umgebungsluft charakterisierten Proben. Dabei konnten extrem niedrige Polarisationsverluste von ASR_{kat} = 7.1 mΩ·cm² bei 600 °C, 75 mΩ·cm² bei 500 °C und 1.94 Ω·cm² bei 400 °C an einer bei T_{max} = 700 °C (ΔT = 3 K/min) und ohne weitere Temperung hergestellten LSC-Dünnschichtkathode gemessen werden.

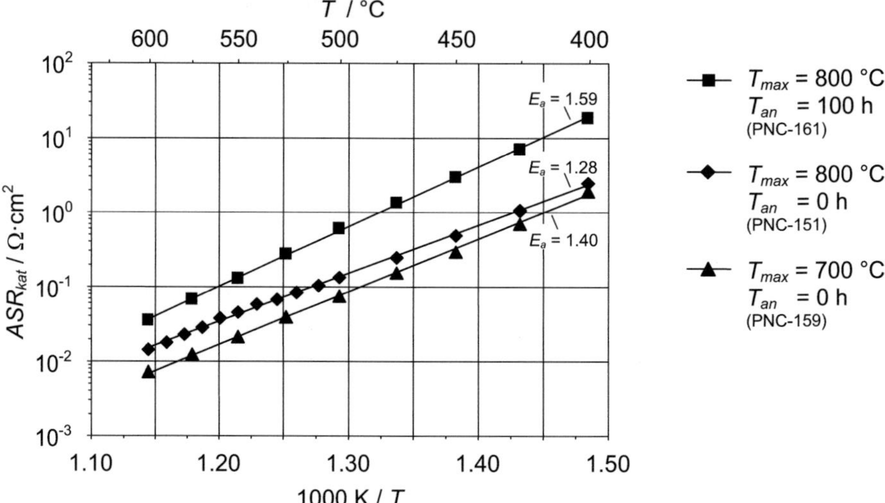

Abbildung 4.24: Temperaturabhängiger ASR_{kat} von unterschiedlichen mit ΔT = 3 K/min hergestellten LSC-Dünnschichtkathoden in synthetischer Luft
Es handelt sich dabei um symmetrische Testzellen, die in Messplatz SOFC10 in synthetischer Luft (250 sccm je Elektrode) charakterisiert wurden. Die Geraden sind Arrhenius-Fits an die einzelnen Datensätze.

Besonders deutlich zeigt sich die Abhängigkeit der Polarisationsverluste vom Oxidationsmittel in Abbildung 4.25-a. Drei identisch hergestellte Proben wurden in drei unterschiedlichen Gasatmosphären vermessen und die Messergebnisse miteinander verglichen. Eine Probe wurde in ruhender Umgebungsluft charakterisiert (vgl. Abschnitt 4.2.1), eine angeströmt in Druckluft[76] (250 sccm) und eine angeströmt in synthetischer Luft. In synthetischer Luft wurden die niedrigs-

---

[76] Umgebungsluft mit stark verringertem Wassergehalt (Restfeuchte < 6.7g/m³).

ten Polarisationsverluste erzielt, angeströmt in Druckluft die höchsten. Ähnlich verhält es sich auch bei der Degradation, die in synthetischer Luft am niedrigsten und in Druckluft am höchsten ausfiel. Da die Probe in synthetischer Luft keine Degradation aufwies, die beiden anderen jedoch schon, liegt es nahe, dass ein oder mehrere Bestandteile in der Umgebungsluft die Degradation verursachen. Dieser Effekt wird durch die Anströmung dann noch weiter verstärkt, da der bzw. die die Degradation verursachenden Bestandteile der Luft kontinuierlich in großem Maße zugeführt werden. In weiterführenden Experimenten, in denen synthetische Luft systematisch mit CO_2 und Wasserdampf versetzt wurde, konnte gezeigt werden, dass ebendiese Gase für die Degradation der LSC-Dünnschichtkathoden verantwortlich sind (vgl. Abschnitt 4.6.3).

Interessanterweise zeigt die nicht angeströmte Probe mit E_a = 1.38 eV die höchste Aktivierungsenergie, die bei den beiden anderen Proben bei $E_a \approx$ 1.28 eV lag. Die Ursache dafür konnte jedoch nicht geklärt werden. Eine unterschiedliche Auswirkung der Gasdiffusionsverluste kann nicht dafür verantwortlich gemacht werden, da diese nicht berücksichtigt wurden. Auch können Degradationseffekte nicht die Ursache dafür gewesen sein, da die Ergebnisse keine Systematik aufwiesen.

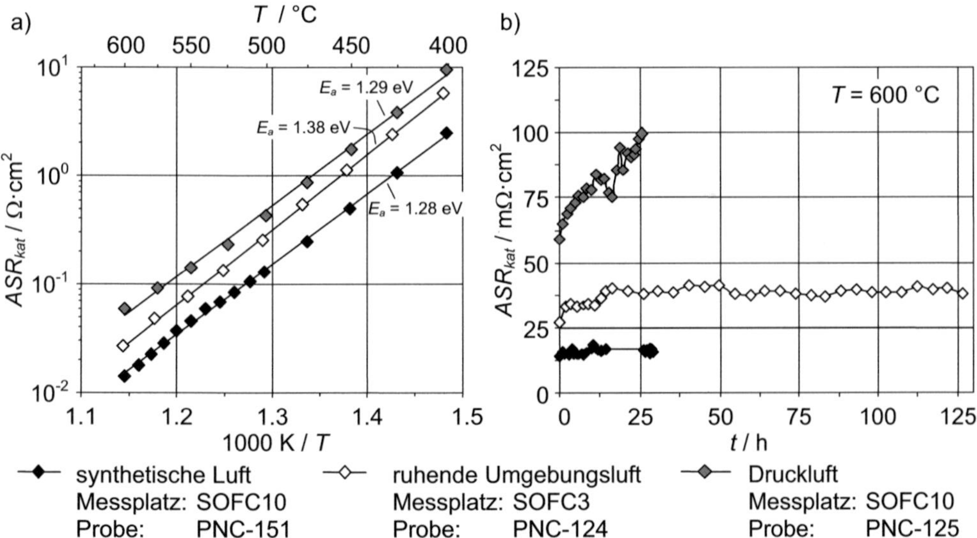

Abbildung 4.25: Vergleich der Polarisationsverluste (ASR_{kat}) von identisch hergestellten LSC-Dünnschichtkathoden in unterschiedlichen Atmosphären in Abhängigkeit a) der Temperatur beim Aufheizen und b) der Zeit bei isothermer Charakterisierung bei 600 °C

Die Proben wurden bei einem Sauerstoffpartialdruck von pO_2 = 0.20 bzw. 0.21 atm charakterisiert. Es handelt sich dabei um symmetrische Testzellen (ΔT = 3 K/min, T_{max} = 800 °C und t_{an} = 0 h), die in Messplatz SOFC3 in ruhender Luft und in Messplatz SOFC10 angeströmt in synthetischer Luft und in Druckluft charakterisiert wurden.

Dies zeigt, wie sehr die Polarisationsverluste von nominal gleichen Proben voneinander abweichen können, je nachdem, in welcher Atmosphäre sie charakterisiert werden. Speziell hinsichtlich der Vergleichbarkeit von Ergebnissen aus der Literatur ist dieser Aspekt von großer Bedeutung, denn nicht immer wird über die Messatmosphären detailliert Auskunft gegeben.

4.3 Theoretische Betrachtungen zur Leistungsfähigkeit

Wie im vorherigen Abschnitt gezeigt wurde, sind nanoskalige LSC-Dünnschichtkathoden extrem leistungsfähig, wobei sie bei 600 °C Polarisationsverluste aufweisen, die state-of-the-art LSCF-Kathoden erst bei Temperaturen von über 800 °C erreichen [301]. Im Folgenden soll nun mit Hilfe von 3D-FEM Simulationen in Abschnitt 4.3.1 und durch Berechnung mit dem analytischen 1D Modell von ADLER in Abschnitt 4.3.2 geklärt werden, ob es die nanoskalige Mikrostruktur dieser Kathoden ist, die diese hohe Leistungsfähigkeit ermöglicht, oder ob noch andere Effekte existieren, die leistungssteigernd wirken. In Abschnitt 4.3.3 werden die Ergebnisse der Simulationen und Berechnungen dann mit den Messdaten verglichen und diskutiert.

4.3.1 3D-FEM Simulationen

Das bereits in Abschnitt 4.1.3 für die Ermittlung der volumenspezifischen Oberfläche eingesetzte, am IWE von RÜGER entwickelte 3D-FEM Modell [10, 297] wird im Folgenden für die Simulation des flächenspezifischen Polarisationswiderstands ASR_{kat} in Abhängigkeit der Mikrostruktur verwendet. Dabei berücksichtigt das Modell die Gasdiffusion in den Poren, den Sauerstoffaustausch an der Oberfläche des Kathodenmaterials mit der Gasphase (repräsentiert durch den Oberflächenaustauschkoeffizienten k^δ), die Sauerstoffionendiffusion im mischleitenden Kathodenmaterial (repräsentiert durch den Diffusionskoeffizienten D^δ), den Ladungstransfer am Interface Kathode/Elektrolyt und die ionische Leitfähigkeit des Elektrolytmaterials. Die Geometrie wird mittels eines Geometriegenerators entsprechend der Partikelgröße ps, der Porosität ε und der Kathodendicke l_{kat} mit einer auf Kuben basierten Struktur generiert. Die einzelnen Volumeneinheiten repräsentieren dabei das Kathodenmaterial, das Elektrolytmaterial oder die Poren. Das Resultat ist eine räumlich (3D) aufgelöste Verteilung des Sauerstoffpartialdrucks in den Poren, die Sauerstoffionenkonzentration innerhalb des Kathodenmaterials (3-δ), die Flussdichte der Sauerstoffionen innerhalb der Kathode und des Elektrolytmaterials und der flächenspezifische Widerstand der simulierten Kathode ASR_{pol}. Da bei der Simulation weder eine Stromsammlerschicht, noch eine stehende Gasschicht über dem Stromsammler berücksichtigt wurde und nachdem die Gasdiffusionsverluste in der Dünnschichtkathode zu vernachlässigen sind (vgl. Abschnitt 4.5.2), gilt hier $ASR_{pol} \approx ASR_{kat}$. Im Folgenden wird der aus den Simulationen erlangte flächenspezifische Widerstand somit mit ASR_{kat} bezeichnet.

Als Eingangsparameter des Modells wurden die in Tabelle 4.6 zusammengefassten Parameter und Gleichung 4-5 verwendet. k^δ und D^δ wurden aus den Tracer-Werten aus [86] gemäß der in Abschnitt 2.6.5 vorgestellten Gleichungen berechnet. Mit diesem Wertepaar wurden die niedrigsten Polarisationswiderstände simuliert, weshalb die folgenden Ergebnisse als „best case" angesehen werden können. Für die Porosität wurde ein Wert von $\varepsilon = 0.3$ angenommen.

Nach den Simulationsergebnissen für MIEC-Kathoden von RÜGER [10] haben die Kathodenverluste bei diesem Wert ein Minimum, das sich jedoch über den Bereich von $\varepsilon = 0.25\ ...\ 0.4$ erstreckt. Weiterhin wurden Ladungstransferverluste nicht berücksichtigt (vgl. Abschnitt 2.8).

Tabelle 4.6: Inputparameter für die 3D-FEM Simulationen. Die Werte von k^δ und D^δ bei 600 °C wurden als Tracer-Werte aus [86] entnommen und entsprechend umgerechnet. Als Porosität wurde $\varepsilon = 0.3$ gewählt, die Partikelgröße ps und die Kathodendicke l_{kat} wurden über 3 Größenordnungen variiert.

ε	ps / nm	l_{kat} / µm	k^δ / cm/s	D^δ / cm²/s
0.3	3 ... 1000	0.003 ... 100	$1.12\cdot10^{-4}$	$1.27\cdot10^{-7}$

Eine weitere zentrale Größe in dem Modell ist die sauerstoffpartialdruckabhängige Sauerstoffkonzentration im MIEC-Kathodenmaterial, implementiert als Funktion von T und pO_2:

$$c_O(T, pO_2) = g(T)\cdot\log(pO_2) + y(T) \tag{4-5}$$

Die Parameter $g(600\ °C) = 621\ \text{mol/m}^3$ und $y(600\ °C) = 84895\ \text{mol/m}^3$ für $\text{La}_{0.6}\text{Sr}_{0.4}\text{CoO}_{3-\delta}$ wurden mittels Fit an extrapolierte Daten aus [139] bestimmt.

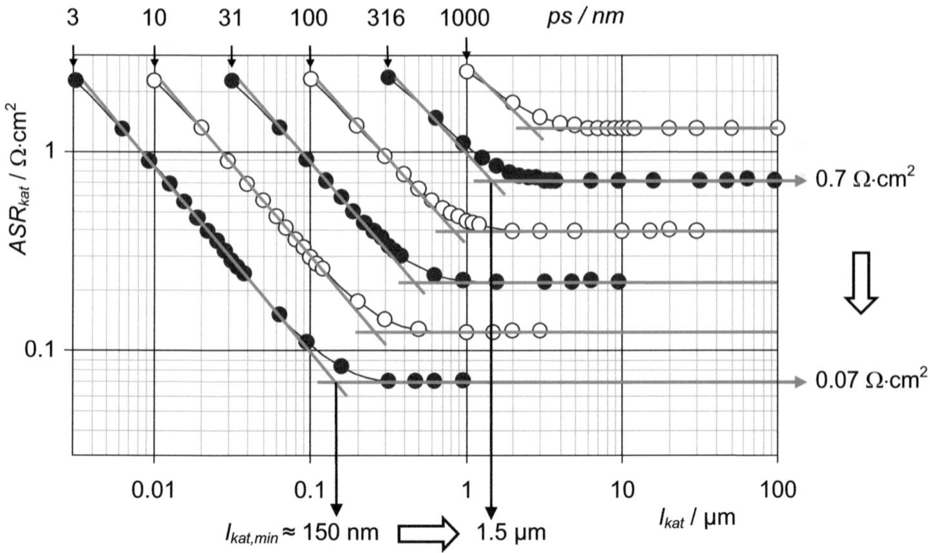

Abbildung 4.26: Mittels des 3D-FEM Modells simulierte Kathodenverluste (ASR_{kat}) von porösen LSC-Kathoden ($\varepsilon = 0.3$) in Abhängigkeit der Partikelgröße ps und der Kathodendicke l_{kat}

$l_{kat,min}$ beschreibt dabei den Knick in der Widerstandsabnahme mit zunehmender Kathodendicke bei gleichbleibender Partikelgröße in der doppellogarithmischen Auftragung. ASR_{kat} und $l_{kat,min}$ skalieren mit $\sqrt{ps}$.

In Abbildung 4.26 sind die Ergebnisse der Simulationen für die Mikrostrukturparameter aus Tabelle 4.6 zusammengefasst. Es zeigt sich, dass bei gleicher Partikelgröße die

Kathodenverluste mit zunehmender Schichtdicke abnehmen. Dies ist die Folge der daraus resultierenden größeren Oberfläche, die für die Oberflächenaustauschreaktion zur Verfügung steht. Mit zunehmender Schichtdicke steigen jedoch die Diffusionsverluste der Sauerstoffionen im Kathodenmaterial an, bedingt durch die immer länger werdende Diffusionsstrecke von der äußersten Partikellage zum Interface Kathode/Elektrolyt. Entsprechend nimmt der Beitrag jeder zusätzlichen Partikellage zur elektrochemischen Reaktion mit ansteigender Schichtdicke immer weiter ab, bis dieser gegen null geht und die Polarisationsverluste einen Endwert erreichen. Die Kathodendicke an dem daraus resultierenden Knick in der doppellogarithmischen Auftragung wird mit $l_{kat,min}$ bezeichnet.

Bei der dreifachen $l_{kat,min}$-Dicke ist dann die optimale Kathodendicke erreicht. Bei dickeren Schichten gewinnen die Gasdiffusionsverluste aufgrund längerer Diffusionswege allmählich an Einfluss und führen folglich wieder zu einem Anstieg der Polarisationsverluste. Gemäß dieser Ergebnisse wären die in dieser Arbeit hergestellten Dünnschichtkathoden ($ps \geq 17$ nm) mit Schichtdicken um die 200 nm somit deutlich zu dünn, wobei die optimale Schichtdicke, je nach Partikelgröße, bei $l_{kat} > 500$ nm liegen sollte. Da die Simulationsergebnisse jedoch nicht mit gemessenen Polarisationswiderständen übereinstimmen, hat Abbildung 4.26 nur qualitativen Charakter. Wie es scheint, sind die in der Literatur angegebenen k^{δ}- und D^{δ}-Werte nicht hoch genug, um die hohe Leistungsfähigkeit der in dieser Arbeit beschriebenen nanoskaligen LSC-Kathoden ausreichend gut zu beschreiben. So wurde für eine Kathode mit $ps = 17$ nm, $\varepsilon = 0.38$ und einer Schichtdicke von $l_{kat} \approx 200$ nm ein Polarisationswiderstand von $ASR_{kat} = 0.246 \ \Omega\cdot\text{cm}^2$ simuliert, wobei für eine reale Dünnschichtkathode gleicher Mikrostruktur in Luft ein Widerstand von $ASR_{kat} = 0.016 \ \Omega\cdot\text{cm}^2$, und in synthetischer Luft von $ASR_{kat} = 0.0071 \ \Omega\cdot\text{cm}^2$ bestimmt wurde. Der mittels Simulation ermittelte Wert ist dabei um den Faktor 15 bzw. 35 zu hoch.

Abschließend ist noch zu erwähnen, dass sowohl ASR_{kat} als auch $l_{kat,min}$ mit $\sqrt{ps}$ skalieren, d.h. reduziert man die Partikelgröße um den Faktor 100, z.B. von 316 auf 3 nm, verringern sich sowohl die Kathodenverluste, als auch die minimale Kathodendicke um den Faktor 10. Die in diesem Abschnitt gezeigten Ergebnisse wurden in [289] veröffentlicht.

4.3.2 Berechnungen mit homogenisiertem analytischem 1D Modell

Nach dem von ADLER hergeleiteten analytischen 1D Modell (vgl. Abschnitt 3.4.4) können die die Elektrochemie betreffenden Polarisationsverluste für mischleitende Dünnfilmkathoden, bei denen die theoretische Eindringtiefe der elektrochemischen Reaktion δ (vgl. Gleichung 3-13) größer ist als die Schichtdicke, mit Gleichung 3-15 berechnet werden. Dies bedeutet, dass das gesamte Kathodenvolumen elektrochemisch aktiv ist und dass die Polarisationsverluste ausschließlich vom Oberflächenaustausch dominiert werden. Unter der Verwendung der materialspezifischen Parameter $r_0\cdot(\alpha_f+\alpha_b)$ aus [86] können für die in Tabelle 4.2 aufgeführten Proben δ und ASR_{chem} berechnet werden. Unter der Annahme, dass der Ladungstransfer am Interface Kathode/Elektrolyt verlustfrei ist, gilt zudem $ASR_{chem} \approx ASR_{kat}$.

Wie schon in Abschnitt 4.1.3 erwähnt wurde, kann für Proben mit kleiner Porosität keine volumenspezifische Porosität angegeben werden, da diese Proben nicht die dafür notwendige offene Porosität aufweisen. Zudem fällt mit abnehmender Porosität die Oberfläche der Dünnschicht immer stärker ins Gewicht – also die dem Gaskanal bzw. der Stromsammlerschicht zugewandten Flächen der Dünnschicht – die bei der volumenspezifischen Oberfläche keine Berücksichtigung findet. Entsprechend wird im Folgenden der Ausdruck $a \cdot l_{kat}$ aus Gleichung 3-15, der eigentlich einen absoluten Wert für die flächenspezifische Oberflächenvergrößerung angibt, durch einen Wert $a^{\sim}$ [cm^2 / cm^2] ersetzt, der direkt für die entsprechende Struktur mit Hilfe des 3D-FEM Modells und des Korrekturfaktors (vgl. Abschnitt 4.1.3) bestimmt wurde ($a^{\sim}_{FEM,korr}$). Diese flächenspezifische Oberflächenvergrößerung umfasst somit alle Flächen der nanostrukturierten Dünnschichtkathodenstruktur, die tatsächlich in Kontakt zum Gasraum stehen.

Gleichung 3-15 lautet dann (für $\omega = 0$):

$$ASR_{chem} = \frac{R \cdot T}{4 \cdot F^2} \cdot \frac{1}{a^{\sim} \cdot r_0 \cdot (\alpha_f + \alpha_b)} \qquad \text{4-6}$$

Weiterhin ist es für fast dichte Kathodenschichten nicht sinnvoll, die Eindringtiefe der elektrochemischen Reaktion nach Gleichung 3-13 zu berechnen. Da die Dünnschichtkathoden jedoch definitiv signifikant dünner sind als die kritische Dicke L_C von La$_{1-x}$Sr$_x$CoO$_{3-\delta}$ (> 50 µm, vgl. Abschnitt 2.6.5), kann davon ausgegangen werden, dass dichte Dünnschichtkathoden oberflächenaustauschkontrolliert sind. Die Ergebnisse für eine Temperatur von 600 °C sind in Tabelle 4.7 zusammengefasst, die auf Tabelle 4.2 aufbaut.

Tabelle 4.7: Ergebnisse der Berechnungen mit dem analytischen 1D Modell mit den Mikrostrukturdaten aus Tabelle 4.2 und der mittels 3D-FEM Modellierung berechneten und mittels FIB-Korrekturfaktor an reale Strukturen angepassten flächenspezifischen Oberflächenvergrößerung $a^{\sim}_{FEM,korr}$ für T = 600 °C. Der verwendete Materialparameter $r_0 \cdot (\alpha_f + \alpha_b)$ = 5.30 · 10^{-8} mol/cm^2/s wurde [86] entnommen.

Herstellungsparameter		Mikrostrukturparameter		mittl. fläch.-spez. Oberfläche	Eindringtiefe d. Reaktion	Berechnete Kathodenverluste
T_{max} / °C	t_{an} / h	d_{mean} / nm	ε / Vol.-%	$a^{\sim}_{FEM,korr}$ / cm^2/cm^2	$\delta_{600°C}$ / nm	ASR_{chem} / $\Omega \cdot$cm^2
700	0	17	0.38	29.6	178	0.126
700	10	27	0.31	15.7	266	0.233
700	100	28	0.18	10.7	403	0.343
800	0	29	0.17	10.5	427	0.352
800	10	49	ca. 0.05	2.41	-*	1.53
800	100	90	ca. 0.05	2.27	-*	1.62

* δ kann für Schichten ohne offene Porosität nicht bestimmt werden.

Mit Ausnahme der bei T_{max} = 700 °C (ΔT = 3 K/min) und ohne weitere Temperung hergestellten Probe liegt die berechnete theoretische Eindringtiefe deutlich oberhalb der Schichtdicke der Dünnschichtkathoden. Bei diesen Proben sind somit die Diffusionsverluste im Festkörper zu vernachlässigen. Jedoch sollten auch bei der Probe, bei der die Eindringtiefe leicht unterhalb der Schichtdicke liegt, die Diffusionsverluste keinen signifikanten Beitrag zu den chemischen Verlusten leisten und folglich bei Nichtberücksichtigung nur zu einer leichten Unterschätzung des ASR_{chem} führen. Weiterhin unterliegen sowohl der Oberflächenaustauschkoeffizient, als auch der Festkörperdiffusionskoeffizient einer breiten Streuung (vgl. Abschnitt 2.6.5), so dass der theoretische Fehler der berechneten Eindringtiefe der elektrochemischen Reaktion δ in der Größenordnung von einer Zehnerpotenz liegt. Da die Materialparameter von ADLER jedoch ebenfalls an porösen Strukturen und unter vergleichbaren Bedingungen mittels elektrochemischer Impedanzspektroskopie ermittelt wurden, scheint dieser Datensatz für theoretische Betrachtungen dieser Art am besten geeignet zu sein. Zudem ist der in dieser Studie ermittelte Oberflächenaustauschkoeffizient vergleichsweise groß (vgl. Abschnitt 2.6.5), so dass die damit berechneten Werte für ASR_{chem} den „best case", also die niedrigsten Werte darstellen, die mit Hilfe von Materialparametern aus der Literatur berechnet werden können.

4.3.3 Diskussion

In Tabelle 4.8 werden die Ergebnisse der 3D-FEM Simulationen und der Berechnungen mittels des homogenisierten analytischen 1D Modells den an realen Strukturen bestimmten Polarisationsverlusten (ASR_{kat}) gegenübergestellt. Die Unterscheidung zwischen ASR_{chem} (nur die chemischen Verluste ohne Ladungstransferverluste), berechnet mittels des homogenisierten analytischen 1D Modells, und ASR_{kat} (chemische und Ladungstransferverluste), simuliert mit dem 3D-FEM Modell, ist an dieser Stelle im Grunde genommen nur theoretischer Natur. Bei den Berechnungen mittels des 1D Modells werden nur die Verluste berücksichtigt, die durch den Oberflächenaustausch und die Festkörperdiffusion verursacht werden. Der Ladungstransfer und Stromeinschnürungseffekte im Elektrolyten werden hingegen nicht berücksichtigt. Da der Ladungstransfer beim 3D-FEM Modell jedoch Berücksichtigung findet, die entsprechenden Verluste dort aber auf null gesetzt wurden, und nachdem die Stromeinschnürungen vernachlässigbar kleine Verluste verursachen [10], sind beide Größen vergleichbar.

Wie laut RÜGER [10] zu erwarten war, weichen die Ergebnisse der 3D-FEM Simulationen und der Berechnungen mittels des analytischen 1D Modells nur gering ($\leq$ 10 %) voneinander ab, wenn der Oberflächenkorrekturfaktor nicht berücksichtigt wird. Wird dieser berücksichtigt, fallen die berechneten Werte 40 … 50 % kleiner aus als die simulierten. Doch weder das 3D-FEM Modell, noch das analytische 1D Modell können die niedrigen gemessenen Polarisationsverluste erklären.

Es liegt folglich der Schluss nahe, dass nanoskaliges LSC, welches mittels des MOD-Verfahrens hergestellt wurde, bessere materialspezifische Eigenschaften aufweist als die in der Literatur beschriebenen LSC-Bulkmaterialien bzw. μm-skaligen LSC-Strukturen. Unter der

Annahme, dass die LSC-Dünnschichtkathoden dieser Studie oberflächenaustauschkontrolliert sind, muss der Oberflächenaustauschkoeffizient des nanoskaligen Kathodenmaterials folglich besonders groß sein. Mit Hilfe von Gleichung 4-6, der Mikrostrukturparameter aus Tabelle 4.7 und der aus EIS-Daten bestimmten Polarisationsverluste aus Tabelle 4.8 kann dieser berechnet werden. Dabei wird davon ausgegangen, dass die gesamten Polarisationsverluste (ASR_{kat}) ausschließlich den Oberflächenaustauschverlusten zuzuschreiben sind. Tatsächlich beinhaltet ASR_{kat} noch andere Verlustanteile geringeren Betrags (vgl. Abschnitt 4.5.1), jedoch war es bei diesen Datensätzen nicht möglich, diese entsprechend zu separieren. Abbildung 4.27 fasst die Ergebnisse für 600 °C in Abhängigkeit der maximalen Herstellungstemperatur zusammen. Der Oberflächenaustauschkoeffizient k^δ wurde dabei mit c_{mc} = 0.0855 mol/cm^3 und γ_O = 181 berechnet (vgl. Abschnitte 2.6.3 und 2.6.5).

Tabelle 4.8: Gegenüberstellung der simulierten (3D-FEM), berechneten (1D) und tatsächlich mittels EIS ermittelten Polarisationsverluste (ohne Gasphasendiffusionsverluste) bei 600 °C. Für die Simulationen und die Berechnungen wurden die materialspezifischen Parameter aus [86] verwendet.

Herstellungs-parameter		Mikrostruktur-parameter		Polarisationsverluste				
				3D-FEM (simuliert)	1D-ALS (berechnet)		EIS Luft (gemessen)	EIS syn. Luft (gemessen)
T_{max}	t_{an}	d_{mean}	ε	ASR_{kat}	ASR_{chem}	$ASR_{chem,korr}$	ASR_{kat}	ASR_{kat}
/ °C	/ h	/ nm	/ Vol.-%	/ $\Omega \cdot$cm^2	/ $\Omega \cdot$cm^2	/ $\Omega \cdot$cm^2	/ $\Omega \cdot$cm^2	/ $\Omega \cdot$cm^2
700	0	17	0.38	0.246	0.230	0.126	0.016	0.0071
700	10	27	0.31	0.413	0.427	0.233	0.048	-*
700	100	28	0.18	0.589	0.628	0.343	0.069	-*
800	0	29	0.17	0.604	0.644	0.352	0.027	0.014
800	10	49	0.05	2.55	2.80	1.53	0.106	-*
800	100	90	0.05	2.68	2.97	1.62	0.165	0.035

* Keine Messwerte vorhanden

Es zeigt sich, dass der so ermittelt Werte für k^δ bei 600 °C Faktor 5 … 46 größer ist als der höchste Wert aus der Literatur von ADLER [86] (vgl. Abbildung 4.27). Weiterhin zeigt sich, dass der Oberflächenaustausch in synthetischer Luft 2 … 4.6 mal besser ist als in Umgebungsluft und dass LSC-Dünnschichtkathoden, die bei T_{max} = 800 °C hergestellt wurden, einen höheren Oberflächenaustauschkoeffizienten aufweisen als LSC-Dünnschichtkathoden, die bei T_{max} = 700 °C hergestellt wurden. Bei der Dauer der Temperung konnte hingegen keine eindeutige Tendenz festgestellt werden.

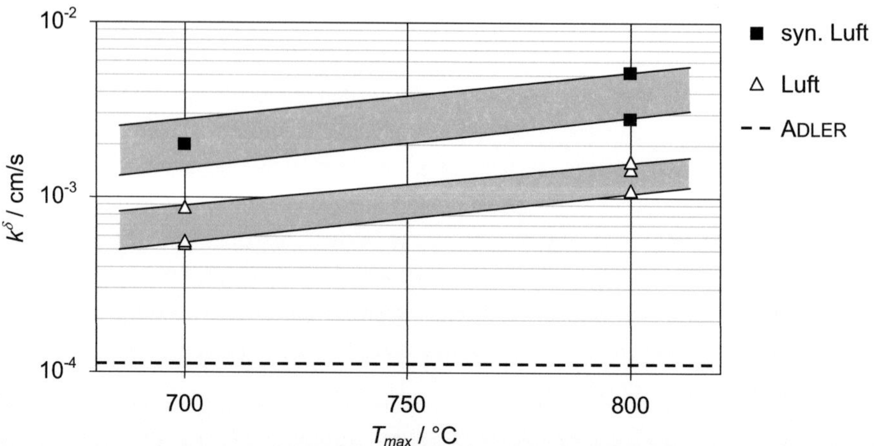

Abbildung 4.27: An nanoskaligen LSC-Dünnschichtkathoden unterschiedlicher Mikrostruktur (T_{max} = 700 bzw. 800 °C) ermittelter Oberflächenaustauschkoeffizient k^δ bei 600 °C in Luft

Die Grafik beinhaltet die nach Gleichung 4-6 und 2-56 berechneten k^δ-Werte zu den Messdaten in Tabelle 4.8. Zum Vergleich wurde der beste Literaturwert bei 600 °C von ADLER [86] mit aufgenommen.

Abbildung 4.28 zeigt die Temperaturabhängigkeit des Oberflächenaustauschkoeffizienten (hier k^*, da γ_O für $T < 600$ °C nicht verfügbar) von nanoskaligen LSC-Dünnschichtkathoden im Vergleich zu den Literaturdaten von ADLER (E_a = 1.04 eV). Hier sind jeweils die Ergebnisse von einer nanoporösen und einer dichten LSC-Dünnschichtkathode in synthetischer Luft und Umgebungsluft aufgetragen. Interessanterweise weisen die dichten, bei T_{max} = 800 °C hergestellten Dünnschichtkathoden einen vergleichsweise höheren Oberflächenaustauschkoeffizienten auf, der zudem stärker thermisch aktiviert ist (E_a = 1.49 und 1.66 eV), als die porösen Dünnschichtkathoden (E_a = 1.31 und 1.47 eV).

Als Ursache für die deutliche Verbesserung des Oberflächenaustauschs des nanoskaligen LSC-Materials und auch für den Unterschied der Proben untereinander wird die Inhomogenität des Materials speziell an der Oberfläche vermutet. Wie in Abschnitt 4.1 beschrieben wurde, konnte in fast allen Proben nanopartikuläres Co_3O_4 mittels Elektronenbeugung nachgewiesen werden, so dass vermutet werden könnte, dass dieses den Oberflächenaustausch von Sauerstoff beschleunigt. In der Literatur wird die Möglichkeit, dass Co_3O_4 sich positiv auf die kathodenseitige Elektrochemie auswirkt, kontrovers diskutiert. So konnte BAUMANN [303, 304] zeigen, dass der Oberflächenaustausch von LSCF-Mikroelektroden durch kurzzeitig hohe Spannungen von bis zu 1 V um den Faktor 200 verbessert werden kann. Der Effekt wurde auf erhöhte Kobalt-, aber auch Strontiumkonzentrationen auf der Oberfläche der Mikroelektroden zurückgeführt, die mittels XPS-Messungen bestimmt wurden. In weiterführenden Versuchen mit anderen LSCF-Stöchiometrien zeigte sich zudem, dass ein hoher Kobaltanteil auf dem B-Platz diesen Effekt begünstigt [149]. ZHANG [305] hat den Effekt von Co_3O_4 auf Kathoden aus $Ln_xSr_{1-x}CoO_{3-\delta}$ (Ln = La, Sm, Gd,...) untersucht, wobei mit Komposit-Kathoden bestehend aus $Ln_xSr_{1-x}CoO_{3-\delta}$ und 30 Gew.-% Co_3O_4 eine Verbesserung der Kathodenperformance um den Faktor 3 ... 4 erreicht werden konnte. In Untersuchungen von WANG [246] an PLD-applizierten

$La_{0.5}Sr_{0.5}CoO_{3-\delta}$-Dünnschichtkathoden konnte hingegen keine Verbesserung des Oberflächenaustauschs durch Co_3O_4 festgestellt werden, obwohl hier ebenfalls eine signifikante Kobaltanreicherung in Form von Co_3O_4 an der Dünnschichtoberfläche nachgewiesen werden konnte.

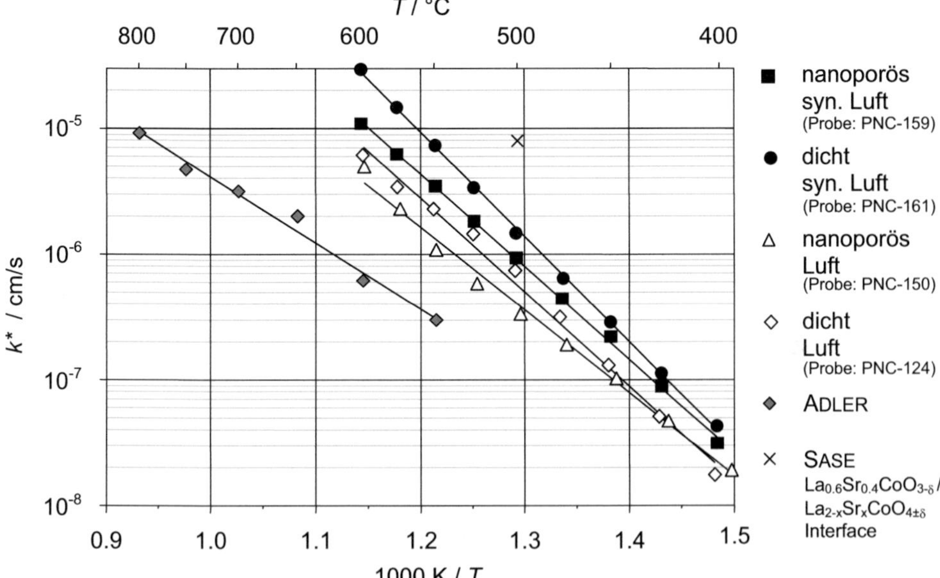

Abbildung 4.28: Temperaturabhängiger Oberflächenaustauschkoeffizient k^* ermittelt an LSC-Dünnschichtkathoden unterschiedlicher Mikrostruktur

Im Vergleich zur vorhergehenden Grafik wurde hier der Oberflächenaustauschkoeffizient k^* ermittelt, da für Temperaturen < 600 °C kein thermodynamischer Faktor γ_O vorliegt und somit k^δ nicht berechnet werden kann. Zum Vergleich wurden die besten k^*-Werte für $La_{0.6}Sr_{0.4}CoO_{3-\delta}$ aus der Literatur von ADLER [86] und der von SASE [302] ermittelte Oberflächenaustauschkoeffizient des Interfaces $La_{0.6}Sr_{0.4}CoO_{3-\delta}/La_{2-x}Sr_xCoO_{4\pm\delta}$ mit aufgetragen. Die Proben PNC-159 und 150 wurden mit ΔT = 3 K/min, T_{max} = 700 °C, t_{an} = 0 h hergestellt, PNC-161 und 124 mit ΔT = 3 K/min, T_{max} = 800 °C, t_{an} = 100 h.

Systematisch wurde der Effekt von binären Oxiden auf der Oberfläche von PLD-applizierten $La_{0.8}Sr_{0.2}CoO_{3-\delta}$-Dünnschichtkathoden von MUTORO [306] untersucht. Dabei wurden mittels PLD Strontium-, Lanthan- und Kobaltoxid auf der Oberfläche von epitaktisch auf CGO gewachsenen $La_{0.8}Sr_{0.2}CoO_{3-\delta}$-Dünnschichten abgeschieden und elektrochemisch charakterisiert. Es zeigte sich jedoch wiederum, dass die Oberflächenmodifikation mit Kobaltoxid den Oberflächenaustausch verschlechtert. Lanthanoxid hingegen hatte kaum einen Einfluss auf die Elektrochemie und Strontiumoxid führte zu einer signifikanten Verbesserung des Oberflächenaustauschs. XPS-Untersuchungen an der Kathodenoberfläche deuteten dann darauf hin, dass sich durch das abgeschiedene Strontiumoxid Bereiche aus der Ruddlesden-Popper-Phase $La_{2-x}Sr_xCoO_{4\pm\delta}$ ausgebildet hatten, von der bekannt ist, dass sie den Oberflächenaustausch der LSC-Stöchiometrie $La_{0.8}Sr_{0.2}CoO_{3-\delta}$ um 3 ... 4 Größenordnungen verbessern kann [307]. SASE hatte diesen Effekt erstmalig in [302] untersucht, wobei der Oberflächenaustausch von $La_{0.6}Sr_{0.4}CoO_{3-\delta}$ durch $La_{2-x}Sr_xCoO_{4\pm\delta}$ speziell an der Phasengrenze erheblich verbessert werden konnte. In weiterführenden Studien [308], die unter anderem an porösen Kathodenstrukturen durchgeführt wurden [309], konnten die Ergebnisse dann nochmals bestätigt und auch in realen Kathodenstrukturen erprobt werden. Der Mechanismus, der zu dem verbesserten Oberflächenaustausch führt, konnte hingegen bisher noch nicht geklärt werden. Man geht jedoch davon aus, dass die Defektstruktur am Interface $La_{0.6}Sr_{0.4}CoO_{3-\delta}$/ $La_{2-x}Sr_xCoO_{4\pm\delta}$ dabei eine maßgebliche Rolle spielt.

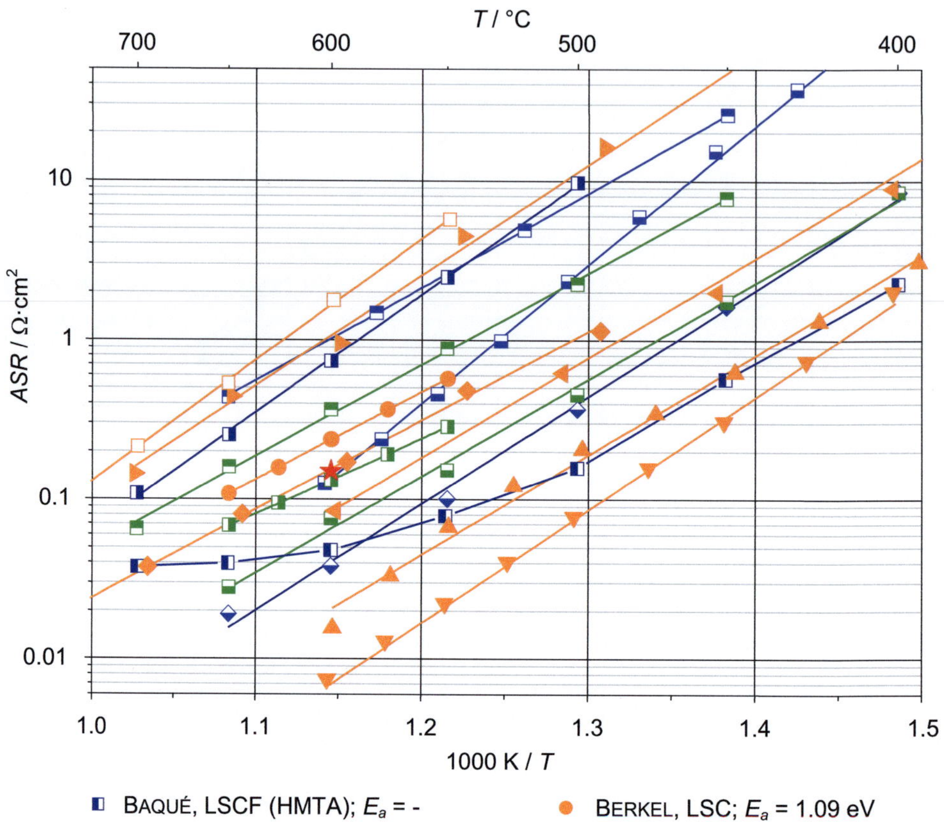

Abbildung 4.29: Literaturüberblick über die temperaturabhängigen Polarisationsverluste nanoskaliger Kathoden

Detaillierte Angaben zu den einzelnen Kathoden können Tabelle 2.2 entnommen werden. Zum Vergleich wurden auch Werte einer µm-skaligen $La_{0.6}Sr_{0.4}CoO_{3-\delta}$-Kathode von ADLER [86] in die Grafik aufgenommen. Die Proben PNC-150 und 159 wurden mit ΔT = 3 K/min, T_{max} = 700 °C und t_{an} = 0 h hergestellt.

In Abbildung 4.28 ist der Oberflächenaustauschkoeffizient, den Sase für das Interface $La_{0.6}Sr_{0.4}CoO_{3-\delta}/La_{2-x}Sr_xCoO_{4\pm\delta}$ bei 500 °C bestimmt hat, ebenfalls eingezeichnet. Wie sich zeigt, liegen die an den nanoskaligen LSC-Dünnschichten dieser Studie bestimmten k^*-Werte zwischen dem von dieser Materialkombination und den besten von LSC-Bulkmaterial. Folglich liegt es nahe, dass in den Dünnschichtkathoden ebenfalls $La_{0.6}Sr_{0.4}CoO_{3-\delta}$ und $La_{2-x}Sr_xCoO_{4\pm\delta}$ parallel vorliegen, wodurch der Oberflächenaustausch des Kathodenmaterials deutlich höher ausfällt als der von Bulk-$La_{0.6}Sr_{0.4}CoO_{3-\delta}$. Wie bereits in Abschnitt 4.1.1 beschrieben wurde, konnte die $La_{2-x}Sr_xCoO_{4\pm\delta}$-Phase jedoch nur in einer Probe mittels XRD eindeutig nachgewiesen werden und mittels Elektronenbeugung in keiner Probe detektiert werden, es wird jedoch davon ausgegangen, dass sie trotzdem in allen Proben in geringen Mengen vorliegt.

Laut Morin [212] scheidet $La_{0.6}Sr_{0.4}CoO_{3-\delta}$ schon bei geringsten Abweichungen vom A/B-Platz-Verhältnis von 1 Zweitphasen aus (vgl. Abschnitt 2.6.7). Im Fall vom A-Platz-Überschuss bildet sich $La_{2-x}Sr_xCoO_{4\pm\delta}$, im Fall vom B-Platz-Überschuss Kobaltoxid. Nachdem für das MOD-Sol die Edukte im genau stöchiometrischen Verhältnis eingewogen wurden und nachdem mittels TEM-Analyse Co_3O_4 Ausscheidungen nachgewiesen werden konnten, müsste sich folglich auch eine nicht unerhebliche Menge $La_{2-x}Sr_xCoO_{4\pm\delta}$ gebildet haben. Dass $La_{2-x}Sr_xCoO_{4\pm\delta}$ tatsächlich nur in einer Probe definitiv mittels XRD nachgewiesen werden konnte, hängt vermutlich mit der korn-größenabhängigen Nachweisgrenze und der zu geringen Größe der $La_{2-x}Sr_xCoO_{4\pm\delta}$-Kristallite zusammen, die sich erst bei hohen Kalzinierungstemperaturen von T_{max} = 800 °C und einer langen Temperzeit von t_{an} = 100 h in ausreichender Größe ausbilden. Auch scheint es, dass die Bildung der $La_{2-x}Sr_xCoO_{4\pm\delta}$-Phase bei diesen Temperaturen begünstigt auftritt, da die bei T_{max} = 800 °C hergestellten Proben im Vergleich zu den bei T_{max} = 700 °C hergestellten Proben einen deutlich höheren Oberflächenaustauschkoeffizienten aufweisen (vgl. Abbildung 4.27).

Abschließend soll die herausragende Leistungsfähigkeit der in dieser Studie untersuchten na-noskaligen Dünnschichtkathoden anhand eines Vergleichs mit anderen nanoskaligen Kathoden hoher Leistungsfähigkeit nochmals unterstrichen werden. Abbildung 4.29 zeigt die ermittelten Polarisationsverluste (ASR_{kat}) ausgewählter Kathoden dieser Studie im Vergleich zu den Polari-sationsverlusten anderer nanoskaliger Kathoden desselben Materials oder aus anderen Hoch-leistungs-Kathodenmaterialien. Zudem wurden Ergebnisse einer µm-skaligen $La_{0.6}Sr_{0.4}CoO_{3-\delta}$-Kathode mit in die Grafik aufgenommen, um nochmals die deutliche Performanceverbesserung durch nanoskalige Mikrostrukturen aufzuzeigen. Eine Übersicht über die Herstellungsparameter der in Abbildung 4.29 gezeigten Kathoden wurde bereits in Tabelle 2.2 gegeben.

4.4 Die Stromsammlerschicht

Die Kontaktierung von SOFC-Elektroden in keramischen Testaufbauten erfolgt in der Regel durch feine metallische Netze. Um eine homogene Kontaktierung zu gewährleisten, darf die Maschenweite dabei nicht zu groß gewählt werden [310]. Kathodenseitig kommen meist Gold-netze zum Einsatz, da diese die geringsten Kontaktwiderstände verursachen [311]. Weber

[311] hat für die Kombination Goldnetz/LSM im Temperaturbereich von 400 ... 600 °C Kontaktwiderstände von 3.24 ... 3.78 mΩ·cm^2 gemessen, wobei sie mit steigender Temperatur kleiner wurden. Es wird erwartet, dass für die Materialkombination Goldnetz/LSC ähnliche Kontaktwiderstände auftreten. Das in dieser Arbeit verwendete Goldnetz verfügt über 1024 Maschen pro cm^2, wobei die Drähte eine Dicke von 0.06 mm aufweisen.

Die Kontaktierung einer Fläche, wie beispielsweise der Oberfläche einer Dünnschichtkathode, erfolgt mit einem solchen Goldnetz jedoch nur an den Knotenpunkten des Netzes. Diese Kontaktpunkte liegen mit einem Abstand von 312.5 µm äquidistant voneinander entfernt. Ob dies für eine optimale Kontaktierung von Dünnschichtkathoden ausreicht, soll im Folgenden mit Hilfe einer einfachen Simulation geklärt werden. In Abbildung 4.30 ist die in der Simulation umgesetzte Kontaktierung einer Dünnschichtkathode schematisch dargestellt. Die Kontaktierung erfolgt durch Kugeln über kreisrunde Aufstandsflächen des Durchmessers d_{kf} = 400 nm im Abstand s. Weitere in der Simulation berücksichtigte Parameter sind die Schichtdicke der Dünnschichtkathode l_{kat} und ihre elektrische Leitfähigkeit $\sigma_{el,LSC}$, die ionische Leitfähigkeit des Elektrolytmaterials $\sigma_{ion,CGO}$, sowie die Dicke des Elektrolyten l_{CGO}. Der eigentliche Kathodenwiderstand ASR_{kat} wird an der Grenzfläche Kathode/Elektrolyt angesetzt. Vernachlässigt man nun die oben erwähnten Kontaktwiderstände, setzen sich die Verluste durch die Kontaktierung aus den zusätzlichen Verlusten aufgrund der Querleitung in der Dünnschichtkathode und den durch Stromeinschnürungen im Elektrolyten verursachten zusätzlichen Verlusten zusammen.

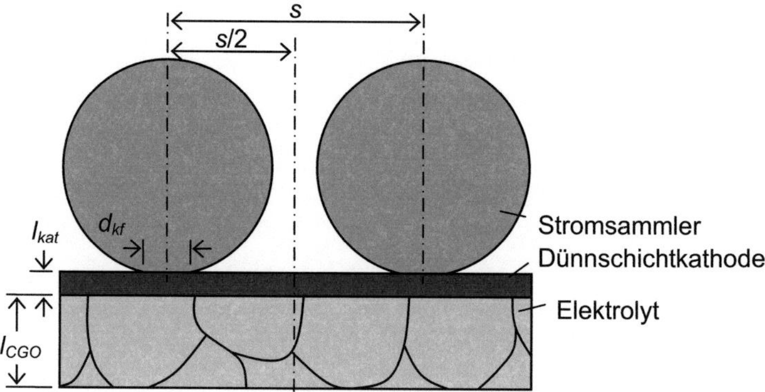

Abbildung 4.30: Schematische Darstellung der Kontaktierung einer Dünnschichtkathode
Die Länge s ist dabei der Abstand der Mittelpunkte zweier benachbarter Kontaktpunkte des Durchmessers d_{kf}. l_{kat} bezeichnet die Schichtdicke der Dünnschichtkathode und l_{CGO} die Dicke des Elektrolyten.

Die in der Simulation verwendeten Werte sind in Tabelle 4.9 zusammengefasst, wobei berücksichtigt werden muss, dass aufgrund der Porosität der Dünnschichtkathode ε und der daraus resultierenden Tortuosität τ die Leitfähigkeit des Kathodenmaterials gemäß Gleichung 4-7 auf eine effektive Leitfähigkeit σ_{eff} reduziert wird [312]:

$$\sigma_{eff} = \sigma \cdot \frac{(1-\varepsilon)}{\tau} \qquad \text{4-7}$$

Ausschlaggebend für den Einfluss der Querleitfähigkeit auf den Kontaktwiderstand ist das Verhältnis der Kathodenverluste (ASR_{kat}) zur Leitfähigkeit des Kathodenmaterials. Je höher die Leitfähigkeit ist, desto niedriger sind die zusätzlichen Verluste durch die nicht vollflächige Kontaktierung. Umgekehrt fallen die Kontaktwiderstände bei niedriger werdenden Kathodenverlusten immer stärker ins Gewicht. Da die Kathodenverluste stark thermisch aktiviert sind und die elektronische Leitfähigkeit von LSC mit steigender Temperatur fällt (vgl. Kapitel 2.6.4), wurde für die Simulation eine Temperatur von 600 °C (maximale Charakterisierungstemperatur in dieser Arbeit) gewählt, um den ungünstigen Fall zu betrachten. Der entsprechend niedrigste Polarisationswiderstand bei dieser Temperatur liegt bei $ASR_{kat} = 7.1$ mΩ·cm^2 (vgl. Abschnitt 4.2.2). Weiterhin wurde mit $\varepsilon = 0.4$ eine vergleichsweise hohe Porosität der Dünnschichtkathode gewählt (vgl. Abschnitt 4.1.2).

Tabelle 4.9: Parameter für die Simulation der Kontaktverluste aufgrund von Querleitungsverlusten in einer Dünnschichtkathode

Symbol	Beschreibung	Wert
s	Abstand der Kontaktierungsmittelpunkte	0.5 … 300 µm
d_{kf}	Kreisrunde Aufstandsfläche des Stromsammlers	400 nm
l_{kat}	Schichtdicke der Dünnfilmkathode	200 nm
l_{CGO}	Dicke des simulierten Elektrolyten	25 µm
$\sigma_{ion,CGO}$	Ionische Leitfähigkeit von $Ce_{0.1}Gd_{0.9}O_{1.95}$ bei 600 °C	0.0205 S/cm
$\sigma_{el,LSC}$	Elektronische Leitfähigkeit von $La_{0.6}Sr_{0.4}CoO_{3-\delta}$ bei 600 °C	1700 S/cm
ε	Porosität der Dünnschichtkathode	0.4
τ	Tortuosität der Dünnschichtkathode	1.7
ASR_{kat}	Kathodenverluste bei 600 °C (ohne Gasdiffusionsverluste)	7.1 mΩ·cm^2

Wie in Abbildung 4.31-b zu sehen ist, bewegen sich die Kontaktverluste (ASR_{kont}) aufgrund der punktweisen Kontaktierung für Abstände < 20 µm im Bereich von wenigen Prozent des Kathodenwiderstands. Für größere Abstände steigen sie jedoch steil an und erreichen 1085 % bei $s = 300$ µm. Dies entspricht ungefähr dem Kontaktierungsabstand der in dieser Arbeit verwendeten Goldnetze. Folglich ist eine direkte Kontaktierung der Dünnschichtelektroden mit ausschließlich einem Goldnetz der oben genannten Maschenanzahl pro Flächeneinheit nicht sinnvoll, und eine feinere Stromsammlerschicht (CCL[77]) wird benötigt.

Typischerweise werden Stromsammlerschichten aus porösem Material mit µm-skaligen Partikeln verwendet, um eine homogene Stromverteilung zu erreichen. Nach KLEITZ [313] ist es

---

[77] CCL: Current Collector Layer

sogar von Vorteil, dasselbe Material zu verwenden, aus dem auch die Dünnschichtkathode besteht, um chemische Inkompatibilitäten oder negative wechselseitige Effekte ausschließen zu können. Dem Anschein nach ist dies auch die häufigste Methode, um Dünnschichtkathoden zu kontaktieren [251, 314, 315], wobei teilweise auch Materialien mit geringfügig abweichender Zusammensetzung verwendet werden [209, 242]. Im Allgemeinen (µm-skalige Kathoden) wird oftmals ein metallischer Stromsammler verwendet, der als Paste aus µm-skaligen Partikeln aus Gold [316], Silber [90, 250, 252, 316, 317] oder Platin [239, 241, 316] aufgetragen wird. Bei WANG [246] wird Gold gegenüber Platin bevorzugt, um mögliche Einflüsse des katalytisch aktiven Materials auf die Kathoden-Elektrochemie zu vermeiden. Auch BECKEL [318] gibt zu bedenken, dass bei der Verwendung von katalytisch aktiven Stromsammlermaterialien für die Kontaktierung von Dünnschichtkathoden nicht unbedingt davon ausgegangen werden kann, dass die elektrochemische Reaktion ausschließlich an der Dünnschichtkathode auftritt. Speziell bei Silber und auch bei Platin kann es zudem zur Migration des Metalls in die katalytisch aktiven Bereiche der Elektrode kommen, wie an µm-skaligen Kathoden bei Betriebstemperaturen von 750 °C festgestellt wurde [316]. Dabei hat sich aber auch gezeigt, dass eine Ablagerung der katalytisch aktiven Edelmetalle nicht zwingend zu einer Verbesserung der Kathodenperformance führt.

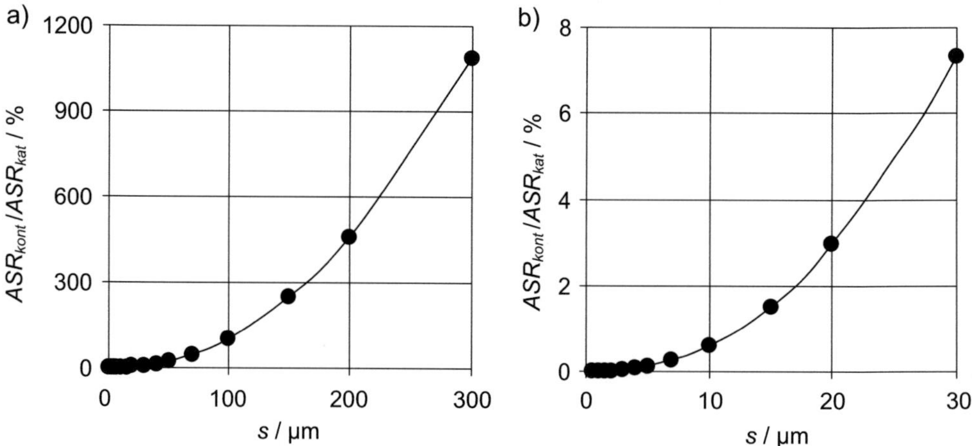

Abbildung 4.31: Simulierte relative Kontaktverluste in Abhängigkeit des Kontaktabstands s
Die Kontaktverluste werden durch eine schlechte Querleitfähigkeit in der Dünnschicht, kombiniert mit einer punktweisen Kontaktierung verursacht. Sie sind in Grafik a) für Kontaktabstände im Bereich von $s = 0 \dots 300$ µm und b) von $s = 0 \dots 30$ µm relativ zu den Kathodenverlusten angegeben.

Vergleich Pt- und LSC-Stromsammler

Folglich ist es notwendig, die in dieser Arbeit untersuchten Dünnschichtkathoden mit einem µm-skaligen Stromsammler zu kontaktieren. Getestet wurden Stromsammlerschichten aus siebgedrucktem µm-skaligem Platin und LSC (vgl. Abschnitt 3.1.3). Es wurde jeweils eine Probe je Stromsammler-Typ elektrochemisch charakterisiert, wobei die verwendeten LSC-Dünnschichtkathoden identisch hergestellt wurden ($\Delta T = 3$ K/min, $T_{max} = 700$ °C, $t_{an} = 0$ h).

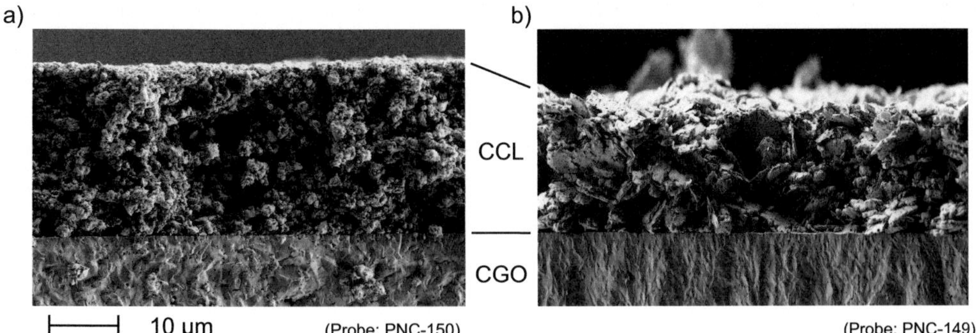

Abbildung 4.32: Post-test REM-Aufnahmen von Halbzellen mit a) LSC- und b) Pt-Stromsammlerschicht im Querschnitt
Die eigentliche Dünnschichtkathode ist aufgrund der niedrigen Vergrößerung nicht zu erkennen.

Abbildung 4.32 zeigt (post-test) REM-Aufnahmen der beiden Stromsammlerschichten im Querschnitt. Es ist gut zu erkennen, dass die Platinpartikel deutlich gröber sind als die LSC-Partikel und zudem eine flockenartige Form aufweisen. Es kann jedoch davon ausgegangen werden, dass das Temperaturprofil der Messung – 120 h bei einer Maximaltemperatur von 600 °C – keinen nennenswerten Einfluss auf die Partikel und Mikrostruktur der Stromsammler hatte.

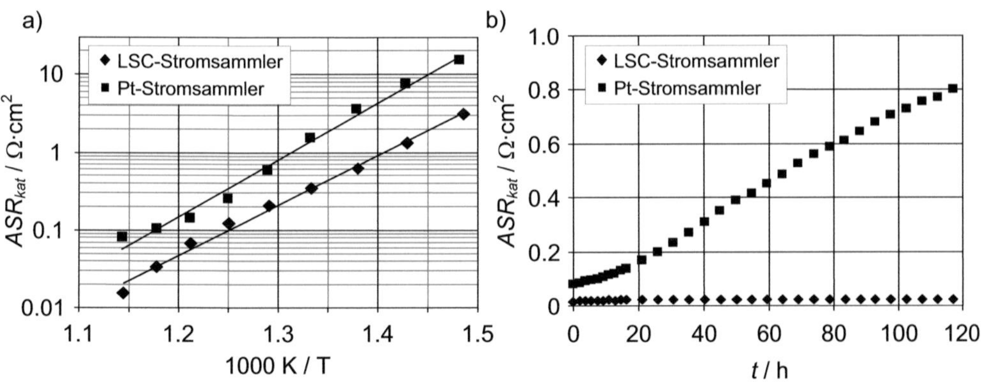

Abbildung 4.33: ASR_{kat} identisch hergestellter Kathoden mit LSC- bzw. Pt-Stromsammlerschicht
Abbildung a) zeigt die temperaturabhängigen Kathodenverluste (ASR_{kat}) beim anfänglichen Aufheizen, Abbildung b) die Veränderung von ASR_{kat} bei isothermer Charakterisierung bei 600 °C in ruhender Luft in Messplatz SOFC3. Die beiden Proben wurden mit den Parametern ΔT = 3 K/min, T_{max} = 700 °C und t_{an} = 0 h hergestellt (PNC-150: LSC-Stromsammler, PNC-149: Pt-Stromsammler).

Die Messergebnisse sind in Abbildung 4.33 zusammengefasst. Schon bei der Eingangscharakterisierung während des Aufheizens zeigte sich, dass die mit dem Platinstromsammler kontaktierte Kathode nicht die volle Leistungsfähigkeit entfalten konnte, wobei die Kathodenverluste (ASR_{kat}) gegenüber der mit LSC kontaktierten Dünnschichtkathode im Schnitt um den Faktor 4 höher ausfielen. Zum Teil kann dies mit der ungenügenden Kontaktierung aufgrund der groben Mikrostruktur der Pt-Schicht erklärt werden. Zudem kommen Degradationseffekte hinzu, die speziell während der 120-stündigen Charakterisierung bei 600 °C die Dünnschichtkathode extrem altern ließen. Nach knapp 20 h hatten sich die Kathodenverluste verdoppelt und nach 120 h verzehnfacht. In den selbigen Zeiträumen ist die mit LSC kontaktierte Probe nur um 36 respektive 55 % degradiert. PETERS [9] geht davon aus, dass eine Stromsammlerschicht aus demselben oder einem ähnlichen Material wie dem der Dünnschichtkathode die Konzentration potentiell flüchtiger Verbindungen oberhalb der Kathodenschicht erhöht, wodurch ein Abdampfen einzelner Spezies – sofern dies überhaupt auftritt – verringert oder gar unterdrückt wird. Im Umkehrschluss könnte es somit bei einem Stromsammler aus Platin zu einer Abreicherung einzelner Kationenspezies im Material kommen, was im Extremfall zu einem Totalausfall der Elektrode führen könnte. Da die Degradationsrate nach einer Degradation von Faktor 10 nach 120 h noch immer sehr hoch war, ist anzunehmen, dass es mit fortschreitendem Betrieb dieser Kathode bedingt durch extrem hohe Polarisationswiderstände zum Ausfall gekommen wäre.

Einfluss des Stromsammlers auf die Kathodenelektrochemie

Weiterhin ist zu klären, ob im Fall einer hochleistungsfähigen Dünnschichtkathode die Stromsammlerschicht die Kathodenelektrochemie beeinflusst, bzw. wenn dies der Fall sein sollte, wie groß dieser Einfluss ist. Zur Klärung werden die Kathodenverluste einer als Kathode applizierten Stromsammlerschicht den Kathodenverlusten einer leistungsfähigen nanoskaligen LSC-Dünnschichtkathode gegenübergestellt. Die Verluste der „Stromsammlerkathode" können dafür über zwei Wege bestimmt werden. Zum einen können sie direkt per Messung bestimmt werden, zum anderen durch Berechnung mit dem analytischen 1D Modell von ADLER [85] (vgl. Abschnitt 3.4.4). Die folgenden Ergebnisse wurden zum Teil in [290] und in [289] veröffentlicht.

Nach ADLER [85] können die Verluste, die aus der elektrochemischen Reaktion resultieren (ASR_{chem}), für semi-infinite poröse MIEC-Kathoden mit hoher ionischer und elektronischer Leitfähigkeit ohne Gasdiffusionsbeschränkungen mit dem in Abschnitt 3.4.4 vorgestellten homogenisierten 1D Modell berechnet werden. Das Kriterium der semi-infiniten Dicke ist gegeben, wenn die Eindringtiefe der elektrochemischen Reaktion δ (vgl. Abschnitt 3.4.4) deutlich kleiner ist als die Schichtdicke der Kathode. Laut ADLER, der unter anderem auch LSC-Kathoden untersucht hat [86], beträgt diese bei µm-skaligem Material einige wenige Mikrometer. Stromsammlerschichten sind in der Regel ≥ 30 µm dick, so dass deren Polarisationsverluste – wenn sie als Kathode eingesetzt würden – mit Gleichung 3-11 berechnet werden können. Die entsprechenden materialspezifischen Parameter dafür wurden [86] entnommen, die Mikrostrukturparameter wurden mit Hilfe des 3D-FEM Mikrostrukturmodells von RÜGER [297] ermittelt. Für eine Partikelgröße von ps = 1.8 µm (vgl. Abschnitt 3.1.3) und einer Porosität von ε = 0.4 (abgeschätzt aus REM-Aufnahmen) ergab sich eine Festkörpertortuosität von τ = 1.75 und eine volumenspezifische Oberfläche von $a_{FEM,korr}$ = 1.42·10^6 1/m, wobei der mittels FIB/REM-Tomographie bestimmte Korrekturfaktor für die volumenspezifische Oberfläche berücksichtigt wurde (vgl. Abschnitt 4.1.3). Diese Mikrostrukturparameter implizieren jedoch, dass die Mikrostruktur der Stromsammlerschicht derjenigen einer gesinterten Elektrodenstruktur entspricht. Da dies hier nicht der Fall ist, handelt es sich speziell bei der volumenspezifischen Oberfläche und der

Festkörpertortuosität nur um grobe Anhaltspunkte für eine Abschätzung. Entsprechend den Daten aus [86] konnten zudem nur Werte für Temperaturen von 550 und 600 °C berechnet werden, die in Abbildung 4.34 abgebildet sind.

Um die Polarisationsverluste einer Stromsammlerkathode experimentell zu bestimmen, wurde ein CGO-Elektrolyt-Pellet beidseitig mit LSC-Stromsammlerschichten bedruckt und ohne weiteres Sintern elektrochemisch charakterisiert. Die Ergebnisse dieser Charakterisierung sind ebenfalls in Abbildung 4.34 zusammengefasst. Die vergleichsweise hohen Kathodenverluste können dabei zum einen auf ein schlecht ausgebildetes Interface Kathode/Elektrolyte zurückgeführt werden, zum anderen auf die Tatsache, dass die einzelnen LSC-Partikel in der Stromsammlerschicht nicht wie bei einer versinterten Struktur gut leitend über Sinterhälse miteinander verbunden sind, sondern nur lose aufeinander liegen.

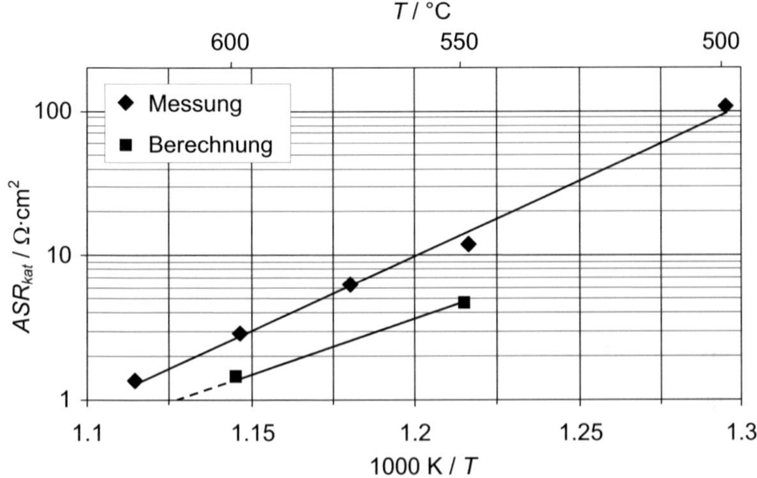

Abbildung 4.34: Berechnete und gemessene Kathodenverluste µm-skaliger LSC-Stromsammlerkathoden Vermessen wurde eine symmetrische Testzelle (PNC-526) mit siebgedruckter LSC-Schicht (D_{50} = 1.8 µm) auf CGO-Elektrolyt, angeströmt mit 250 sccm Luft je Elektrode in Messplatz SOFC10. Die Kathode weist eine extrem hohe Aktivierungsenergie von E_a = 2.06 eV auf. Die Berechnungen wurden mit dem analytischen 1D Modell von ADLER durchgeführt ($a_{FEM,korr}$ = 1.42·10⁶ 1/m, ε = 0.4, τ = 1.75).

Im Vergleich zu den Kathodenverlusten der schlechtesten LSC-Dünnschichtkathoden dieser Arbeit ist der berechneten ASR_{kat} des Stromsammlers um das 10-fache und der gemessene Wert um das 17-fache höher. Im Vergleich zur besten Dünnschichtkathode ergeben sich Faktoren von 200, bzw. > 400. Es kann somit davon ausgegangen werden, dass der Einfluss der Stromsammlerschicht auf die Elektrochemie der Dünnschichtkathoden vernachlässigbar ist.

4.5 Detaillierte elektrochemische Charakterisierung

Die elektrochemische Impedanzspektroskopie in Kombination mit DRT-Analyse und CNLS-Fit ist eine leistungsfähige Methode zur detaillierten Analyse komplexer elektrochemischer

Reaktionen. Im folgenden Abschnitt (4.5.1) sollen diese Verfahren dazu genutzt werden, die Polarisationsverluste an nanoskaligen Dünnschichtkathoden im Detail zu analysieren und sie physikalischen Prozessen zuzuordnen. In Abschnitt 4.5.2 wird dann nochmals vertiefend auf die in den einzelnen Schichten des Kathodensetups (nanoskalige Dünnschichtkathode, Stromsammlerschicht und Kontaktnetz) auftretenden Gasdiffusionsverluste eingegangen.

4.5.1 Prozessidentifikation

Für die Identifikation der einzelnen Verlustprozesse in einer nanoskaligen Dünnschichtkathode wurden unterschiedliche Proben systematischen Parametervariationen unterzogen.

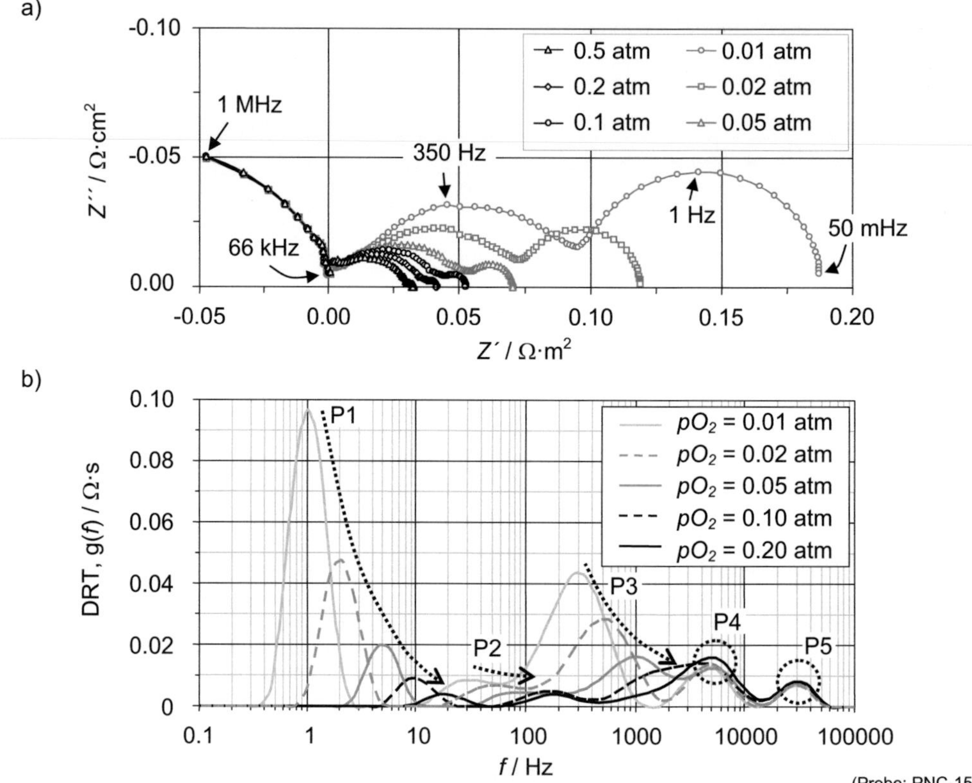

Abbildung 4.35: a) Nyquist-Darstellung von Impedanzspektren aufgenommen bei 550 °C und unterschiedlichen Sauerstoffpartialdrücken und b) die dazugehörigen DRTs

Für eine bessere Vergleichbarkeit der Spektren wurden in a) die ohmschen Verluste (R_0) vom Realteil subtrahiert. In den DRTs sind 5 Prozesse zu erkennen. Die drei niederfrequenten Prozesse weisen dabei eine Abhängigkeit vom Sauerstoffpartialdruck auf, die zwei hochfrequenten Prozesse hingegen nicht. Diese Grafik wurde in [300] veröffentlicht.

Folgende LSC-Dünnschichten wurden dafür im Detail charakterisiert: Probe PNC-159 (T_{max} = 700 °C, ΔT = 3 K/min, t_{an} = 0 h) und Probe PNC-151 (T_{max} = 800 °C, ΔT = 3 K/min, t_{an} = 0 h) mit poröser nanoskaliger Mikrostruktur (vgl. Abbildung 4.9-a und Abbildung 4.10-a)

und Probe PNC-161 (T_{max} = 800 °C, ΔT = 3 K/min, t_{an} = 100 h) mit dichter Mikrostruktur (vgl. Abbildung 4.10-c). Die systematische Parametervariation bestand aus der Variation des Sauerstoffpartialdrucks im Bereich von pO_2 = 0.01 ... 0.5 atm und einer Temperaturvariation im Bereich von 350 ... 600 °C. Für die Untersuchungen kam Messplatz SOFC10 zum Einsatz. Die Ergebnisse wurde in [300] veröffentlicht.

Abbildung 4.35-a zeigt eine Serie von Impedanzspektren der Probe PNC-159 mit poröser LSC-Dünnschichtkathode, die bei einer Temperatur von 550 °C und unterschiedlichen Sauerstoffpartialdrücken im Bereich von pO_2 = 0.01 ... 0.5 atm aufgenommen wurden. Die Ergebnisse der DRT-Analyse sind in Abbildung 4.35-b gezeigt, wobei 5 Prozesse identifiziert werden konnten. Der Übersichtlichkeit halber wurde in dieser Grafik auf die DRT für pO_2 = 0.5 atm verzichtet. Die Prozesse P1, P2 und P3 zeigen eine Abhängigkeit vom Sauerstoffpartialdruck, wobei die entsprechenden Verluste mit ansteigendem Sauerstoffpartialdruck abnehmen und die zugehörigen Peaks sich zu höheren Frequenzen verschieben. Die beiden hochfrequenten Prozesse P4 und P5 bleiben weitestgehend unverändert, wobei der leichte Anstieg des Peaks von Prozess P4 bei einem Sauerstoffpartialdruck von pO_2 = 0.2 atm von Anteilen von Prozess P3 herrührt, dessen Peak-Frequenz bei dieser Temperatur und diesem Sauerstoffpartialdruck nahe der von Prozess P4 liegt. Unter diesen Bedingungen sind die Prozesse P3 und P4 nicht separat sichtbar und erscheinen als ein vergleichsweise großer Prozess.

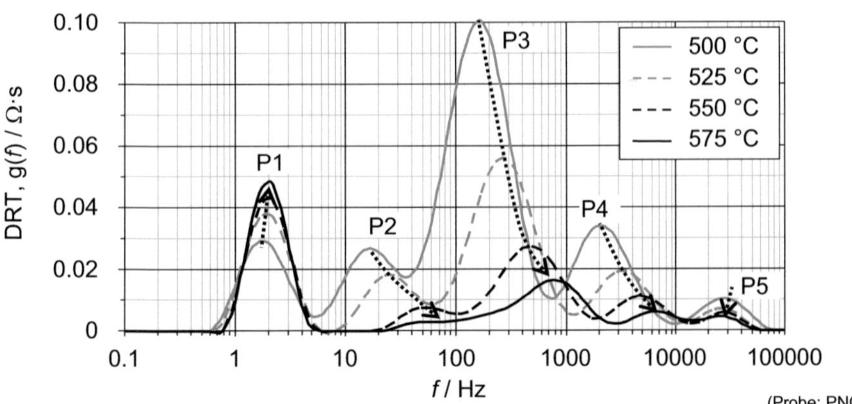

Abbildung 4.36: DRTs von EIS-Messungen bei 500 ... 575 °C und pO_2 = 0.02 atm
Alle Prozesse zeigen ein temperaturabhängiges Verhalten, wobei die Prozesse P2 bis P5 thermisch aktiviert sind. Die Verluste von Prozess P1 hingegen nehmen mit ansteigender Temperatur zu. Diese Grafik wurde in [300] veröffentlicht.

Wird nun der Sauerstoffpartialdruck konstant bei pO_2 = 0.02 atm gehalten und die Temperatur variiert, kann die Temperaturabhängigkeit der einzelnen Prozesse untersucht werden. Wie in Abbildung 4.36 zu sehen ist, nehmen die Verluste von den Prozessen P2 bis P5 mit ansteigender Temperatur ab und verschieben sich zudem zu höheren Frequenzen. Die Verluste von Prozess P1 hingegen steigen mit zunehmender Temperatur an, wobei sich die Peak-Frequenz nur wenig verändert.

Auffällig ist, dass die Prozesse unabhängig voneinander auf die Veränderungen der Betriebs-parameter reagieren und somit keine Kopplung aufzuweisen scheinen. Basierend auf dieser Voridentifikation mittels DRT-Analyse wird das in Abbildung 4.37 gezeigte Ersatzschaltbild für die Beschreibung nanoskaliger LSC-Dünnschichtkathoden vorgeschlagen.

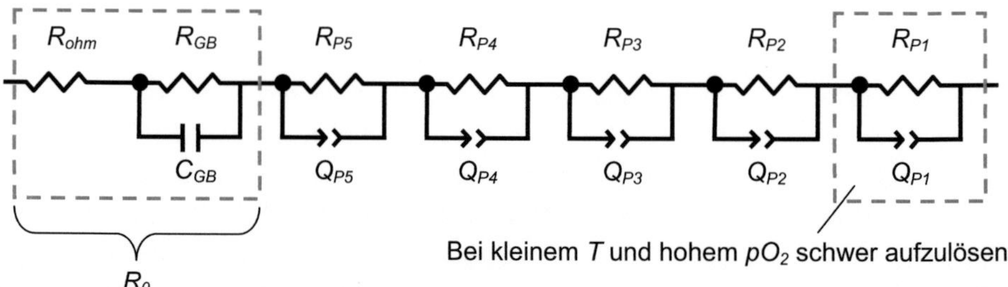

Abbildung 4.37: Auf der Voridentifikation mittels DRT-Analyse basierendes vorgeschlagenes Ersatz-schaltbild für nanoskalige LSC-Dünnschichtkathoden in symmetrischer Zellkonfiguration

Hierbei umfassen R_{ohm} die ohmschen Verluste im Stromsammler und Teile der Elektrolytverlus-te, die außerhalb des gemessenen Frequenzbereichs liegen (Bulkverluste) und R_{GB} die Verluste an den Korngrenzen im Elektrolyten [200, 319]. R_{GB} und R_{ohm} werden als R_0 zusammengefasst.

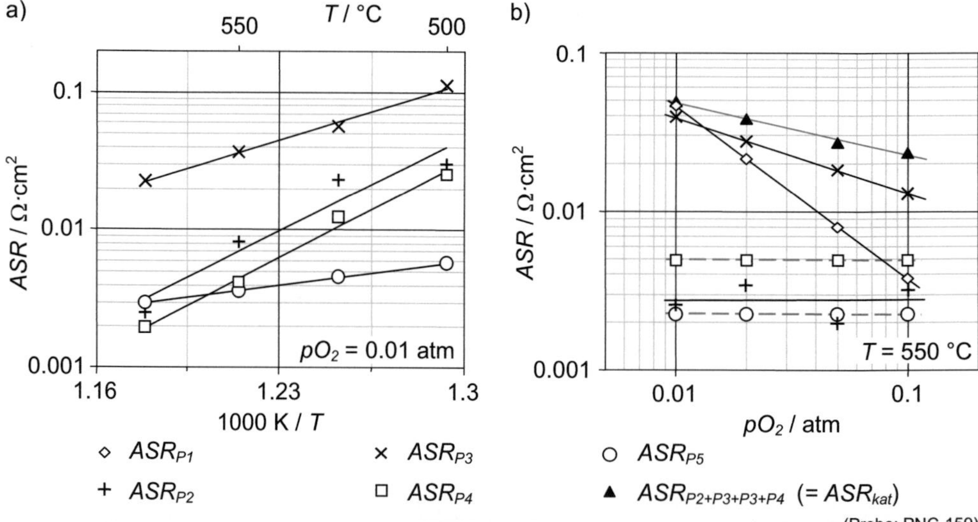

Abbildung 4.38: Temperatur- und Sauerstoffpartialdruckabhängigkeit der Verluste von Prozess P1 bis P5
Abbildung a) zeigt die Ergebnisse der CNLS-Fits für eine Temperaturvariationsserie bei $pO_2 = 0.01$ atm (ohne ASR_{P1}) und Abbildung b) die Ergebnisse für die Sauerstoffpartialdruckvariationsserie aus Abbildung 4.35. Für die CNLS-Fits wurde das Ersatzschaltbild aus Abbildung 4.37 verwendet, wobei die Widerstandswerte durch zwei geteilt wurden, um denen einer Kathode zu entsprechen. In b) wurden die Verluste von Prozess P4 and P5 konstant bei 2.2 mΩ·cm^2 bzw. 5.0 mΩ·cm^2 gehalten. Degradationsbe-dingt unterscheiden sich die Verluste einzelner Prozesse bei gleichen Bedingungen in a) und b).

Abbildung 4.38 zeigt CNLS-Fitergebnisse von Temperatur- und Sauerstoffpartialdruckvariatio-nen. Bei der Sauerstoffpartialdruckvariation konnten jedoch nur die Impedanzdaten aus dem

Sauerstoffpartialdruckbereich von $pO_2 = 0.01 \dots 0.1$ atm angefittet werden. Bei höheren Sauerstoffpartialdrücken war es nicht möglich, einen stabilen Fit zu erhalten, obwohl die Prozesse mittels DRT klar voneinander getrennt werden konnten. Die Verluste von Prozess P4 and P5 wurden dabei konstant bei 2.2 mΩ·cm^2 bzw. 5.0 mΩ·cm^2 gehalten.

Im Folgenden wird nun im Detail auf die einzelnen Prozesse eingegangen und deren physikalischer Ursprung diskutiert.

Prozess P1

Prozess P1 wird der Gasdiffusionspolarisation zugeschrieben. Die damit verbundenen Verluste steigen mit zunehmender Temperatur an ($\sim T^{0.69}$, vgl. Abbildung 4.39) und skalieren mit dem Sauerstoffpartialdruck mit $\sim pO_2^{-1.08}$. Die Temperaturabhängigkeit der Verluste wurde in einer separaten Messung mit kleineren Temperaturschritten an der Probe PNC-151 ($T_{max} = 800$ °C, $\Delta T = 3$ K/min, $t_{an} = 0$ h) bestimmt, wobei der Sauerstoffpartialdruck $pO_2 = 0.01$ atm betrug.

Wie in Abschnitt 4.5.2 im Detail beschrieben wird, fallen die Diffusionsverluste hauptsächlich in der porösen Stromsammlerschicht und in der stehenden Gasschicht in den Kontaktnetzen an, wobei sich die Verluste aus Beiträgen der molekularen Diffusion und der Knudsen-Diffusion zusammensetzen. Auch DARBANDI [242] konnte bei seinen vergleichsweise dicken nanoskaligen Dünnfilmkathoden (Schichtdicke ca. 1 µm) bei Temperaturen von $T > 600$ °C oder bei niedrigeren Sauerstoffpartialdrücken einen niederfrequenten Gasdiffusionsprozess nachweisen, der eine Sauerstoffpartialdruckabhängigkeit von $\sim pO_2^{-0.95}$, aber keine Temperaturabhängigkeit zeigte. LEONIDE bestimmte die Sauerstoffpartialdruckabhängigkeit an submikrometerskaligen Kathoden zu $\sim pO_2^{-0.93}$ [320] und $\sim pO_2^{-1.08}$ [321], wobei die Temperaturabhängigkeit nicht direkt angegeben aber als sehr gering bezeichnet wurde.

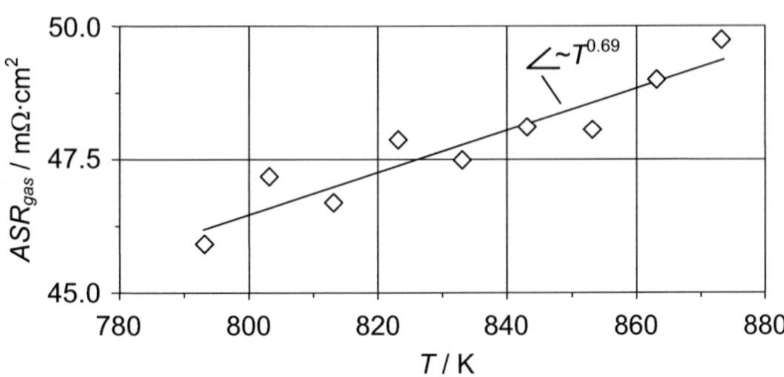

Abbildung 4.39: Gasdiffusionsverluste bei $pO_2 = 0.01$ atm im Temperaturbereich von 520 … 600 °C
Bei Temperaturen < 520 °C konnte der Prozess nicht mehr ausreichend gut aufgelöst werden.

Grundsätzlich sind die Gasdiffusionsverluste in dem hier verwendeten Setup bestehend aus nanoskaliger Dünnschichtkathode, µm-skaligem Stromsammler und Kontaktnetz in angeströmter Konfiguration sehr klein, wobei sie im Temperaturbereich von 400 … 600 °C und im Sauerstoffpartialdruckbereich $pO_2 > 0.1$ atm einen Wert von 4 mΩ·cm^2 nicht übersteigen. Es kann davon ausgegangen werden, dass Sauerstoffpartialdrücke unterhalb von $pO_2 = 0.1$ atm im Betrieb einer SOFC nicht auftreten, da die Systeme zur Kühlung in der Regel überstöchiometrisch betrieben werden [273].

Die äquivalente Kapazität zu dem Konstantphasenelement Q_{P1} lag im Temperaturbereich von 520 … 600 °C bei einem Sauerstoffpartialdruck von $pO_2 = 0.01$ atm bei $C_{gas} = 3.40$ … 3.56 F/cm^2, berechnet nach Gleichung 3-7.

Prozesse P2 und P3

Die Prozesse P2 und P3 zeigen ebenfalls eine Abhängigkeit vom Sauerstoffpartialdruck und sind zudem stark thermisch aktiviert. Die Verluste von P3 skalieren bei 550 °C mit $pO_2^{-0.48}$, wohingegen der Betrag der Verluste von Prozess P2 weitestgehend unverändert bleibt. Lediglich die charakteristische Frequenz des Prozesses verschiebt sich zu höheren Frequenzen. Die ermittelten Aktivierungsenergien betragen $E_{a,P2} = 1.9$ eV und $E_{a,P3} = 1.2$ eV.

Die beiden Prozesse werden der elektrochemischen Kathodenreaktion zugeschrieben, wobei es sich um die nicht am Ladungstransfer beteiligten Prozesse des Oberflächenaustauschs und des Ionentransports im Mischleiter handelt. Die entsprechenden Verluste werden als ASR_{chem} zusammengefasst.

Prozess P3 kann dabei dem Oberflächenaustausch des Sauerstoffs an der Kathodenoberfläche zugeschrieben werden, da die entsprechenden Verluste eine für die Verluste bedingt durch die Oberflächenaustauschreaktion an $La_{0.6}Sr_{0.4}CoO_{3-\delta}$ typische Aktivierungsenergie aufweisen [149] und auch die Abhängigkeit vom Sauerstoffpartialdruck entspricht der, die in anderen Studien für den Oberflächenaustausch bestimmt wurde. Bei ENDO [322] und KAWADA [200] beispielsweise zeigte der Widerstand der Oberflächenaustauschreaktion von dichten $La_{0.6}Sr_{0.4}CoO_{3-\delta}$-Kathoden bei 800 °C eine Sauerstoffpartialdruckabhängigkeit von ~ $pO_2^{-0.5}$. Die äquivalente Kapazität zum Konstantphasenelement Q_{P3} bei 550 °C liegt im Sauerstoffpartialdruckbereich von $pO_2 = 0.01$ … 0.1 atm bei $C_{P3} = 9$ … 15 mF/cm^2. Die Werte wurden nach Gleichung 3-7 berechnet, wobei die Kapazität eine Sauerstoffpartialdruckabhängigkeit von C_{P3} ~ $pO_2^{-0.25}$ aufzeigt. Diese Kapazität entspricht der chemischen Kapazität (vgl. Abschnitt 2.6.6). Berechnet man diese nach ADLER [85, 86] mittels der Verknüpfung von Gleichung 3-12 und 3-15 ($C_{chem} = R_{chem} / t_{chem}$) unter der Verwendung der extrapolierten Materialparameter aus [139] und den Geometriedaten für Kathoden dieses Typs aus Tabelle 4.1, ergeben sich für den Sauerstoffpartialdruckbereich von $pO_2 = 0.01$ … 0.21 atm und eine Temperatur von 600 °C Werte für die chemische Kapazität im Bereich von $C_{chem} = 30$ … 55 mF/cm^2. Entsprechende Materialparameter für die Temperatur von 550 °C liegen leider nicht vor und können auch nicht mit ausreichender Genauigkeit mittels Extrapolation ermittelt werden. Vor dem Hintergrund, dass die chemische Kapazität jedoch mit sinkender Temperatur abnimmt, zeigen die berechneten und die gemessenen Werte eine gute Übereinstimmung. In einer Studie von KAWADA [200] wurde die chemische Kapazität an einer 1.5 µm dicken dichten $La_{0.6}Sr_{0.4}CoO_{3-\delta}$-Dünnschicht (PLD appliziert) ebenfalls mittels Impedanzanalyse ermittelt. Wiederum bei 600 °C, jedoch im gleichen Sauerstoffpartialdruckbereich von pO_2 = 0.01 ... 0.1 atm, liegen die Werte mit C_{chem} = 19 ... 27 mF/cm² jedoch signifikant unterhalb der in dieser Studie bestimmten Werte, denn sie sollten entsprechend der ca. 7-mal größeren Schichtdicke mindestens 7 mal größer sein. Bei der Abhängigkeit vom Sauerstoffpartialdruck zeigt sich jedoch wiederum eine gute Übereinstimmung. Bei 700 °C konnte eine Abhängigkeit von $C_{chem} \sim pO_2^{-0.12}$ ermittelt werden, bei 600 °C eine Abhängigkeit von $\sim pO_2^{-0.20}$. Wird dieses Verhalten nun nach 550 °C extrapoliert, ist $C_{chem} \sim pO_2^{-0.25}$ plausibel.

Die Verluste von Prozess P2 fallen deutlich niedriger aus als die von Prozess P3. Dieser Prozess wird der Sauerstoffionenleitung im Kathodenmaterial zugeschrieben, da er im Vergleich zum Oberflächenaustausch eine höhere Aktivierungsenergie aufweist. Auch die Ionenleitfähigkeit (vgl. Abschnitt 2.6.4) zeigt, bedingt durch den vom Sauerstoffpartialdruck weitestgehend unabhängigen Diffusionskoeffizienten (vgl. Abschnitt 2.6.5) bei niedrigen Temperaturen und in diesem Sauerstoffpartialdruckbereich, nur eine geringe Sauerstoffpartialdruckabhängigkeit zeigt. Die in der Literatur veröffentlichten Werte für die ionische Leitfähigkeit streuen jedoch über zwei Größenordnungen (vgl. Abschnitt 2.6.4), so dass für eine 200 nm dicke dichte Schicht bei 550 °C Verluste von 2 ... 200 mΩ·cm² berechnet werden können. Erschwerend kommt hinzu, dass die mittlere Diffusionslänge mit hoher Wahrscheinlichkeit kleiner ist als die 200 nm Schichtdicke, da, wie im folgenden Abschnitt gezeigt wird, die Gasdiffusion von Sauerstoff im nanoporösen Material vergleichsweise schnell erfolgt und somit der Großteil des Sauerstoffs im Volumen der Dünnschicht umgesetzt wird und nicht an ihrer Oberfläche.

Die Verschiebung der Peak-Frequenz von Prozess P2 mit abnehmendem Sauerstoffpartialdruck resultiert aus der Zunahme der entsprechenden Kapazität, die bei 550 °C im Sauerstoffpartialdruckbereich von pO_2 = 0.01 ... 0.1 atm im Bereich von C_{P2} = 0.3 ... 1.77 F/cm² liegt. Dabei weist sie eine Abhängigkeit vom Sauerstoffpartialdruck von $C_{P2} \sim pO_2^{-0.68}$ auf.

Der physikalische Ursprung dieser im Vergleich zur chemischen Kapazität großen Kapazität ist jedoch noch ungeklärt.

Ein weiterer Anhaltspunkt dafür, dass es sich bei Prozess P2 und P3 um Prozesse der elektrochemischen Reaktion handelt, liegt in der starken Abhängigkeit der Prozesse von der Mikrostruktur der Dünnschichtkathoden. So fallen bei einer dichten Dünnschichtkathode die Verluste beider Prozesse erheblich größer aus, als dies bei einer porösen Dünnschichtkathode der Fall ist (vgl. Abbildung 4.40). Die anderen Prozesse (P1, P4 und P5) bleiben weitestgehend unverändert, wobei Prozess P1 in der DRT der dichten Schicht nur als Schulter des größeren Prozesses P2 zu erkennen ist. Da die Gasdiffusionsverluste fast ausschließlich in der porösen Stromsammlerschicht und in einer ruhenden Gasschicht oberhalb der Stromsammlerschicht anfallen (vgl. Abschnitt 4.5.2), ist die Mikrostruktur der Dünnschichtkathode für die Gasdiffusionsverluste unerheblich und die Höhe der Verluste bei beiden Proben gleich. Was Prozess P3 angeht, spielt die Oberfläche, die für den Sauerstoffaustausch zur Verfügung steht, eine maßgebliche Rolle. Folglich fallen die damit verbundenen Verluste bei der dichten Probe mit kleinerer Oberfläche deutlich höher aus. Im Fall von Prozess P2 resultieren die höheren

Verluste bei der dichten Kathode aus einer größeren mittleren Diffusionslänge der Festkörper-diffusion des Sauerstoffs. Wie schon weiter oben diskutiert wurde, wird in der porösen Schicht ein Großteil des Sauerstoffs im Kathodenvolumen umgesetzt, so dass die Diffusionslänge trotz einer Tortuosität von $\tau > 1$ im Schnitt deutlich kürzer ausfällt, als die Schicht dick ist. Bei der dichten Dünnschichtkathode hingegen müssen die Sauerstoffionen die gesamte Schichtdicke mittels Festkörperdiffusion überwinden.

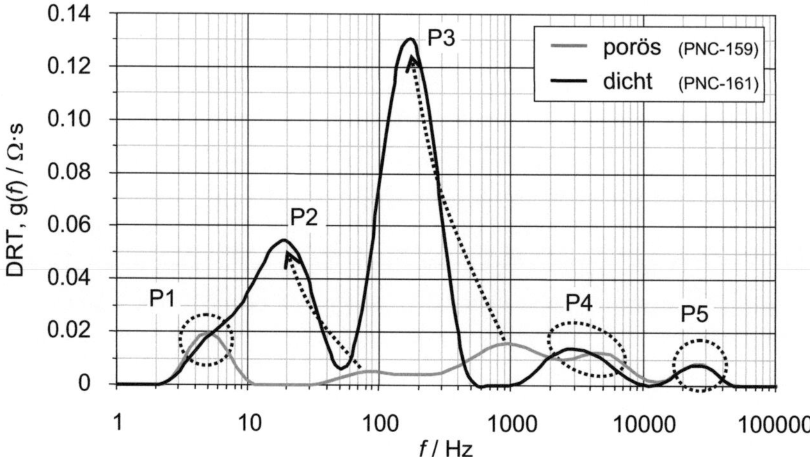

Abbildung 4.40: DRTs von EIS-Messungen die an LSC-Dünnschichtkathoden unterschiedlicher Mikro-struktur bei 550 °C und pO_2 = 0.05 atm durchgeführt wurden

Die Prozesse P1, P4 und P5 sind bei den beiden Proben mit Kathoden unterschiedlicher Mikrostruktur weitestgehend gleich ausgeprägt. Die Prozesse P2 und P3 hingegen zeigen eine deutliche Abhängigkeit von der Mikrostruktur, wobei die Verluste dieser Prozesse bei der dichten Kathodenschicht signifikant größer ausfallen. Diese Grafik wurde in [300] veröffentlicht.

Prozesse P4 und P5

Wie in Abbildung 4.38 zu sehen ist, sind diese beiden hochfrequenten Prozesse thermisch aktiviert ($E_{a,P4}$ = 1.97 eV und $E_{a,P5}$ = 0.5 eV), zeigen jedoch keine Abhängigkeit vom Sauerstoff-partialdruck. Zudem hat die Mikrostruktur der Dünnschichtkathoden kaum einen Einfluss auf die Verluste dieser Prozesse (vgl. Abbildung 4.40). Vermutlich sind sie dem Ladungstransfer am Übergang Gold-Netz/LSC-Stromsammler und am Interface LSC-Dünnschichtkathode/CGO-Elektrolyt zuzuschreiben, wie beispielsweise von ADLER in [86] vorgeschlagen wurde. Mit flächenspezifischen Widerständen von ASR_{P4} = 2.2 mΩ·cm^2 und ASR_{P5} = 5.0 mΩ·cm^2 bei 550 °C beträgt ihr Anteil an den gesamten Verlusten an der porösen Kathode in synthetischer Luft (pO_2 = 0.2 atm) sogar knapp 30 %. Die Kapazitäten sind mit C_{P4} = 0.52 mF/cm^2 und C_{P5} = 1.3 mF/cm^2 im Vergleich zur chemischen Kapazität klein, liegen jedoch etwas oberhalb der Größenordnung von reinen Doppelschichtkapazitäten elektrochemischer Systeme, die nach ADLER [85] im Bereich von 10^{-6} bis 10^{-4} F/cm^2 anzusiedeln sind (vgl. Abschnitt 3.4.3). BAUMANN [247], der bei 500 °C an einem LSCF/CGO-Interface Kapazitäten von ca. 0.6 ± 0.2 mF/cm^2 bestimmt hat, führt diese vergleichsweise großen Kapazitäten auf Stöchiometrieänderungen an der Kathode/Elektrolyt-Grenzschicht zurück. Die physikalische Ursache lässt er jedoch als noch zu klärende Frage offen. Charakteristisch für Ladungstransferreaktionen scheint jedoch eine geringe oder keine Abhängigkeit vom Sauerstoffpartialdruck zu sein [247, 250].

In weiterführenden Experimenten muss die genaue Zuordnung der Verlustprozesse zu den einzelnen Grenzschichten jedoch noch erfolgen. Dies könnte beispielsweise mit Hilfe von dünnen, den Ladungstransfer behindernden Schichten an den Grenzschichten erfolgen.

4.5.2 Gasdiffusionsverluste

Im Gegensatz zum Stofftransport im Gaskanal, in dem sich eine Gasströmung aufgrund eines Druckgradienten ausbildet, erfolgt der Stofftransport in den porösen Elektroden- und Stromsammlerschichten einer SOFC durch Diffusion. Die Strömungsgeschwindigkeiten sind dort vernachlässigbar klein und der Stofftransport wird maßgeblich durch Konzentrationsgradienten verursacht. Die Diffusion in Poren wird dabei auf zwei Diffusionsmechanismen zurückgeführt. Dies sind die molekulare Diffusion, welche für große Porenradien und hohe Systemdrücke dominiert, und die Knudsen-Diffusion, die für kleinere Porenradien an Bedeutung gewinnt, wenn die mittlere freie Weglänge der molekularen Spezies größer ist als der Porendurchmesser [288]. Die mittlere freie Weglänge λ_i beschreibt die Strecke, welche Moleküle der Spezies i zwischen zwei Stößen im Durchschnitt zurücklegen. Sie wird wie folgt berechnet [323]:

$$\lambda_i = \frac{k_B \cdot T}{\sqrt{2} \cdot \pi \cdot \sigma_{ii}^2 \cdot P} \qquad \text{4-8}$$

Hierbei ist σ_{ii} der Stoßdurchmesser der Spezies i, k_B die Boltzmann-Konstante, T die absolute Temperatur und P [Pa] der Druck. Für Sauerstoff und Stickstoff betragen die mittleren freien Weglängen bei 400 °C 172 und 143 nm und bei 600 °C 223 und 186 nm. Die verwendeten Werte für σ_{ii} aus [323, 324] können Tabelle 6.1 entnommen werden.

Ob überhaupt genügend Sauerstoffmoleküle in die nanoskaligen Poren gelangen können, kann mit Hilfe der kinetischen Gastheorie abgeschätzt werden. Die Flächenstoßrate muss dabei wesentlich größer sein als der flächenspezifische Stoffstrom an Sauerstoffmolekülen im Lastfall. Die Flächenstoßrate beschreibt die Anzahl der Gasmoleküle, die pro Zeit und Fläche auf eine Wand bzw. Gefäßwand treffen. Sie wird berechnet mit

$$Z_{wand} = \frac{P}{\sqrt{2 \cdot \pi \cdot m \cdot k_B \cdot T}} \qquad \text{4-9}$$

wobei m [kg] die Teilchenmasse der Gasmoleküle ist [325]. Wird für m die Teilchenmasse des im Vergleich zu Stickstoff schwereren Sauerstoffmoleküls eingesetzt, hat der Anteil der Sauerstoffmoleküle (21 %) bei beispielsweise 600 °C und Normdruck eine Flächenstoßrate von Z_{wand} = 0.056 mol/cm²/s. In Tabelle 4.10 ist die Flächenstoßrate von Sauerstoff in Luft im für die SOFC relevanten Temperaturbereich aufgeführt.

Tabelle 4.10: Flächenstoßrate von molekularem Sauerstoff ($Z_{Wand,O2}$) in Luft in Abhängigkeit von der Temperatur bei einem Druck von 1013 hPa

T [°C]	$Z_{wand,O2}$ [mol/cm²/s]
400	0.063
450	0.061
500	0.059
550	0.057
600	0.056
650	0.054
700	0.053
750	0.051
800	0.050
850	0.049
900	0.048
950	0.047
1000	0.046

Zum Vergleich: Bei einer Stromdichte von 2 A/cm² beträgt die Molenstromdichte des molekularen Sauerstoffs $5.18 \cdot 10^{-6}$ mol/cm²/s. Dieser Betrag ist um vier Größenordnungen kleiner als die oben berechneten Flächenstoßraten. Zudem stellt diese Stromdichte einen Maximalwert dar, der im regulären Betrieb nicht erreicht wird. Entsprechend kann davon ausgegangen werden, dass mehr als genug Sauerstoff in die Poren gelangt, auch wenn der flächenmäßige Anteil der Poren an der Kathodenoberfläche nur wenige Zehntel beträgt.

Diffusionsverluste

Der Stofftransport durch Diffusion erfolgt, wie im Grundlagenkapitel 2.2.2 beschrieben wurde, nicht verlustfrei, wobei ein nicht unerheblicher Teil der Verluste in einer SOFC beim Gastransport in Anode und Kathode anfällt. Zur Berechnung der durch Gastransport anfallenden Verluste wird in dieser Arbeit Gleichung 3-16 verwendet, die hier nochmals angeführt werden soll:

$$ASR_{gas} = \left(\frac{R \cdot T}{4 \cdot F}\right)^2 \cdot \frac{l_{kat}}{P} \cdot \frac{\tau_p}{D_{N2,O2} \cdot \varepsilon} \cdot \left(\frac{1}{x_{O2} \cdot \dfrac{D_K}{D_K + D_{N2,O2}}} - 1\right) \qquad \text{4-10}$$

Neben den Mikrostrukturparametern, die im Abschnitt 4.1.2 bestimmt wurden, werden hierfür noch die beiden Diffusionskoeffizienten D_K und $D_{N2,O2}$ benötigt, deren Ermittlung im Folgenden erörtert wird.

Binärer Diffusionskoeffizient

Für binäre Gasmischungen kann der binäre Diffusionskoeffizient D_{ij} [cm^2/s] gemäß der Theorie von CHAPMAN-ENSKOG mit einem Fehler von durchschnittlich 8 % gemäß Gleichung 4-11 berechnet werden [323]. Hierbei wird angenommen, dass die Interaktion der Moleküle nur aus bimolekularen Kollisionen besteht.

$$D_{ij} = 1.86 \cdot 10^{-3} \cdot T^{3/2} \frac{\sqrt{M_i^{-1} + M_j^{-1}}}{P \cdot \sigma_{ij}^2 \cdot \Omega_D} \qquad \text{4-11}$$

T bezeichnet dabei die absolute Temperatur, M_i und M_j [g/mol] die molaren Massen der beiden Gasmoleküle, P [atm] den Druck, σ_{ij} [Å] den mittleren Kollisionsdurchmesser (auch charakteristische Lennard-Jones-Länge genannt), der als arithmetisches Mittel der beiden unterschiedlichen Gasmoleküle berechnet wird ($\sigma_{ij} = 0.5 \cdot (\sigma_{ii} + \sigma_{jj})$), und Ω_D (dimensionslos) das temperaturabhängige Stoßintegral. Werte für σ_{ii} für Sauerstoff und Stickstoff sind im Anhang in Tabelle 6.1 zu finden. Ω_D kann, wie in Anhang 6.1 beschrieben, berechnet werden. In Tabelle 4.11 sind die Ergebnisse im Temperaturbereich von 400 … 1000 °C aufgelistet.

Knudsen-Diffusion und Knudsen-Diffusionskoeffizient

Im vorhergehenden Abschnitt wurden beim Stofftransport nur Stöße von Gasmolekülen untereinander berücksichtigt. Reduziert man nun den Porendurchmesser immer weiter, kommt es zusätzlich noch zu Stößen mit den Porenwänden, die bei weiter abnehmender Porengröße schließlich dominieren. Der Stofftransport, bei dem es ausschließlich zu Stößen mit der Porenwand kommt, wird als Knudsen-Diffusion bezeichnet. Wie stark der Einfluss der Knudsen-Diffusion auf das Diffusionsverhalten eines Gases ist, kann mittels der Knudsenzahl bestimmt werden. Die Knudsenzahl ist eine dimensionslose Kennzahl, sie wird als Quotient aus der mittleren freien Weglänge und dem mittleren Porendurchmesser d_p bestimmt [287, 323]:

$$K_n = \frac{\lambda_i}{d_p} \qquad \text{4-12}$$

Ist $K_n \ll 1$, herrscht molekulare Diffusion vor, für $K_n \gg 1$ Knudsen-Diffusion. Im Übergangsbereich, also wenn $K_n \approx 1$ ist, muss sowohl die molekulare als auch die Knudsen-Diffusion berücksichtigt werden [287]. Typischweise liegt für SOFC-Elektroden (d_p = 200 nm … 1500 nm) die Knudsenzahl mit K_n = 0.14 … 1.08 genau in diesem Übergangsbereich. Für nanoporöse SOFC-Elektroden (d_p = 10 nm … 50 nm) hingegen, für die die Knudsenzahl im Bereich von 4 … 20 liegt, wird das Diffusionsverhalten von der Knudsen-Diffusion dominiert.

Der Knudsen-Diffusionskoeffizient $D_{K,i}$ kann mit Gleichung 4-13 berechnet werden [323, 326], wobei es sich bei r_p um den Porenradius handelt.

$$D_{K,i} = \frac{2}{3} \cdot r_p \cdot \sqrt{\frac{8 \cdot R \cdot T}{\pi \cdot M_i}} \qquad \text{4-13}$$

Im Gegensatz zum binären Diffusionskoeffizienten ist der Knudsen-Diffusionskoeffizient nicht vom Druck abhängig. In Tabelle 4.11 sind Knudsen-Diffusionskoeffizienten für Temperaturen von 400 ... 1000 °C und für unterschiedliche Porenradien angegeben.

Tabelle 4.11: Knudsen-Diffusionskoeffizienten (D_k) berechnet für Sauerstoff für die Porenradien r_P = 8.5 nm, 25 nm und 200 nm und binäre Diffusionskoeffizienten von Sauerstoff und Stickstoff ($D_{O2,N2}$) berechnet nach der Theorie von CHAPMAN-ENSKOG für den Temperaturbereich von 400 ... 1000 °C

T	$D_{K,8.5nm}$	$D_{K,25nm}$	$D_{K,200nm}$	$D_{O2,N2}$
[°C]	[cm^2/s]	[cm^2/s]	[cm^2/s]	[cm^2/s]
400	0.038	0.11	0.89	0.82
450	0.039	0.12	0.92	0.93
500	0.041	0.12	0.95	1.0
550	0.042	0.12	0.98	1.2
600	0.043	0.13	1.01	1.3
650	0.044	0.13	1.04	1.4
700	0.046	0.13	1.07	1.5
750	0.047	0.14	1.10	1.7
800	0.048	0.14	1.12	1.8
850	0.049	0.15	1.15	1.9
900	0.050	0.15	1.17	2.1
950	0.051	0.15	1.20	2.2
1000	0.052	0.15	1.22	2.4

Der Einfluss der Gasdiffusion auf die Polarisationsverluste wird nun im Folgenden am Beispiel einer nanoskaligen Dünnfilmkathode, einer Stromsammlerschicht und einer ruhenden Gasschicht im Kontaktnetz erörtert.

Gasdiffusionsverluste in nanoskaligen Dünnschichtkathoden

Im Fall der nanoskaligen Dünnfilmkathode (im Folgenden mit CFL[78] abgekürzt) werden Mikrostrukturdaten verwendet, die sich an denen der Probe mit der kleinsten Strukturgröße (ps = 17 nm) orientieren. So wurde beispielsweise angenommen, dass Poren und Kathodenpartikel ungefähr gleich groß sind (r_p = 0.5·ps = 8.5 nm) und die Dünnschichtkathode eine Schichtdicke von l_{kat} = 200 nm und eine Porosität von ε = 0.4 aufweist. Die Porentortuosität wurde mit τ_p = 4 frei gewählt, wobei für poröse Strukturen in der Regel ein Wert zwischen 2 und 6 veranschlagt wird [323].

Für eine Temperatur von 600 °C berechnen sich die Gasphasendiffusionsverluste in einer nanoskaligen Dünnschichtkathode bei einem Sauerstoffpartialdruck von pO_2 = 0.21 atm nach Gleichung 4-10 mit den entsprechenden Diffusionskoeffizienten aus Tabelle 4.11 zu $ASR_{gas,CFL}$ = 0.08 mΩ·cm^2. Sie sind damit zwei Zehnerpotenzen kleiner als die niedrigsten

---

[78] CFL: Cathode Functional Layer (dt. Kathodenfunktionsschicht)

gemessenen Polarisationswiderstände ($ASR_{kat,min}$ = 7.1 mΩ·cm^2 bei 600 °C) und somit verschwindend gering. In Abbildung 4.41-a sind die verschiedenen Anteile der Gasdiffusionsverluste bei 600 °C über dem Sauerstoffpartialdruck aufgetragen. Wie zu erwarten war, dominieren die durch die Knudsen-Diffusion verursachten Verluste ($ASR_{gas,knudsen}$), wobei sie sich invers proportional zum Sauerstoffpartialdruck verhalten.

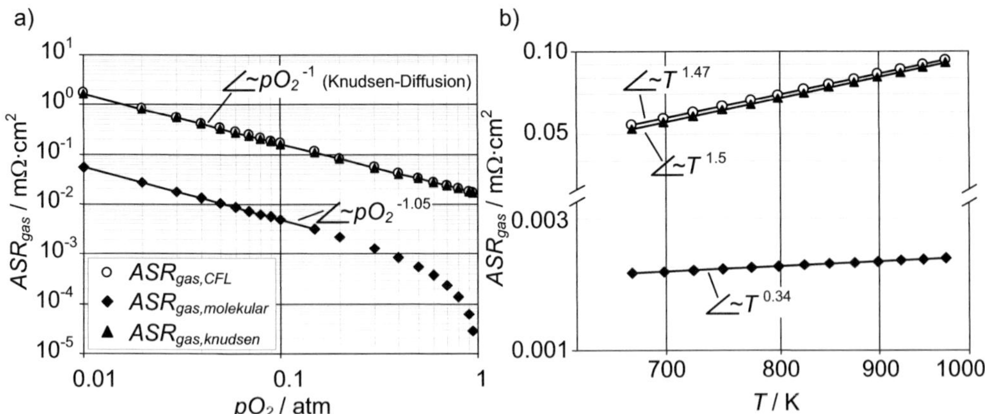

Abbildung 4.41: Berechnete Gasdiffusionsverluste in einer nanoskaligen Dünnschichtkathode

Gezeigt werden die berechneten Gasdiffusionsverluste a) in Abhängigkeit des Sauerstoffpartialdrucks bei 600 °C und b) in Abhängigkeit von der Temperatur bei pO_2 = 0.21 atm. Die verwendeten Mikrostrukturparameter sind r_p = 8.5 nm, l_{kat} = 200 nm, ε = 0.4 und τ_p = 4. $ASR_{gas,knudsen}$ ist der durch die Knudsen-Diffusion verursachte Anteil an $ASR_{gas,CFL}$, $ASR_{gas,molekular}$ der durch die molekulare Diffusion verursachte Anteil.

In Abbildung 4.41-b sind die verschiedenen Verlustanteile über der Temperatur aufgetragen, wobei der Anteil der Knudsen-Diffusion in der doppellogarithmischen Darstellung eine Steigung von 1.5 aufweist und der Anteil der molekularen Diffusion eine Steigung von 0.34. Entsprechend liegt die Steigung für die gesamten Gasdiffusionsverluste mit 1.47 zwischen den beiden Werten, wobei sie aufgrund der hohen Gewichtung der Knudsen-Diffusion fast 1.5 erreicht.

Gasdiffusionsverluste in µm-skaliger Stromsammlerschicht

Anders sieht es bei den Gasdiffusionsverlusten in der Stromsammlerschicht aus. Hier dominiert der Anteil der molekularen Diffusion, wie in Abbildung 4.42-b zu sehen ist. Für die Berechnung wurden ein Porenradius von r_p = 1 µm, eine Schichtdicke von l_{kat} = 40 µm, eine Porosität von ε = 0.4 und eine Porentortuosität von τ_p = 4 angesetzt. Da der Porenradius (r_p = 0.8 … 1.2 µm) und die Porosität nur aus REM-Aufnahmen abgeschätzt wurden, für die Porentortuosität ohnehin ein Wertebereich von 3 … 6 angenommen werden muss und aufgrund nicht immer homogener Schichtdicken (l_{kat} = 30 … 45 µm), ist es hier sinnvoll, Maximal- und Minimalwerte für die gesamten Diffusionsverluste in Form von Fehlerbalken anzugeben.

Die Steigung der gesamten Gasdiffusionsverluste in der doppellogarithmischen Darstellung über der Temperatur beträgt nun nur noch 0.63, was damit zu begründen ist, dass die molekulare Diffusion das Diffusionsverhalten dominiert (vgl. Abbildung 4.42-b).

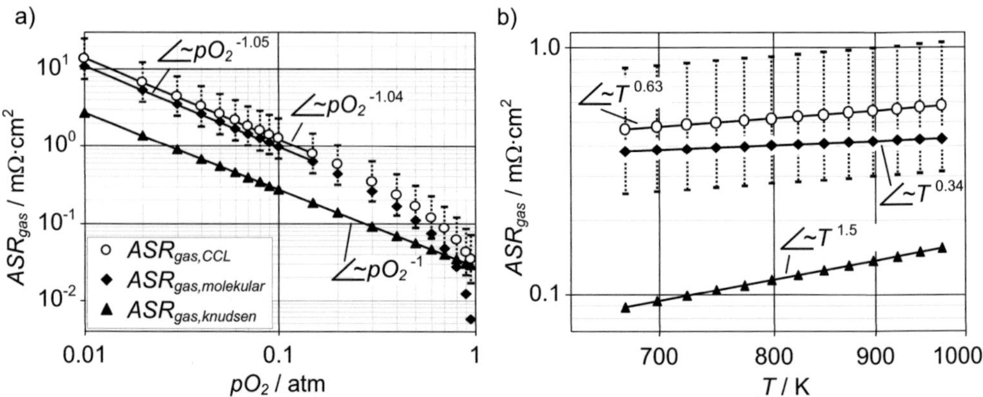

Abbildung 4.42: Berechnete Gasdiffusionsverluste in einer Stromsammlersicht

Gezeigt werden die berechneten Gasdiffusionsverluste a) in Abhängigkeit des Sauerstoffpartialdrucks bei 600 °C und b) in Abhängigkeit von der Temperatur bei pO_2 = 0.21 atm. Die verwendeten Mikrostrukturparameter sind r_p = 1µm, l_{kat} = 40 µm, ε = 0.4 und τ_p = 4. Die Fehlerbalken von $ASR_{gas,CCL}$ resultieren aus der relativ ungenauen Bestimmung bzw. Abschätzung der Mikrostrukturparameter. $ASR_{gas,knudsen}$ ist der durch die Knudsen-Diffusion verursachte Anteil an $ASR_{gas,CCL}$, $ASR_{gas,molekular}$ der durch die molekulare Diffusion verursachte Anteil.

Auch bei der doppellogarithmischen Darstellung der Verluste über dem Sauerstoffpartialdruck zeigt sich, dass sich die Steigung der gesamten Gasdiffusionsverluste für $pO_2 \leq 0.15$ atm der der Verluste der molekularen Diffusion annährt. Dieser starke Einfluss der molekularen Diffusion nimmt jedoch für hohe Sauerstoffpartialdrücke immer weiter ab (vgl. Abbildung 4.42-a), da die Verluste resultierend aus der molekularen Diffusion für gegen 1 atm gehende Sauerstoffpartialdrücke gegen 0 gehen.

Wie auch schon die Gasdiffusionsverluste, die in einer nanoskaligen Dünnschicht auftreten, sind auch die Gasdiffusionsverluste, die in einer µm-skaligen Stromsammlerschicht auftreten, mit etwas über 0.5 mΩ·cm² bei 600 °C (pO_2 = 0.21 atm) verschwindend gering.

Gasdiffusionsverluste im Kontaktnetz

Weiterhin treten Gasdiffusionsverluste im Kontaktnetz oberhalb des Stromsammlers auf. Für die Kontaktierung werden zwei übereinanderliegende Goldnetze der Stärke 120 µm verwendet, die mittels eines Kontaktklotzes aus Al_2O_3 auf die Stromsammleroberfläche gepresst werden. Für die Gasversorgung befinden sich an der Unterseite des Kontaktklotzes Gaskanäle mit der Breite b_{gk} = 1 mm, die durch Kontaktstege der Breite b_{ks} = 1 mm getrennt sind. Entsprechend müssen die Querdiffusion unterhalb der Kontaktstege und die daraus resultierenden Verluste berücksichtigt werden [327]. Es wird angenommen, dass die Querdiffusion ausschließlich in der Kontaktnetzschicht erfolgt, da diese deutlich dicker ist als die Stromsammlerschicht und eine deutlich höhere Porosität aufweist. GEWIES [328] berücksichtigte die Querdiffusion unter den Kontaktklotzstegen durch die Verwendung einer effektiven Diffusionslänge d_{eff}, die sich aus der Verlängerung der Diffusionswege unter den Kontaktstegen ergibt (vgl. Abbildung 4.43). Für die gesamte aktive Fläche berechnet sich die effektive Kontaktnetzdicke $l_{netz,eff}$ durch die Integration der Diffusionswege, die eine Querdiffusionskomponente zwischen 0 und der halben Stegbreite ($b_{ks}/2$) aufweisen und dem Teilen des Integrals durch $b_{ks}/2$:

$$I_{netz,eff} = \frac{1}{\left(\dfrac{b_{ks}}{2}\right)} \int_0^{\frac{b_{ks}}{2}} \sqrt{I_{netz}^2 + x^2}\, dx = \frac{1}{\left(\dfrac{b_{ks}}{2}\right)} \cdot \frac{1}{2}\left[x \cdot \sqrt{I_{netz}^2 + x^2} + I_{netz}^2 \cdot \ln(x + \sqrt{I_{netz}^2 + x^2}) \right]_0^{\frac{b_{ks}}{2}} \qquad \text{4-14}$$

Setzt man die Grenzen des Integrals ein, folgt:

$$I_{netz,eff} = \frac{1}{2} \cdot \sqrt{I_{netz}^2 + \left(\frac{b_{ks}}{2}\right)^2} + \frac{I_{netz}^2}{b_{ks}}\left[\ln\left(\frac{b_{ks}}{2} + \sqrt{I_{netz}^2 + \left(\frac{b_{ks}}{2}\right)^2}\right) - \ln(I_{netz}) \right] \qquad \text{4-15}$$

Für die zwei übereinanderliegenden Gold-Kontaktnetze ergibt sich eine effektive Kontaktnetzdicke von $I_{netz,eff} = 363$ µm.

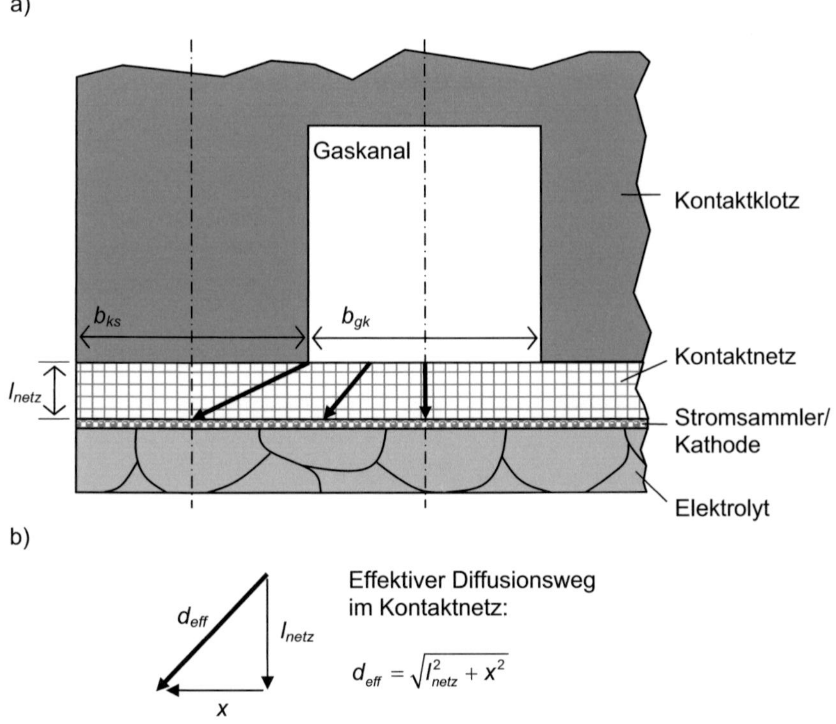

Abbildung 4.43: a) Maßstabsgetreue Skizze der Kathodenkontaktierung im Querschnitt und b) Erläuterung der Wegverlängerung durch eine zusätzliche Querdiffusionskomponente in x-Richtung Symmetriebedingt muss nur jeweils die halbe Steg- und Gaskanalbreite berücksichtigt werden.

Die Gasdiffusionsverluste, die in dieser Schicht entstehen, können ebenfalls mit Gleichung 4-10 berechnet werden, wobei der die Knudsen-Diffusion berücksichtigende Term vernachlässigt werden kann (vgl. Gleichung 4-16). Die Porosität der Kontaktnetze liegt bei ungefähr

ε_{Netz} = 0.82, und für die Porentortuosität wird ein Wert von $\tau_{p,netz}$ = 1.2 verwendet (1 < $\tau_{p,netz}$ < $\sqrt{2}$ [328]).

$$ASR_{gasn,netz} = \left(\frac{R \cdot T}{4 \cdot F}\right)^2 \cdot \frac{l_{netz,eff}}{P} \cdot \frac{\tau_{p,netz}}{D_{N2,O2} \cdot \varepsilon_{Netz}} \cdot \left(\frac{1}{x_{O2}} - 1\right) \qquad 4\text{-}16$$

Abbildung 4.44 zeigt die berechneten Diffusionsverluste in Abhängigkeit vom Sauerstoffpartialdruck bei 600 °C. Auf die temperaturabhängige Darstellung wird in diesem Fall verzichtet, da die molekulare Diffusion nur sehr schwach temperaturabhängig ist ($ASR_{gas,netz} \sim T^{0.34}$).

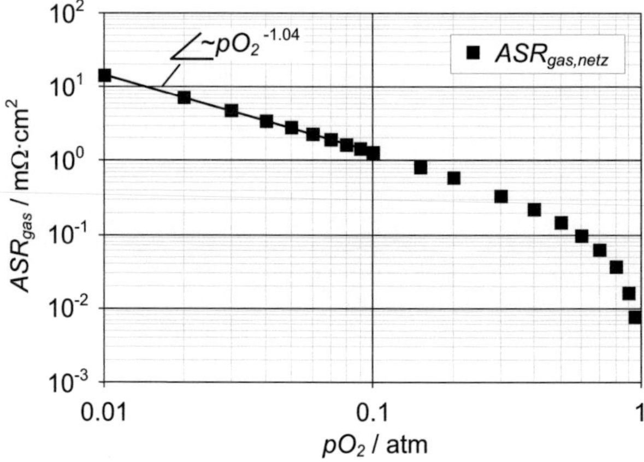

Abbildung 4.44: Berechnete Gasdiffusionsverluste im Kontaktnetz in Abhängigkeit des Sauerstoffpartialdrucks bei 600 °C
Die verwendeten Mikrostrukturparameter sind $l_{netz,eff}$ = 363 µm, ε_{netz} = 0.82 und $\tau_{p,netz}$ = 1.2.

Aufgrund der groben Struktur der Kontaktnetze, der aus dem Gasvolumenstrom von 250 sccm resultierenden mittleren Geschwindigkeit des Gases in den Gaskanälen von 0.83 m/s und den daraus resultierenden Verwirbelungen in den Gaskanälen wird im Übrigen angenommen, dass sich oberhalb der Kontaktnetze keine zusätzliche stehende Gasschicht ausbildet [20, 85, 329][79].

Gasdiffusionsverluste in der gesamten Messkonfiguration

Abbildung 4.45 fasst nochmals die zuvor gezeigten Ergebnisse zusammen. Interessanterweise sind die Verluste im Kontaktnetz und in der Stromsammlerschicht annähernd gleich groß, wobei sie die Gasdiffusionsverluste dominieren. Die Gasdiffusionsverluste in der nanoskaligen Kathode hingegen sind um eine Größenordnung kleiner. Dieses Verhältnis führt auch dazu, dass die Verluste aufgrund von Knudsen-Diffusion vergleichsweise klein sind und die gesamten Gasdiffusionsverluste hauptsächlich von der molekularen Diffusionspolarisation dominiert werden. Bei 600 °C liegen die gesamten Gasdiffusionsverluste der in diesem Beispiel betrach-

---

[79] In den Gaskanälen oberhalb des Kontaktnetzes (Querschnittsfläche 1 x 1 mm^2) bildet das Oxidationsgas bei den üblichen Volumenströmen von 250 sccm eine laminare Strömung aus. Die Reynoldszahl $Re_{Gaskanal}$ hat dabei im SOFC-relevanten Temperaturbereich einen Maximalwert von 15, welcher deutlich unterhalb der kritischen Reynoldszahl für Rohrströmung von $Re_{kritisch} \approx 2300$ liegt.

teten Dünnschichtkathode samt Kontaktierung bei $ASR_{gas,gesamt} < 4$ mΩ·cm^2, wobei hier als niedrigster im Betrieb realistischer Sauerstoffpartialdruck $pO_2 = 0.1$ atm angenommen wurde [273]. Da der Prozess der Gasdiffusion auch nur eine geringe Abhängigkeit von der Temperatur aufzeigt, liegen die Gasdiffusionsverluste im gesamten für die SOFC relevanten Temperaturbereich in dieser Größenordnung (vgl. Abbildung 4.44-c).

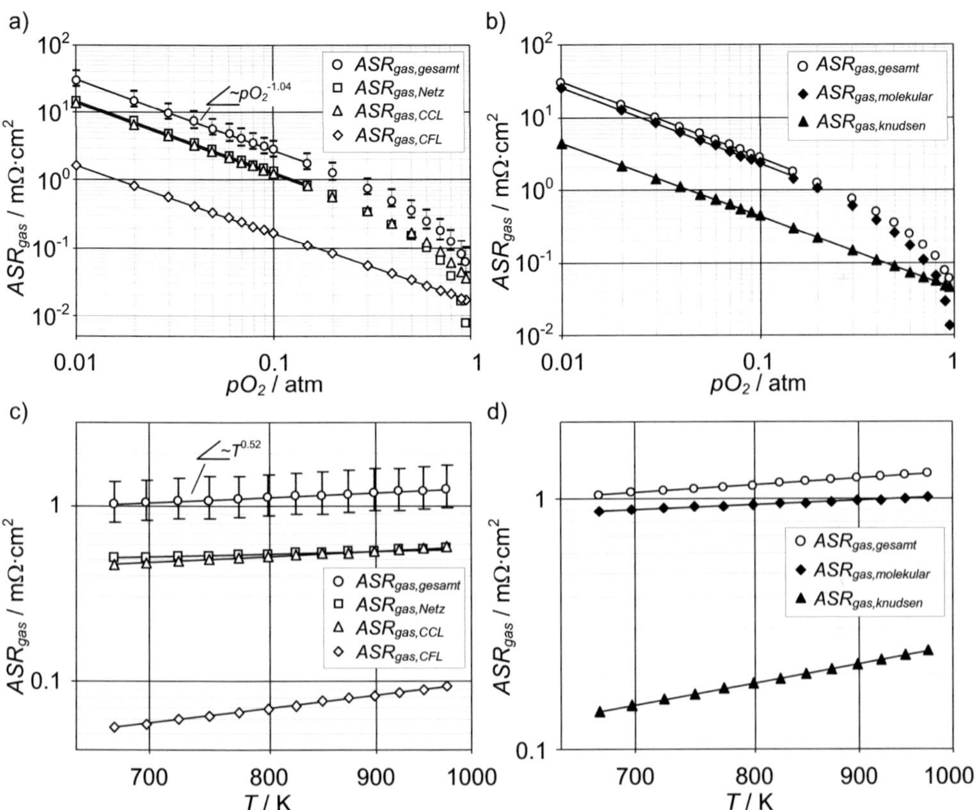

Abbildung 4.45: Zusammenfassung der Ergebnisse der berechneten Gasdiffusionsverluste einer SOFC-Kathode mit nanoskaliger Funktionsschicht, µm-skaligem Stromsammler und Goldnetzkontaktierung

Gezeigt werden die berechneten Gasdiffusionsverluste in a) und b) aufgetragen über dem Sauerstoffpartialdruck bei 600 °C und in c) und d) aufgetragen über der Temperatur bei $pO_2 = 0.21$ atm. Die Fehlerbalken von $ASR_{gas,\,gesamt}$ in a) und c) resultieren aus der relativ ungenauen Bestimmung und Abschätzung der Mikrostrukturparameter der Stromsammlerschicht. $ASR_{gas,knudsen}$ ist der durch die Knudsen-Diffusion verursachte Anteil an $ASR_{gas,gesamt}$, $ASR_{gas,molekular}$ der durch die molekulare Diffusion verursachte Anteil.

Die tatsächlichen, messtechnisch bestimmten Gasdiffusionsverluste im angeströmten Fall liegen im Mittel 50 % oberhalb der berechneten Werte, zeigen jedoch die annähernd gleiche Abhängigkeit vom Sauerstoffpartialdruck. Wie in Abbildung 4.38 zu sehen ist, liegen die Werte etwas außerhalb der Fehlerbalken der berechneten Werte, die aus der ungenauen Mikrostrukturbestimmung der Stromsammlerschicht resultieren. Genauso wie die Mikrostrukturbestimmung der Stromsammlerschicht nicht ohne Fehler möglich ist, unterliegt auch die Angabe der effektiven Netzdicke bzw. Dicke der ruhenden Gasschicht oberhalb der Kathode einem wahrscheinlich nicht unerheblichen Fehler. Dieser wurde jedoch im Rahmen dieser Arbeit nicht abgeschätzt, da es dafür komplexer strömungstechnischer Simulationen bedarf. Es bleibt jedoch festzuhalten, dass unter Berücksichtigung einer möglicherweise zu dünn angenommenen effektiven Kontaktnetzdicke die Berechnungen mit den Messergebnissen gut übereinstimmen.

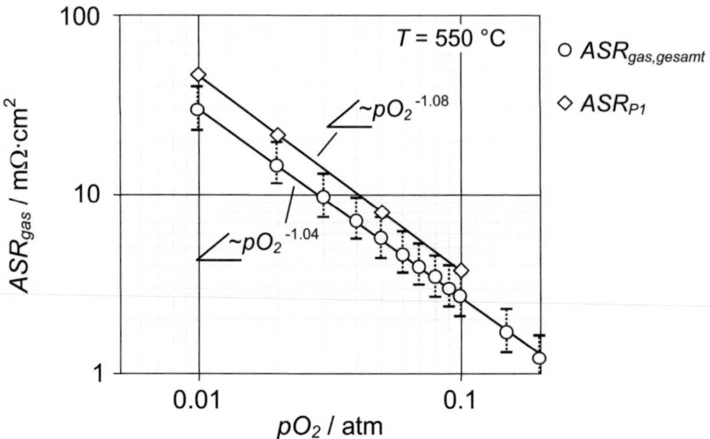

Abbildung 4.46: Vergleich berechneter und gemessener Gasdiffusionsverluste in Abhängigkeit des Sauerstoffpartialdrucks bei 550 °C

In der Grafik werden die messtechnisch bestimmten Gasdiffusionsverluste (ASR_{P1}) aus Abbildung 4.38 mit den für 550 °C berechneten Gasdiffusionsverlusten ($ASR_{gas,gesamt}$) einer Messkonfiguration mit den entsprechenden Mikrostruktur- und Geometrieparametern verglichen.

Gasumsatzverluste

Weiterhin können gasphasenassoziierte Verluste in Form von Umsatzpolarisationsverlusten auftreten. Sie treten in den gasdurchströmten Gaskanälen auf und sind vom Gasfluss und vom Messaufbau abhängig [330]. In dem gasangeströmten Setup SOFC10 wird standardmäßig eine Flussrate von 250 sccm pro Elektrode gewählt, die jedoch speziell bei niedrigen Sauerstoffpartialdrücken nicht ausreicht, um die Umsatzpolarisation ausreichend zu unterdrücken. Abbildung 4.47 verdeutlicht diesen Zusammenhang.

Bei niedrigen Sauerstoffpartialdrücken, hier pO_2 = 0.01 atm, sind die gasphasenverursachten Verluste stark flussabhängig. Aufgrund von Limitationen der Gasmischbatterie in Messplatz SOFC10 konnte der Gasfluss jedoch nicht bis in den Sättigungsbereich erhöht werden, eine Extrapolation der Messdaten lässt aber ein Minimum bei ASR_{gas} ≈ 30 mΩ·cm^2 erwarten. Der entsprechende berechnete Wert der Gasdiffusionsverluste ohne Umsatzpolarisationsverluste liegt bei $ASR_{gas,gesamt}$ = 29.8 mΩ·cm^2. Dies zeigt zum einen die gute Übereinstimmung von Modell und Messung, zum anderen zeigt dies jedoch auch, dass es neben der ungenauen Bestimmung der Geometrieparameter der einzelnen Schichten und den Ungenauigkeiten der empirischen Modelle auch beim Messen zu nicht unerheblichen Fehlern kommen kann.

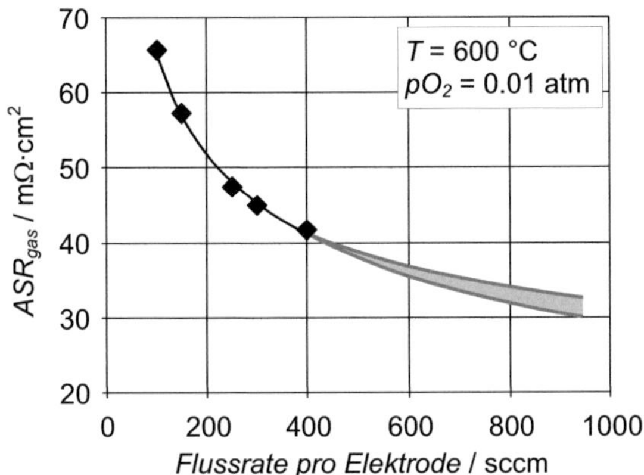

Abbildung 4.47: Flussabhängige Gasdiffusionsverluste einer symmetrischen Testzelle mit nanoskaliger LSC-Dünnschichtkathode bei 600 °C und pO_2 = 0.01 atm

Die in Messplatz SOFC10 maximal einstellbare Flussrate ist auf 400 sccm pro Elektrode beschränkt, so dass keine Flüsse > 400 sccm eingestellt werden konnten. Gasphasenverluste bei höheren Flussraten werden in dem grau hinterlegten Bereich erwartet, mit einem Minimalwert von $ASR_{gas} \approx$ 30 mΩ·cm^2.

4.6 Degradation

In Abschnitt 4.2.2 wurde bereits auf die Problematik der unterschiedlichen Degradation von LSC-Dünnschichtkathoden in unterschiedlichen Gasatmosphären hingewiesen, auf die im Folgenden nochmals im Detail eingegangen werden soll. Dabei liegt der Fokus in Abschnitt 4.6.1 auf mikrostrukturellen und chemischen Veränderungen und in Abschnitt 4.6.2 auf Veränderungen der elektrochemischen Eigenschaften. In Abschnitt 4.6.3 wird das Alterungsverhalten von LSC-Dünnschichtkathoden in H_2O- und CO_2-haltigen Atmosphären untersucht.

4.6.1 Chemische und mikrostrukturelle Veränderungen

Zu Beginn dieser Studie an nanoskaligen Kathoden konnte kein Muster im Degradationsverhalten der in ruhender Luft (Messplatz SOFC3) charakterisierten Proben erkannt werden. Es reichte von einer anfänglichen Degradation und einer daran anschließenden Stabilisierung bis hin zu einem monotonen Anstieg der Polarisationsverluste. Aufgrund einer weiteren Verstärkung des Effekts durch Anströmung mit Luft konnte die Ursache dann auf die in der Luft befindlichen Spurengase wie H_2O und CO_2 zurückgeführt werden. Messungen in synthetischer Luft, gemischt aus reinem Sauerstoff und Stickstoff, konnten diese Vermutung dann bestätigen. Die Proben zeigten in synthetischer Luft ein stabiles Verhalten und ermöglichten so überhaupt erst die detaillierte Charakterisierung, die in Abschnitt 4.5 gezeigt wurde. Grundsätzlich gibt es ein Vielzahl möglicher Degradationsmechanismen, die beispielsweise von ADLER in [83] und YOKOKAWA in [215] zusammengefasst wurden. An dieser Stelle sollen besonders die Vergröberung der Mikrostruktur durch Sintern, Entmischungseffekte (vgl. Abschnitt 2.6.7) und die Fremdphasenbildung aufgrund von gasförmigen Verunreinigungen im Kathodengas genannt werden.

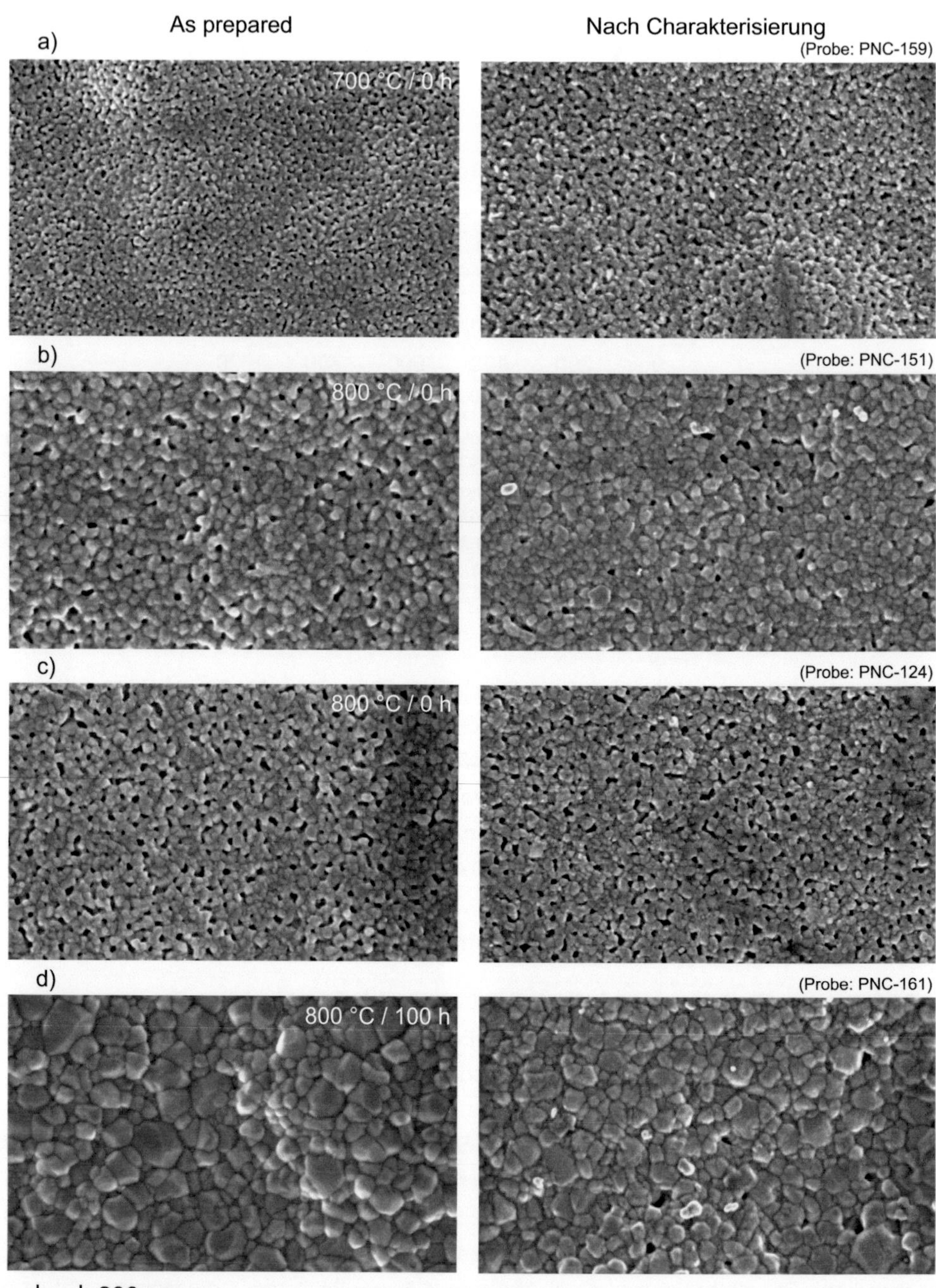

Abbildung 4.48: Gegenüberstellung von Oberflächen-REM-Aufnahmen von LSC-Dünnschichtkathoden vor und nach der elektrochemischen Charakterisierung

Bis auf eine leichte Vergröberung der Probe in Abbildung a) konnte keine Veränderung der Mikrostruktur durch die elektrochemische Charakterisierung bei Temperaturen bis 600 °C festgestellt werden. a) Probe PNC-159 (ΔT = 3 K/min, T_{max} = 700 °C, t_{an} = 0 h) wurde über 950 h bei Temperaturen zwischen 400 und

600 °C angeströmt mit Druckluft charakterisiert. b) Probe PNC-151 (ΔT = 3 K/min, T_{max} = 800 °C, t_{an} = 0 h) wurde über 3500 h angeströmt und mit zum Teil H_2O- und CO_2-haltiger synthetischer Luft im Temperaturbereich von 350 ... 650 °C charakterisiert. c) Probe PNC-124 (ΔT = 3 K/min, T_{max} = 800 °C, t_{an} = 0 h) wurde über 125 h bei 600 °C in ruhender Umgebungsluft charakterisiert. d) Probe PNC-161 (ΔT = 3 K/min, T_{max} = 800 °C, t_{an} = 100 h) wurde über 2800 h angeströmt und mit zum Teil H_2O- und CO_2-haltiger synthetischer Luft im Temperaturbereich von 400 ... 600 °C charakterisiert.

Veränderungen der Mikrostruktur wurden mittels Rasterelektronenmikroskopie anhand von Oberflächenaufnahmen untersucht. Abbildung 4.48 zeigt die Oberfläche von LSC-Dünnschichten ausgewählter Proben vor und nach der elektrochemischen Charakterisierung. Diese wurden zum Teil bis zu 3500 h bei Temperaturen von 400 ... 600 °C charakterisiert. Signifikante Veränderungen konnten jedoch nicht festgestellt werden.

Die Kathodendünnschicht in Abbildung 4.48-a zeigt eine leichte Vergröberung der Mikrostruktur, wobei es sich um eine Probe mit sehr kleiner Korngröße handelt. Auch in Abbildung 4.48-b scheint die mittlere Partikelgröße der Probe angewachsen zu sein. Diese Probe wurde jedoch bei Temperaturen von bis zu 650 °C charakterisiert, wobei in diesem Fall das Kornwachstum der erhöhten Temperatur zugeschrieben werden kann. Diese Temperatur liegt jedoch außerhalb des Betriebsfensters dieses Kathodentyps, so dass Sintern als ein eher untergeordneter Degradationsmechanismus nanoskaliger LSC-Dünnschichtkathoden im Temperaturbereich bis 600 °C angesehen werden kann.

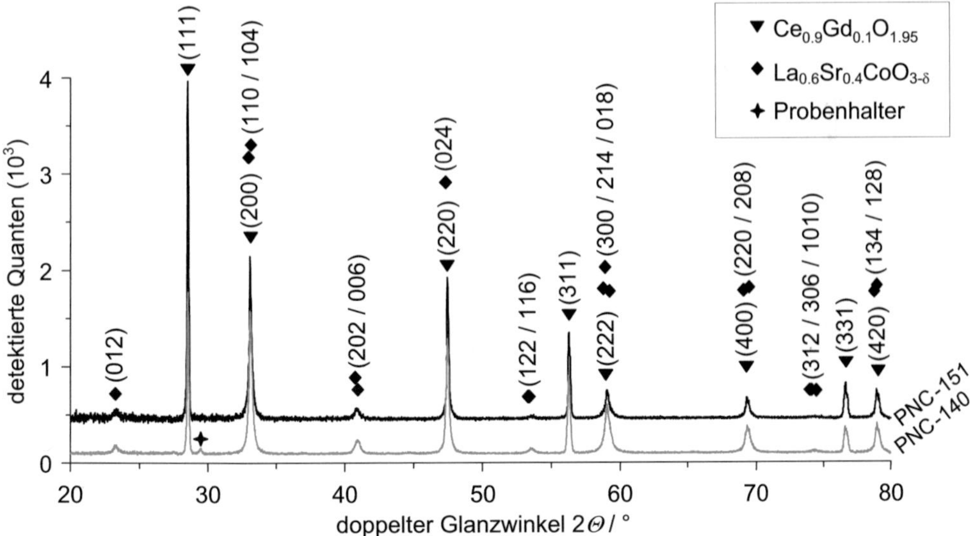

Abbildung 4.49: Röntgendiffraktogramme nanoskaliger LSC-Dünnschichtkathoden auf $Ce_{0.9}Gd_{0.1}O_{1.95}$ Elektrolytsubstrat vor (PNC-140) und nach (PNC-151) der elektrochemischen Charakterisierung

Die Röntgendiffraktogramme wurden mittels der Methode des streifenden Einfalls aufgenommen, wobei der Einfallswinkel der Röntgenstrahlung konstant bei 1.5 ° gehalten wurde. Von den Spektren wurde der Hintergrund der Röntgenbremsstrahlung rechnerisch abgezogen. Die Reflexpositionen von $La_{0.6}Sr_{0.4}CoO_{3-\delta}$ wurden [126] entnommen, die von $Ce_{0.9}Gd_{0.1}O_{1.95}$ entsprechen der JCPDS Referenz PDF#01-075-0161. Weiterhin traten im Spektrum der Probe PNC-140 Reflexe des Probenhalters auf. Die beiden Proben wurden mit den Parametern ΔT = 3 K/min, T_{max} = 800 °C und t_{an} = 0 h hergestellt.

Entsprechend wurde anschließend nach Veränderungen chemischer Art gesucht, mit denen die festgestellte Degradation der elektrochemischen Eigenschaften der unterschiedlichen Proben erklärt werden kann. Erste Hinweise hierfür gaben die REM-Aufnahmen in Abbildung 4.48-d, auf denen eine Veränderung der Oberfläche einzelner LSC-Körner durch die elektrochemische Charakterisierung bei Temperaturen von bis zu 600 °C zu erkennen ist. Im Vergleich zu vor der Charakterisierung ist diese danach deutlich kantiger und von Stufen unterbrochen.

Mittels Röntgendiffraktometrie konnte jedoch an den Proben keine chemische Veränderung festgestellt werden, wie in Abbildung 4.49 beispielhaft für Probe PNC-151, die am längsten in CO_2- und H_2O-haltiger Atmosphäre charakterisiert wurde, gezeigt wird. An dieser Stelle sei nochmals darauf hingewiesen, dass bei ausreichender Kristallinität die vom Material und Anzahl der Phasen abhängige Nachweisgrenze zwischen 1 und 5 Vol.-% liegt (vgl. Abschnitt 3.2.2).

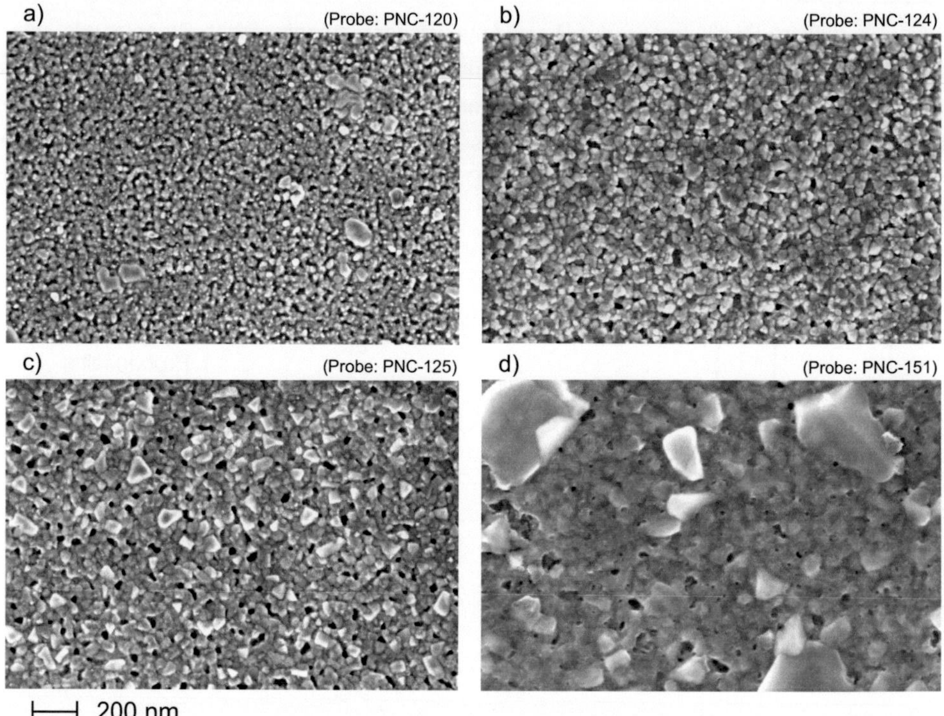

Abbildung 4.50: Post-test REM-Aufnahmen der Oberfläche von nicht durch den Stromsammler bedeckten Bereichen von unterschiedlich charakterisierten LSC-Dünnschichtkathoden

Die Proben in a) und b) wurden in Messplatz SOFC3 in ruhender Luft für 125 h bzw. 300 h bei 600 °C charakterisiert. Beide Aufnahmen zeigen im Vergleich zu Aufnahmen von Bereichen, die mit einer Stromsammlerschicht bedeckt waren (vgl. Abbildung 4.48), bis auf leichte Verunreinigungen keine signifikante Veränderung der Oberfläche. Die Partikel in der rechten Bildhälfte auf der Probe in a) waren schon vor der Charakterisierung vorhanden (vgl. Abbildung 4.9-a). Die Proben in c) und d) wurden in Messplatz SFOC10 charakterisiert, wobei sie über 200 h bei Temperaturen zwischen 400 und 600 °C in Druckluft, respektive für ca. 3500 h bei Temperaturen bis 650 °C in zum Teil mit H_2O und CO_2 angereicherter synthetischer Luft charakterisiert wurden. Auf der Oberfläche dieser Proben haben sich während des Zelltests Kristallite ausgebildet. Die Proben PNC-151, -124 und -125 wurden mit ΔT = 3 K/min, T_{max} = 800 °C, t_{an} = 0 h hergestellt, Probe PNC-120 mit ΔT = 3 K/min, T_{max} = 700 °C, t_{an} = 0 h.

Etwas sensibler reagierten jedoch die Randbereiche der LSC-Dünnschichten, die nicht mit einer Stromsammlerschicht bedeckt waren. Sie waren somit direkt der umgebenden Gasatmosphäre ausgesetzt, ohne dass sie durch eine darüberliegende Schicht aus dem gleichen Material als Puffer geschützt wurden. Abbildung 4.50 zeigt eine Auswahl an REM-Aufnahmen von solchen Oberflächen, die unterschiedlich lange unterschiedlichen Atmosphären ausgesetzt waren.

Die Proben in Abbildung 4.50-a und -b, welche in Messplatz SOFC3 in ruhender Umgebungsluft charakterisiert wurden, weisen bis auf leichte oberflächliche Verunreinigungen keine signifikanten Veränderungen der Mikrostruktur neben der Stromsammlerschicht auf. Auf der Oberfläche der angeströmt charakterisierten Proben haben sich jedoch Kristallite ausgebildet (vgl. Abbildung 4.50-c und -d), wobei die LSC-Dünnschicht von Probe PNC-151 sogar komplett von einer Sekundärphase bedeckt wurde (vgl. Abbildung 4.50-d). Diese Probe wurde entsprechend genauer untersucht.

a)   b)

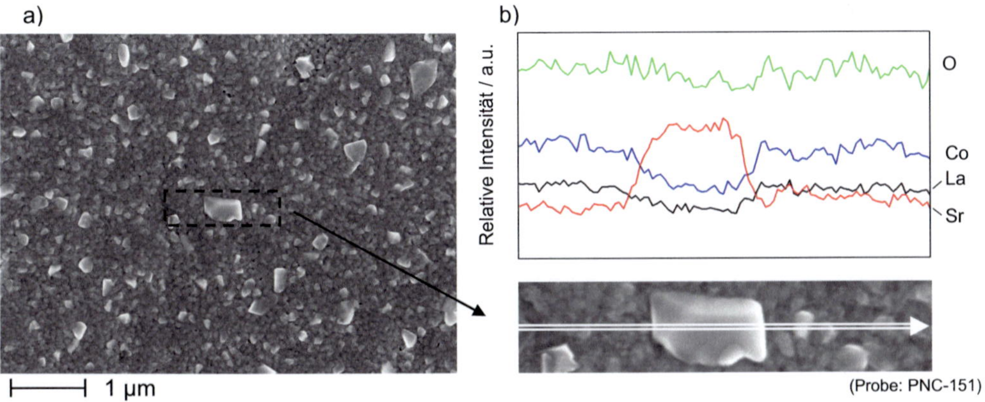

Abbildung 4.51: Post-test a) REM-Aufnahme und b) EDX-Linescan-Analyse einer nicht durch den Stromsammler bedeckten Stelle einer LSC-Dünnschicht auf der Gaseinlassseite der Elektrode

Auf Bereichen der LSC-Dünnschicht, die während der elektrochemischen Charakterisierung nicht durch den Stromsammler bedeckt waren, konnten bei post-test EDX-Untersuchungen strontiumhaltige Kristallite mit bis zu 750 nm Größe nachgewiesen werden. Um die laterale Auflösung zu verbessern und um nicht zu viel Signal von dem darunterliegenden CGO-Substrat zu erhalten, wurde für die EDX-Analyse eine Beschleunigungsspannung von 5 kV gewählt. Probe PNC-151 wurde mit ΔT = 3 K/min, T_{max} = 800 °C und t_{an} = 0 h hergestellt.

Die Probe PNC-151 wurde in Messplatz SOFC10 über 3500 h bei Temperaturen von 350 … 650 °C in 250 sccm synthetischer Luft pro Elektrode charakterisiert, der zeitweise bis zu 0.5 Vol.-% CO_2 beigemengt wurde und die auch zeitweise mittels einer Gaswaschflasche angefeuchtet wurde (vgl. Abschnitt 4.6.3). Wie in Abbildung 4.50-d zu sehen ist, haben sich dabei auf der Oberfläche der nicht vom Stromsammler bedeckten LSC-Dünnschichtkathode Kristallite mit bis zu 750 nm Größe ausgebildet (vgl. auch Abbildung 4.51-a). Abbildung 4.51-b zeigt die Ergebnisse einer EDX-Linescan-Analyse an einem solchen Kristallit. Im Bereich des Kristallits konnte ein signifikant höheres Strontiumsignal detektiert werden, wohingegen das Signal von Kobalt und Lanthan deutlich und das von Sauerstoff in diesem Bereich nur leicht geringer ausfielen. Folglich handelt es sich bei den Kristalliten auf der LSC-Dünnschicht um eine strontiumhaltige Phase, deren Sauerstoffgehalt im Vergleich zum LSC-Perowskit etwas niedriger ist.

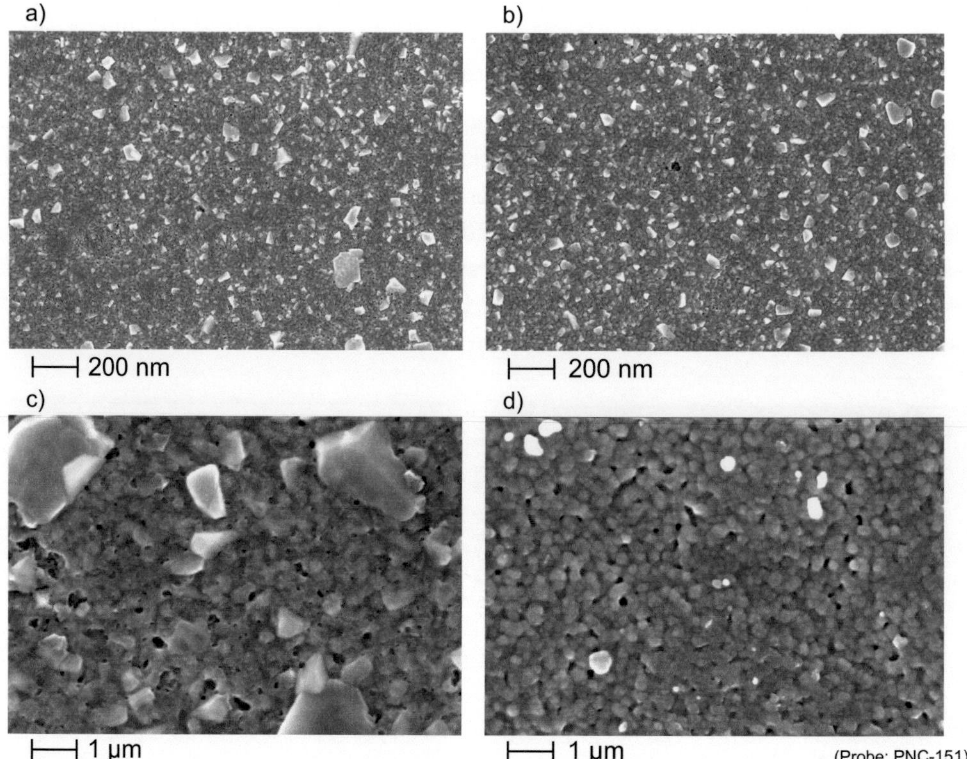

Abbildung 4.52: Post-test REM-Aufnahmen unterschiedlicher Vergrößerung von a) und c) nicht durch den Stromsammler bedeckten Stellen einer LSC-Dünnschicht am Gasauslass, b) am Gaseinlass und d) einer Stelle, die während des Test vom Stromsammler bedeckt war

Die Bildung strontiumhaltiger Kristallite auf der Oberfläche der LSC-Dünnschicht fiel auf a) der Gasauslassseite deutlich ausgeprägter aus als auf b) der Gaseinlassseite. Neben den Kristalliten ist speziell auf der Gasauslassseite c) bei großer Vergrößerung noch eine die gesamte Dünnschicht überziehende Sekundärphasenschicht zu erkennen, die sich auf c) der LSC-Dünnschicht, die vom Stromsammler bedeckt war, nicht ausgebildet hat. Bei den hellen Flecken in d) handelt es sich um Reste des Stromsammlers. Probe PNC-151 wurde mit ΔT = 3 K/min, T_{max} = 800 °C und t_{an} = 0 h hergestellt.

Weiterhin kann anhand der REM-Aufnahmen in Abbildung 4.52 gezeigt werden, dass sich auf der Gasauslassseite (vgl. Abbildung 4.52-a) mehr und vor allem größere Kristallite ausgebildet haben als auf der Gaseinlassseite (vgl. Abbildung 4.52-b). Zudem scheint – wie schon weiter oben erwähnt wurde – die LSC-Dünnschicht im Vergleich mit einer vom Stromsammler bedeckten Stelle (vgl. Abbildung 4.52-d) von einer dünnen Zweitphasenschicht überzogen zu sein (vgl. Abbildung 4.52-c). Diese Ergebnisse sind zwar nicht repräsentativ für die LSC-Dünnschichtkathode unter der Stromsammlerschicht, zeigen jedoch, dass Strontium über die Gasphase abtransportiert wird und sich außerhalb der aktiven Elektrode wieder niederschlägt. Ähnliches hatte auch schon BECKER [214] an µm-skaligen LSCF-Kathoden gefunden. Auf der

Gaseinlassseite gab es jedoch auch Bereiche vor den Stegen des Kontaktklotzes, an denen, vermutlich begünstigt durch die geringe Anströmung, keine signifikanten Mengen an Strontium abgeschieden wurden und sich somit auch keine Kristallite ausgebildet haben (vgl. Abbildung 4.53). Dies stellt ein weiteres Indiz für den Sr-Transport über die Gasphase dar.

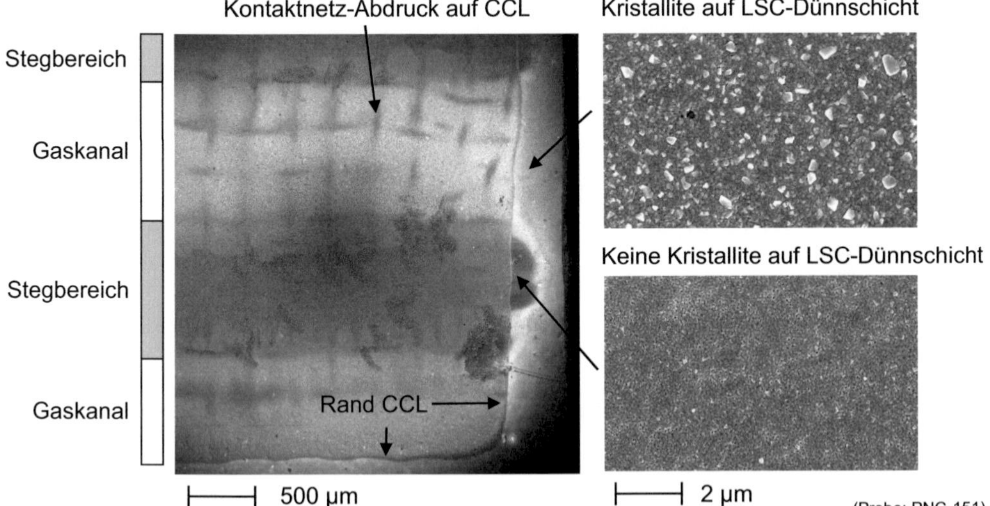

Abbildung 4.53: Übersichts-REM-Aufnahme einer LSC-Dünnschichtkathode samt Stromsammler nach der elektrochemischen Charakterisierung (Gaseinlassseite)

Die REM-Aufnahmen wurden mit dem InLense-Detektor aufgenommen, der topographisch ähnliche aber chemisch nicht gleiche Bereiche unterschiedlich hell darstellt. So können beispielsweise die Bereiche der Kontaktstege und der Gaskanäle des Kontaktklotzes auf der Stromsammlerschicht kenntlich gemacht werden. Auch zeigt sich, dass es vor den Kontaktstegen auf der LSC-Dünnschicht Bereiche gibt, auf denen keine Kristallite auf der LSC-Dünnschichtoberfläche vorhanden sind (REM-Bild rechts unten).

4.6.2 Veränderung der Elektrochemie angeströmt in Druckluft

In Abschnitt 4.2.2 wurde gezeigt, dass nanoskalige LSC-Dünnschichtkathoden in unterschiedlichen Atmosphären ein unterschiedliches Degradationsverhalten aufzeigen. Am stärksten fiel die Degradation dabei angeströmt mit 250 sccm Druckluft aus. Mit Hilfe einer Impedanzdatenanalyse mittels DRT kann untersucht werden, welche der in Abschnitt 4.5.1 identifizierten Prozesse von der Degradation besonders betroffen sind.

Abbildung 4.54 zeigt DRTs von Impedanzspektren, die während einer isothermen Charakterisierung bei 600 °C angeströmt mit Druckluft aufgenommen wurden. Es zeigt sich, dass sich fast ausschließlich die Prozesse P2 und P3 verändern, wohingegen die Prozesse P4 und P5 lediglich leichten Schwankungen unterliegen, aber keine signifikanten Änderungen aufzeigen. Die Verluste von Prozess P2 und P3 steigen dabei mit zunehmender Zeit monoton an, wobei die Degradation von Prozess P2 vergleichsweise stärker ausfällt. Prozess P1 kann in diesem Beispiel nicht aufgelöst werden, da er zum einen bei diesem pO_2 sehr klein ist und zum anderen von Prozess P2 überlagert wird, der unter diesen Bedingungen im selben Frequenzbereich liegt wie Prozess P1 (vgl. Abbildung 4.35-b). Die möglichen Ursachen für die Degradation von Prozess P2 und P3 werden im folgenden Abschnitt diskutiert.

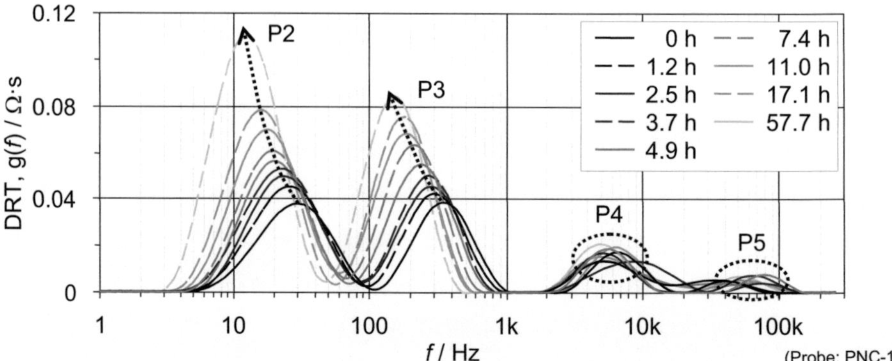

Abbildung 4.54: DRTs von Impedanzspektren einer isothermen Charakterisierung bei 600 °C in Druckluft (angeströmt)

Es ist deutlich zu erkennen, dass die Verluste von Prozess P2 und P3 mit der Zeit zunehmen, während die Verluste von P4 und P5 weitestgehend unverändert bleiben. Prozess P1 kann in diesem Beispiel nicht aufgelöst werden, da der vergleichsweise kleine Prozess von Prozess P2 überlagert wird. Probe PNC-139 wurde mit ΔT = 3 K/min, T_{max} = 800 °C und t_{an} = 0 h hergestellt.

4.6.3 Degradationsuntersuchungen in CO_2- und H_2O-haltiger Luft

Entsprechend den Ergebnissen aus Abschnitt 4.2.2 und 4.6.2 wird davon ausgegangen, dass die Degradation nanoskaliger LSC-Dünnschichtkathoden von Bestandteilen der Luft verursacht wird, die in synthetischer Luft nicht vorhanden sind. Dies sind hauptsächlich Wasserdampf und Kohlenstoffdioxid. Laut der Landesanstalt für Umwelt, Messungen und Naturschutz Baden-Württemberg ist in der atmosphärischen Luft ein Anteil von 0.037 Vol.-% Kohlenstoffdioxid[80] enthalten. Der Anteil von Wasserdampf (H_2O) in der Luft ist im Allgemeinen vom Wetter abhängig, wobei der maximal mögliche Anteil temperaturabhängig ist und bei z.B. 24 °C maximal 3.0 Vol.-% bei 100 % relativer Luftfeuchtigkeit betragen kann [331]. Die am IWE zur Verfügung stehende Druckluft enthält bei einem Druck von 1 atm eine Restfeuchte[81] von 5.9 ... 6.7 g/m^3, was ungefähr 0.10 ... 0.11 Vol.-% entspricht. Im Folgenden soll nun der Einfluss der beiden Gase Wasserdampf und Kohlenstoffdioxid auf die Leistungsfähigkeit, Degradation und die einzelnen in Abschnitt 4.5.1 identifizierten Prozesse nanoskaliger LSC-Dünnschicht-kathoden untersucht werden.

Experiment

Um den Einfluss von CO_2 und H_2O auf die Elektrochemie von nanoskaligen $La_{0.6}Sr_{0.4}CoO_{3-\delta}$-Dünnschichtkathoden zu untersuchen, wurden die beiden Gase während der elektrochemischen Charakterisierung der synthetischen Luft definiert beigemengt. Dies ermöglichte es,

---

[80] Quelle: http://www.lubw.baden-wuerttemberg.de/servlet/is/18340/ (22. Oktober 2011)
[81] Arbeitsbereich des Druckluftkältetrockners: 3 bis 5 °C.

etwaige Effekte isoliert zu betrachten. Die Untersuchungen erfolgten in Messplatz SOFC10 bei einer Gasflussrate von 250 sccm je Kathode, wobei die symmetrische Testzelle bei der jeweiligen Temperatur für jeweils 10 h mit CO_2- bzw. H_2O-haltiger synthetischer Luft beaufschlagt wurde. Lediglich bei 650 °C und CO_2-Beaufschlagung wurde schon vorzeitig die Zuschaltung des Gases beendet, da sich schon nach kurzer Zeit eine Sättigung eingestellt hatte.

Die Anfeuchtung der synthetischen Luft erfolgte über eine Gaswaschflasche. Dabei wurde die synthetische Luft durch eine mit Wasser gefüllte Gaswaschflasche geleitet, die mit Hilfe eines Kühlaggregats auf 15 °C heruntergekühlt wurde. Durch die niedrige Temperatur soll eine Kondensation von Wasserdampf in den Rohrleitungen und den Massenflussreglern der Gasmischbatterie verhindert werden. Die Anfeuchtung erfolgte bei einem Druck von 1.65 atm, was unter der Annahme, dass es zu einer Sättigung kommt, zu einer Befeuchtung von ca. 1.0 Vol.-% führen sollte (berechnet nach [331]). Messungen mit einer Lambda-Sonde konnten dies jedoch nicht bestätigen. Der so gemessene Sauerstoffpartialdruck sank um $\Delta pO_2 \approx 0.004$ atm, was einem Wassergehalt von ca. 2 Vol.-% entspricht. Eine mögliche Erklärung dafür könnte die Erwärmung des Wasserbads in der Gaswaschflasche durch die durchströmende Luft sein. Die entsprechende Temperatur, bei der sich bei Sättigung ein Wasserdampfanteil von 2 Vol.-% einstellt, beträgt 24 °C.

Weiterhin wurde die synthetische Luft mit geringen Mengen von CO_2 versetzt. Dabei wurden zwei Konzentrationen gewählt, eine niedrige Konzentration mit einem, wie in der Umgebungsluft enthaltenen Anteil von 0.037 Vol.-% CO_2 und eine hohe Konzentration von 0.5 Vol.-% CO_2. Dies erfolgte im ersten Fall (0.037 Vol.-% CO_2) über die Beimengung einer Gasmischung bestehend aus 1 Vol.-% CO_2, 20 Vol.-% O_2 und 79 Vol.-% N_2, im zweiten Fall (0.5 Vol.-% CO_2) durch die Beimengung von reinem CO_2. Auch hier wurde die Auswirkung der Verdünnung der synthetischen Luft auf den Sauerstoffpartialdruck mittels Lambda-Sonde untersucht, wobei sich diesmal ein der Verdünnung entsprechender Sauerstoffpartialdruck einstellte ($\Delta pO_2 = 0.001$ atm bei 0.5 Vol.-% CO_2 in synthetischer Luft).

Die elektrochemischen Messungen an der symmetrischen Testzelle erfolgten zum einen durch die Aufnahme von elektrochemischen Impedanzspektren im vollen Frequenzbereich vor dem Zuschalten, kurz vor dem Abschalten (nach ca. 10 h) und nach dem Abschalten des jeweiligen, beigemengten Gases. Die Messung nach dem Abschalten wurde erst dann durchgeführt, nachdem sich wieder ein stabiler Polarisationswiderstand eingestellt hatte (ca. 2 ... 15 h nach Abschalten). Zum anderen wurde der Betrag des Polarisationswiderstands kontinuierlich ermittelt, um dessen Veränderung im zeitlichen Verlauf zu bestimmen. Dies erfolgte durch zyklische Messung der Impedanz bei fünf definierten Frequenzpunkten, wie es exemplarisch in Abbildung 4.55 zu sehen ist. Der höchste und der niedrigste Frequenzpunkt wurden dabei so gewählt, dass die Differenz des Realteils dieser Impedanzen den Polarisationsverlusten der Kathoden entspricht. Für die Polarisationsverluste einer Kathode ergeben sich dann Verläufe, wie sie beispielsweise in Abbildung 4.55-b gezeigt sind. Die anderen drei Frequenzpunkte wurden auf andere charakteristische Stellen der Impedanz verteilt, um auch deren zeitlichen

Verlauf nachverfolgen zu können. Im Beispiel von Abbildung 4.55 wurde der Übergang vom hochfrequenten Halbkreis der Polarisationsverluste zum niederfrequenten Halbkreis gewählt. In diesem Beispiel ist der Degradationseffekt zu 100 % reversibel, so dass die Impedanzspektren, welche vor und nach der Beaufschlagung mit CO_2 aufgenommen wurden, übereinander liegen (Abbildung 4.55-a). Speziell bei niedrigen Temperaturen und bei der hohen CO_2-Konzentration kam es jedoch vor, dass die niedrigste Frequenz nicht ausreichend tief gewählt wurde, so dass der Anstieg der Polarisationsverluste mit dieser Methode als etwas kleiner bestimmt wurde, als dies tatsächlich der Fall war.

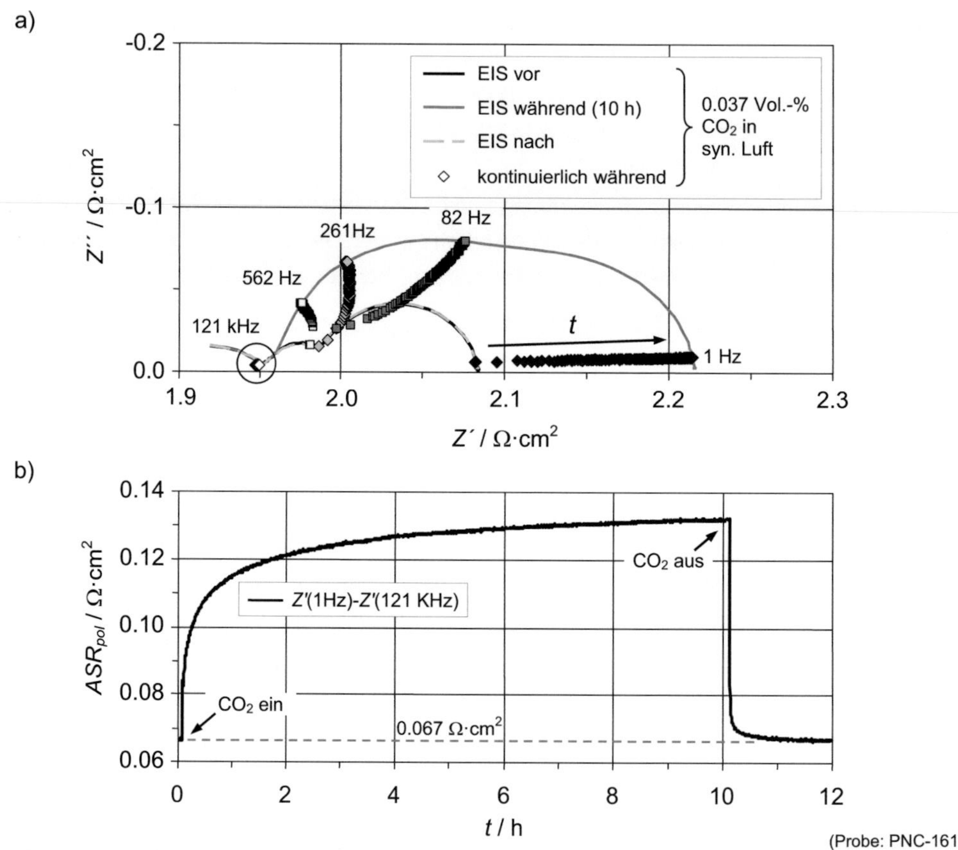

Abbildung 4.55: Einfluss von 0.037 Vol.-% CO_2 in synthetischer Luft auf die Polarisationsverluste nanoskaliger $La_{0.6}Sr_{0.4}CoO_{3-\delta}$-Dünnschichtkathoden bei 600 °C

Abbildung a) zeigt Impedanzmessungen einer symmetrischen Testzelle vor der Beaufschlagung mit CO_2, nach 10 h in CO_2-haltiger synthetischer Luft und nach dem Abschalten der CO_2-Beimengung. Die einzelnen Punkte sind Messdaten einer zyklischen Messung an 5 unterschiedlichen Frequenzen mit einer Zykluszeit von 17.5 s. Abbildung b) zeigt den zeitlichen Verlauf des aus den kontinuierlichen Messdaten bestimmten Polarisationswiderstands einer Kathode (ASR_{pol}). Dieser wurde mit $ASR_{pol} = [Z'(1\,Hz) - Z'(121\,KHz)] / 2$ berechnet.

Es wurden bei den Temperaturen T = 400, 450, 500, 550, 600 und 650 °C jeweils zwei Messungen mit unterschiedlichen CO_2-Konzentrationen (0.5 und 0.037 Vol.-%) und je eine mit angefeuchteter synthetischer Luft durchgeführt. Bei der Interpretation der Ergebnisse muss jedoch berücksichtigt werden, dass die Probe, an der die Messungen durchgeführt wurden, während dieser Untersuchung nicht unerheblich gealtert ist. Die folgenden Ergebnisse sind somit eher als qualitative Ergebnisse zu betrachten.

Degradation in CO_2-haltiger Luft

Abbildung 4.56 zeigt die relative Veränderung der Polarisationsverluste in CO_2-haltiger synthetischer Luft in Bezug auf den Wert vor der Beaufschlagung mit CO_2, aufgetragen über der Zeit. Die Polarisationsverluste steigen durch die Beimengung von CO_2 schlagartig stark an, wobei der relative Widerstandsanstieg bei niedrigen Temperaturen und höheren CO_2-Konzetrationen höher ausfällt. Dabei scheinen die Polarisationsverluste in CO_2-haltiger synthetischer Luft gegen einen Grenzwert zu laufen, der jedoch während der Beaufschlagungsdauer von 10 h nur bei 650 °C erreicht wurde.

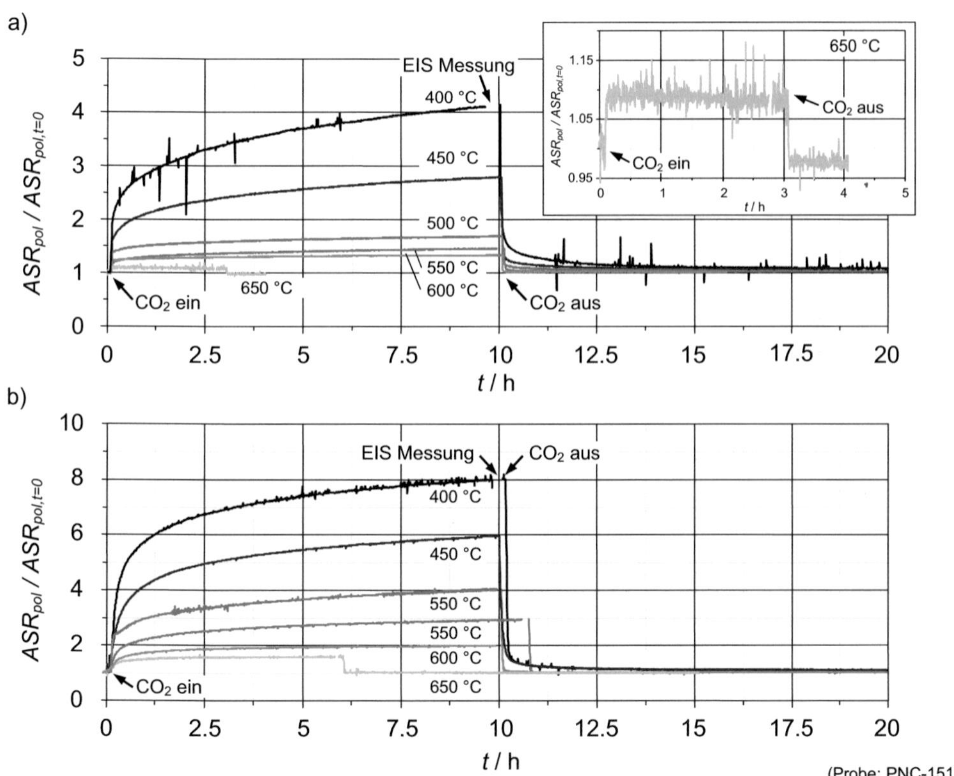

Abbildung 4.56: Relative Veränderung des Polarisationswiderstands durch Beaufschlagung der synthetischen Luft mit a) 0.037 Vol.-% CO_2 und b) 0.5 Vol.-% CO_2

Die Abbildungen zeigen die Veränderung der Polarisationsverluste in Bezug auf die Polarisationsverluste vor der Beaufschlagung der synthetischen Luft mit CO_2.

Bei 400 °C betrug die relative Veränderung der Polarisationsverluste nach 10 h Faktor 4 bzw. 9.8 bei 0.037 respektive 0.5 Vol.-% CO_2 in synthetischer Luft, bestimmt mittels der Auswertung von Impedanzspektren im vollen Frequenzbereich. Dass die relative Degradation bei 400 °C in Abbildung 4.56-b nur Faktor 8 beträgt, liegt daran, dass die niedrigste Frequenz der Messung mit 0.1 Hz für den degradierten Zustand nicht tief genug gewählt wurde und somit die Polarisationsverluste betragsmäßig nicht ganz erfasst wurden. Bei 650 °C hingegen fiel die relative Veränderung der Polarisationsverluste mit Faktor 1.08 bzw. 1.56 bei 0.037 respektive 0.5 Vol.-% CO_2 deutlich kleiner aus. Weiterhin zeigte sich, dass der Effekt im Temperaturbereich von 500 … 650 °C reversibel ist. Bei Temperaturen unterhalb von 500 °C konnten die Kathoden erst mit Hilfe einer zehnminütigen Spülung mit reinem Sauerstoff wieder regeneriert werden (vgl. Abbildung 4.57). Zudem erfolgte die Regeneration bzw. das Abklingen des die Elektrochemie verschlechternden Effekts nach Abschalten des Kohlendioxids bei niedrigen Temperaturen langsamer als bei hohen Temperaturen, wobei es teilweise bis zu 10 h dauerte, bis die Polarisationsverluste einen Endwert erreicht hatten.

Abschließend ist noch zu erwähnen, dass CO_2 keinen Einfluss auf die durch den Elektrolyten und den Stromsammler verursachten Verluste (R_0) hatte.

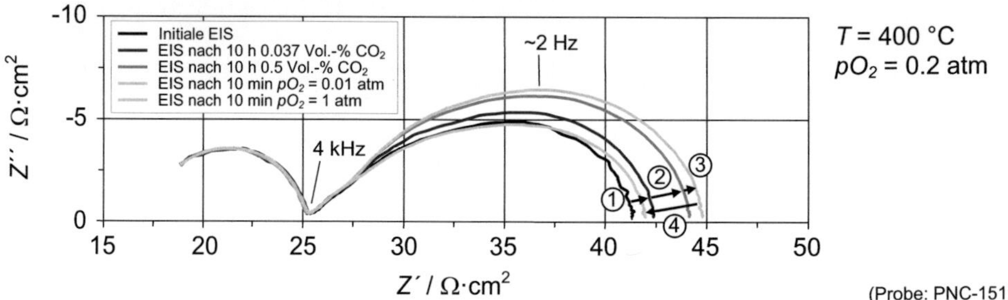

Abbildung 4.57: Kathodendegradation durch Kleinstmengen CO_2 in synthetischer Luft bei 400 °C und anschließende Regeneration in reinem Sauerstoff

Pfeil 1 veranschaulicht die Degradation nanoskaliger Kathoden nach 10 h in 0.037 Vol.-% CO_2-haltiger synthetischer Luft zwischen der EIS-Messung vor und nach der Beaufschlagung mit CO_2. Die Messung danach erfolgte 11 h nach der CO_2-Abschaltung, nachdem die Polarisationsverluste wieder einen konstanten Wert erreicht hatten. Pfeil 2 zeigt die weitere Degradation durch 10 h in 0.5 Vol.-% CO_2-haltiger synthetischer Luft und Pfeil 3 eine weitere Degradation resultierend aus einem Regenerationsversuch mittels zehnminütiger Reduktion des Sauerstoffpartialdruck auf $pO_2 = 0.01$ atm. Erst durch ein zehnminütiges Spülen mit reinem Sauerstoff ($pO_2 = 1$ atm) konnten die Kathoden der symmetrischen Zelle wieder regeneriert werden (Pfeil 4).

Degradation in H_2O-haltiger synthetischer Luft

Abbildung 4.58-a zeigt die relative Veränderung der Polarisationsverluste in H_2O-haltiger synthetischer Luft in Bezug auf den Wert vor der Beaufschlagung mit H_2O, aufgetragen über der Zeit. In der Abbildung stechen besonders die Graphen der Messungen bei 650 und 400 °C hervor, da sie sich deutlich von den Verläufen der Graphen bei den dazwischenliegenden Temperaturen unterscheiden. Die vergleichsweise starke Degradation bei 650 °C könnte damit erklärt werden, dass es sich bei dieser Messung um die erste Messung der Probe in wasserdampfhaltiger Luft gehandelt hat, bei der es zu einer signifikanten irreversiblen Schädigung der Probe gekommen ist, so dass die initiale Degradation deshalb besonders stark ausfiel. Für das stark abweichende Verhalten bei 400 °C bzw. für die Aktivierung der Kathoden nach dem Zu- und auch nach dem Abschalten der Anfeuchtung kann jedoch keine Erklärung geben werden. An dieser Stelle sollte noch erwähnt werden, dass die Messung bei 400 °C vor derjenigen bei 450 °C erfolgte, so dass es sich hierbei tatsächlich um ein temperaturbedingtes Phänomen und nicht um ein der akkumulierten Degradation zuzuschreibendes Phänomen handelt.

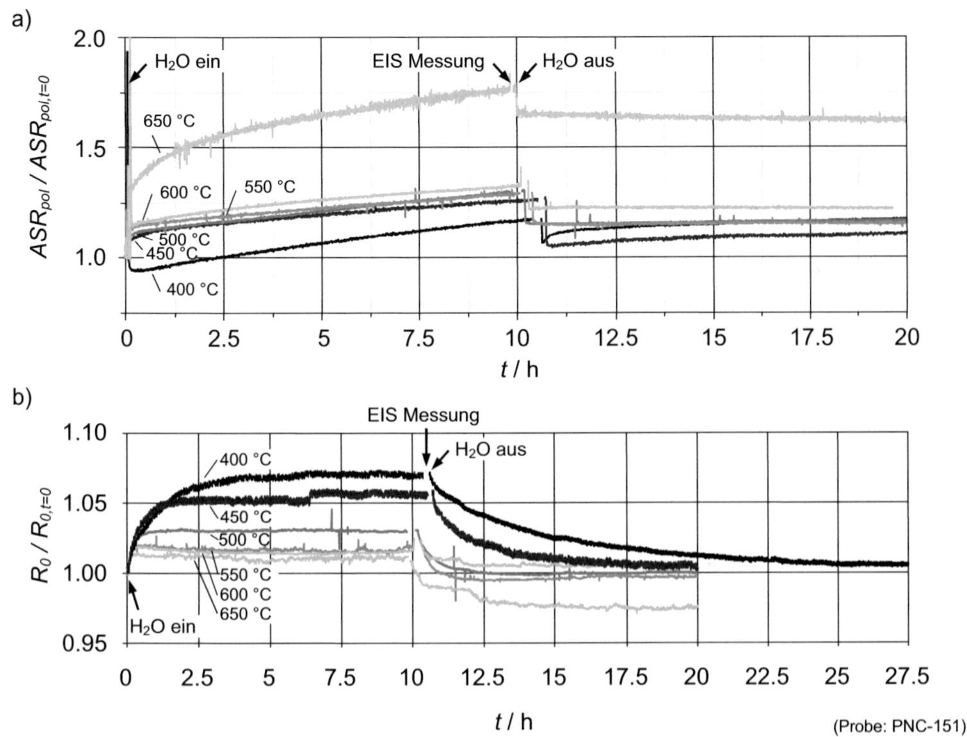

Abbildung 4.58: Relative Veränderung a) des Polarisationswiderstands und b) des R_0 durch Beaufschlagung der synthetischen Luft mit H_2O

Abbildung a) zeigt die Veränderung der Polarisationsverluste in Bezug auf die Polarisationsverluste vor der Beaufschlagung der synthetischen Luft mit Wasserdampf. Bei allen Temperaturen führte Wasserdampf zu einer irreversiblen Degradation der Polarisationsverluste. Die durch den Elektrolyten und die Stromsammlerschicht verursachten ohmschen Verluste (R_0) in b) veränderten sich hingegen reversibel mit der Anfeuchtung.

Allgemein kann ein leichter Anstieg der Kathodenpolarisation in wasserdampfhaltiger Luft beobachtet werden, der nach ca. 1 h in eine lineare Degradation mündet. Nach dem Abschalten der Anfeuchtung sinken die Polarisationsverluste wieder schlagartig auf einen niedrigeren Wert, wobei dieser etwas oberhalb des Anfangswertes liegt und im weiteren Verlauf konstant bleibt. Der Prozess ist folglich irreversibel. Auch jeweils 30 min in reinem Sauerstoff (pO_2 = 1 atm) oder bei einem Sauerstoffpartialdruck von pO_2 = 0.01 atm konnten keinen regenerativen Effekt erzielen. Weiterhin konnte beim Zuschalten des Wasserdampfs kurzzeitig ein Peak im ASR_{pol} beobachtet werden, der vermutlich mit der Gaszusammensetzung der Restluft im

Rohrleitungssystem des Anfeuchtestrangs in Zusammenhang steht, was im Rahmen dieser Arbeit jedoch nicht abschließend geklärt wurde.

Im Gegensatz zu den Ergebnissen der Untersuchungen in CO_2-haltiger Luft stieg R_0 in wasserdampfhaltiger Luft an, wobei dieser Effekt bis auf eine Ausnahme bei 650 °C vollständig reversibel war (vgl. Abbildung 4.58-b). Bei 650 °C lagen die Verluste nach dem Abschalten der Anfeuchtung sogar 2.5 % unterhalb des Anfangswerts. Weiterhin konnte beobachtet werden, dass die relative Veränderung des Widerstands R_0 mit sinkender Temperatur von ca. 1 % bei 650 °C auf ca. 7 % bei 400 °C anstieg, wobei sich gleichzeitig auch die Widerstandsänderung verlangsamte. So wurde beispielsweise bei 400 °C in angefeuchteter synthetischer Luft erst nach ca. 5 h ein konstanter Widerstandswert erreicht, und nach dem Abschalten der Befeuchtung war der Effekt erst nach 15 h vollständig abgeklungen.

Diskussion

Wie in Abschnitt 2.6.7 schon angemerkt wurde, sind in der Literatur nur wenige Studien zur Degradation von LSC in CO_2- und H_2O-haltigen Atmosphären zu finden. Deutlich besser sieht es bei den verwandten Materialien LSCF und BSCF unterschiedlicher Stöchiometrie und auch bei LSM aus, so dass die an diesen Materialien gewonnenen Erkenntnisse bei der folgenden Diskussion mitberücksichtigt werden.

Der Erklärung zur Degradation von $La_{0.6}Sr_{0.4}CoO_{3-\delta}$-Kathoden in wasserdampfhaltiger Luft von HJALMARSSON [203] folgend, wird auch hier angenommen, dass die irreversible Degradation in wasserdampfhaltiger Luft auf die Bildung von Strontiumhydroxid auf der Kathodenoberfläche zurückgeführt werden kann. HJALMARSSON geht davon aus, dass dabei Strontium an der Kathodenoberfläche mit H_2O zu Strontiumhydroxid reagiert (vgl. Gleichung 2-62), welches z.B. über die Gasphase abtransportiert wird, und folglich das Material auf lange Sicht an Strontium verarmt (vgl. Abschnitt 4.6). Die veränderte chemische Zusammensetzung an der Kathode führt dann zu veränderten, schlechteren elektrochemischen Eigenschaften. Abbildung 4.59-a zeigt die DRTs zu Impedanzspektren, die vor, während und nach 10-stündiger Anfeuchtung der synthetischen Luft aufgenommen wurden. Interessanterweise hat Wasserdampf hauptsächlich Auswirkung auf Prozess P2, der in Abschnitt 4.5.1 der Sauerstoffionendiffusion im Kathodenmaterial zugeschrieben wurde. Die mit P2 verbundenen Verluste steigen in wasserdampfhaltiger synthetischer Luft an und erreichen nach dem Abschalten der Anfeuchtung nicht mehr ihren anfänglichen Wert. Die restlichen Prozesse P3 bis P5 bleiben weitestgehend unverändert. Besonders der Oberflächenaustauschprozess P3 bleibt unverändert, wobei vermutet wird, dass sich der oben beschriebene Degradationseffekt, bedingt durch die Bildung von Strontiumhydroxid und dessen Abtransport über die Gasphase, in einem zeitlich signifikant größeren Zeitraum abspielt als die hier untersuchten 10 h, so dass eine entsprechende Veränderung mittels DRT-Anlayse nicht aufgelöst werden konnte. Weiterhin wird vermutet, dass sich, ähnlich wie bei CGO (siehe unten), Wasser im Kathodenmaterial einlagern kann und dass sich als Folge die ionische Leitfähigkeit verschlechtert. Dies muss zudem zum Teil irreversibel erfolgen, so dass auch nach dem Abschalten der Anfeuchtung die ionische Leitfähigkeit nicht wieder ihren anfänglichen Wert erreicht. Diese Vermutung muss jedoch noch mittels spezieller Leitfähigkeitsmessungen verifiziert werden. Auch in der Literatur konnte keine Studie gefunden werden, die über etwaige Veränderungen der ionischen Leitfähigkeit von $La_{1-x}Sr_xCoO_{3-\delta}$ in wasserdampfhaltiger Atmosphäre berichtet.

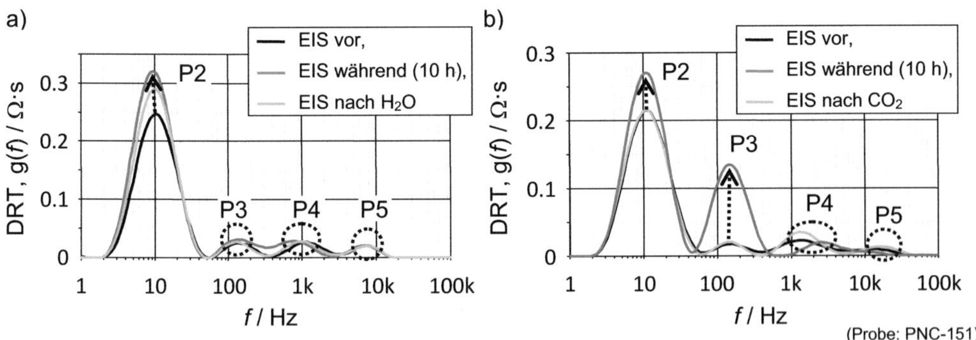

Abbildung 4.59: DRTs von Impedanzspektren die vor, nach 10 h bei und nach der Beaufschlagung von synthetischer Luft mit a) 0.037 Vol.-% Kohlenstoffdioxid und b) Wasserdampf bei 550 °C aufgenommen wurden

Während sich in wasserdampfhaltiger Luft hauptsächlich Prozess P2 signifikant und irreversibel verschlechtert, verändern sich in CO_2-haltiger Luft sowohl Prozess P2, als auch P3. Dies erfolgt bei dieser Temperatur jedoch völlig reversibel. In Abbildung b) zeigen sich zudem leichte Abweichungen bei den Prozessen P4 und P5, wobei diese gering ausfallen und keine Systematik aufweisen.

Für den Anstieg der ohmschen Verluste in wasserdampfhaltiger Luft werden in der Literatur zwei mögliche Ursachen diskutiert. So könnte er durch die Bildung von La_2O_3-Partikeln an der Oberfläche des LSC-Stromsammlers erklärt werden, wie sie in [332] auf der Oberfläche von LSM-Partikeln mit einem Durchmesser von ca. 100 nm nach dem Betrieb in feuchter Luft (20 Vol.-% Wasserdampf) gefunden wurden. Da der Stromsammler zur Kontaktierung der LSC-Dünnschichtkathoden nicht gesintert wurde, könnte schlecht leitfähiges La_2O_3 die Leitfähigkeit an den Kontaktpunkten der einzelnen LSC-Partikel und somit die elektronische Leitfähigkeit der Stromsammlerschicht insgesamt signifikant verschlechtern. Eine weitere, plausiblere Erklärung liegt in der hohen Löslichkeit von H_2O im Elektrolytmaterial CGO. Gemessen als Wasserstoffkonzentration (c_H) konnten beispielsweise in $Ce_{0.8}Gd_{0.2}O_{1.9}$ Konzentrationen von bis zu $c_H = 10^{-3}$ mol H / mol Oxid festgestellt werden, wobei man davon ausgehen kann, dass dies nicht ohne Auswirkungen auf die Defektchemie des Materials, speziell auf die der Korngrenzen bleibt. Die tatsächlichen Auswirkungen wurden jedoch noch nicht untersucht.

Die vorgestellten Ergebnisse deuten jedoch darauf hin, dass die Sauerstoffionenleitfähigkeit von CGO tatsächlich durch H_2O beeinträchtigt wird. Besonders da der Effekt des Anstiegs der ohmschen Verluste in angefeuchteter Luft reversibel ist, kann die Bildung von oberflächlichen La_2O_3-Partikeln sogut wie ausgeschlossen werden. Zudem spricht der Vergleich von Impedanzspektren, die in trockener und in wasserdampfhaltiger synthetischer Luft aufgenommen wurden, für die zweite Erklärung. Der Verlust des hochfrequenten Prozesses, der der Korngrenzleitfähigkeit des CGO-Elektrolyten zugeschrieben wird (vgl. Abschnitt 4.5.1), fällt in angefeuchteter synthetischer Luft deutlich größer aus als in trockener synthetischer Luft (vgl. Abbildung 4.60).

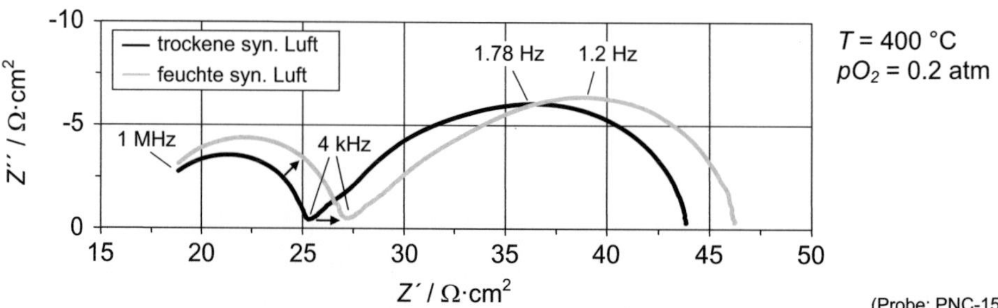

Abbildung 4.60: Vergleich von Impedanzspektren gemessen in synthetischer Luft und in angefeuchteter synthetischer Luft bei 400 °C
Der Verlust des hochfrequenten Prozesses (> 4 kHz), der der CGO-Korngrenzleitfähigkeit zugeschrieben wird, ist in feuchter synthetischer Luft deutlich größer als in trockener synthetischer Luft (siehe Pfeile). Die Impedanzmessung in angefeuchteter synthetischer Luft wurde 10 h nach Zuschalten der Anfeuchtung durchgeführt.

Zur Reaktion von CO_2 mit $La_{0.6}Sr_{0.4}CoO_{3-\delta}$ ist bis auf die Thermogravimetrieuntersuchungen von HEEL [204] in der Literatur nichts zu finden. Da mit diesem Verfahren keine Reaktion zwischen $La_{0.6}Sr_{0.4}CoO_{3-\delta}$ und CO_2 in Form von Carbonatbildung festgestellt werden konnte, werden zur Interpretation der hier gezeigten Ergebnisse Erkenntnisse und Ergebnisse aus ähnlichen Untersuchungen an LSCF- und BSCF-Kathoden herangezogen (vgl. Abschnitt 2.6.7). So konnte YAN [225-227] in Untersuchungen an BSCF-Kathoden ($Ba_{0.5}Sr_{0.5}Co_{0.8}Fe_{0.2}O_{3-\delta}$) in CO_2-haltigen Atmosphären ein ähnliches Verhalten feststellen, wie es an den nanoskaligen LSC-Kathoden dieser Studie beobachtet wurde: Zwischen 550 und 750 °C stiegen die elektrochemischen Verluste an der Kathode in CO_2-haltiger Luft reversibel an, wobei mit zunehmender Temperatur der Effekt weniger stark ausgeprägt war. Auch dauerte es mit sinkender Temperatur und steigendem CO_2-Gehalt länger, bis sich die Kathode nach dem Abschalten des Kohlenstoffdioxids wieder regeneriert hatte. Bei 450 und 500 °C war der Effekt irreversibel, wobei eine Temperung der Probe bei 800 °C in reinem Sauerstoff die Kathodenperformance wieder auf das Anfangslevel reaktivieren konnte. Bei den niedrigen Temperaturen reichte das Spülen mit reinem Sauerstoff nicht aus, um die Kathode zu regenerieren. Interessanterweise gleichen sich diese Ergebnisse und die der vorliegenden Studie bis auf den letzten Punkt und die Temperatur, ab dem die Verschlechterung der Elektrochemie reversibel ist, so dass davon ausgegangen werden kann, dass die Elektrochemie in beiden Fällen durch den gleichen Effekt beeinträchtigt wird. Nach YAN adsorbiert CO_2 an der Kathodenoberfläche, wobei dadurch der Oberflächenaustausch des Sauerstoffs behindert wird. Dieses Verhalten ändert sich jedoch mit ansteigender Temperatur, so dass es zu einer bevorzugten Adsorption von Sauerstoff kommt und somit die Vergiftung durch CO_2 weniger ausgeprägt auftritt. Bei niedrigen Temperaturen haben XPS-Analysen gezeigt, dass sich an der Kathodenoberfläche unter anderem $SrCO_3$ gebildet hatte. Ob es im Fall der nanoskaligen LSC-Dünnschichtkathoden bei niedrigen Temperaturen ebenfalls zu einer oberflächlichen $SrCO_3$-Bildung gekommen ist, konnte im Rahmen der vorliegenden Arbeit nicht geklärt werden. Es scheint jedoch plausibel, da sich die Stabilitätsgrenze von $SrCO_3$ mit sinkender Temperatur zu niedrigeren Kohlenstoffdioxidpartialdrücken verschiebt. So zerfällt $SrCO_3$ beispielsweise bei 400 °C erst bei $pCO_2 \approx 10^{-4}$ Pa (ca. 10^{-9} atm) wieder zu SrO und CO_2 [228]. Entsprechend konnten CO_2-vergiftete LSC-Dünnschichtkathoden bei niedrigen Temperaturen erst in reinem Sauerstoff (Lasal 2003, AIR LIQUIDE Deutschland GmbH, Düsseldorf) wieder erfolgreich regeneriert werden. Die deutliche Verschlechterung des Sauerstoffaustauschs in CO_2-haltiger Atmosphäre an der Kathodenoberfläche bestätigt auch die Auswertung der EIS-Messdaten mittels DRT (vgl. Abbildung 4.59-b). In CO_2-haltiger Atmosphäre (0.037 Vol.-%) steigen die Verluste von Prozess P3 signifikant und die von P2 leicht an. Es wird davon ausgegangen, dass die Verluste des Oberflächenaustauschprozesses P3 aufgrund der mit dem Sauerstoffaustausch konkurrierenden CO_2-Adsorption deutlich ansteigen. Dass auch die Verluste des Diffusionsprozesses P2 leicht ansteigen, liegt vermutlich an der größeren mittleren Diffusionslänge der Sauerstoffionen im MIEC-Material, die aufgrund eines langsameren Oberflächenaustauschs in CO_2-haltiger Atmosphäre ansteigt. Der Vergleich der DRT-Spektren der Messungen vor und nach der CO_2-Beaufschlagung in Abbildung 4.59-b zeigt nochmals, dass diese Effekte bei 550 °C vollständig reversibel sind.

Für die Interpretation der in Abschnitt 4.6.2 gezeigten Degradation im mit Druckluft angeströmten Fall bedeutet das, dass sowohl die Restfeuchte in der Druckluft, als auch das in der Luft natürlich vorkommende CO_2 für die Degradation der Kathode verantwortlich sind. Entsprechend weisen die Prozesse P2 und P3 in Abbildung 4.54 mit zunehmender Zeit bei der isothermen Charakterisierung bei 600 °C eine deutliche Veränderung auf, wobei die mit den Prozessen verbundenen Verluste ansteigen.

Abschließend kann festgehalten werden, dass die Luftbestandteile CO_2 und H_2O einen nicht unerheblichen Einfluss auf die Leistungsfähigkeit und das Degradationsverhalten von nanoskaligen LSC-Dünnschichtkathoden haben. Dabei wirkt CO_2 leistungsmindernd, und H_2O beschleunigt die Degradation der Kathode. Die Leistungsminderung in CO_2-haltiger Luft ist jedoch tolerierbar, wie der Vergleich der in Umgebungsluft gemessenen Polarisationsverluste dieser Kathoden mit den Polarisationsverlusten anderer Kathoden in Abbildung 4.29 gezeigt hat. Die beschleunigte Degradation in feuchter Luft und die Erforschung wirkungsvoller Gegenmaßnahmen sollten hingegen Gegenstand zukünftiger Untersuchungen sein.

5 Zusammenfassung und Ausblick

Der aktuelle Trend der SOFC-Forschung geht in Richtung Entwicklung von SOFC-Komponenten für den Einsatz bei abgesenkten Betriebstemperaturen (< 600 °C). Es wird erwartet, dass dadurch kürzere Startzeiten und geringere Degradation erzielt und kostengünstigere Materialien eingesetzt werden können. Dafür ist es notwendig, die Elektroden, an denen die thermisch aktivierten elektrochemischen Prozesse ablaufen, signifikant zu verbessern, um die mit sinkender Betriebstemperatur ansteigenden Polarisationsverluste zu kompensieren. HERBSTRITT [8] und PETERS [9] konnten in vorangegangenen bereits Arbeiten zeigen, dass dies durch den Einsatz von nanoskaligen Dünnschichtkathoden bewerkstelligt werden kann. Ausgehend von den dabei gesammelten Erkenntnissen war es das Ziel der vorliegenden Arbeit, die Leistungsfähigkeit dieses Kathodentyps sukzessive zu verbessern und die an der kathodenseitigen elektrochemischen Reaktion involvierten Teilprozesse zu identifizieren. Letzteres ermöglicht es dann zum einen, Kathoden gezielt weiter zu verbessern, zum anderen können deren durch Degradationserscheinungen bedingte Limitationen aufgezeigt werden. Sowohl die Leistungsfähigkeit als auch die Degradation der Einzelkomponenten einer elektrochemisch aktiven Einzelzelle (MEA) sind entscheidende Aspekte für den kommerziellen Erfolg dieser Technologie.

Zusammenfassung

Im Zentrum der vorliegenden Arbeit stehen nanoskalige Dünnschichtkathoden aus $La_{0.6}Sr_{0.4}CoO_{3-\delta}$ (LSC), die mittels der Sol-Gel-basierten metallorganischen Abscheidung (MOD[82]) hergestellt wurden. LSC ist ein gemischt elektronisch und ionisch leitendes Material, das in der ABO_3-Perowskitphase vorliegt und aufgrund dieser mischleitenden Eigenschaften und einer hohen Oberflächenaustauschaktivität für Sauerstoff einer der vielversprechendsten Kandidaten für den Einsatz als Kathode bei reduzierten Betriebstemperaturen ist. Die Dünnschichten werden direkt auf einem Elektrolytsubstrat in Form von metallorganischen Komplexen abgeschieden, wobei erst durch eine thermische Behandlung bei Temperaturen von > 600 °C die eigentliche kristalline LSC-Phase entsteht. Als Elektrolyt wurden Pellets aus $Ce_{0.9}Gd_{0.1}O_{1.95}$ verwendet. Die elektrochemische Charakterisierung der nanoskaligen Dünnschichtkathoden erfolgte in einer symmetrischen Konfiguration mit siebgedruckter μm-skaliger Stromsammlerschicht aus LSC.

---

[82] MOD: Metal-Organic Deposition

Es zeigte sich, dass die thermische Behandlung der Sol-Gel-Schicht ausschlaggebend für die resultierende Mikrostruktur der Dünnschichtkathode ist, die wiederum neben den materialspezifischen Eigenschaften maßgeblich die Leistungsfähigkeit einer Kathode bestimmt. Die folgenden Parameter der thermischen Behandlung wurden in dieser Studie systematisch variiert: i) Heizrate (ΔT = 3 K/min und RTA[83]), ii) maximale Prozesstemperatur (T_{max} = 600, 700 und 800 °C) und iii) Dauer der Temperung bei T_{max} (t_{an} = 0, 10 und 100 h). Weiterhin wurden Sole unterschiedlichen Feststoffgehalts getestet, wobei mit einem Sol mit 10 Gew.-% resultierendem Oxid die besten Ergebnisse erzielt wurden. Ein höherer Feststoffgehalt führte zu Wulstbildung auf der Dünnschichtoberfläche, ein niedrigerer zu geringen Schichtdicken. Zudem ist der RTA-Prozess ungeeignet für die Herstellung homogener Dünnschichten. Bedingt durch die schlagartige Hitzeeinwirkung kristallisiert die Oberfläche des Kathodenfilms in Form einer dichten Deckschicht als erstes aus, wobei das langsamer umgesetzte Volumen darunter eine stark poröse Struktur mit größeren Kavitäten ausbildet. Das Volumen der daraus resultierenden geschlossenen Porosität ist folglich elektrochemisch nicht aktiv. Mit der langsamen Heizrate von ΔT = 3 K/min wurden hingegen Schichten homogener Mikrostruktur erzielt. Sie weisen eine Schichtdicke von ungefähr 200 nm auf, wobei abhängig von T_{max} und t_{an} eine Porosität von bis zu 38 % und Korngrößen im Bereich von 17 … 90 nm realisiert werden konnten. Wie zu erwarten war, stieg die Korngröße mit steigender maximaler Prozesstemperatur und Temperzeit an, wohingegen die Porosität abnahm. Prozesstemperaturen von T_{max} = 700 und 800 °C sind dabei ausreichend hoch, um phasenreines LSC zu synthetisieren. Bei T_{max} = 600 °C hingegen konnte mittels Röntgendiffraktometrie zusätzlich noch SrO nachgewiesen werden. Weiterhin konnte auf einer Probe, die bei T_{max} = 800 °C hergestellt und über 100 h getempert wurde, $La_{2-x}Sr_xCoO_{4\pm\delta}$ detektiert werden. TEM-Analysen an den bei T_{max} = 700 und 800 °C hergestellten Proben beim Kooperationspartner LEM haben zudem ergeben, dass in der obersten Schicht der Dünnschichtkathoden nanopartikuläres Co_3O_4 vorliegt, welches sich mit zunehmender Herstellungstemperatur und Temperzeit zu größeren Partikeln zusammenschloss.

Die anschließende elektrochemische Charakterisierung der Proben ergab durchweg hohe Leistungsfähigkeiten. Speziell Kathoden mit kleiner Korngröße und hoher Porosität konnten extrem niedrige Polarisationsverluste (ASR_{kat}) erzielen. Diese lagen für eine Kathode mit einer Partikelgröße von 17 nm und einer Porosität von 38 % bei ASR_{kat} = 7.1 mΩ·cm^2 bei 600 °C, 75 mΩ·cm^2 bei 500 °C und 1.94 Ω·cm^2 bei 400 °C, gemessen in synthetischer Luft. Gemessen in Umgebungsluft lagen die Verluste bei ASR_{kat} = 16 mΩ·cm^2 bei 600 °C, 206 mΩ·cm^2 bei 500 °C und 3.08 Ω·cm^2 bei 400 °C. Mit höheren, durch Zweifachbeschichtung erzielten Schichtdicken von 400 nm konnte dabei keine Verbesserung erzielt werden.

Für die Interpretation der Leistungsdaten wurde, basierend auf detaillierten Mikrostrukturanalysen der einzelnen Proben und auf Materialparametern aus der Literatur, die theoretische Leistungsfähigkeit der nanoskaligen Dünnschichten mittels eines 3D-FEM Modells und eines analytischen 1D Modells berechnet. Es zeigte sich, dass die so ermittelten Polarisationsverluste

---

[83] Rapid Thermal Annealing (dt. schnelles thermisches Auslagern)

um das 5 … 47-fache höher ausfielen, als die an realen Strukturen durch Messung bestimmten Polarisationsverluste. Die hohe Leistungsfähigkeit der LSC-Dünnschichtkathoden war folglich nicht nur das Resultat der nanoskaligen Mikrostruktur. Rückrechnungen auf den Oberflächen-austauschkoeffizienten k^* führten zu einem bis zu 47-fach besseren Wert als der beste in der Literatur für LSC angegebene. Nanoskaliges, mittels MOD hergestelltes LSC weist somit bessere materialspezifische Eigenschaften auf als LSC-Bulkmaterial. Es wird davon ausgegangen, dass dies in der Präsenz von $La_{2-x}Sr_xCoO_{4\pm\delta}$ begründet liegt, das sich in Kombination mit Co_3O_4, bedingt durch den Herstellungsprozess, neben der $La_{0.6}Sr_{0.4}CoO_{3-\delta}$-Phase ausbildet. Dass diese Phase jedoch nur in einer Probe, die bei T_{max} = 800 °C hergestellt und über 100 h getempert wurde, nachgewiesen werden konnte, liegt vermutlich an der ungenügenden Nach-weisgrenze des Röntgendiffraktometrieverfahrens, bzw. der Überlappung der Reflexe dieser Phase mit den Reflexen anderer Phasen höherer Intensität bei der Elektronenbeugungsanaly-se. Diese chemische Inhomogenität bewirkt jedoch eine signifikante Leistungssteigerung. Die Kombination von $La_{0.6}Sr_{0.4}CoO_{3-\delta}$ mit $La_{2-x}Sr_xCoO_{4\pm\delta}$ weist laut Literatur einen deutlich höheren (> Faktor 50) Oberflächenaustausch auf als reines $La_{0.6}Sr_{0.4}CoO_{3-\delta}$.

Weiterhin konnten durch gezielte Veränderungen der Betriebsparameter Sauerstoffpartialdruck und Temperatur in Kombination mit elektrochemischer Impedanzanalyse und detaillierter Datenauswertung fünf Kathodenprozesse identifiziert werden. Bei dem niederfrequenten Prozess P1 handelt es sich um Gasdiffusionsverluste, die hauptsächlich in der Stromsammler-schicht und im Goldkontaktnetz auftreten. Unter betriebsnahen Bedingungen sind diese Verluste jedoch sehr gering (< 4 mΩ·cm^2). Prozess P2 konnte der Festkörperdiffusion der Sauerstoffionen im Kathodenmaterial zugeordnet werden, wobei er schwach vom pO_2, jedoch stark von der Mikrostruktur abhängig und zudem thermisch aktiviert ist. Prozess P3 ist ebenfalls thermisch aktiviert und abhängig von der Mikrostruktur. Da er zudem eine starke pO_2-Abhängigkeit aufweist, wird er dem Oberflächenaustausch des Sauerstoffs an der Kathoden-oberfläche zugeschrieben. Die Prozesse P4 und P5 weisen hingegen keine Abhängigkeit vom pO_2 oder der Mikrostruktur auf, sind jedoch thermisch aktiviert. Weiterhin treten sie bei ver-gleichsweise hohen Frequenzen auf. Sie werden dem Ladungstransfer an den Grenzflächen Kathode/Elektrolyt und Stromsammler/Goldnetz zugeschrieben, wobei die eindeutige Zuord-nung der Prozesse zu den Grenzflächen im Rahmen dieser Arbeit nicht erfolgte.

Hinsichtlich der Stabilität nanoskaliger LSC-Dünnschichtkathoden konnte gezeigt werden, dass eine LSC-Stromsammlerschicht als Schutzschicht benötigt wird. Eingesetzt zur Kontaktierung von nanoskaligen LSC-Dünnschichtkathoden erfüllt die LSC-Stromsammlerschicht zwei Aufgaben: Sie sorgt für eine homogene Kontaktierung der LSC-Dünnschichtkathode, wobei die Partikelgröße in der Größenordnung weniger µm liegen sollte. Weiterhin ist sie für die chemi-sche Stabilität der nanoskaligen Dünnschichtkathoden notwendig, die ansonsten innerhalb von wenigen Stunden erheblich degradieren.

Jedoch beeinflusst nicht nur die Wahl des Stromsammlers das Degradationsverhalten nanoska-liger LSC-Dünnschichtkathoden, auch die Atmosphäre, in denen sie getestet und betrieben werden, hat einen starken Einfluss darauf. Waren die Kathoden in synthetischer Luft stabil, zeigten sie eine leichte Degradation in ruhender Umgebungsluft und eine deutlich stärkere Degradation angeströmt mit Druckluft. Mikrostrukturell und chemisch konnten an den Proben nach der Charakterisierung jedoch keine signifikanten Veränderungen festgestellt werden. Lediglich die Oberfläche der Dünnfilmkathode neben der Stromsammlerschicht wies eine Veränderung der Mikrostruktur auf. Sie war teilweise von strontiumhaltigen Kristalliten bedeckt.

Die Ursache der Degradation ist eine Verschlechterung der materialspezifischen Eigenschaften von LSC, die durch die Luftbestandteile CO_2 und H_2O verursacht wird. Bei CO_2 wird vermutet, dass es in einer zur Sauerstoffadsorption konkurrierenden Reaktion an der Oberfläche des LSC adsorbiert und dort die elektrochemisch aktiven Reaktionsorte blockiert. Dieser Effekt ist jedoch bei Temperaturen oberhalb von 500 °C reversibel, bei niedrigeren Temperaturen hingegen ist es möglich, die Kathode durch eine Spülung in reinem Sauerstoff zu regenerieren. Weiterhin ist die Ausprägung des Effekts abhängig von der Temperatur und der CO_2-Konzentration, wobei er bei niedrigen Temperaturen und hohen Kohlenstoffdioxidkonzentrationen besonders stark ausgeprägt ist. Bei 400 °C und nach 10 h in 0.5 Vol.-% CO_2-haltiger synthetischer Luft konnte eine Verschlechterung des Polarisationswiderstands von Faktor 9.8 bestimmt werden. Bei einem der Umgebungsluft entsprechenden Anteil von 0.037 Vol.-% CO_2 lag diese bei Faktor 4. Bei 650 °C hingegen betrug die Degradation nur noch Faktor 1.08 (0.037 Vol.-% CO_2) bzw. 1.56 (0.5 Vol.-% CO_2). Die Degradation scheint zudem gegen einen Endwert zu laufen, der kinetisch bedingt innerhalb der 10 h Beaufschlagung nur bei einer Temperatur von 650 °C erreicht wurde. Die CO_2-Adsorption hat dabei sowohl Auswirkungen auf Prozess P2 als auch auf Prozess P3, wobei die Verluste vom Oberflächenaustauschprozess P3 am stärksten ansteigen. Der leichte Anstieg der Verluste von P2 wird einer durch den verschlechterten Oberflächenaustausch bedingten, längeren mittleren Diffusionslänge zugeschrieben. Die durch H_2O verursachte Degradation führte hingegen zu einem linearen Anstieg der Polarisationsverluste, wobei sie bei höheren Temperaturen stärker, aber mit einem Faktor von maximal 1.8 nach 10 h im Vergleich zur CO_2-verursachten Degradation gering ausfiel. Hiervon ist hauptsächlich Prozess P2 betroffen, wobei der Degradationsmechanismus bisher nicht geklärt werden konnte. Es wird jedoch davon ausgegangen, dass Strontium in Form von Strontiumhydroxid über die Gasphase ausgetragen wird und es langfristig zu einer Abreicherung an Strontium in den LSC-Dünnschichtkathoden kommt. Dabei verschlechtern sich sowohl die Oberflächenaustausch- als auch die Festkörperdiffusionseigenschaften des Materials.

Die Ergebnisse dieser Arbeit haben gezeigt, dass durch den Einsatz von nanoskaligen LSC-Dünnschichtkathoden die Kathodenverluste bei abgesenkten Betriebstemperaturen signifikant reduziert werden können. Entscheidend für den Einsatz dieses Kathodentyps ist somit, ob es gelingt, die durch die Luftfeuchtigkeit bedingte Degradation mittels gezielter Maßnahmen zu unterdrücken oder auf ein für den jeweiligen Zweck tolerierbares Niveau zu reduzieren.

Ausblick

Aus den gewonnenen Erkenntnissen ergeben sich eine Vielzahl weiterführender Fragestellungen unterschiedlicher Natur.

Das wohl interessanteste Feld für weiterführende Untersuchungen ist die detaillierte Untersuchung der Oberflächenchemie der LSC-Dünnschichtkathoden mittels oberflächensensitiver Methoden. Speziell der Einfluss von Sekundärphasen wie $La_{2-x}Sr_xCoO_{4\pm\delta}$, Co_3O_4 oder anderen binären Oxiden auf die Oberflächenaustauschkinetik des Sauerstoffs sollte dabei untersucht werden. Auch sollten die Wirkungsweise und der Einfluss der Luftbestandteile H_2O und CO_2 auf den Oberflächenaustausch von Sauerstoff Teil dieser Untersuchungen sein.

Parallel dazu könnte versucht werden, die Leistungsfähigkeit nanoskaliger LSC-Dünnschichtkathoden durch eine gezielte Modifikation der Kathodenoberfläche weiter zu steigern. Dies könnte beispielsweise durch eine oberflächliche Abscheidung von binären Oxiden der LSC-Kationen mittels Infiltration oder PVD[84]-Methoden erfolgen, aber auch direkt bei der Kathodenherstellung, unter Verwendung von MOD-Solen mit jeweils einer überstöchiometrischen Komponente.

Für das umfassende Verständnis der an der Kathode anfallenden Verluste sollte zudem eine exakte Bestimmung und Zuordnung der Ladungstransfer- und Kontaktwiderstände am Interface Kathode/Elektrolyt und Goldnetz/Kathode (Prozesse P4 und P5) erfolgen. Dies könnte beispielsweise durch eine gezielte Veränderung der Grenzflächen durch schlecht leitende Zwischenschichten geschehen.

---

[84] PVD: Physical Vapour Deposition (dt. physikalische Gasphasenabscheidung)

6 Anhang

6.1 Parameter für die Berechnung des binären Diffusionskoeffizienten von N_2 und O_2 nach Chapman-Enskog

Der binäre Diffusionskoeffizient für Stickstoff und Sauerstoff wird in dieser Arbeit nach der Theorie von CHAPMAN-ENSKOG berechnet. Gemäß Gleichung 4-11 wird für die Berechnung das temperaturabhängige Stoßintegral Ω_D benötigt. Dieses kann entweder in Tabellen nachgeschlagen [323] oder wie folgt berechnet werden [324]:

$$\Omega_D = \frac{A}{(T^*)^B} + \frac{C}{\exp(D \cdot T^*)} + \frac{E}{\exp(F \cdot T^*)} + \frac{G}{\exp(H \cdot T^*)} \qquad 6\text{-}1$$

mit $\quad T^* = k_B \cdot T / \varepsilon_{ij} \quad$ A = 1.06036 $\quad$ B = 0.15610

$\qquad$ C = 0.19300 $\quad$ D = 0.47635 $\quad$ E = 1.03587

$\qquad$ F = 1.52996 $\quad$ G = 1.76474 $\quad$ H = 3.89411

wobei sich $\varepsilon_{ij} = (\varepsilon_i + \varepsilon_j)^{1/2}$ aus den charakteristischen Lennard-Jones-Energien der Einzelkomponenten i und j berechnen lässt und k_B die Boltzmann-Konstante bezeichnet. In Tabelle 6.1 sind die benötigten charakteristischen Lennard-Jones-Energien von Stickstoff und Sauerstoff aufgeführt.

Tabelle 6.1: Charakteristische Lennard-Jones-Energien und -Längen von Stickstoff und Sauerstoff [324].

	N_2	O_2
(ε_i / k_B) / K	71.4	106.7
σ_{ii} / Å	3.798	3.467

6.2 Auslagerungsexperimente mit LSC-8YSZ-Pulverschüttungen

Ziel der Auslagerungsversuche war es, die bisher durchgeführten und veröffentlichten Stabilitätsuntersuchungen um Ergebnisse bei 500 und 600 °C zu erweitern und die pO_2-Abhängigkeit der Fremdphasenbildung quantitativ zu untersuchen. Zu diesem Zweck wurde $La_{1-x}Sr_xCoO_{3-\delta}$ mit x = 0, 0.1, 0.2, 0.3, 0.4, 0.5 mit einem Mixed-Oxide-Verfahren [87] hergestellt, zu einem feinen Pulver gemahlen, mit 8YSZ-Pulver vermischt, bei Temperaturen von 500 ... 800 °C bei Sauerstoffpartialdrücken von pO_2 = 10^{-4} ... 0.21 atm für 250 h bzw. 1000 h ausgelagert und anschließend mittels Röntgendiffraktometrie auf Fremdphasen hin untersucht. Es ist anzumerken, dass bei der Einwaage der Edukte für die Herstellung von $La_{1-x}Sr_xCoO_{3-\delta}$ 5 % mehr Kobalt verwendet wurde, als stöchiometrisch nötig gewesen wäre. Es hatte sich gezeigt, dass mit einer der Stöchiometrie entsprechenden Einwaage der Edukte kein phasenreiner Perowskit hergestellt werden konnte, sondern sich immer auch $La_{2-x}Sr_xCoO_{4\pm\delta}$ gebildet hatte (vgl. Abschnitt 2.6.7). Diese Fremdphase trat unabhängig von der Kalzinierungstemperatur (1050 ... 1250 °C) auf. Es wird vermutet, dass das Kobalt beim Kalzinierungsprozess bei Temperaturen ≥ 1050 °C über die Gasphase [204] ausgetragen wird, worauf auch eine Blauverfärbung des Al_2O_3-Kalziniertiegels oberhalb der Pulverschüttung nach dem Kalzinierungsprozess hinweist. Mit den 5 % Kobaltüberschuss konnte der Verlust während des Kalzinierens dann völlig ausgeglichen werden, ohne dabei Kobaltoxidausscheidungen zu verursachen. Das so erlangte LSC wurde auf einer Rollenbank bis zu einer Partikelgröße von ca. 2 µm heruntergemahlen und im molaren Verhältnis von 1:1 mit 8YSZ-Pulver[85] für 24 h auf einer Rollenbank homogen vermengt. Die Kristallitgröße des 8YSZ wird vom Hersteller mit 2.6 nm angegeben und die mittlere Partikelgröße wurde zu 500 nm bestimmt, wobei Agglomerate eine Größe von 2 µm aufwiesen. Die Pulverschüttungen wurden dann für 250 bzw. 1000 h bei unterschiedlichen Sauerstoffpartialdrücken von pO_2 = 0.21 atm (Umgebungsluft) und 0.01 atm (Mischung aus N_2 und O_2) in einem Rohrofen und bei pO_2 = 10^{-4} atm in einer geregelten Sauerstoffpumpe[86] ausgelagert. Anschließend wurden die Pulver mittels Röntgendiffraktometrie im Winkelbereich von 2-*theta* = 27 ... 45 ° untersucht. Als Detektor kam ein PSD-Detektor zum Einsatz. Der Winkelbereich wurde absichtlich so klein gewählt, da in diesem Bereich die Hauptreflexe der einzelnen Phasen ausreichend getrennt voneinander vorliegen (vgl. Abbildung 6.1 bis Abbildung 6.6). Weiterhin wurden die Spektren auf die Höhe des LSC-Peaks normiert, um eine bessere Vergleichbarkeit der Ergebnisse zu erzielen. Die Ergebnisse aus den Messungen werden im Folgenden zusammengefasst:

- $SrZrO_3$ (JCPDS Referenz: PDF#01-070-0695) konnte in Pulverschüttungen aus $La_{1-x}Sr_xCoO_{3-\delta}$ und 8YSZ, die in Luft ausgelagert wurden, für die Stöchiometrien mit 0.3 ≤ x ≤ 0.5 ab 600 °C nachgewiesen werden, wobei die Intensität des SZO-Signals mit der Temperzeit zunahm. Für die Stöchiometrien mit x = 0.1 und 0.2 hat sich SZO erst ab einer Temperatur von 700 °C gebildet.

- Bei den Auslagerungstemperaturen von 600 und 700 °C ist keine eindeutige pO_2-Abhängigkeit der gebildeten Menge an SZO zu erkennen. Speziell die bei einem Sauerstoffpartialdruck von pO_2 = 0.21 atm ausgelagerten Pulverschüttungen zeigten eine

---

[85] Tosoh Corporation, Japan
[86] Das Funktionsprinzip einer Sauerstoffpumpe ist ausführlich in [18] und den darin zitierten Arbeiten beschrieben.

deutliche Abweichung, da in ihnen mehr SZO nachgewiesen werden konnte als in den Pulverschüttungen, die bei einem Sauerstoffpartialdruck von $pO_2 = 0.01$ atm ausgelagert wurden. In einigen Fällen war die Menge sogar größer als die von bei $pO_2 = 10^{-4}$ atm ausgelagert Pulverschüttungen. Erst bei einer Temperatur von 800 °C stieg die Menge an gebildetem SZO mit sinkendem Sauerstoffpartialdruck an. Es wird vermutet, dass die für die Auslagerungsversuche bei einem Sauerstoffpartialdruck von $pO_2 = 0.21$ atm verwendete Umgebungsluft aufgrund von Verunreinigungen und Spurengasen wie CO_2 und H_2O die Zirkonatbildung bei Temperaturen $\leq$ 700 °C begünstigt.

- $La_2Zr_2O_7$ (JCPDS Referenz: PDF#01-073-0444) konnte in den ausgelagerten Pulverschüttungen nur für LSC-Stöchiometrien mit einem Strontiumgehalt von $x \leq 0.3$ nachgewiesen werden. Im Fall von $x \leq 0.2$ hat sich LZO schon ab 700 °C gebildet, im Fall von $x = 0.3$ erst ab 800 °C. Bei einer Auslagerungstemperatur von 800 °C stieg dabei die Menge an gebildetem LZO mit sinkendem Sauerstoffpartialdruck an. Bei einer Auslagerungstemperatur von 700 °C ist die Abhängigkeit, ähnlich wie bei der SZO-Bildung, nicht eindeutig. Erwartungsgemäß wurde bei einem Sauerstoffpartialdruck von $pO_2 = 10^{-4}$ atm das meiste LZO gebildet. Die zweitgrößte Menge wurde jedoch bei einem Sauerstoffpartialdruck von $pO_2 = 0.21$ atm gebildet und am wenigsten bzw. im Fall von $La_{0.8}Sr_{0.2}CoO_{3-\delta}$ + 8YSZ kein LZO wurde bei einem Sauerstoffpartialdruck von $pO_2 = 0.01$ atm gebildet. Auch hier wird vermutet, dass die für die Auslagerungsversuche bei einem Sauerstoffpartialdruck von $pO_2 = 0.21$ atm verwendete Umgebungsluft aufgrund von Verunreinigungen und Spurengasen wie CO_2 und H_2O die Zirkonatbildung bei Temperaturen von 700 °C begünstigt.

- Als Folge der SZO- und LZO-Bildung wurde überschüssiges Kobalt als Co_3O_4 (JCPDS Referenz: PDF#00-042-1467) ausgeschieden, was mittels Röntgendiffraktometrie nachgewiesen werden konnte.

- Zudem nahmen die Reflexionsintensitäten von LSC und 8YSZ mit zunehmender Menge an gebildeten Sekundärphasen ab, da diese für die Bildung der Sekundärphasen zum Teil verbraucht wurden.

- Eine Veränderung der Kristallstruktur der 8YSZ-Phase konnte nicht festgestellt werden.

- Auch konnte keine signifikante Veränderung der entsprechenden Reflexe (Breite und Winkellage) der einzelnen LSC-Stöchiometrien mit zunehmender Sekundärphasenbildung festgestellt werden.

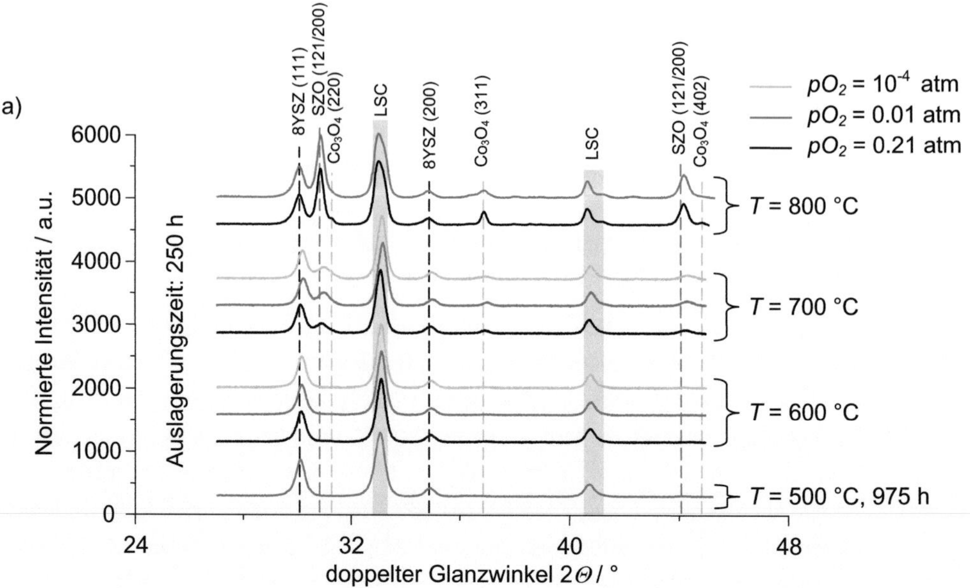

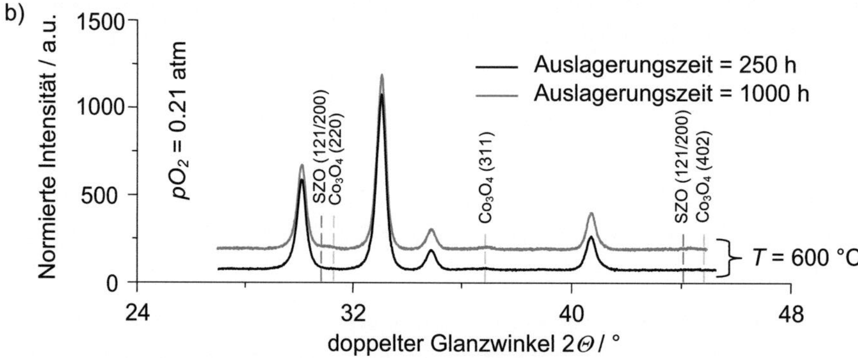

Abbildung 6.1: Röntgendiffraktogramme der ausgelagerten La$_{0.5}$Sr$_{0.5}$CoO$_{3-\delta}$-8YSZ-Pulverschüttungen

Die Pulverschüttungen wurden zuvor über a) 250 bzw. 975 h bei Temperaturen von 500 ... 800 °C in definierten Sauerstoffatmosphären und b) 250 bzw. 1000 h bei 600 °C in Luft (*pO*$_2$ = 0.21 atm) ausgelagert. Dargestellt ist die Intensität der reflektierten Röntgenstrahlung im Winkelbereich von 27 ... 45 °. Die Reflexe der vorliegenden Verbindungen wurden mit senkrechten Linien gekennzeichnet. Für eine bessere Vergleichbarkeit der Spektren wurden die Intensitäten auf den LSC-Peak bei 33 ° normiert und der Hintergrund der Röntgenbremsstrahlung rechnerisch abgezogen.

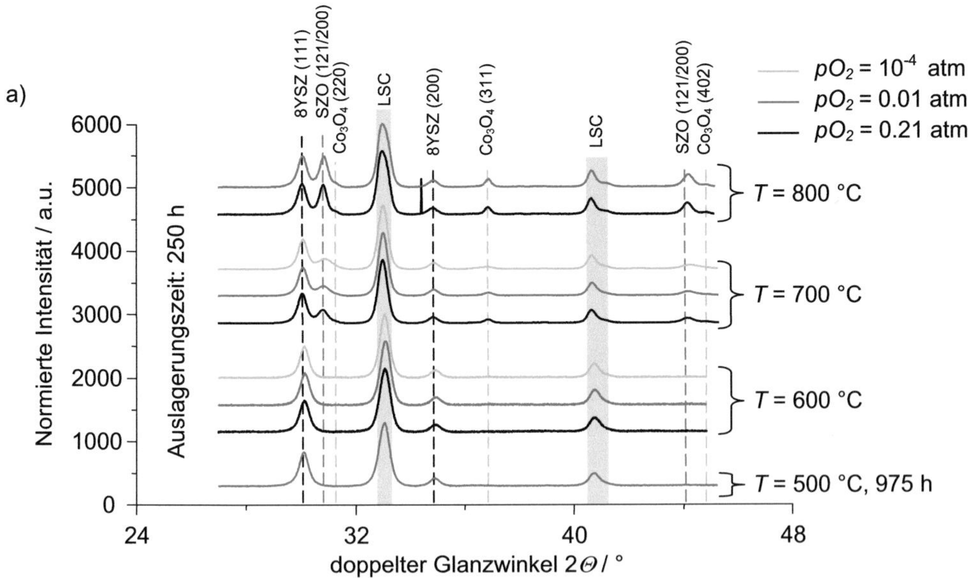

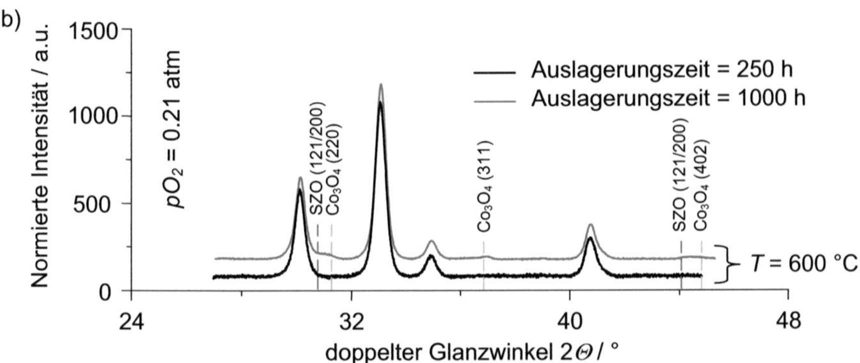

Abbildung 6.2: Röntgendiffraktogramme der ausgelagerten La$_{0.6}$Sr$_{0.4}$CoO$_{3-\delta}$-8YSZ-Pulverschüttungen

Die Pulverschüttungen wurden zuvor über a) 250 bzw. 975 h bei Temperaturen von 500 ... 800 °C in definierten Sauerstoffatmosphären und b) 250 bzw. 1000 h bei 600 °C in Luft (pO_2 = 0.21 atm) ausgelagert. Dargestellt ist die Intensität der reflektierten Röntgenstrahlung im Winkelbereich von 27 ... 45 °. Die Reflexe der vorliegenden Verbindungen wurden mit senkrechten Linien gekennzeichnet. Für eine bessere Vergleichbarkeit der Spektren wurden die Intensitäten auf den LSC-Peak bei 33 ° normiert und der Hintergrund der Röntgenbremsstrahlung rechnerisch abgezogen.

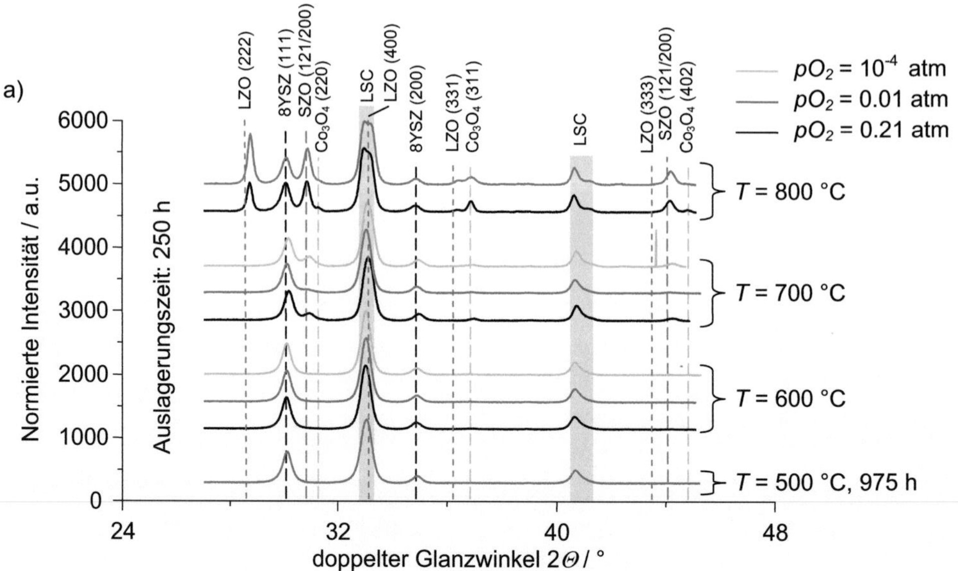

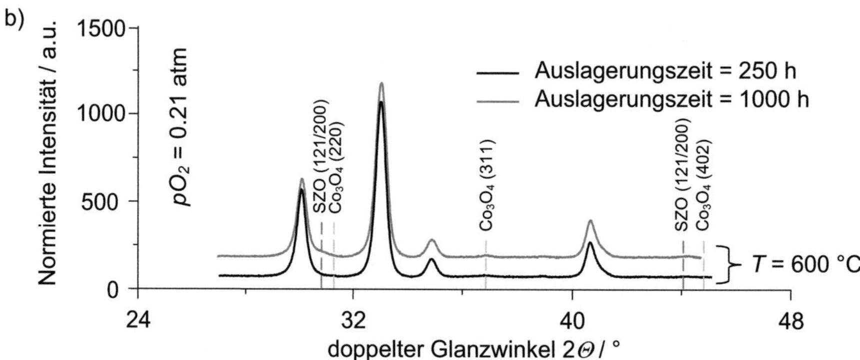

Abbildung 6.3: Röntgendiffraktogramme der ausgelagerten $La_{0.7}Sr_{0.3}CoO_{3-\delta}$-8YSZ-Pulverschüttungen

Die Pulverschüttungen wurden zuvor über a) 250 bzw. 975 h bei Temperaturen von 500 ... 800 °C in definierten Sauerstoffatmosphären und b) 250 bzw. 1000 h bei 600 °C in Luft (pO_2 = 0.21 atm) ausgelagert. Dargestellt ist die Intensität der reflektierten Röntgenstrahlung im Winkelbereich von 27 ... 45 °. Die Reflexe der vorliegenden Verbindungen wurden mit senkrechten Linien gekennzeichnet. Für eine bessere Vergleichbarkeit der Spektren wurden die Intensitäten auf den LSC-Peak bei 33 ° normiert und der Hintergrund der Röntgenbremsstrahlung rechnerisch abgezogen.

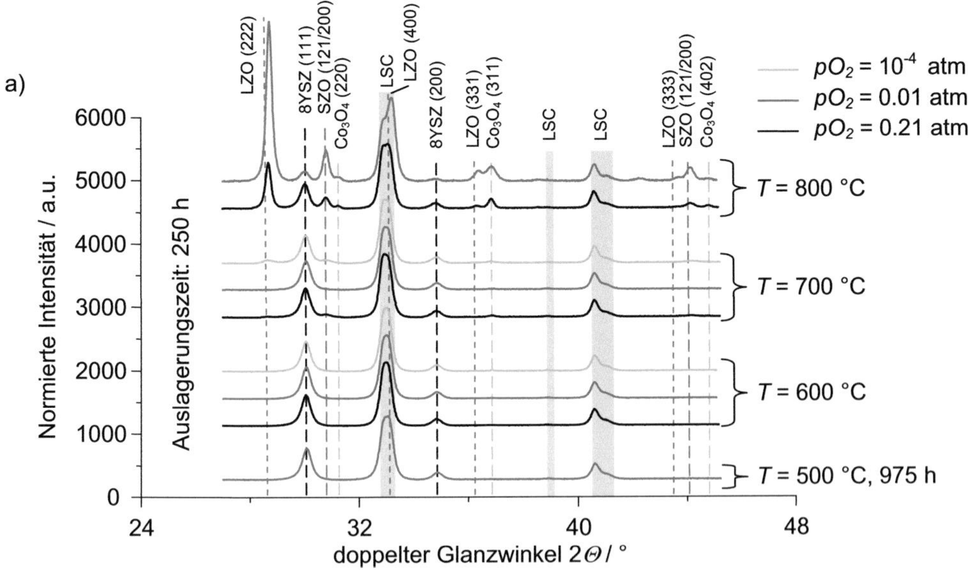

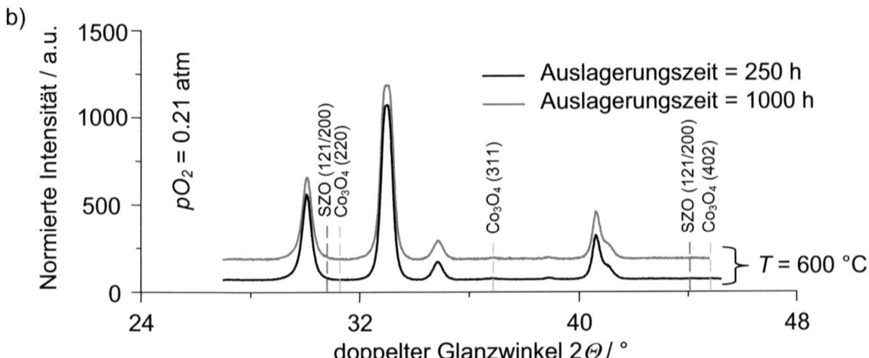

Abbildung 6.4: Röntgendiffraktogramme der ausgelagerten $La_{0.8}Sr_{0.2}CoO_{3-\delta}$-8YSZ-Pulverschüttungen

Die Pulverschüttungen wurden zuvor über a) 250 bzw. 975 h bei Temperaturen von 500 … 800 °C in definierten Sauerstoffatmosphären und b) 250 bzw. 1000 h bei 600 °C in Luft ($pO_2 = 0.21$ atm) ausgelagert. Dargestellt ist die Intensität der reflektierten Röntgenstrahlung im Winkelbereich von 27 … 45 °. Die Reflexe der vorliegenden Verbindungen wurden mit senkrechten Linien gekennzeichnet. Für eine bessere Vergleichbarkeit der Spektren wurden die Intensitäten auf den LSC-Peak bei 33 ° normiert und der Hintergrund der Röntgenbremsstrahlung rechnerisch abgezogen.

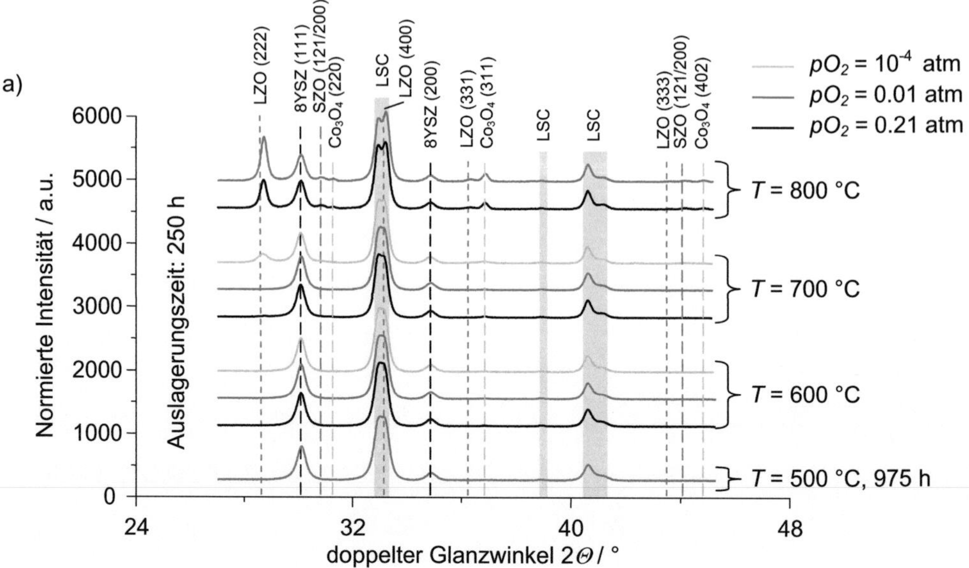

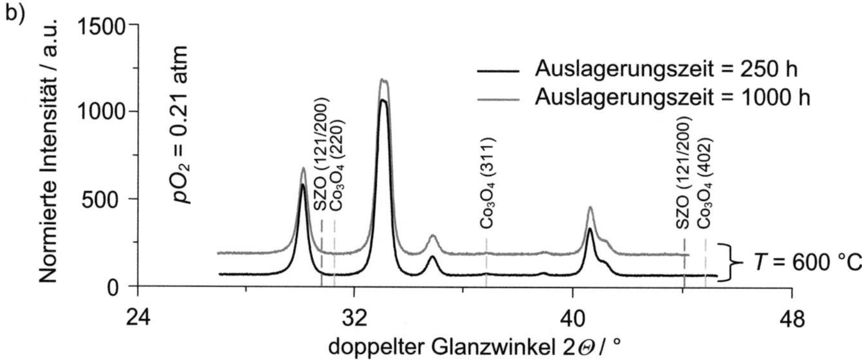

Abbildung 6.5: Röntgendiffraktogramme der ausgelagerten $La_{0.9}Sr_{0.1}CoO_{3-\delta}$-8YSZ-Pulverschüttungen

Die Pulverschüttungen wurden zuvor über a) 250 bzw. 975 h bei Temperaturen von 500 ... 800 °C in definierten Sauerstoffatmosphären und b) 250 bzw. 1000 h bei 600 °C in Luft (pO_2 = 0.21 atm) ausgelagert. Dargestellt ist die Intensität der reflektierten Röntgenstrahlung im Winkelbereich von 27 ... 45 °. Die Reflexe der vorliegenden Verbindungen wurden mit senkrechten Linien gekennzeichnet. Für eine bessere Vergleichbarkeit der Spektren wurden die Intensitäten auf den LSC-Peak bei 33 ° normiert und der Hintergrund der Röntgenbremsstrahlung rechnerisch abgezogen.

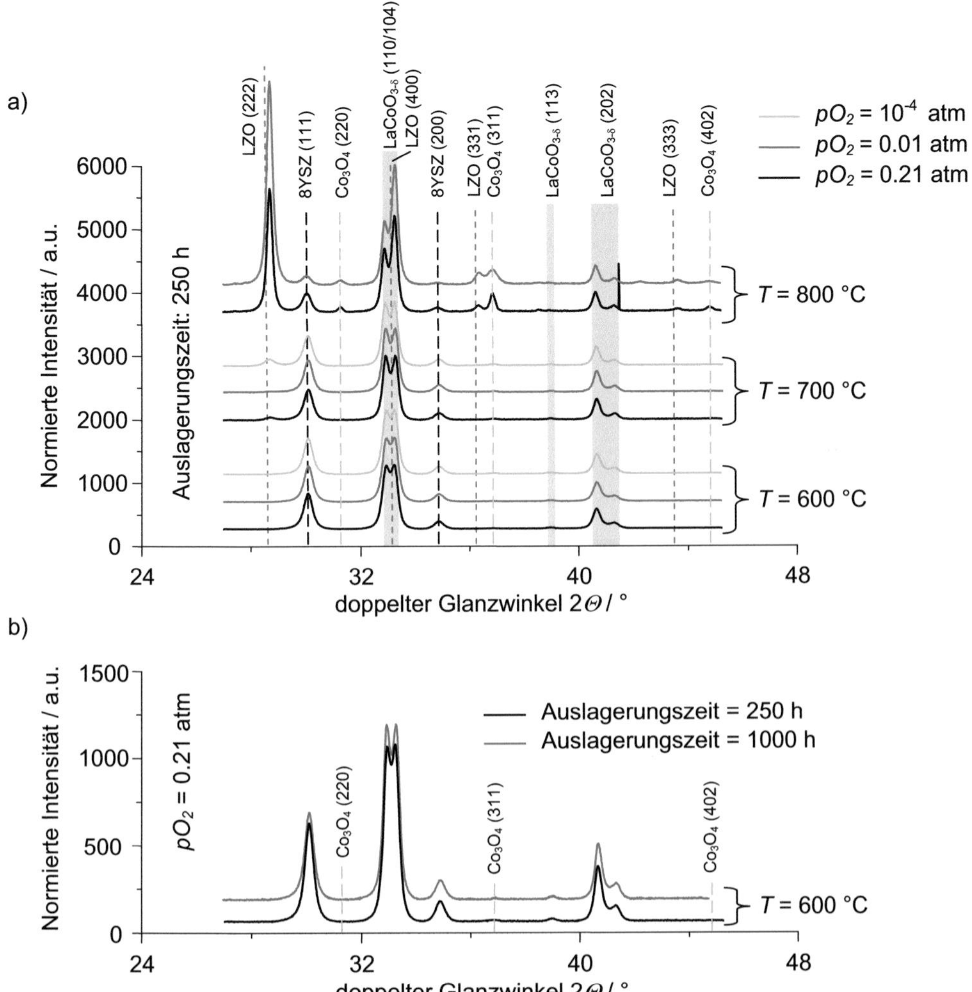

Abbildung 6.6: Röntgendiffraktogramme der ausgelagerten LaCoO$_{3-\delta}$-8YSZ-Pulverschüttungen

Die Pulverschüttungen wurden zuvor über a) 250 h bei Temperaturen von 500 ... 800 °C in definierten Sauerstoffatmosphären und b) 250 bzw. 1000 h bei 600 °C in Luft (pO_2 = 0.21 atm) ausgelagert. Dargestellt ist die Intensität der reflektierten Röntgenstrahlung im Winkelbereich von 27 ... 45 °. Die Reflexe der vorliegenden Verbindungen wurden mit senkrechten Linien gekennzeichnet. Für eine bessere Vergleichbarkeit der Spektren wurden die Intensitäten auf den LaCoO$_{3-\delta}$-Peak bei 33 ° normiert und der Hintergrund der Röntgenbremsstrahlung rechnerisch abgezogen.

6.3 Probenliste

Proben-Nr.	Messung-Nr. und Analysen	Herstellungsparameter				
		Sol (Gew.-%)	Beschichtung[1]	ΔT / K/min	T_{max} / °C	t_{an} / h
PNC-60	REM-Analyse	8	t	RTA	700	0
PNC-113	REM-Analyse	10	t	RTA	700	0
PNC-114	Z03_120-Z1, REM-Analyse	10	t	RTA	700	10
PNC-115	Z03_122-Z1, REM-Analyse	10	t	RTA	700	100
PNC-116	Z03_121-Z1, REM-Analyse	10	t	RTA	800	0
PNC-118	Z03_123-Z1, REM-Analyse	10	t	RTA	800	10
PNC-119	Z03_124-Z1, REM-Analyse	10	t	RTA	800	100
PNC-120	REM-Analyse	10	t	3	700	0
PNC-122	Z03-120-Z2, REM- u. TEM-Analyse,	10	t	3	700	10
PNC-123	Z03-122-Z2, REM-Analyse	10	t	3	700	100
PNC-124	Z03-121-Z2	10	t	3	800	0
PNC-125	Z10_45, REM-, TEM-Analyse	10	t	3	800	0
PNC-126	Z03-123-Z2, REM-, TEM-Analyse	10	t	3	800	10
PNC-127	Z03-124-Z2, REM-, TEM- u. XRD-Analyse	10	t	3	800	100

[1] Tauchbeschichtung (t) oder Schleuderbeschichtung (s)

Proben-Nr.	Messung-Nr. und Analysen	Herstellungsparameter				
		Sol (Gew.-%)	Beschichtung[1]	ΔT / K/min	T_{max} / °C	t_{an} / h
PNC-128	Z03-125-Z1, REM-Analyse	10	t, 2x	RTA	700	0
PNC-129	Z03-125-Z2, REM-Analyse	10	t, 2x	3	700	0
PNC-130	REM-Analyse	10	t, 2x	RTA	800	0
PNC-131	Z03-127-Z1, REM-Analyse	10	t, 2x	3	800	0
PNC-137	(S)TEM-Analyse	10	t	3	700	0
PNC-139	Z10_46, (S)TEM-Analyse	10	t	3	800	0
PNC-140	XRD-Analyse	10	t	3	800	0
PNC-141	Z03_127-Z2, REM- u. XRD-Analyse	10	t	3	600	0
PNC-142	TEM-Analyse	10	t	3	600	0
PNC-143	Z03_126-Z1	10	t	RTA	600	0
PNC-146	REM-, TEM- u. XRD-Analyse	10	t	3	600	10
PNC-148	REM-, XRD-Analyse	10	t	3	600	100
PNC-149	Z03_129-Z2 (Pt-CCL)	10	t	3	700	0
PNC-150	Z03_129-Z1	10	t	3	700	0
PNC-150b	TEM-Analyse	10	t	3	700	100
PNC-151	Z10_50, Post-test XRD-Analyse	10	t	3	800	0

[1] Tauchbeschichtung (t) oder Schleuderbeschichtung (s)

Proben-Nr.	Messung-Nr. und Analysen	Herstellungsparameter				
		Sol (Gew.-%)	Beschichtung[1]	ΔT / K/min	T_{max} / °C	t_{an} / h
PNC-156	XRD-Analyse	10	t	3	700	0
PNC-159	Z10_48	10	t	3	700	0
PNC-161	Z10_49, XRD-Analyse	10	t	3	800	100
PNC-162	Z03_130-Z1, REM-Analyse	10	t	RTA	700	0
PNC-164	Z03_130-Z2	10	t	3	800	10
PNC-217	REM-Analyse	15	s	RTA	700	0
PNC-219	REM-Analyse	20	s	RTA	700	0
PNC-526	Z10_44	Siebgedruckte LSC-Stromsammlerschicht (ungesintert)				

[1] Tauchbeschichtung (t) oder Schleuderbeschichtung (s)

6.4 Symbole

α	thermischer Ausdehnungskoeffizient (1/K) bzw. Anteil an freier Oberfläche (-)
α_ρ	rhomboedrischer Winkel (°)
β	Symmetriefaktor (-)
γ_O	thermodynamischer Faktor in Bezug auf Sauerstoffionen (-)
γ_V	thermodynamischer Faktor in Bezug auf Sauerstoffleerstellen (-)
δ	Nichtstöchiometrie des Sauerstoffs (-) bzw. Eindringtiefe der elektrochemischen Reaktion (m)
ε	Porosität (-) bzw. Dehnung (-)
ε_i	charakteristische Lennard-Jones Energien der Spezies i (J)
λ_i	mittlere freie Weglänge eines Teilchens der Spezies i (m)
ν	kinematische Viskosität (m^2/s)
ν_0	Sprungfrequenz (1/s)
μ_i	chemisches Potential der Spezies i (J/mol) bzw. Beweglichkeit des Ladungsträgers i (m^2/V/s)
$\tilde{\mu}_i$	elektrochemisches Potential der Spezies i (J/mol)

η	Polarisations- / Überspannung (V) bzw. dynamische Viskosität (kg/m/s)
ρ	Dichte (kg/m^3)
σ_{el}	elektrische Leitfähigkeit (S/m)
σ_{ii}	Stoßdurchmesser / Lennard-Jones Länge der Spezies i (Å)
σ_{ion}	ionische Leitfähigkeit (S/m)
σ_p	elektrische Leitfähigkeit aufgrund von Defektelektronen (S/m)
τ	Festkörpertortuosität (-) bzw. Relaxationszeit / Zeitkonstante (s)
τ_p	Porentortuosität (-)
Φ	elektrisches Potential (V)
ω	Kreisfrequenz (1/s)
Ω_D	Stoßintegral (-)
a_0	Gitterabstand (m)
a	volumenspezifische Oberfläche (1/m)
$\tilde{a}$	Oberflächenvergrößerungsfaktor (-)
ASR	flächenspezifischer Widerstand / Area Specific Resistance ($\Omega \cdot$m^2)
b_{gk}	Breite der Gaskanäle im Kontaktklotz (m)
b_{ks}	Breite der Kontaktstege (m)
C_δ	chemische Kapazität (F/m^2)
c_{mc}	Konzentration der Sauerstoffplätze im Gitter (mol/m^3)
c_O	Sauerstoffionenkonzentration (mol/m^3)
c_V	Sauerstoffleerstellenkonzentration (mol/m^3)
D	Festkörperdiffusionskoeffizient (m^2/s)
$D_{K,i}$	Knudsen-Diffusionskoeffizient der Gasspezies i (m^2/s)
d_{kf}	Durchmesser der Aufstandsfläche des Stromsammlers (m)
d_{mean}	mittlere Korngröße (m)
$D_{N2,O2}$	binärer Diffusionskoeffizient von Sauerstoff und Stickstoff (m^2/s)
d_p	Porendurchmesser (m)
D_V	Leerstellendiffusionskoeffizient (m^2/s)
E_a	Aktivierungsenergie (J oder eV)
e_0	Elementarladung ($e_0 = 1.6022 \cdot 10^{-19}$ C)
f	Frequenz (Hz) bzw. Korrelationsfaktor nach COMPAAN und HAVEN (-)
F	Faraday-Konstante ($F = e_0 \cdot N_A = 96485.3383$ C/mol)
ΔG	Freie Reaktionsenthalpie (J/mol)
$\Delta G_0(T)$	Temperaturabhängige freie Standardreaktionsenthalpie (J/mol)
$g(\varepsilon_F)$	Zustandsdichte am Fermi-Niveau (1/(J/mol))

h	Dicke des nassen Beschichtungsfilms (m)
h_i	molare Enthalpie der Spezies i (J/mol)
j	Stromdichte (A/m^2)
j_0	Austauschstromdichte (A/m^2)
j_O	Oberflächenaustauschrate (mol/m^2/s)
k_B	Boltzmann-Konstante (k_B = 8.617·10^{-5} eV/K)
k	Oberflächenaustauschkoeffizient (m/s)
K_n	Knudsenzahl (-)
L_c	charakteristische Dicke (m)
l_{kat}	Kathodendicke (m)
l_{netz}	Kontaktnetzdicke (m)
M_i	Molare Masse eines Elements oder einer Verbindung i (g/mol)
N_A	Avogadrozahl (N_A = 6.0221·10^{23} 1/mol)
n_{Co}	mittlere elektrochemische Wertigkeit des Kobalts (-)
n_i	Stoffmenge des Elements oder der Verbindung i (mol)
p	Ladungsträgerkonzentration von Defektelektronen (1/m^3)
P	Druck (Pa oder atm)
pH_2	Wasserstoffpartialdruck (Pa oder atm)
pCO_2	Kohlenstoffdioxidpartialdruck (Pa oder atm)
pH_2O	Wasserdampfpartialdruck (Pa oder atm)
pO_2	Sauerstoffpartialdruck (Pa oder atm)
ps	Partikelgröße (m)
R	Allgemeine Gaskonstante (R = k_B·N_A = 8.3145 J/mol/K)
Re	Reynoldszahl (-)
r_i	Ionenradius der Ionensorte i (m)
s_i	molare Entropie der Spezies i (J/K/mol)
t	Goldschmidtscher Toleranzfaktor (-)
T	Temperatur (K oder °C)
t_{an}	Temperzeit (h)
t_{chem}	charakteristische Zeitkonstante des Gerischer-Elements (s)
t_i	Überführungszahl der Ionensorte i (-)
T_{max}	maximale Herstellungstemperatur (°C)
UCV	Volumen der Einheitszelle (m^3)
U_N	Nernstspannung (V)
U_{OCV}	Leerlaufspannung / Open Circuit Voltage (V)
U_{th}	Theoretische Zellspannung (V)

U_Z	Zell-/ Arbeitsspannung (V)
v_0	Tauchgeschwindigkeit (m/s)
V_m	molare Masse (m^3/mol)
z	Ladungszahl (-)
Z_{wand}	Flächenstoßrate (mol/m^2/s)

6.5 Abkürzungen

10CGO	$Ce_{0.9}Gd_{0.1}O_{1.95}$ → siehe CGO
20CGO	$Ce_{0.8}Gd_{0.2}O_{1.9}$ → siehe CGO
10Sc1CeSZ	10 Mol-% Sc_2O_3 1 Mol-% CeO_2 stabilisiertes ZrO_2 → siehe ScSZ
3YSZ	3 Mol-% Y_2O_3 stabilisiertes ZrO_2 → siehe YSZ
8YSZ	8 Mol-% Y_2O_3 stabilisiertes ZrO_2 → siehe YSZ
μ-SOFC	Mikro-Festelektrolyt-Brennstoffzelle
an	Anode
APU	Auxiliary Power Unit (dt. Hilfsaggregat)
ASC	Anode Supported Cell (dt. anodengestützte Zelle)
ASR	Area Specific Resistance (dt. flächenspezifischer Widerstand)
BHKW	Blockheizkraftwerk
BSCF	$Ba_{1-x}Sr_xCo_{1-y}Fe_yO_{3-\delta}$ (Barium-Strontium-Kobalt-Ferrit)
CCL	Current Collector Layer (dt. Stromsammlerschicht)
CFL	Cathode Functional Layer (dt. Kathodenfunktionsschicht)
CGO	mit Gadoliniumoxid dotiertes Ceroxid
CNLS	Complex Nonlinear Least Squares
CPE	Constant Phase Element (dt. Konstantphasenelement)
ct	Charge Transfer (dt. Ladungstransfer)
DRT	Distribution of Relaxation Times (dt. Verteilung der Relaxationszeiten)
EB-PVD	Electron Beam Physical Vapor Deposition (dt. Elektronenstrahlverdampfen)
EDTA	Ethylendiamintetraessigsäure
EDX	Energy Dispersive X-Ray Spectroscopy (dt. Energiedispersive Röntgenspektroskopie)
EIS	Elektrochemische Impedanzspektroskopie
el	Elektrolyt
EMK	Elektromotorische Kraft
ESC	Electrolyte Supported Cell (dt. elektrolytgestützte Zelle)
ESD	Electrostatic Spray Deposition (dt. elektrostatische Sprühabscheidung)

FEM	Finite-Elemente-Methode
FFS	Flame Spray Synthesis (dt. Flammensprüh-Synthese)
FIB	Focused Ion Beam (dt. fokussierter Ionenstrahl)
gas	Gasphase
GID	Grazing Incidence Diffraction (dt. Röntgendiffraktometrie mit streifendem Einfall)
ICP-AES	Inductively Coupled Plasma Atomic Emission Spectroscopy (dt. Atomemissionsspektroskopie mittels induktiv gekoppeltem Plasma)
ISC	Fraunhofer Institut für Silicatforschung, Würzburg
IT-SOFC	Intermediate Temperature SOFC (dt. SOFC für abgesenkte Betriebstemperaturen)
IWE	Institut für Werkstoffe der Elektrotechnik, Karlsruher Institut für Technologie (KIT)
JCPDS	Joint Committee on Powder Diffraction Standards
kat	Kathode
LEIS	Low Energy Ion Scattering (dt. niederenergetische Ionenstreuspektroskopie)
LEM	Laboratorium für Elektronenmikroskopie, Karlsruher Institut für Technologie (KIT)
LNF	$La(Ni,Fe)O_{3-\delta}$ (Lanthan-Eisen-Nickelat)
LSC	Allgemein: $La_{1-x}Sr_xCoO_{3-\delta}$ (Lanthan-Strontium-Kobaltat) Diese Arbeit: $La_{0.6}Sr_{0.4}CoO_{3-\delta}$
LSCF	$La_{1-x}Sr_xCo_{1-y}Fe_yO_{3-\delta}$ (Lanthan-Strontium-Kobalt-Ferrit)
LSGM	$La_{1-x}Sr_xGa_{1-y}Mg_yO_{3-\delta}$ (mit Strontium und Magnesium dotiertes Lanthangallat)
LSM	$La_{1-x}Sr_xMnO_3$ (Lanthan-Strontium-Manganat)
LZO	$La_2Zr_2O_7$ (Lanthanzirkonat)
MEA	Membrane-Electrode Assembly (dt. Membran-Elektroden-Verbund)
MIEC	Mixed Ionic-Electronic Conductor (dt. Mischleiter)
MOD	Metal-Organic Deposition (dt. metallorganische Abscheidung)
OCV	Open Circuit Voltage (dt. Leerlaufspannung)
PLD	Pulsed Laser Deposition (dt. Laserstrahlverdampfen)
PNC	Project Nano Cathode (dt. Projekt Nanokathode)
PVD	Physical Vapour Deposition (dt. physikalische Gasphasenabscheidung)
pol	Polarisations-
PSD	Position Sensitive Detector (dt. positionsempfindlicher Detektor)
REM	Rasterelektronenmikroskop/ -mikroskopie
RT	Raumtemperatur
RTA	Rapid Thermal Annealing (dt. schnelles thermisches Auslagern)
sccm	Standardkubikzentimeter pro Minute
ScSZ	mit Scandiumoxid stabilisiertes Zirkonoxid $\rightarrow$ siehe 10Sc1CeSZ

SD	Standardabweichung
SDC	Samaria-doped Ceria (dt. mit Samariumoxid dotiertes Ceroxid)
SOFC	Solid Oxide Fuel Cell (dt. Festelektrolyt- / Hochtemperatur-Brennstoffzelle)
STEM	Raster-Transmissionselektronenmikroskopie
SZO	$SrZrO_3$ (Strontiumzirkonat)
TEM	Transmissionselektronenmikroskop/ -mikroskopie
TG	Thermogravimetrie
TPB	Three-Phase Boundary (dt. Dreiphasengrenze)
XPS	X-Ray Photoelectron Spectroscopy (dt. Röntgen-Photoelektronenspektroskopie)
XRD	X-Ray Diffraction (dt. Röntgendiffraktometrie / -beugungsanalyse)
YDC	Yttria-doped Ceria (dt. mit Yttriumoxid dotiertes Ceroxid)
YSZ	mit Yttriumoxid stabilisiertes Zirkonoxid $\rightarrow$ siehe 8YSZ

6.6 Betreute Arbeiten

- Stefan Löffler, Fein-Tuning nanoskaliger SOFC-Kathoden (Arbeitstitel), Diplomarbeit, IWE, Karlsruher Institut für Technologie (KIT), 2012.

- Steffen Busché, Leistungsfähigkeit nanoskaliger SOFC-Kathoden in Abhängigkeit der Mikrostruktur, Studienarbeit, IWE, Universität Karlsruhe (TH), 2009.

- Jan Müller, Modellgestützte Analyse des thermischen Verhaltens einer SOFC unter Last, Studienarbeit, IWE, Universität Karlsruhe (TH), 2008.

6.7 Veröffentlichungen und Tagungsbeiträge

Veröffentlichungen

[1] E. Ivers-Tiffée, U. Guntow, J. Hayd und B. Rüger, "Potential of Nanoscaled LSC Thin Film Cathodes: Modelling and Experimental Verification", in R. Steinberger-Wilckens u.a. (Hrsg.), Proceedings of the 8th European Solid Oxide Fuel Cell Forum, S. A0403-1- A0403-9, 2008.

[2] J. Hayd, U. Guntow und E. Ivers-Tiffée, "Nanoscaled $La_{0.6}Sr_{0.4}CoO_{3-\delta}$ As Intermediate Temperature SOFC Cathode: Microstructure and Electrochemical Performance", in P. Connor (Hrsg.), Proceedings of the 9th European Solid Oxide Fuel Cell Forum, S. 10-106 - 10-112, 2010.

[3] J. Hayd, U. Guntow und E. Ivers-Tiffée, "Electrochemical Performance of Nanoscaled $La_{0.6}Sr_{0.4}CoO_{3-\delta}$ As Intermediate Temperature SOFC Cathodes", in DECHEMA (Hrsg.), First International Conference on Materials for Energy, Extended Abstracts - Book A, S. 79-81, 2010.

[4] J. Hayd, U. Guntow und E. Ivers-Tiffée, "Electrochemical Performance of Nanoscaled $La_{0.6}Sr_{0.4}CoO_{3-\delta}$ As Intermediate Temperature SOFC Cathode", in ECS Transactions, Band 28, Heft 11, S. 3-15, 2010.

[5] J. Hayd, L. Dieterle, U. Guntow, D. Gerthsen und E. Ivers-Tiffée, "Nanoscaled $La_{0.6}Sr_{0.4}CoO_{3-\delta}$ As Intermediate Temperature SOFC Cathode: Microstructure and Electrochemical Performance", in Journal of Power Sources, Band 196, Heft 17, S. 7263-7270, 2011.

[6] L. Dieterle, P. Bockstaller, D. Gerthsen, J. Hayd, E. Ivers-Tiffée und U. Guntow, "Microstructure of Nanoscaled $La_{0.6}Sr_{0.4}CoO_{3-\delta}$ Cathodes for Intermediate-Temperature Solid Oxide Fuel Cells", in Advanced Energy Materials, Band 1, Heft 2, S. 249-258, 2011.

[7] D. Marinha, J. Hayd, L. Dessemond, E. Ivers-Tiffée und E. Djurado, "Performance of $(La,Sr)(Co,Fe)O_{3-x}$ Double-Layer Cathode Films for Intermediate Temperature Solid Oxide Fuel Cell", in Journal of Power Sources, Band 196, S. 5084-5090, 2011.

[8] D. Klotz, B. Butz, A. Leonide, J. Hayd, D. Gerthsen und E. Ivers-Tiffée, "Performance Enhancement of SOFC Anode Through Electrochemically Induced Ni/YSZ Nanostructures", in Journal of the Electrochemical Society, Band 158, Heft 6, S. B587-B595, 2011.

[9] J. Hayd, U. Guntow und E. Ivers-Tiffée, "Detailed Electrochemical Analysis of High-Performance Nanoscaled $La_{0.6}Sr_{0.4}CoO_{3-\delta}$ Thin Film Cathodes", in ECS Transactions, Band 35, Heft 1, S. 2261-2273, 2011.

[10] L. Dieterle, P. Bockstaller, D. Gerthsen, J. Hayd, E. Ivers-Tiffée, U. Guntow und C. Kübel, "Microstructure of Sol-Gel Derived Nanoscaled $La_{0.6}Sr_{0.4}CoO_{3-\delta}$ Cathodes for Intermediate-Temperature SOFCs", in ECS Transactions, Band 35, Heft 1, S. 1909-1918, 2011.

[11] E. Ivers-Tiffée, J. Hayd, D. Klotz, A. Leonide, F. Han und A. Weber, "Performance Analysis and Development Strategies for Solid Oxide Fuel Cells", in ECS Transactions, Band 35, Heft 1, S. 1965-1973, 2011.

Tagungsbeiträge

[12] J. Hayd, V. Sonn, J. Simonin, A. Weber und E. Ivers-Tiffée, "Versatile Reference Electrodes Using Ion Conducting Blades", 16th International Conference on Solid State Ionics (SSI-16) (Shanghai, China), 01.07. - 06.07.2007.

[13] J. Hayd, M.J. Heneka, M. Becker, A. Weber und E. Ivers-Tiffée, "Accelerated Life Testing for SOFC Single Cells", 4th Real-SOFC Workshop (Grenoble, Frankreich), 10.07. - 11.07.2007.

[14] J. Hayd, C. Peters, B. Rüger, A. Weber, E. Ivers-Tiffée und U. Guntow, "Potential of Nanoscaled Cathode Structures", Asia-European Workshop on SOFC (Dalian, China), 04.06.2008.

[15] E. Ivers-Tiffée, J. Hayd, B. Rüger und U. Guntow, "Potential of Nanoscaled LSC Thin Film Cathodes: Modelling and Experimental Validation", 8th EUROPEAN SOFC FORUM (Luzern, Schweiz), 30.06. - 04.07.2008.

[16] J. Hayd, B. Rüger, E. Ivers-Tiffée und U. Guntow, "Nanoscaled LSC Thin Film Cathodes for SOFC: Modelling and Experimental Verification", Electroceramics XI (Manchester, Vereinigtes Königreich), 31.08. - 04.09.2008.

[17] E. Ivers-Tiffée, J. Hayd, B. Rüger und U. Guntow, "Potential of Nanoscaled Cathodes for SOFC Application", 49th Battery Symposium (Osaka, Japan), 05.11. - 07.11.2008.

[18] E. Ivers-Tiffée, J. Hayd, B. Rüger und U. Guntow, "Potential of nanoscaled LSC Thin Film Cathodes: Modelling and Experimental Verification", 9th International Symposium on Ceramic Materials and Components for Energy and Environmental Applications (Shanghai, China), 10.11. - 14.11.2008.

[19] J. Hayd, B. Rüger, U. Guntow und E. Ivers-Tiffée, "Application of Nanoscaled LSC Thin Film Cathodes in SOFCs: FEM Modelling and Experimental Verification", MRS Fall Meeting 2008 (Boston MA, USA), 01.12. - 05.12.2008.

[20] J. Hayd, B. Rüger, U. Guntow und E. Ivers-Tiffée, "Potential of Nanoscaled Cathode Structures for SOFC", 215th Meeting of The Electrochemical Society (San Francisco, USA), 24.05. - 29.05.2009.

[21] J. Hayd, B. Rüger, U. Guntow und E. Ivers-Tiffée, "Microstructural Engineering of Nanoscaled $La_{1-x}Sr_xCoO_{3-\delta}$ Thin Film Cathodes for SOFC", 8th Pacific Rim Conference on Ceramic and Glass Technology (Vancouver, Kanada), 31.05. - 05.06.2009.

[22] L. Dieterle, D. Gerthsen, J. Hayd und E. Ivers-Tiffée, "Microstructural and Electrochemical Characterization of Nanoscaled $La_{1-x}Sr_xCoO_{3-\delta}$ Films as Cathode Material for Solid Oxide Fuel Cells", 11th International Fischer Symposium on "Microscopy in Electrochemistry" (Benediktbeuern, Deutschland), 26.07. - 31.07.2009.

[23] D. Klotz, A. Leonide, J. Hayd und E. Ivers-Tiffée, "Recovery of Anode Performance by Reverse Current Treatment", SOFC XI (Wien, Österreich), 04.10. - 09.10.2009.

[24] J. Hayd, U. Guntow und E. Ivers-Tiffée, "Electrochemical Performance of Nanoscaled $La_{0.6}Sr_{0.4}CoO_{3-\delta}$ as Intermediate Temperature SOFC Cathode", 217th Meeting of The Electrochemical Society (Vancouver, Kanada), 25.04. - 30.04.2010.

[25] J. Hayd, U. Guntow und E. Ivers-Tiffée, "Nanoscaled $La_{0.6}Sr_{0.4}CoO_{3-\delta}$ as Intermediate Temperature SOFC Cathode: Microstructure and Electrochemical Performance", 9th EUROPEAN SOFC FORUM (Luzern, Schweiz), 29.06. - 02.07.2010.

[26] J. Hayd, U. Guntow und E. Ivers-Tiffée, "Electrochemical Performance of Nanoscaled $La_{0.6}Sr_{0.4}CoO_{3-\delta}$ as Intermediate Temperature SOFC Cathode", First International Conference on Materials for Energy (Karlsruhe, Deutschland), 04.07. - 08.07.2010.

[27] L. Dieterle, P. Bockstaller, J. Hayd, E. Ivers-Tiffée, U. Guntow und D. Gerthsen, "Characterization of Nanoscaled $La_{0.6}Sr_{0.4}CoO_{3-\delta}$ as Cathode Material for Solid Oxide Fuel Cells by Transmission Electron microscopy", First International Conference on Materials for Energy (Karlsruhe, Deutschland), 04.07. - 08.07.2010.

[28] J. Hayd, U. Guntow und E. Ivers-Tiffée, "Detailed Electrochemical Analysis of High-Performance Nanoscaled $La_{0.6}Sr_{0.4}CoO_{3-\delta}$ Thin Film Cathodes", SOFCXII (Montreal, Kanada), 01.05 - 06.05.2011.

[29] L. Dieterle, P. Bockstaller, D. Gerthsen, J. Hayd, E. Ivers-Tiffée, W. Guntow und C. Kübel, "Microstructure of Sol-Gel Derived Nanoscaled $La_{0.6}Sr_{0.4}CoO_{3-\delta}$ Cathodes for Intermediate-Temperature SOFCs", SOFCXII (Montreal, Kanada), 01.05 - 06.05.2011.

[30] E. Ivers-Tiffée, J. Hayd, D. Klotz, A. Leonide, F. Han und A. Weber, "Performance Analysis and Development Strategies for Solid Oxide Fuel Cells", SOFCXII (Montreal, Kanada), 01.05 - 06.05.2011.

[31] E. Ivers-Tiffée, J. Joos und J. Hayd, "High-Performance Nano-Scaled MIEC Cathodes for Solid Oxide Fuel Cells", E-MRS 2011 (Nizza, Frankreich), 09.05 - 13.05.2011.

[32] J. Hayd, L. Dieterle, D. Gerthsen, A. Weber und E. Ivers-Tiffée, „Detailed Electrochemical Analysis of Nanoscaled $La_{0.6}Sr_{0.4}CoO_{3-\delta}$ as Intermediate Temperature SOFC Cathode", MRS Fall Meeting 2011 (Boston MA, USA), 28.11. - 02.12.2011.

7 Literatur

[1] M. Zahid, J. Schefold und A. Brisse, "High-Temperature Water Electrolysis Using Planar Solid Oxide Fuel Cell Technology: a Review", in D. Stolten (Hrsg.), Hydrogen and Fuel Cells, Weinheim: WILEY-VCH Verlag GmbH & Co.KGaA, S. 227-242, 2010.

[2] J. Schindler, "National Strategies and Programs", in D. Stolten (Hrsg.), Hydrogen and Fuel Cells, Weinheim: WILEY-VCH Verlag GmbH & Co.KGaA, S. 449-464, 2010.

[3] L. Blum, W. Drenckhahn, A. Lezuo, E. Frey und A. Casannova, "Anlagenkonzeption Und Wirtschaftlichkeit Von SOFC-Kraftwerken", in A. Heinzel u.a. (Hrsg.), Brennstoffzellen: Entwicklung, Technologie, Anwendung, Heidelberg: C.F. Müller Verlag, S. 251-265, 2006.

[4] G. P. G. Corre und J. T. S. Irvine, "High-Temperature Fuel Cell Technology", in D. Stolten (Hrsg.), Hydrogen and Fuel Cells, Weinheim: WILEY-VCH Verlag GmbH & Co.KGaA, S. 61-87, 2010.

[5] R. Steinberger-Wilckens und N. Christiansen, "High-Temperature Fuel Cells in Decentralized Power Generation", in D. Stolten (Hrsg.), Hydrogen and Fuel Cells, Weinheim: WILEY-VCH Verlag GmbH & Co.KGaA, S. 735-754, 2010.

[6] R. Peters, "Auxiliary Power Units for Light-Duty Vehicles, Trucks, Ships and Airplanes", in D. Stolten (Hrsg.), Hydrogen and Fuel Cells, Weinheim: WILEY-VCH Verlag GmbH & Co.KGaA, S. 681-714, 2010.

[7] J. H. Joo und G. M. Choi, "Simple Fabrication of Micro-Solid Oxide Fuel Cell Supported on Metal Substrate", in Journal of Power Sources, Band 182, Heft 2, S. 589-593, 2008.

[8] D. Herbstritt, "Entwicklung Und Modellierung Einer Leistungsfähigen Kathodenstruktur Für Die Hochtemperatur-Brennstoffzelle SOFC", Aachen: Verlag Mainz, 2003.

[9] C. Peters, "Grain-Size Effects in Nanoscaled Electrolyte and Cathode Thin Films for Solid Oxide Fuel Cells (SOFC)", Karlsruhe: Universitätsverlag Karlsruhe, 2009.

[10] B. Rüger, "Mikrostrukturmodellierung Von Elektroden Für Die Festelektrolytbrennstoffzelle", Karlsruhe: Universitätsverlag Karlsruhe, 2009.

[11] S. C. Singhal und K. Kendall, "High Temperature Solid Oxide Fuel Cells: Fundamentals, Design and Applications", New York: Elsevier Ltd., 2003.

[12] N. Q. Minh, "Ceramic Fuel-Cells", in Journal of the American Ceramic Society, Band 76, Heft 3, S. 563-588, 1993.

[13] A. Heinzel und F. Mahlendorf, "Brennstoffzellen: Entwicklung, Technologie, Anwendung", 3. Auflage, Heidelberg: C.F. Müller Verlag, 2006.

[14] U. Bossel, "The Birth of the Fuel Cell", Oberrohrdorf: European Fuel Cell Forum, 2000.

[15] E. Baur und H. Preis, "Über Brennstoff-Ketten Mit Festleitern", in Zeitschrift für Elektrochemie und angewandte physikalische Chemie, Band 43, Heft 9, S. 727-732, 1937.

[16] H. H. Möbius, "On the History of Solid Electrolyte Fuel Cells", in Journal of Solid State Electrochemistry, Band 1, Heft 1, S. 2-16, 1997.

[17] P. Holtappels und U. Stimming, "Solid Oxide Fuel Cells (SOFC)", in W. Vielstich u.a. (Hrsg.), Handbook of Fuel Cells, Chichester, England: John Wiley & Sons Ltd., S. 335-354, 2003.

[18] M. J. Heneka, "Alterung Der Festelektrolyt-Brennstoffzelle Unter Thermischen Und Elektrischen Lastwechseln", Aachen: Verlag Mainz, 2006.

[19] E. Ivers-Tiffée, "Brennstoffzellen Und Batterien WS 05/06", Vorlesungsskript. Auflage, Karlsruhe: Institut für Werkstoffe der Elektrotechnik (IWE), Karlsruher Institut für Technologie (KIT), 2005.

[20] S. Primdahl und M. Mogensen, "Gas Diffusion Impedance in Characterization of Solid Oxide Fuel Cell Anodes", in Journal of the Electrochemical Society, Band 146, Heft 8, S. 2827-2833, 1999.

[21] J. W. Kim, A. V. Virkar, K. Z. Fung, K. Mehta und S. C. Singhal, "Polarization Effects in Intermediate Temperature, Anode-Supported Solid Oxide Fuel Cells", in Journal of the Electrochemical Society, Band 146, Heft 1, S. 69-78, 1999.

[22] S. P. S. Badwal, "Zirconia-Based Solid Electrolytes: Microstructure, Stability and Ionic Conductivity", in Solid State Ionics, Band 52, S. 23-32, 1992.

[23] E. Ivers-Tiffée und W. von Münch, "Werkstoffe Der Elektrotechnik", 10. Auflage, Wiesbaden, Germany: B.G. Teubner Verlag, 2007.

[24] F. Tietz, "Thermal Expansion of SOFC Materials", in Ionics, Band 5, Heft 1-2, S. 129-139, 1999.

[25] Y. Arachi, H. Sakai, O. Yamamoto, Y. Takeda und N. Imanishai, "Electrical Conductivity of the ZrO_2-Ln_2O_3 (Ln = Lanthanides) System", in Solid State Ionics, Band 121, Heft 1-4, S. 133-139, 1999.

[26] O. Yamamoto, "Solid Oxide Fuel Cells: Fundamental Aspects and Prospects", in Electrochimica Acta, Band 45, Heft 15-16, S. 2423-2435, 2000.

[27] J. W. Fergus, "Electrolytes for Solid Oxide Fuel Cells", in Journal of Power Sources, Band 162, Heft 1, S. 30-40, 2006.

[28] Y. Arachi, T. Asai, O. Yamamoto, Y. Takeda, N. Imanishi, K. Kawate und C. Tamakoshi, "Electrical Conductivity of ZrO_2-Sc_2O_3 Doped With HfO_2, CeO_2, and Ga_2O_3", in Journal of the Electrochemical Society, Band 148, Heft 5, S. A520-A523, 2001.

[29] M. Mogensen, N. M. Sammes und G. A. Tompsett, "Physical, Chemical and Electrochemical Properties of Pure and Doped Ceria", in Solid State Ionics, Band 129, Heft 1-4, S. 63-94, 2000.

[30] S. P. S. Badwal und F. T. Ciacchi, "Oxygen-Ion Conducting Electrolyte Materials for Solid Oxide Fuel Cells", in Ionics, Band 6, Heft 1-2, S. 1-21, 2000.

[31] H. Yahiro, K. Eguchi und H. Arai, "Electrical-Properties and Reducibilities of Ceria Rare Earth Oxide Systems and Their Application to Solid Oxide Fuel-Cell", in Solid State Ionics, Band 36, Heft 1-2, S. 71-75, 1989.

[32] B. Dalslet, P. Blennow, P. Hendriksen, N. Bonanos, D. Lybye und M. Mogensen, "Assessment of Doped Ceria As Electrolyte", in Journal of Solid State Electrochemistry, Band 10, Heft 8, S. 547-561, 2006.

[33] S. Uhlenbruck, N. Jordan, J. M. Serra, H. P. Buchkremer und D. Stöver, "Application of Electrolyte Layers for Solid Oxide Fuel Cells by Electron Beam Evaporation", in Solid State Ionics, Band 181, Heft 8-10, S. 447-452, 2010.

[34] T. Inoue, T. Setoguchi, K. Eguchi und H. Arai, "Study of a Solid Oxide Fuel Cell With a Ceria-Based Solid Electrolyte", in Solid State Ionics, Band 35, Heft 3-4, S. 285-291, 1989.

[35] S. P. S. Badwal, "Stability of Solid Oxide Fuel Cell Components", in Solid State Ionics, Band 143, Heft 1, S. 39-46, 2001.

[36] B. C. H. Steele, "Appraisal of $Ce_{1-y}Gd_yO_{2-y/2}$ Electrolytes for IT-SOFC Operation at 500 °C", in Solid State Ionics, Band 129, Heft 1-4, S. 95-110, 2000.

[37] H. Yahiro, Y. Eguchi, K. Eguchi und H. Arai, "Oxygen Ion Conductivity of the Ceria Samarium Oxide System With Fluorite Structure", in Journal of Applied Electrochemistry, Band 18, Heft 4, S. 527-531, 1988.

[38] S. J. Litzelman, "Modification of Space Charge Transport in Nanocrystalline Cerium Oxide by Heterogeneous Doping", Boston: Massachusetts Institute of Technology, 2008.

[39] B. C. H. Steele, "Survey of Materials Selection for Ceramic Fuel Cells .2. Cathodes and Anodes", in Solid State Ionics, Band 86-8, S. 1223-1234, 1996.

[40] S. Uhlenbruck, T. Moskalewicz, N. Jordan, H. J. Penkalla und H. P. Buchkremer, "Element Interdiffusion at Electrolyte-Cathode Interfaces in Ceramic High-Temperature Fuel Cells", in Solid State Ionics, Band 180, Heft 4-5, S. 418-423, 2009.

[41] J. D. Sirman, D. Waller und J. A. Kilner, "Cation Diffusion into a CGO Electrolyte", in U. Stimming u.a. (Hrsg.), Proceedings of the Fifth International Symposium on Solid Oxide Fuel Cells (SOFC-V), Band 79-18, Pennington: Electrochemical Society Inc., S. 1159-1168, 1997.

[42] N. M. Sammes, Z. Cai und G. A. Tompsett, "Phase Stability and Ionic Conductivity of Doped-CeO_2/YSZ Electrolytes", in U. Stimming u.a. (Hrsg.), Proceedings of the Fifth International Symposium on Solid Oxide Fuel Cells (SOFC-V), Band 97-18, Pennington: Electrochemical Society Inc., S. 1105-1112, 1997.

[43] A. Tsoga, A. Naoumidis, W. Jungen und D. Stöver, "Processing and Characterisation of Fine Crystalline Ceria Gadolinia-Yttria Stabilized Zirconia Powders", in Journal of the European Ceramic Society, Band 19, S. 907-912, 1999.

[44] S. Uhlenbruck, N. Jordan, D. Sebold, H. P. Buchkremer, V. A. C. Haanappel und D. Stöver, "Thin Film Coating Technologies of $(Ce,Gd)O_{2-\delta}$ Interlayers for Application in Ceramic High-Temperature Fuel Cells", in Thin Solid Films, Band 515, Heft 7-8, S. 4053-4060, 2007.

[45] K. Yamaji, H. Negishi, T. Horita, N. Sakai und H. Yokokawa, "Vaporization Process of Ga From Doped $LaGaO_3$ Electrolytes in Reducing Atmospheres", in Solid State Ionics, Band 135, Heft 1-4, S. 389-396, 2000.

[46] A. V. Joshi, J. J. Steppan, D. M. Taylor und S. Elangovan, "Solid Electrolyte Materials, Devices, and Applications", in Journal of Electroceramics, Band 13, Heft 1, S. 619-625, 2004.

[47] G. C. Kostogloudis, C. Ftikos, A. Ahmad-Khanlou, A. Naoumidis und D. Stöver, "Chemical Compatibility of Alternative Perovskite Oxide SOFC Cathodes With Doped Lanthanum Gallate Solid Electrolyte", in Solid State Ionics, Band 134, Heft 1-2, S. 127-138, 2000.

[48] N. Trofimenko und H. Ullmann, "Transition Metal Doped Lanthanum Gallates", in Solid State Ionics, Band 118, Heft 3-4, S. 215-227, 1999.

[49] A. Weber, "Entwicklung und Charakterisierung von Werkstoffen und Komponenten für die Hochtemperatur-Brennstoffzelle SOFC", Dissertation, Universität Karlsruhe (TH), 2002.

[50] T. Ishihara, "Development of New Fast Oxide Ion Conductor and Application for Intermediate Temperature Solid Oxide Fuel Cells", in Bulletin of the Chemical Society of Japan, Band 79, Heft 8, S. 1155-1166, 2006.

[51] J. Simonin, "Das elektrische Betriebsverhalten der Hochtemperatur-Festelektrolyt-Brennstoffzelle (SOFC) bei Temperaturen deutlich unterhalb der Betriebstemperatur", Diplomarbeit, Universität Karlsruhe (TH), 2006.

[52] E. Ivers-Tiffée, "Electrolytes | Solid: Oxygen Ions", in J. Garche (Hrsg.), Encyclopedia of Electrochemical Power Sources, Kapitel 2, Amsterdam: Elsevier, S. 181-187, 2009.

[53] T. S. Zhang, J. Ma, L. B. Kong, S. H. Chan und J. A. Kilner, "Aging Behavior and Ionic Conductivity of Ceria-Based Ceramics: a Comparative Study", in Solid State Ionics, Band 170, Heft 3-4, S. 209-217, 2004.

[54] T. S. Zhang, J. Ma, L. B. Kong, P. Hing, S. H. Chan und J. A. Kilner, "High-Temperature Aging Behavior of Gd-Doped Ceria", in Electrochemical and Solid State Letters, Band 7, Heft 6, S. J13-J15, 2004.

[55] T. Mori, J. Drennan, Y. R. Wang, J. H. Lee, J. G. Li und T. Ikegami, "Electrolytic Properties and Nanostructural Features in the La_2O_3-CeO_2 System", in Journal of the Electrochemical Society, Band 150, Heft 6, S. A665-A673, 2003.

[56] T. Mori, J. Drennan, J. H. Lee, J. G. Li und T. Ikegami, "Oxide Ionic Conductivity and Microstructures of Sm- or La-Doped CeO_2-Based Systems", in Solid State Ionics, Band 154-155, S. 461-466, 2002.

[57] A. Atkinson, "Chemically-Induced Stresses in Gadolinium-Doped Ceria Solid Oxide Fuel Cell Electrolytes", in Solid State Ionics, Band 95, Heft 3-4, S. 249-258, 1997.

[58] A. C. Müller, A. Weber und E. Ivers-Tiffée, "Degradation of Zirconia Electrolytes", in M. Mogensen (Hrsg.), Proceedings of the 6th European Solid Oxide Fuel Cell Forum, Band 3, S. 1231-1238, 2004.

[59] B. Butz, P. Kruse, H. Störmer, D. Gerthsen, A. C. Müller, A. Weber und E. Ivers-Tiffée, "Correlation Between Microstructure and Degradation in Conductivity for Cubic Y_2O_3-Doped ZrO_2", in Solid State Ionics, Band 177, Heft 37-38, S. 3275-3284, 2006.

[60] B. Butz, "Yttria-Doped Zirconia as Solid Electrolyte for Fuel-Cell Applications", Dissertation, Karlsruher Institut für Technologie (KIT), Karlsruhe, Germany, 2009.

[61] S. P. S. Badwal, "Yttria Tetragonal Zirconia Polycrystalline Electrolytes for Solid State Electrochemical Cells", in Applied Physics A, Band 50, Heft 5, S. 449-462, 1990.

[62] F. T. Ciacchi und S. P. S. Badwal, "The System Y_2O_3-Sc_2O_3-ZrO_2: Phase Stability and Ionic Conductivity Studies", in Journal of the European Ceramic Society, Band 7, Heft 3, S. 197-206, 1991.

[63] O. Yamamoto, Y. Takeda, R. Kanno und K. Kohno, "Electric Conductivity of Tetragonal Stabilized Zirconia", in Journal of Materials Science, Band 25, Heft 6, S. 2805-2808, 1990.

[64] S. P. S. Badwal, F. T. Ciacchi und D. Milosevic, "Scandia-Zirconia Electrolytes for Intermediate Temperature Solid Oxide Fuel Cell Operation", in Solid State Ionics, Band 136-137, S. 91-99, 2000.

[65] S. Omar und N. Bonanos, "Ionic Conductivity Ageing Behaviour of 10 mol.% Sc_2O_3-1 mol.% CeO_2-ZrO_2 Ceramics", in Journal of Materials Science, Band 45, Heft 23, S. 6406-6410, 2010.

[66] D. Lee, I. Lee, Y. Jeon und R. Song, "Characterization of Scandia Stabilized Zirconia Prepared by Glycine Nitrate Process and Its Performance As the Electrolyte for IT-SOFC", in Solid State Ionics, Band 176, Heft 11-12, S. 1021-1025, 2005.

[67] S. B. Adler und W. G. Bessler, "Elementary Kinetic Modeling of Solid Oxide Fuel Cell Electrode Reactions", in W. Vielstich u.a. (Hrsg.), Handbook of Fuel Cells - Fundamentals, Technology and Applications, Kapitel 5, Chichester: John Wiley & Sons Ltd, S. 441-462, 2009.

[68] H. Timmermann, "Untersuchungen Zum Einsatz Von Reformat Aus Flüssigen Kohlenwasserstoffen in Der Hochtemperaturbrennstoffzelle SOFC", Karlsruhe: KIT Scientific Publishing, 2010.

[69] A. Atkinson, S. A. Barnett, R. J. Gorte, J. T. S. Irvine, A. J. McEvoy, M. Mogensen und S. C. Singhal, "Advanced Anodes for High-Temperature Fuel Cells", in nature materials, Band 3, S. 17-27, 2004.

[70] D. Fouquet, "Einsatz Von Kohlenwasserstoffen in Der Hochtemperatur-Brennstoffzelle SOFC", Aachen: Verlag Mainz, 2005.

[71] J. Bass, "1.2 Pure Metals", in K.-H. Hellwege und J. L. Olsen (Hrsg.), Landolt-Börnstein - Group III Condensed Matter, Kapitel 15a, Berlin: SpringerMaterials - The Landolt-Börnstein Database, 2011.

[72] M. Ettler, H. Timmermann, J. Malzbender, A. Weber und N. Menzler, "Durability of Ni Anodes During Reoxidation Cycles", in Journal of Power Sources, Band 195, S. 5452-5467, 2010.

[73] A. C. Müller, A. Weber, H. J. Beie, A. Krügel, D. Gerthsen und E. Ivers-Tiffée, "Influence of Current Density and Fuel Utilization on the Degradation of the Anode", in P. Stevens (Hrsg.), Proceedings of the 3rd European Solid Oxide Fuel Cell Forum, S. 353-362, 1998.

[74] A. C. Müller, A. Weber, A. Krügel, D. Gerthsen und E. Ivers-Tiffée, "Degradation Processes in Nickel-YSZ-Cermet Anodes for Solid Oxide Fuel Cells", in R. Gadow (Hrsg.), Proceedings of the 6th Interregional European Colloquium on Ceramics and Composites, Stuttgart: Expert Verlag, S. unkown, 1998.

[75] T. Iwata, "Characterization of Ni-YSZ Anode Degradation for Substrate-Type Solid Oxide Fuel Cells", in Journal of the Electrochemical Society, Band 143, Heft 5, S. 1521-1525, 1996.

[76] R. Vaßen, D. Simwonis und D. Stöver, "Modelling of the Agglomeration of Ni-Particles in Anodes of Solid Oxide Fuel Cells", in Journal of Materials Science, Band 36, Heft 1, S. 147-151, 2001.

[77] S. Primdahl und M. Mogensen, "Durability and Thermal Cycling of Ni/YSZ Cermet Anodes for Solid Oxide Fuel Cells", in Journal of Applied Electrochemistry, Band 30, Heft 2, S. 247-257, 2000.

[78] F. Tietz, I. Arul Raj und D. Stöver, "Statistical Design of Experiments for Evaluation of Y–Zr–Ti Oxides As Anode Materials in Solid Oxide Fuel Cells", in British Ceramic Transactions, Band 103, Heft 5, S. 202-210, 2004.

[79] S. W. Tao und J. T. S. Irvine, "A Redox-Stable Efficient Anode for Solid-Oxide Fuel Cells", in nature materials, Band 2, Heft 5, S. 320-323, 2003.

[80] O. A. Marina, N. L. Canfield und J. W. Stevenson, "Thermal, Electrical, and Electrocatalytical Properties of Lanthanum-Doped Strontium Titanate", in Solid State Ionics, Band 149, Heft 1-2, S. 21-28, 2002.

[81] S. Hui und A. Petric, "Evaluation of Yttrium-Doped $SrTiO_3$ As an Anode for Solid Oxide Fuel Cells", in Journal of the European Ceramic Society, Band 22, Heft 9, S. 1673-1681, 2002.

[82] Q. MA, F. Tietz, A. Leonide und E. Ivers-Tiffée, "Anode-Supported Planar SOFC With High Performance and Redox Stability", in Electrochemistry Communications, Band 12, S. 1326-1328, 2010.

[83] S. B. Adler, "Factors Governing Oxygen Reduction in Solid Oxide Fuel Cell Cathodes", in Chemical Reviews, Band 104, Heft 10, S. 4791-4843, 2004.

[84] M. Mogensen und S. Skaarup, "Kinetic and Geometric Aspects of Solid Oxide Fuel Cell Electrodes", in Solid State Ionics, Band 86-88, S. 1151-1160, 1996.

[85] S. B. Adler, J. A. Lane und B. C. H. Steele, "Electrode Kinetics of Porous Mixed-Conducting Oxygen Electrodes", in Journal of the Electrochemical Society, Band 143, Heft 11, S. 3554-3564, 1996.

[86] S. B. Adler, "Mechanism and Kinetics of Oxygen Reduction on Porous $La_{1-x}Sr_xCoO_{3-\delta}$ Electrodes", in Solid State Ionics, Band 111, Heft 1-2, S. 125-134, 1998.

[87] T. Schneider, "Strontiumtitanferrit-Abgassensoren Stabilitätsgrenzen/Betriebsfelder", Aachen: Verlag Mainz, 2005.

[88] J. Molenda, K. Swierczek und W. Zajac, "Functional Materials for the IT-SOFC", in Journal of Power Sources, Band 173, Heft 2, S. 657-670, 2007.

[89] A. Mai, V. A. C. Haanappel, S. Uhlenbruck, F. Tietz und D. Stöver, "Ferrite-Based Perovskites As Cathode Materials for Anode-Supported Solid Oxide Fuel Cells Part I. Variation of Composition", in Solid State Ionics, Band 176, Heft 15-16, S. 1341-1350, 2005.

[90] Z. P. Shao und S. M. Haile, "A High-Performance Cathode for the Next Generation of Solid-Oxide Fuel Cells", in Nature, Band 431, Heft 7005, S. 170-173, 2004.

[91] M. Burriel López, "Epitaxial Thin Films of Lanthanum Nickel Oxides: Deposition by PI-MOCVD, Structural Characterization and High Temperature Transport Properties", Dissertation, Bellaterra, Barcelona, Spain: Universitat Autònoma de Barcelona, 2007.

[92] E. Boehm, J. M. Bassat, P. Dordor, F. Mauvy, J. C. Grenier und P. Stevens, "Oxygen Diffusion and Transport Properties in Non-Stoichiometric $Ln_{2-x}NiO_{4+\delta}$ Oxides", in Solid State Ionics, Band 176, Heft 37-38, S. 2717-2725, 2005.

[93] S. J. Skinner und J. A. Kilner, "Oxygen Diffusion and Surface Exchange in $La_{2-x}Sr_xNiO_{4+\delta}$", in Solid State Ionics, Band 135, Heft 1-4, S. 709-712, 2000.

[94] E. Bucher, A. Egger, G. B. Caraman und W. Sitte, "Stability of the SOFC Cathode Material $(Ba,Sr)(Co,Fe)O_{3-\delta}$ in CO_2-Containing Atmospheres", in Journal of the Electrochemical Society, Band 155, Heft 11, S. B1218-B1224, 2008.

[95] C. Ferchaud, J. C. Grenier, Y. Zhang-Steenwinkel, M. M. A. van Tuel, F. P. F. van Berkel und J. M. Bassat, "High Performance Praseodymium Nickelate Oxide Cathode for Low Temperature Solid Oxide Fuel Cell", in Journal of Power Sources, Band 196, Heft 4, S. 1872-1879, 2011.

[96] C. Laberty, F. Zhao, K. E. Swider-Lyons und A. V. Virkar, "High-Performance Solid Oxide Fuel Cell Cathodes With Lanthanum-Nickelate-Based Composites", in Electrochemical and Solid State Letters, Band 10, Heft 10, S. B170-B174, 2007.

[97] J. A. Labrincha, J. R. Frade und F. M. B. Marques, "$La_2Zr_2O_7$ Formed at Ceramic Electrode/YSZ Contacts", in Journal of Materials Science, Band 28, Heft 14, S. 3809-3815, 1993.

[98] F. W. Poulsen und N. van der Puil, "Phase Relations and Conductivity of Sr- and La-Zirconates", in Solid State Ionics, Band 53-56, S. 777-783, 1991.

[99] J. A. M. van Roosmalen und E. H. P. Cordfunke, "Chemical Reactivity and Interdiffusion of $(La,Sr)MnO_3$ and $(Zr,Y)O_2$, Solid Oxide Fuel Cell Cathode and Electrolyte Materials", in Solid State Ionics, Band 52, Heft 4, S. 303-312, 1992.

[100] H. Yokokawa, N. Sakai, T. Kawada und M. Dokiya, "Thermodynamic Analysis of Reaction Profiles Between $LaMO_3$ (M=Ni,Co,Mn) and ZrO_2", in Journal of the Electrochemical Society, Band 138, Heft 9, S. 2719-2727, 1991.

[101] A. Mitterdorfer und L. J. Gauckler, "$La_2Zr_2O_7$ Formation and Oxygen Reduction Kinetics of the $La_{0.85}Sr_{0.15}Mn_yO_3$, O_2(g)|YSZ System", in Solid State Ionics, Band 111, Heft 3-4, S. 185-218, 1998.

[102] H. Yokokawa, N. Sakai, T. Kawada und M. Dokiya, "Thermodynamic Stabilities of Perovskite Oxides for Electrodes and Other Electrochemical Materials", in Solid State Ionics, Band 52, Heft 1-3, S. 43-56, 1992.

[103] T. Kawada und H. Yokokawa, "Materials and Characterization of Solid Oxide Fuel Cell", in Key Engineering Materials, Band 125-126, S. 187-248, 1997.

[104] A. Weber, E. Ivers-Tiffée, T. Horita und H. Yokokawa, "Chemical Potential Diagrams for Polarized $(La,Sr)MnO_{3+\delta}$-Cathode/8YSZ-Electrolyte-Interfaces", in - (Hrsg.), Proceedings of the Fifth International Symposium on Ionic and Mixed Conducting Ceramics, Pennington, USA: The Electrochemical Society, 2004.

[105] C. Clausen, C. Bagger, J. B. Bildesorensen und A. Horsewell, "Microstructural and Microchemical Characterization of the Interface Between $La_{0.85}Sr_{0.15}MnO_3$ and Y_2O_3-Stabilized ZrO_2", in Solid State Ionics, Band 70, S. 59-64, 1994.

[106] O. Yamamoto, Y. Takeda, R. Kanno und T. Kojima, "Stability of Perovskite Oxide Electrode With Stabilised Zirconia", in S. C. Singhal (Hrsg.), SOFC-I Proceedings, Heft PV89-11, Pennington, USA: The Electrochemical Society, S. 242-253, 1989.

[107] S. C. Singhal, "Recent Progress in Tubular Solid Oxide Fuel Cell Technology", in U. Stimming u.a. (Hrsg.), Proceedings of the Fifth International Symposium on Solid Oxide Fuel Cells (SOFC-V), S. 37-50, 1997.

[108] L. Dieterle, D. Bach, R. Schneider, H. Störmer, D. Gerthsen, U. Guntow, E. Ivers-Tiffée, A. Weber, C. Peters und H. Yokokawa, "Structural and Chemical Properties of Nanocrystalline $La_{0.5}Sr_{0.5}CoO_{3-\delta}$ Layers on Yttria-Stabilized Zirconia Analyzed by Transmission Electron Microscopy", in Journal of Materials Science, Band 43, S. 3135-3143, 2008.

[109] J. A. Labrincha, J. R. Frade und F. M. B. Marques, "Reaction Between Cobaltate Cathodes and YSZ", in F. Grosz u.a. (Hrsg.), Proceedings of the Second International Symposium on Solid Oxide Fuel Cells (SOFC-II), Brussels: Common European Community, S. 689-696, 1991.

[110] S. P. Simner, J. P. Shelton, M. D. Anderson und J. W. Stevenson, "Interaction Between $La(Sr)FeO_3$ SOFC Cathode and YSZ Electrolyte", in Solid State Ionics, Band 161, Heft 1-2, S. 11-18, 2003.

[111] E. Ivers-Tiffée, M. Schießl, H. J. Oel und W. Wersing, "Investigations of Cobalt-Containing Perovskites in SOFC Single Cells With Respect to Interface Reactions and Cell Performance", in S. C. Singhal u.a. (Hrsg.), Proceedings of the Third International Symposium on Solid Oxide Fuel Cells (SOFC-III), Band 1, S. 613-622, 1993.

[112] C. C. Chen, M. M. Nasrallah und H. U. Anderson, "Cathode/Electrolyte Interactions and Their Expected Impact on SOFC Performance", in S. C. Singhal u.a. (Hrsg.), Proceedings of the Third International Symposium on Solid Oxide Fuel Cells (SOFC-III), Band 1, S. 598-612, 1993.

[113] H. Y. Tu, Y. Takeda, N. Imanishi und O. Yamamoto, "$Ln_{0.4}Sr_{0.6}Co_{0.8}Fe_{0.2}O_{3-\delta}$ (Ln = La, Pr, Nd, Sm, Gd) for the Electrode in Solid Oxide Fuel Cells", in Solid State Ionics, Band 117, Heft 3-4, S. 277-281, 1999.

[114] H. Uchida, S. Arisaka und M. Watanabe, "High Performance Electrode for Medium-Temperature Solid Oxide Fuel Cells: $La(Sr)CoO_3$ Cathode With Ceria Interlayer on Zirconia Electrolyte", in Electrochemical and Solid-State Letters, Band 2, Heft 9, S. 428-430, 1999.

[115] H. Yokokawa, T. Horita, K. Yamaji, H. Kishimoto und M. E. Brito, "Materials Chemical Point of View for Durability Issues in Solid Oxide Fuel Cells", in Journal of the Korean Ceramic Society, Band 47, Heft 1, S. 26-38, 2010.

[116] G. H. Jonker und J. H. van Santen, "Magnetic Compounds With Perovskite Structure III. Ferromagnetic Compounds of Cobalt", in Physica, Band 19, Heft 1-12, S. 120-130, 1953.

[117] J. H. van Santen und G. H. Jonker, "Electrical Conductivity of Ferromagnetic Compounds of Manganese With Perovskite Structure", in Physica, Band 16, Heft 7-8, S. 599-600, 1950.

[118] F. Askham, I. Fankuchen und R. Ward, "The Preparation and Structure of Lanthanum Cobaltic Oxide", in Journal of the American Chemical Society, Band 72, Heft 8, S. 3799-3800, 1950.

[119] D. H. Archer und D. D. Button, "Ceramic Electrodes for Solid Electrolyte Fuel Cells", in American Ceramic Society Bulletin, Band 45, Heft 4, S. 403, 1966.

[120] C. S. Tedmon, H. S. Spacil und S. P. Mitoff, "Cathode Materials and Performance in High-Temperature Zirconia Electrolyte Fuel Cells", in Journal of the Electrochemical Society, Band 116, Heft 9, S. 1170-1175, 1969.

[121] Y. Teraoka, H. M. Zhang, S. Furukawa und N. Yamazoe, "Oxygen Permeation Through Perovskite-Type Oxides", in Chemistry Letters, Heft 11, S. 1743-1746, 1985.

[122] Y. Teraoka, T. Fukuda, N. Miura und N. Yamazoe, "Development of Oxygen Semipermeable Membrane Using Mixed Conductive Perovskite-Type OxideS. I. Preparation of Porous Sintered Discs of Perovskite-Type Oxide", in Nippon Seramikkusu Kyokai Gakujutsu Ronbunshi-Journal of the Ceramic Society of Japan, Band 97, Heft 4, S. 467-472, 1989.

[123] Y. Teraoka, T. Fukuda, N. Miura und N. Yamazoe, "Development of Oxygen Semipermeable-Membrane Using Mixed Conductive Perovskite-Type Oxides .2. Preparation of Dense Film of Perovskite-Type Oxide on Porous Substrate", in Nippon Seramikkusu Kyokai Gakujutsu Ronbunshi-Journal of the Ceramic Society of Japan, Band 97, Heft 5, S. 533-538, 1989.

[124] C. H. Chen, H. J. M. Bouwmeester, R. H. E. van Doorn, H. Kruidhof und A. J. Burggraaf, "Oxygen Permeation of $La_{0.3}Sr_{0.7}CoO_{3-\delta}$", in Solid State Ionics, Band 98, Heft 1-2, S. 7-13, 1997.

[125] H. J. M. Bouwmeester und A. J. Burggraaf, "Dense Ceramic Membranes for Oxygen Separation", in P. J. Gellings und H. J. M. Bouwmeester (Hrsg.), The CRC Handbook of Solid State Electrochemistry, Boca Raton, FL: CRC Press, S. 481-553, 1997.

[126] R. H. E. van Doorn, "Oxygen Separation with Mixed Conducting Perovskite Membranes", Dissertation, Enschede, The Netherlands: University of Twente, 1996.

[127] M. H. R. Lankhorst, "Thermodynamic and Transport Properties of Mixed Ionic-Electronic Conducting Perovskite-Type Oxides", Dissertation, Enschede, The Netherlands: University of Twente, 1997.

[128] J. A. Kilner, "Fast Oxygen Transport in Acceptor Doped Oxides", in Solid State Ionics, Band 129, Heft 1-4, S. 13-23, 2000.

[129] T. Nakamura, M. Misono und Y. Yoneda, "Catalytic Properties of Perovskite-Type Mixed Oxides, $La_{1-x}Sr_xCoO_3$", in Bulletin of the Chemical Society of Japan, Band 55, Heft 2, S. 394-399, 1982.

[130] T. Nakamura, M. Misono, T. Uchijima und Y. Yoneda, "Catalytic Properties of Perovskite-Type Compounds for Oxidation Reactions", in Nippon Kagaku Kaishi, Heft 11, S. 1679-1684, 1980.

[131] T. Nakamura, M. Misono und Y. Yoneda, "Reduction-Oxidation and Catalytic Properties of Perovskite-Type Mixed-Oxide Catalysts ($La_{1-x}Sr_xCoO_3$)", in Chemistry Letters, Heft 11, S. 1589-1592, 1981.

[132] A. Evans, A. Bieberle-Hütter, H. Galinski, J. Rupp, T. Ryll, B. Scherrer, R. Tölke und L. Gauckler, "Micro-Solid Oxide Fuel Cells: Status, Challenges, and Chances", in Monatshefte für Chemie / Chemical Monthly, Band 140, Heft 9, S. 975-983, 2009.

[133] V. M. Goldschmidt, "Die Gesetze Der Krystallochemie", in Naturwissenschaften, Band 14, Heft 21, S. 477-485, 1926.

[134] R. D. Shannon, "Revised Effective Ionic Radii and Systematic Studies of Interatomie Distances in Halides and Chaleogenides", in Acta Crystallographica, Band A32, S. 751-767, 1976.

[135] R. H. E. van Doorn und A. J. Burggraaf, "Structural Aspects of the Ionic Conductivity of $La_{1-x}Sr_xCoO_{3-\delta}$", in Solid State Ionics, Band 128, Heft 1-4, S. 65-78, 2000.

[136] A. Mineshige, M. Inaba, T. Yao, Z. Ogumi, K. Kikuchi und M. Kawase, "Crystal Structure and Metal-Insulator Transition of $La_{1-x}Sr_xCoO_3$", in Journal of Solid State Chemistry, Band 121, Heft 2, S. 423-429, 1996.

[137] A. N. Petrov, O. F. Kononchuk, A. V. Andreev, V. A. Cherepanov und P. Kofstad, "Crystal Structure, Electrical and Magnetic Properties of $La_{1-x}Sr_xCoO_{3-\delta}$", in Solid State Ionics, Band 80, Heft 3-4, S. 189-199, 1995.

[138] J. Mizusaki, J. Tabuchi, T. Matsuura, S. Yamauchi und K. Fueki, "Electrical Conductivity and Seebeck Coefficient of Nonstoichiometric $La_{1-x}Sr_xCoO_{3-y}$", in Journal of the Electrochemical Society, Band 136, Heft 7, S. 2082-2088, 1989.

[139] M. Søgaard, P. V. Hendriksen, M. Mogensen, F. W. Poulsen und E. Skou, "Oxygen Nonstoichiometry and Transport Properties of Strontium Substituted Lanthanum Cobaltite", in Solid State Ionics, Band 177, Heft 37-38, S. 3285-3296, 2006.

[140] A. Petric, P. Huang und F. Tietz, "Evaluation of La-Sr-Co-Fe-O Perovskites for Solid Oxide Fuel Cells and Gas Separation Membranes", in Solid State Ionics, Band 135, Heft 1-4, S. 719-725, 2000.

[141] S. B. Adler, "Chemical Expansivity of Electrochemical Ceramics", in Journal of the American Ceramic Society, Band 84, Heft 9, S. 2117-2119, 2001.

[142] Y. Ohno, S. Nagata und H. Sato, "Properties of Oxides for High Temperature Solid Electrolyte Fuel Cell", in Solid State Ionics, Band 9-10, Heft Part 2, S. 1001-1007, 1983.

[143] L. W. Tai, M. M. Nasrallah, H. U. Anderson, D. M. Sparlin und S. R. Sehlin, "Structure and Electrical-Properties of $La_{1-x}Sr_xCo_{1-y}Fe_yO_3$ 1. the System $La_{0.8}Sr_{0.2}Co_{1-y}Fe_yO_3$", in Solid State Ionics, Band 76, Heft 3-4, S. 259-271, 1995.

[144] A. Aguadero, D. Pérez-Coll, C. de la Calle, J. A. Alonso, M. J. Escudero und L. Daza, "$SrCo_{1-x}Sb_xO_{3-\delta}$ Perovskite Oxides As Cathode Materials in Solid Oxide Fuel Cells", in Journal of Power Sources, Band 192, Heft 1, S. 132-137, 2009.

[145] D. Kuscer, A. Ahmad-Khanlou, M. Hrovat, J. Holc, S. Bernik, D. Kolar, A. Naoumidis und F. Tietz, "Characterization of Some Perovskites As Cathode Materials for SOFC", in P. Stevens (Hrsg.), Proceedings of the 3rd European Solid Oxide Fuel Cell Forum, S. 145-152, 1998.

[146] A. Weber, "Wechselwirkungen zwischen Gefüge- und elektrischen Eigenschaften von Kathoden für die SOFC", Diplomarbeit, RWTH Aachen, 1995.

[147] K. Gaur, S. C. Verma und H. B. Lal, "Defects and Electrical Conduction in Mixed Lanthanum Transition Metal Oxides", in Journal of Materials Science, Band 23, Heft 5, S. 1725-1728, 1988.

[148] H. J. M. Bouwmeester, M. W. den Otter und B. A. Boukamp, "Oxygen Transport in $La_{0.6}Sr_{0.4}Co_{1-y}Fe_yO_{3-\delta}$", in Journal of Solid State Electrochemistry, Band 8, Heft 9, S. 599-605, 2004.

[149] F. S. Baumann, J. Fleig, G. Cristiani, B. Stuhlhofer, H. U. Habermeier und J. Maier, "Quantitative Comparison of Mixed Conducting SOFC Cathode Materials by Means of Thin Film Model Electrodes", in Journal of the Electrochemical Society, Band 154, Heft 9, S. B931-B941, 2007.

[150] H. Ullmann, N. Trofimenko, F. Tietz, D. Stöver und A. Ahmad-Khanlou, "Correlation Between Thermal Expansion and Oxide Ion Transport in Mixed Conducting Perovskite-Type Oxides for SOFC Cathodes", in Solid State Ionics, Band 138, Heft 1-2, S. 79-90, 2000.

[151] F. A. Kröger und H. J. Vink, "Relations Between the Concentrations of Imperfections in Crystalline Solids", in Solid State Physics-Advances in Research and Applications, Band 3, S. 307-435, 1956.

[152] J. Mizusaki, Y. Mima, S. Yamauchi, K. Fueki und H. Tagawa, "Nonstoichiometry of the Perovskite-Type Oxides $La_{1-x}Sr_xCoO_{3-\delta}$", in Journal of Solid State Chemistry, Band 80, Heft 1, S. 102-111, 1989.

[153] M. H. R. Lankhorst, H. J. M. Bouwmeester und H. Verweij, "High-Temperature Coulometric Titration of $La_{1-x}Sr_xCoO_{3-\delta}$: Evidence for the Effect of Electronic Band Structure on Nonstoichiometry Behavior", in Journal of Solid State Chemistry, Band 133, Heft 2, S. 555-567, 1997.

[154] P. Hjalmarsson, M. Søgaard, A. Hagen und M. Mogensen, "Structural Properties and Electrochemical Performance of Strontium- and Nickel-Substituted Lanthanum Cobaltite", in Solid State Ionics, Band 179, Heft 17-18, S. 636-646, 2008.

[155] J. W. Stevenson, T. R. Armstrong, R. D. Carneim, L. R. Pederson und W. J. Weber, "Electrochemical Properties of Mixed Conducting Perovskites $La_{1-x}M_xCo_{1-y}Fe_yO_{3-\delta}$ (M=Sr,Ba,Ca)", in Journal of the Electrochemical Society, Band 143, Heft 9, S. 2722-2729, 1996.

[156] C. Wagner, "The Determination of Small Deviations From the Ideal Stoichiometric Composition of Ionic Crystals and Other Binary Compounds", in Progress in Solid State Chemistry, Band 6, S. 1-15, 1971.

[157] S. Stemmer, A. J. Jacobson, X. Chen und A. Ignatiev, "Oxygen Vacancy Ordering in Epitaxial $La_{0.5}Sr_{0.5}CoO_{3-\delta}$ Thin Films on (001) $LaAlO_3$", in Journal of Applied Physics, Band 90, Heft 7, S. 3319-3324, 2001.

[158] M. H. R. Lankhorst, H. J. M. Bouwmeester und H. Verweij, "Use of the Rigid Band Formalism to Interpret the Relationship Between O Chemical Potential and Electron Concentration in $La_{1-x}Sr_xCoO_{3-\delta}$", in Physical Review Letters, Band 77, Heft 14, S. 2989-2992, 1996.

[159] P. Hjalmarsson, M. Søgaard und M. Mogensen, "Defect Structure, Electronic Conductivity and Expansion of Properties of $(La_{1-x}Sr_x)_sCo_{1-y}Ni_yO_{3-\delta}$", in Journal of Solid State Chemistry, Band 183, Heft 8, S. 1853-1862, 2010.

[160] A. N. Petrov, V. A. Cherepanov, O. F. Kononchuk und L. Y. A. Gavrilowa, "Oxygen Nonstoichiometry of $La_{1-x}Sr_xCoO_{3-\delta}$ (0 < x < 0.6)", in Journal of Solid State Chemistry, Band 87, S. 69-76, 1990.

[161] T. Inoue, J. Kamimae, M. Ueda, K. Eguchi und H. Arai, "Ionic and Electronic Conductivities of $LaCoO_3$- and $LaMnO_3$-Based Perovskite-Type Oxides Measured by the A.C.Impedance Method With Electron-Blocking Electrodes", in Journal of Materials Chemistry, Band 3, Heft 7, S. 751-754, 1993.

[162] N. E. Trofimenko, J. Paulsen, H. Ullmann und R. Müller, "Structure, Oxygen Stoichiometry and Electrical Conductivity in the System Sr-Ce-Co-O", in Solid State Ionics, Band 100, Heft 3-4, S. 183-191, 1997.

[163] W. Sitte, E. Bucher und W. Preis, "Nonstoichiometry and Transport Properties of Strontium-Substituted Lanthanum Cobaltites", in Solid State Ionics, Band 154-155, S. 517-522, 2002.

[164] J. Mizusaki, S. Yamauchi, K. Fueki und A. Ishikawa, "Nonstoichiometry of the Perovskite-Type Oxide $La_{1-x}Sr_xCrO_{3-\delta}$", in Solid State Ionics, Band 12, S. 119-124, 1984.

[165] J. Mizusaki, T. Sasamoto, W. R. Cannon und H. K. Bowen, "Electronic Conductivity, Seebeck Coefficient, and Defect Structure of $LaFeO_3$", in Journal of the American Ceramic Society, Band 65, Heft 8, S. 363-368, 1982.

[166] J. Mizusaki, N. Mori, H. Takai, Y. Yonemura, H. Minamiue, H. Tagawa, M. Dokiya, H. Inaba, K. Naraya, T. Sasamoto und T. Hashimoto, "Oxygen Nonstoichiometry and Defect Equilibrium in the Perovskite-Type Oxides $La_{1-x}Sr_xMnO_{3+\delta}$", in Solid State Ionics, Band 129, Heft 1-4, S. 163-177, 2000.

[167] B. A. van Hassel, T. Kawada, N. Sakai, H. Yokokawa, M. Dokiya und H. J. M. Bouwmeester, "Oxygen Permeation Modeling of Perovskites", in Solid State Ionics, Band 66, Heft 3-4, S. 295-305, 1993.

[168] F. W. Poulsen, "Defect Chemistry Modelling of Oxygen-Stoichiometry, Vacancy Concentrations, and Conductivity of $(La_{1-x}Sr_x)_yMnO_{3\pm\delta}$", in Solid State Ionics, Band 129, Heft 1-4, S. 145-162, 2000.

[169] W. Sitte, E. Bucher, W. Preis, I. Papst, W. Grogger und F. Hofer, "Microstructural Aspects of the Ionic Transport Properties of Strontium-Substituted Lanthanum Cobaltites", in P. Knauth u.a. (Hrsg.), Proceedings of the MRS Fall Meeting 2002, Band 756, Boston, MA,USA: Materials Research Society, S. EE1.7.1-EE1.7.6, 2003.

[170] C. N. R. Rao, J. Gopalakrishnan und K. Viyasagar, "Superstructures, Ordered Defects & Nonstoichiometry in Metal Oxides of Perovskite & Related Structures", in Indian Journal of Chemistry, Band 23A, S. 265-284, 1984.

[171] M. H. R. Lankhorst und H. J. M. Bouwmeester, "Determination of Oxygen Nonstoichiometry and Diffusivity in Mixed Conducting Oxides by Oxygen Coulometric Titration I. Chemical Diffusion in $La_{0.8}Sr_{0.2}CoO_{3-\delta}$", in Journal of the Electrochemical Society, Band 144, Heft 4, S. 1261-1267, 1997.

[172] W. Zipprich, S. Waschilewski, F. Rocholl und H. D. Wiemhöfer, "Improved Preparation of $La_{1-x}Me_xCoO_{3-\delta}$ (Me = Sr, Ca) and Analysis of Oxide Ion Conductivity With Ion Conducting Microcontacts", in Solid State Ionics, Band 101, S. 1015-1023, 1997.

[173] Y. Teraoka, H. M. Zhang, K. Okamoto und N. Yamazoe, "Mixed Ionic-Electronic Conductivity of $La_{1-x}Sr_xCo_{1-y}Fe_yO_{3-\delta}$ Perovskite-Type Oxides", in Materials Research Bulletin, Band 23, Heft 1, S. 51-58, 1988.

[174] S. Adler, S. Russek, J. Reimer, M. Fendorf, A. Stacy, Q. Z. Huang, A. Santoro, J. Lynn, J. Baltisberger und U. Werner, "Local Structure and Oxide-Ion Motion in Defective Perovskites", in Solid State Ionics, Band 68, Heft 3-4, S. 193-211, 1994.

[175] M. Che und A. J. Tench, "Characterization and Reactivity of Mononuclear Oxygen Species on Oxide Surfaces", in Advances in Catalysis, Band 31, S. 77-133, 1982.

[176] A. Mai, "Katalytische Und Elektrochemische Eigenschaften Von Eisen- Und Kobalthaltigen Perowskiten Als Kathoden Für Die Oxidkeramische Brennstoffzelle (SOFC)", Jülich: Forschungszentrum Jülich GmbH, 2004.

[177] L. M. van der Haar, M. W. den Otter, M. Morskate, H. J. M. Bouwmeester und H. Verweij, "Chemical Diffusion and Oxygen Surface Transfer of $La_{1-x}Sr_xCoO_{3-\delta}$ Studied With Electrical Conductivity Relaxation", in Journal of the Electrochemical Society, Band 149, Heft 3, S. J41-J46, 2002.

[178] H. Deng, M. Zhou und B. Abeles, "Diffusion-Reaction in Mixed Ionic-Electronic Solid Oxide Membranes With Porous Electrodes", in Solid State Ionics, Band 74, Heft 1-2, S. 75-84, 1994.

[179] J. A. Kilner, R. A. de Souza und I. C. Fullarton, "Surface Exchange of Oxygen in Mixed Conducting Perovskite Oxides", in Solid State Ionics, Band 86-8, S. 703-709, 1996.

[180] T. Ishigaki, S. Yamauchi, K. Kishio, J. Mizusaki und K. Fueki, "Diffusion of Oxide Ion Vacancies in Perovskite-Type Oxides", in Journal of Solid State Chemistry, Band 73, Heft 1, S. 179-187, 1988.

[181] H. J. M. Bouwmeester und S. McIntosh, "Mixed Ionic-Electronic Conducting Perovskites", in S. Linderoth u.a. (Hrsg.), Proceedings of the 26th Risø International Symposium on Materials Science : Solid State Electrochemistry, S. 1-14, 2005.

[182] J. Mizusaki, I. Yasuda, J. i. Shimoyama, S. Yamauchi und K. Fueki, "Electrical Conductivity, Defect Equilibrium and Oxygen Vacancy Diffusion Coefficient of $La_{1-x}Ca_xAlO_{3-\delta}$ Single Crystals", in Journal of the Electrochemical Society, Band 140, Heft 2, S. 467-471, 1993.

[183] J. Maier, "On the Correlation of Macroscopic and Microscopic Rate Constants in Solid State Chemistry", in Solid State Ionics, Band 112, Heft 3-4, S. 197-228, 1998.

[184] J. Maier, "Festkörper - Fehler Und Funktion", Stuttgart Leipzig: B.G. Teubner, 2000.

[185] K. Compaan und Y. Haven, "Correlation Factors for Diffusion in Solids", in Transactions of the Faraday Society, Band 52, Heft 6, S. 786-801, 1955.

[186] T. Kawada, K. Masuda, J. Suzuki, A. Kaimai, K. Kawamura, Y. Nigara, J. Mizusaki, H. Yugami, H. Arashi, N. Sakai und H. Yokokawa, "Oxygen Isotope Exchange With a Dense $La_{0.6}Sr_{0.4}CoO_{3-\delta}$ Electrode on a $Ce_{0.9}Ca_{0.1}O_{1.9}$ Electrolyte", in Solid State Ionics, Band 121, Heft 1-4, S. 271-279, 1999.

[187] R. Ganeshananthan und A. V. Virkar, "Measurement of Transport Properties by Conductivity Relaxation on Dense $La_{0.6}Sr_{0.4}CoO_{3-\delta}$ With and Without Porous Surface Layers", in Journal of the Electrochemical Society, Band 153, Heft 12, S. A2181-A2187, 2006.

[188] J. E. ten Elshof, M. H. R. Lankhorst und H. J. M. Bouwmeester, "Oxygen Exchange and Diffusion Coefficients of Strontium-Doped Lanthanum Ferrites by Electrical Conductivity Relaxation", in Journal of the Electrochemical Society, Band 144, Heft 3, S. 1060-1067, 1997.

[189] W. Preis, E. Bucher und W. Sitte, "Oxygen Exchange Measurements on Perovskites As Cathode Materials for Solid Oxide Fuel Cells", in Journal of Power Sources, Band 106, Heft 1-2, S. 116-121, 2002.

[190] A. V. Berenov, A. Atkinson, J. A. Kilner, E. Bucher und W. Sitte, "Oxygen Tracer Diffusion and Surface Exchange Kinetics in $La_{0.6}Sr_{0.4}CoO_{3-\delta}$", in Solid State Ionics, Band 181, Heft 17-18, S. 819-826, 2010.

[191] S. B. Adler, X. Y. Chen und J. R. Wilson, "Mechanisms and Rate Laws for Oxygen Exchange on Mixed-Conducting Oxide Surfaces", in Journal of Catalysis, Band 245, Heft 1, S. 91-109, 2007.

[192] Y. Takeda, R. Kanno, M. Noda, Y. Tomida und O. Yamamoto, "Cathodic Polarization Phenomena of Perovskite Oxide Electrodes With Stabilized Zirconia", in Journal of the Electrochemical Society, Band 134, Heft 11, S. 2656-2661, 1987.

[193] R. H. E. van Doorn, I. C. Fullarton, R. A. de Souza, J. A. Kilner, H. J. M. Bouwmeester und A. J. Burggraaf, "Surface Oxygen Exchange of $La_{0.3}Sr_{0.7}CoO_{3-\delta}$", in Solid State Ionics, Band 96, Heft 1-2, S. 1-7, 1997.

[194] S. Wang, A. Verma, Y. L. Yang, A. J. Jacobson und B. Abeles, "The Effect of the Magnitude of the Oxygen Partial Pressure Change in Electrical Conductivity Relaxation Measurements: Oxygen Transport Kinetics in $La_{0.5}Sr_{0.5}CoO_{3-\delta}$", in Solid State Ionics, Band 140, Heft 1-2, S. 125-133, 2001.

[195] P. Hjalmarsson, "Strontium and nickel substituted lanthanum cobaltite as cathode in Solid Oxide Fuel Cells", Dissertation, Roskilde: Risø National Laboratory for Sustainable Energy, Technical University of Denmark , 2008.

[196] H. J. M. Bouwmeester, H. Kruidhof und A. J. Burggraaf, "Importance of the Surface Exchange Kinetics As Rate Limiting Step in Oxygen Permeation Through Mixed-Coducting Oxides", in Solid State Ionics, Band 72, S. 185-194, 1994.

[197] J. A. Kilner, "Isotope Exchange in Mixed and Ionically Conducting Ceramics", in T. A. Ramanarayanan u.a. (Hrsg.), Electrochemical Society Proceedings, Band 12, New Jersey, USA: Electrochemical Society, S. 174-189, 1994.

[198] B. C. H. Steele, "Interfacial Reactions Associated With Ceramic Ion Transport Membranes", in Solid State Ionics, Band 75, S. 157-165, 1995.

[199] J. Jamnik und J. Maier, "Generalised Equivalent Circuits for Mass and Charge Transport: Chemical Capacitance and Its Implications", in Physical Chemistry Chemical Physics, Band 3, Heft 9, S. 1668-1678, 2001.

[200] T. Kawada, J. Suzuki, M. Sase, A. Kaimai, K. Yashiro, Y. Nigara, J. Mizusaki, K. Kawamura und H. Yugami, "Determination of Oxygen Vacancy Concentration in a Thin Film of $La_{0.6}Sr_{0.4}CoO_{3-\delta}$ by an Electrochemical Method", in Journal of the Electrochemical Society, Band 149, Heft 7, S. E252-E259, 2002.

[201] O. Yamamoto, Y. Takeda, R. Kanno und M. Noda, "Perovskite-Type Oxides As Oxygen Electrodes for High Temperature Oxide Fuel Cells", in Solid State Ionics, Band 22, Heft 2-3, S. 241-246, 1987.

[202] Y. Zhang-Steenwinkel, M. M. van Tuel, F. P. van Berkel und B. Rietveld, "Development of Novel Cell Components for Low-Temperature SOFC", in ECS Transactions, Band 7, Heft 1, S. 271-278, 2007.

[203] P. Hjalmarsson, M. Søgaard und M. Mogensen, "Electrochemical Performance and Degradation of $(La_{0.6}Sr_{0.4})_{0.99}CoO_{3-\delta}$ As Porous SOFC-Cathode", in Solid State Ionics, Band 179, Heft 27-32, S. 1422-1426, 2008.

[204] A. Heel, P. Holtappels und T. Graule, "On the Synthesis and Performance of Flame-Made Nanoscale $La_{0.6}Sr_{0.4}CoO_{3-\delta}$ and Its Influence on the Application As an Intermediate Temperature Solid Oxide Fuel Cell Cathode", in Journal of Power Sources, Band 195, Heft 19, S. 6709-6718, 2010.

[205] M. Sase, D. Ueno, K. Yashiro, A. Kaimai, T. Kawada und J. Mizusaki, "Interfacial Reaction and Electrochemical Properties of Dense $(La,Sr)CoO_{3-\delta}$ Cathode on YSZ (100)", in Journal of Physics & Chemistry of Solids, Band 66, Heft 2-4, S. 343-348, 2005.

[206] O. Yamamoto, "Low Temperature Electrolytes and Catalysts", in W. Vielstich u.a. (Hrsg.), Handbook of Fuel Cells - Vol. 4, Chichester, England: John Wiley & Sons Ltd., S. 1002-1014, 2003.

[207] M. Gödickemeier und L. J. Gauckler, "Engineering of Solid Oxide Fuel Cells With Ceria-Based Electrolytes", in Journal of the Electrochemical Society, Band 145, Heft 2, S. 414-421, 1998.

[208] H. Uchida, S. Arisaka und M. Watanabe, "High Performance Electrodes for Medium-Temperature Solid Oxide Fuel Cells: Activation of La(Sr)CoO$_3$ Cathode With Highly Dispersed Pt Metal Electrocatalysts", in Solid State Ionics, Band 135, Heft 1-4, S. 347-351, 2000.

[209] C. Peters, A. Weber und E. Ivers-Tiffée, "Nanoscaled (La$_{0.5}$Sr$_{0.5}$)CoO$_{3-\delta}$ Thin Film Cathodes for SOFC Application at 500°C < T < 700°C", in Journal of the Electrochemical Society, Band 155, Heft 7, S. B730-B737, 2008.

[210] H. Yokokawa, N. Sakai, T. Horita, K. Yamaji, M. E. Brito und H. Kishimoto, "Thermodynamic and Kinetic Considerations on Degradations in Solid Oxide Fuel Cell Cathodes", in Journal of Alloys and Compounds, Band 452, Heft 1, S. 41-47, 2008.

[211] H. J. M. Bouwmeester, "Dense Ceramic Membranes for Methane Conversion", in Catalysis Today, Band 82, Heft 1-4, S. 141-150, 2003.

[212] F. Morin, G. Trudel und Y. Denos, "The Phase Stability of La$_{0.5}$Sr$_{0.5}$CoO$_{3-\delta}$", in Solid State Ionics, Band 96, S. 129-139, 1997.

[213] J. Ovenstone, J. S. White und S. T. Misture, "Phase Transitions and Phase Decomposition of La$_{1-x}$Sr$_x$CoO$_{3-\delta}$ in Low Oxygen Partial Pressures", in Journal of Power Sources, Band 181, Heft 1, S. 56-61, 2008.

[214] M. Becker, "Parameterstudie Zur Langzeitbeständigkeit Von Hochtemperaturbrennstoff-zellen (SOFC)", Aachen: Verlag Mainz, 2007.

[215] H. Yokokawa, H. Y. Tu, B. Iwanschitz und A. Mai, "Fundamental Mechanisms Limiting Solid Oxide Fuel Cell Durability", in Journal of Power Sources, Band 182, Heft 2, S. 400-412, 2008.

[216] S. P. Simner, M. D. Anderson, M. H. Engelhard und J. W. Stevenson, "Degradation Mechanisms of La-Sr-Co-Fe-O$_3$ SOFC Cathodes", in Electrochemical and Solid State Letters, Band 9, Heft 10, S. A478-A481, 2006.

[217] N. Sakai, K. Yamaji, T. Horita, Y. P. Xiong und H. Yokokawa, "Rare-Earth Materials for Solid Oxide Fuel Cells (SOFC)", in K. A. Gschneidner Jr. u.a. (Hrsg.), Handbook on the Physics and Chemistry of Rare Earths, Kapitel 35, Amsterdam, The Netherlands: Elsevier B.V., S. 1-43, 2005.

[218] S. J. Benson, D. Waller und J. A. Kilner, "Degradation of La$_{0.6}$Sr$_{0.4}$Fe$_{0.8}$Co$_{0.2}$O$_{3-\delta}$ in Carbon Dioxide and Water Atmospheres", in Journal of the Electrochemical Society, Band 146, Heft 4, S. 1305-1309, 1999.

[219] J. Nielsen, A. Hagen und Y. L. Liu, "Effect of Cathode Gas Humidification on Performance and Durability of Solid Oxide Fuel Cells", in Solid State Ionics, Band 181, Heft 11-12, S. 517-524, 2010.

[220] R. R. Liu, S. H. Kim, S. Taniguchi, T. Oshima, Y. Shiratori, K. Ito und K. Sasaki, "Influence of Water Vapor on Long-Term Performance and Accelerated Degradation of Solid Oxide Fuel Cell Cathodes", in Journal of Power Sources, Band 196, Heft 17, S. 7090-7096, 2011.

[221] A. Esquirol, N. P. Brandon, J. A. Kilner und M. Mogensen, "Electrochemical Characterization of $La_{0.6}Sr_{0.4}Co_{0.2}Fe_{0.8}O_3$ Cathodes for Intermediate-Temperature SOFCs", in Journal of the Electrochemical Society, Band 151, Heft 11, S. A1847-A1855, 2004.

[222] A. Hagen, M. Chen, K. Neufeld und Y. L. Liu, "Effect of Humidity in Air on Performance and Long-Term Durability of SOFCs", in ECS Transactions, Band 25, Heft 2, S. 439-446, 2009.

[223] J. Yi, S. Feng, Y. Zuo, W. Liu und C. Chen, "Oxygen Permeability and Stability of $Sr_{0.95}Co_{0.8}Fe_{0.2}O_{3-\delta}$ in a CO_2- and H_2O-Containing Atmosphere", in Chemistry of Materials, Band 17, Heft 23, S. 5856-5861, 2005.

[224] T. Ishihara, S. Fukui und H. Matsumoto, "Effects of Water Coexisting on the Cathode Activity for the Solid Oxide Fuel Cells Using $LaGaO_3$-Based Perovskite Oxide Electrolyte", in Journal of the Electrochemical Society, Band 152, Heft 10, S. A2035-A2039, 2005.

[225] A. Yan, M. Cheng, Y. L. Dong, W. S. Yang, V. Maragou, S. Q. Song und P. Tsiakaras, "Investigation of a $Ba_{0.5}Sr_{0.5}Co_{0.8}Fe_{0.2}O_{3-\delta}$ Based Cathode IT-SOFC I. The Effect of CO_2 on the Cell Performance", in Applied Catalysis B-Environmental, Band 66, Heft 1-2, S. 64-71, 2006.

[226] A. Yan, B. Liu, Y. Dong, Z. Tian, D. Wang und M. Cheng, "A Temperature Programmed Desorption Investigation on the Interaction of $Ba_{0.5}Sr_{0.5}Co_{0.8}Fe_{0.2}O_{3-\delta}$ Perovskite Oxides With CO_2 in the Absence and Presence of H_2O and O_2", in Applied Catalysis B: Environmental, Band 80, Heft 1-2, S. 24-31, 2008.

[227] A. Yan, V. Maragou, A. Arico, M. Cheng und P. Tsiakaras, "Investigation of a $Ba_{0.5}Sr_{0.5}Co_{0.8}Fe_{0.2}O_{3-\delta}$ Based Cathode SOFC II. The Effect of CO_2 on the Chemical Stability", in Applied Catalysis B: Environmental, Band 76, Heft 3-4, S. 320-327, 2007.

[228] A. Feldhoff, M. Arnold, J. Martynczuk, T. Gesing und H. Wang, "The Sol-Gel Synthesis of Perovskites by an EDTA/Citrate Complexing Method Involves Nanoscale Solid State Reactions", in Solid State Sciences, Band 10, Heft 6, S. 689-701, 2008.

[229] I. V. Khromushin, T. I. Aksenova und Zhotabaev, "Mechanism of Gas-Solid Exchange Processes for Some Perovskites", in Solid State Ionics, Band 162-163, S. 37-40, 2003.

[230] C. Tofan, D. Klvana und J. Kirchnerova, "Decomposition of Nitric Oxide Over Perovskite Oxide Catalysts: Effect of CO_2, H_2O and CH_4", in Applied Catalysis B: Environmental, Band 36, Heft 4, S. 311-323, 2002.

[231] K. Sup Song, D. Klvana und J. Kirchnerova, "Kinetics of Propane Combustion Over $La_{0.66}Sr_{0.34}Ni_{0.3}Co_{0.7}O_3$ Perovskite", in Applied Catalysis A: General, Band 213, Heft 1, S. 113-121, 2001.

[232] L. Dieterle, P. Bockstaller, D. Gerthsen, J. Hayd, E. Ivers-Tiffée und U. Guntow, "Microstructure of Nanoscaled $La_{0.6}Sr_{0.4}CoO_{3-\delta}$ Cathodes for Intermediate-Temperature Solid Oxide Fuel Cells", in Advanced Energy Materials, Band 1, Heft 2, S. 249-258, 2011.

[233] K. K. Hansen, M. Wandel, Y. L. Liu und M. Mogensen, "Effect of Impregnation of $La_{0.85}Sr_{0.15}MnO_3$/Yttria Stabilized Zirconia Solid Oxide Fuel Cell Cathodes With $La_{0.85}Sr_{0.15}MnO_3$ or Al_2O_3 Nano-Particles", in Electrochimica Acta, Band 55, Heft 15, S. 4606-4609, 2010.

[234] M. Mogensen, K. V. Jensen, M. J. Jorgensen und S. Primdahl, "Progress in Understanding SOFC Electrodes", in Solid State Ionics, Band 150, Heft 1-2, S. 123-129, 2002.

[235] B. de Boer, "SOFC Anode Hydrogen Oxidation at Porous Nickel and Nickel/Yttria-Stabilised Zirconia Cermet Electrodes", Enschede, Niederlande: Thesis Enschede, 1998.

[236] J. Yoon, R. Araujo, N. Grunbaum, L. Baque, A. Serquis, A. Caneiro, X. H. Zhang und H. Y. Wang, "Nanostructured Cathode Thin Films With Vertically-Aligned Nanopores for Thin Film SOFC and Their Characteristics", in Applied Surface Science, Band 254, Heft 1, S. 266-269, 2007.

[237] M. Sase, J. Suzuki, K. Yashiro, T. Otake, A. Kaimai, T. Kawada, J. Mizusaki und H. Yugami, "Electrode Reaction and Microstructure of $La_{0.6}Sr_{0.4}CoO_{3-\delta}$ Thin Films", in Solid State Ionics, Band 177, Heft 19-25, S. 1961-1964, 2006.

[238] N. Karageorgakis, A. Heel, A. Bieberle-Hütter, J. L. M. Rupp, T. Graule und L. J. Gauckler, "Flame Spray Deposition of $La_{0.6}Sr_{0.4}CoO_{3-\delta}$ Thin Films: Microstructural Characterization, Electrochemical Performance and Degradation", in Journal of Power Sources, Band 195, Heft 24, S. 8152-8161, 2010.

[239] D. Beckel, U. P. Muecke, T. Gyger, G. Florey, A. Infortuna und L. J. Gauckler, "Electrochemical Performance of LSCF Based Thin Film Cathodes Prepared by Spray Pyrolysis", in Solid State Ionics, Band 178, Heft 5-6, S. 407-415, 2007.

[240] F. P. F. van Berkel, S. Brussel, M. van Tuel, G. Schoemakers, B. Rietveld und P. V. Aravind, "Development of Low Temperature Cathode Materials", in J. A. Kilner (Hrsg.), Proceedings of the 7th European Solid Oxide Fuel Cell Forum, S. 1-7, 2006.

[241] Y. K. Tao, J. Shao, J. X. Wang und W. G. Wang, "Synthesis and Properties of $La_{0.6}Sr_{0.4}CoO_{3-\delta}$ Nanopowder", in Journal of Power Sources, Band 185, Heft 2, S. 609-614, 2008.

[242] A. J. Darbandi und H. Hahn, "Nanoparticulate Cathode Thin Films With High Electrochemical Activity for Low Temperature SOFC Applications", in Solid State Ionics, Band 180, Heft 26-27, S. 1379-1387, 2009.

[243] L. Baqué, A. Caneiro, M. S. Moreno und A. Serquis, "High Performance Nanostructured IT-SOFC Cathodes Prepared by Novel Chemical Method", in Electrochemistry Communications, Band 10, Heft 12, S. 1905-1908, 2008.

[244] L. Baqué, E. Djurado, C. Rossignol, D. Marinha, A. Caneiro und A. Serquis, "Electrochemical Performance of Nanostructured IT-SOFC Cathodes With Different Morphologies", in ECS Transactions, Band 25, Heft 2, S. 2473-2480, 2009.

[245] D. Marinha, J. Hayd, L. Dessemond, E. Ivers-Tiffée und E. Djurado, "Performance of (La,Sr)(Co,Fe)O$_{3-x}$ Double-Layer Cathode Films for Intermediate Temperature Solid Oxide Fuel Cell", in Journal of Power Sources, Band 196, S. 5084-5090, 2011.

[246] S. Wang, J. Yoon, G. Kim, D. Huang, H. Wang und A. J. Jacobson, "Electrochemical Properties of Nanocrystalline La$_{0.5}$Sr$_{0.5}$CoO$_{3-\delta}$ Thin Films", in Chemistry of Materials, Band 22, Heft 3, S. 776-782, 2010.

[247] F. S. Baumann, "Oxygen reduction kinetics on mixed conducting SOFC model cathodes", Dissertation, Universität Stuttgart, 2006.

[248] M. Liu und Z. Wu, "Significance of Interfaces in Solid-State Cells With Porous Electrodes of Mixed Ionic–Electronic Conductors", in Solid State Ionics, Band 107, Heft 1-2, S. 105-110, 1998.

[249] N. Imanishi, T. Matsumura, Y. Sumiya, K. Yoshimura, A. Hirano, Y. Takeda, D. Mori und R. Kanno, "Impedance Spectroscopy of Perovskite Air Electrodes for SOFC Prepared by Laser Ablation Method", in Solid State Ionics, Band 174, Heft 1-4, S. 245-252, 2004.

[250] A. Ringuede und J. Fouletier, "Oxygen Reaction on Strontium-Doped Lanthanum Cobaltite Dense Electrodes at Intermediate Temperatures", in Solid State Ionics, Band 139, Heft 3-4, S. 167-177, 2001.

[251] M. Prestat, A. Infortuna, S. Korrodi, S. Rey-Mermet, P. Muralt und L. J. Gauckler, "Oxygen Reduction at Thin Dense La$_{0.52}$Sr$_{0.48}$Co$_{0.18}$Fe$_{0.82}$O$_{3-\delta}$ Electrodes", in Journal of Electroceramics, Band 18, S. 111-120, 2007.

[252] L. A. Dunyushkina und S. B. Adler, "Influence of Electrolyte Surface Planarization on the Performance of the Porous SOFC Cathodes", in Journal of the Electrochemical Society, Band 152, Heft 10, S. A2040-A2045, 2005.

[253] J. A. Lane und J. A. Kilner, "Oxygen Surface Exchange on Gadolinia Doped Ceria", in Solid State Ionics, Band 136-137, S. 927-932, 2000.

[254] P. J. Scanlon, R. A. M. Bink, F. P. F. van Berkel, G. M. Christie, L. J. van Ijzendoorn, H. H. Brongersma und R. G. van Welzenis, "Surface Composition of Ceramic CeGd-Oxide", in Solid State Ionics, Band 112, Heft 1-2, S. 123-130, 1998.

[255] T. Kudo und H. Obayashi, "Oxygen Ion Conduction of the Fluorite-Type Ce$_{1-x}$Ln$_x$O$_{2-x/2}$ (Ln=Lanthanoid Element)", in Journal of the Electrochemical Society, Band 122, Heft 1, S. 142-147, 1975.

[256] T. Egner, "Synthese und Charakterisierung von stabilen Vorstufen und Herstellung von elektrisch leitfähigen, keramischen Dünnschichten im System La$_{1-x}$Sr$_x$CoO$_3$ über das Sol-Gel-Verfahren", Diplomarbeit, Würzburg: Julius-Maximilians Universität Würzburg, 1995.

[257] M. Bockmeyer, "Stucture and Densification of Thin Films Prepared from Soluble Precursor Powders by Sol-Gel Processing", Dissertation, Universität Würzburg, 2007.

[258] R. C. Jaeger, "Introduction to Microelectronic Fabrication", Upper Saddle River, New Jersey: Prentice Hall Inc., 2002.

[259] J. Will, A. Mitterdorfer, C. Kleinlogel, D. Perednis und L. J. Gauckler, "Fabrication of Thin Electrolytes for Second-Generation Solid Oxide Fuel Cells", in Solid State Ionics, Band 131, Heft 1-2, S. 79-96, 2000.

[260] B. Bruckschen, H. Seitz, T. M. Buzug, C. Tille, B. Leukers und S. Irsen, "Comparing Different Porosity Measurement Methods for Characterisation of 3D Printed Bone Replacement Scaffolds", in Biomedizinische Technik, Band 50, S. 1609-1610, 2005.

[261] Y. B. P. Kwan und J. R. Alcock, "The Impact of Water Impregnation Method on the Accuracy of Open Porosity Measurements", in Journal of Materials Science, Band 37, Heft 12, S. 2557-2561, 2002.

[262] K. N. Grew, A. A. Peracchio, A. S. Joshi, J. Izzo und W. K. S. Chiu, "Characterization and Analysis Methods for the Examination of the Heterogeneous Solid Oxide Fuel Cell Electrode Microstructure. Part 1: Volumetric Measurements of the Heterogeneous Structure", in Journal of Power Sources, Band 195, Heft 24, S. 7930-7942, 2010.

[263] J. R. Izzo, A. A. Peracchio und W. K. S. Chiu, "Modeling of Gas Transport Through a Tubular Solid Oxide Fuel Cell and the Porous Anode Layer", in Journal of Power Sources, Band 176, Heft 1, S. 200-206, 2008.

[264] D. Marrero-Lopez, J. C. Ruiz-Morales, J. Pena-Martinez, J. Canales-Vázquez und P. Nunez, "Preparation of Thin Layer Materials With Macroporous Microstructure for SOFC Applications", in Journal of Solid State Chemistry, Band 181, Heft 4, S. 685-692, 2008.

[265] J. R. Wilson, M. Gameiro, K. Mischaikow, W. Kalies, P. W. Voorhees und S. A. Barnett, "Quantitativ Three-Dimensional Microstructure of a Solide Oxide Fuel Cell Cathode", in Electrochemistry Communications, Band 11, S. 1052-1056, 2009.

[266] D. Gostovic, J. R. Smith, D. P. Kundinger, K. S. Jones und E. D. Wachsman, "Three-Dimensional Reconstruction of Porous LSCF Cathodes", in Electrochemical and Solid State Letters, Band 10, Heft 12, S. B214-B217, 2007.

[267] P. R. Shearing, J. Gelb und N. P. Brandon, "X-Ray Nano Computerised Tomography of SOFC Electrodes Using a Focused Ion Beam Sample-Preparation Technique", in Journal of the European Ceramic Society, Band 30, Heft 8, S. 1809-1814, 2010.

[268] J. R. Izzo, A. S. Joshi, K. N. Grew, W. K. S. Chiu, A. Tkachuk, S. H. Wang und W. B. Yun, "Nondestructive Reconstruction and Analysis of SOFC Anodes Using X-Ray Computed Tomography at Sub-50 Nm Resolution", in Journal of the Electrochemical Society, Band 155, Heft 5, S. B504-B508, 2008.

[269] L. Dieterle, "Electron Microscopy Study of Pure and Sr-substituted LaCoO$_3$", Dissertation, Karlsruher Institut für Technologie (KIT), Karlsruhe, Germany, 2012.

[270] L. Spieß, G. Teichert, R. Schwarzer, H. Behnken und C. Genzel, "Moderne Röntgenbeugung", 2. Auflage, Wiesbaden: Vieweg+Teubner, 2009.

[271] S. F. Wagner, "Untersuchungen Zur Kinetik Des Sauerstoffaustauschs an Modifizierten Perowskitgrenzflächen", Karlsruhe: Universitätsverlag Karlsruhe, 2009.

[272] J. R. Macdonald, "Impedance Spectroscopy", New York: John Wiley & Sons, 1987.

[273] A. Leonide, "SOFC Modelling and Parameter Identification by Means of Impedance Spectroscopy", Karlsruhe: KIT Scientific Publishing, 2010.

[274] B. A. Boukamp, "A Nonlinear Least Squares Fit Procedure for Analysis of Immittance Data of Electrochemical Systems", in Solid State Ionics, Band 20, Heft 1, S. 31-44, 1986.

[275] H. Schichlein, "Experimentelle Modellbildung Für Die Hochtemperatur-Brennstoffzelle SOFC", Aachen: Verlag Mainz, 2003.

[276] H. Schichlein, A. C. Müller, M. Voigts, A. Krügel und E. Ivers-Tiffée, "Deconvolution of Electrochemical Impedance Spectra for the Identification of Electrode Reaction Mechanisms in Solid Oxide Fuel Cells", in Journal of Applied Electrochemistry, Band 32, Heft 8, S. 875-882, 2002.

[277] A. Leonide, V. Sonn, A. Weber und E. Ivers-Tiffée, "Evaluation and Modeling of the Cell Resistance in Anode-Supported Solid Oxide Fuel Cells", in Journal of the Electrochemical Society, Band 155, Heft 1, S. B36-B41, 2008.

[278] V. Sonn, A. Leonide und E. Ivers-Tiffée, "Towards Understanding the Impedance Response of Ni/YSZ Anodes", in ECS Transactions, Band 7, S. 1363-1372, 2007.

[279] J. Weese, "A Reliable and Fast Method for the Solution of Fredholm Integral Equations of the First Kind Based on Tikhonov Regularization", in Computer Physics Communications, Band 69, Heft 1, S. 99-111, 1992.

[280] K. S. Cole und R. H. Cole, "Dispersion and Absorption in Dielectrics I. Alternating Current Characteristics", in The Journal of Chemical Physics, Band 9, Heft 4, S. 341-351, 1941.

[281] M. E. Orazem und B. Tribollet, "Electrochemical Impedance Spectroscopy", Hoboken, NJ: John Wiley & Sons, Inc., 2008.

[282] T. Jacobsen, B. Zachau-Christiansen, L. Bay und S. Skaarup, "SOFC Cathode Mechanisms", in F. W. Poulsen u.a. (Hrsg.), Proceedings of the 17th Risoe International Symposium on Materials Science: High Temperature Electrochemistry: Ceramics and Metals, S. 29-40, 1996.

[283] J. Fleig und J. Maier, "The Polarization of Mixed Conducting SOFC Cathodes: Effects of Surface Reaction Coefficient, Ionic Conductivity and Geometry", in Journal of the European Ceramic Society, Band 24, S. 1343-1347, 2004.

[284] J. Maier, "Physical Chemistry of Ionic Materials: Ions and Electrons in Solids", Chichester, UK: John Wiley & Sons, Ltd, 2004.

[285] A. Ringuede und J. Guindet, "Ideal Behavior of a Thin Layer of $La_{0.7}Sr_{0.3}CoO_{3-\delta}$", in Ionics, Band 3, Heft 3-4, S. 256-260, 1997.

[286] Y. M. Kim, S. I. Pyun, J. S. Kim und G. J. Lee, "Mixed Diffusion and Charge-Transfer-Controlled Oxygen Reduction on Dense $La_{1-x}Sr_xCo_{0.2}Fe_{0.8}O_{3-\delta}$ Electrodes With Various Sr Contents", in Journal of the Electrochemical Society, Band 154, Heft 8, S. B802-B809, 2007.

[287] V. M. Janardhanan, "A Detailed Approach to Model Transport, heterogeneous Chemistry, and Electrochemistry in Solid Oxide Fuel Cells", Dissertation, Universität Karlsruhe (TH), 2006.

[288] R. Suwanwarangkul, E. Croiset, M. W. Fowler, P. L. Douglas, E. Entchev und M. A. Douglas, "Performance Comparison of Fick's, Dusty-Gas and Stefan-Maxwell Models to Predict the Concentration Overpotential of a SOFC Anode", in Journal of Power Sources, Band 122, S. 9-18, 2003.

[289] J. Hayd, U. Guntow und E. Ivers-Tiffée, "Electrochemical Performance of Nanoscaled $La_{0.6}Sr_{0.4}CoO_{3-\delta}$ As Intermediate Temperature SOFC Cathode", in ECS Transactions, Band 28, Heft 11, S. 3-15, 2010.

[290] J. Hayd, L. Dieterle, U. Guntow, D. Gerthsen und E. Ivers-Tiffée, "Nanoscaled $La_{0.6}Sr_{0.4}CoO_{3-\delta}$ As Intermediate Temperature SOFC Cathode: Microstructure and Electrochemical Performance", in Journal of Power Sources, Band 196, Heft 17, S. 7263-7270, 2011.

[291] R. Sonntag, S. Neov, V. Kozhukharov, D. Neov und J. E. ten Elshof, "Crystal and Magnetic Structure of Substituted Lanthanum Cobalitites", in Physica B: Condensed Matter, Band 241-243, S. 393-396, 1997.

[292] C. Gspan, W. Grogger, B. Bitschnau, E. Bucher, W. Sitte und F. Hofer, "Crystal Structure of $La_{0.4}Sr_{0.6}CoO_{2.71}$ Investigated by TEM and XRD", in Journal of Solid State Chemistry, Band 181, Heft 11, S. 2976-2982, 2008.

[293] W. L. Roth, "The Magnetic Structure of Co_3O_4", in Journal of Physics and Chemistry of Solids, Band 25, Heft 1, S. 1-10, 1964.

[294] V. Grover und A. K. Tyagi, "Phase Relations, Lattice Thermal Expansion in CeO_2-Gd_2O_3 System, and Stabilization of Cubic Gadolinia", in Materials Research Bulletin, Band 39, Heft 6, S. 859-866, 2004.

[295] C. Peters, A. Weber, B. Butz, D. Gerthsen und E. Ivers-Tiffée, "Grain-Size Effects in YSZ Thin-Film Electrolytes", in Journal of the American Ceramic Society, Band 92, Heft 9, S. 2017-2024, 2009.

[296] C. Endler-Schuck, A. Weber, E. Ivers-Tiffée, U. Guntow, J. Ernst und J. Ruska, "Nanoscale Gd-Doped CeO_2 Buffer Layer for a High Performance Solid Oxide Fuel Cell", in Journal of Fuel Cell Science and Technology, Band 8, Heft 4, S. 041001-1-041001-5, 2010.

[297] B. Rüger, A. Weber und E. Ivers-Tiffée, "3D-Modelling and Performance Evaluation of Mixed Conducting (MIEC) Cathodes", in ECS Transactions, Band 7, S. 2065-2074, 2007.

[298] J. Joos, B. Rüger, T. Carraro, A. Weber und E. Ivers-Tiffée, "Electrode Reconstruction by FIB/SEM and Microstructure Modeling", in ECS Transactions, Band 28, Heft 11, S. 81-91, 2010.

[299] D. L. Misell und R. J. Sheppard, "The Application of Deconvolution Techniques to Dielectric Data", in Journal of Physics D: Applied Physics, Band 6, Heft 4, S. 379-389, 1973.

[300] J. Hayd, U. Guntow und E. Ivers-Tiffée, "Detailed Electrochemical Analysis of High-Performance Nanoscaled $La_{0.6}Sr_{0.4}CoO_{3-\delta}$ Thin Film Cathodes", in ECS Transactions, Band 35, Heft 1, S. 2261-2273, 2011.

[301] A. Leonide, Y. Apel und E. Ivers-Tiffée, "SOFC Modeling and Parameter Identification by Means of Impedance Spectroscopy", in ECS Transactions, Band 19, S. 81-109, 2009.

[302] M. Sase, K. Yashiro, K. Sato, J. Mizusaki, T. Kawada, N. Sakai, K. Yamaji, T. Horita und H. Yokokawa, "Enhancement of Oxygen Exchange at the Hetero Interface of $(La,Sr)CoO_3/(La,Sr)_2CoO_4$ in Composite Ceramics", in Solid State Ionics, Band 178, Heft 35-36, S. 1843-1852, 2008.

[303] F. S. Baumann, J. Fleig, M. Konuma, U. Starke, H. U. Habermeier und J. Maier, "Strong Performance Improvement of $La_{0.6}Sr_{0.4}Co_{0.8}Fe_{0.2}O_{3-\delta}$ SOFC Cathodes by Electrochemical Activation", in Journal of the Electrochemical Society, Band 152, Heft 10, S. A2074-A2079, 2005.

[304] F. S. Baumann, J. Maier und J. Fleig, "The Polarization Resistance of Mixed Conducting SOFC Cathodes: A Comparative Study Using Thin Film Model Electrodes", in Solid State Ionics, Band 179, Heft 21-26, S. 1198-1204, 2008.

[305] H. Zhang und W. Yang, "Highly Efficient Electrocatalysts for Oxygen Reduction Reaction", in Chemical Communications, Heft 41, S. 4215-4217, 2007.

[306] E. Mutoro, E. J. Crumlin, M. D. Biegalski, H. M. Christen und Y. Shao-Horn, "Enhanced Oxygen Reduction Activity on Surface-Decorated Perovskite Thin Films for Solid Oxide Fuel Cells", in Energy & Environmental Science, Band 4, Heft 9, S. 3689-3696, 2011.

[307] E. J. Crumlin, E. Mutoro, S. J. Ahn, G. J. la O', D. N. Leonard, A. Borisevich, M. D. Biegalski, H. M. Christen und Y. Shao-Horn, "Oxygen Reduction Kinetics Enhancement on a Heterostructured Oxide Surface for Solid Oxide Fuel Cells", in The Journal of Physical Chemistry Letters, Band 1, Heft 21, S. 3149-3155, 2010.

[308] M. Sase, F. Hermes, K. Yashiro, K. Sato, J. Mizusaki, T. Kawada, N. Sakai und H. Yokokawa, "Enhancement of Oxygen Surface Exchange at the Hetero-Interface of $(La,Sr)CoO_3/(La,Sr)_2CoO_4$ With PLD-Layered Films", in Journal of the Electrochemical Society, Band 155, Heft 8, S. B793-B797, 2008.

[309] K. Yashiro, T. Nakamura, M. Sase, F. Hermes, K. Sato, T. Kawada und J. Mizusaki, "Composite Cathode of Perovskite-Related Oxides, $(La,Sr)CoO_{3-\delta}/(La,Sr)_2CoO_{4-\delta}$, for Solid Oxide Fuel Cells", in Electrochemical and Solid-State Letters, Band 12, Heft 9, S. B135-B137, 2009.

[310] K. Sasaki, J. P. Wurth, R. Gschwend, M. Godickemeier und L. J. Gauckler, "Microstructure-Property Relations of Solid Oxide Fuel Cell Cathodes and Current Collectors - Cathodic Polarization and Ohmic Resistance", in Journal of the Electrochemical Society, Band 143, Heft 2, S. 530-543, 1996.

[311] A. Weber, A. C. Müller, D. Herbstritt und E. Ivers-Tiffée, "Characterization of SOFC Single Cells", in H. Yokokawa u.a. (Hrsg.), Proceedings of the Seventh International Symposium on Solid Oxide Fuel Cells (SOFC-VII), S. 952-962, 2001.

[312] S. Kostek, L. M. Schwartz und D. L. Johnson, "Fluid Permeability in Porous-Media - Comparison of Electrical Estimates With Hydrodynamical Calculations", in Physical Review B, Band 45, Heft 1, S. 186-195, 1992.

[313] M. Kleitz und F. Petitbon, "Optimized SOFC Electrode Microstructure", in Solid State Ionics, Band 92, Heft 1-2, S. 65-74, 1996.

[314] M. J. Jorgensen, S. Primdahl, C. Bagger und M. Mogensen, "Effect of Sintering Temperature on Microstructure and Performance of LSM-YSZ Composite Cathodes", in Solid State Ionics, Band 139, Heft 1-2, S. 1-11, 2001.

[315] M. Shah und S. A. Barnett, "Solid Oxide Fuel Cell Cathodes by Infiltration of $La_{0.6}Sr_{0.4}Co_{0.2}Fe_{0.8}O_{3-\delta}$ into Gd-Doped Ceria", in Solid State Ionics, Band 179, Heft 35-36, S. 2059-2064, 2008.

[316] S. P. Simner, M. D. Anderson, L. R. Pederson und J. W. Stevenson, "Performance Variability of $La(Sr)FeO_3$ SOFC Cathode With Pt, Ag, and Au Current Collectors", in Journal of the Electrochemical Society, Band 152, Heft 9, S. A1851-A1859, 2005.

[317] F. Zhao, Z. Y. Wang, M. Liu, L. Zhang, C. Xia und F. Chen, "Novel Nano-Network Cathodes for Solid Oxide Fuel Cells", in Journal of Power Sources, Band 185, Heft 1, S. 13-18, 2008.

[318] D. Beckel, A. Bieberle, A. Harvey, A. Infortuna, U. P. Muecke, M. Prestat, J. L. M. Rupp und L. J. Gauckler, "Thin Films for Micro Solid Oxide Fuel Cells", in Journal of Power Sources, Band 173, Heft 1, S. 325-345, 2007.

[319] X. Guo und J. Maier, "Grain Boundary Blocking Effect in Zirconia: A Schottky Barrier Analysis", in Journal of the Electrochemical Society, Band 148, Heft 3, S. E121-E126, 2001.

[320] A. Leonide, B. Rüger, A. Weber, W. A. Meulenberg und E. Ivers-Tiffée, "Impedance Study of Alternative $(La,Sr)FeO_{3-\delta}$ and $(La,Sr)(Co,Fe)O_{3-\delta}$ MIEC Cathode Compositions", in Journal of the Electrochemical Society, Band 157, Heft 2, S. B234-B239, 2010.

[321] A. Leonide, V. Sonn, A. Weber und E. Ivers-Tiffée, "Evaluation and Modelling of the Cell Resistance in Anode Supported Solid Oxide Fuel Cells", in ECS Transactions, Band 7, S. 521-531, 2007.

[322] A. Endo, S. Wada, C. J. Wen, H. Komiyama und K. Yamada, "Low Overvoltage Mechanism of High Ionic Conducting Cathode for Solid Oxide Fuel Cell", in Journal of the Electrochemical Society, Band 145, Heft 3, S. L35-L37, 1998.

[323] E. L. Cussler, "Diffusion : Mass Transfer in Fluid Systems", Cambridge: Cambridge University Press, 1984.

[324] B. Poling, J. M. Prausnitz und J. P. O'Connel, "The Properties of Gases and Liquids", 5. ed. Auflage, New York [u.a.]: McGraw-Hill, 2001.

[325] C. Czeslik, H. Seemann und R. Winter, "Basiswissen Physikalische Chemie", 4. Auflage, Wiesbaden: Vieweg + Teubner, 2010.

[326] A. V. Akkaya, "Electrochemical Model for Performance Analysis of a Tubular SOFC", in International Journal of Energy Research, Band 31, Heft 1, S. 79-98, 2007.

[327] D. H. Jeon, J. H. Nam und C. J. Kim, "Microstructural Optimization of Anode-Supported Solid Oxide Fuel Cells by a Comprehensive Microscale Model", in Journal of the Electrochemical Society, Band 153, Heft 2, S. A406-A417, 2006.

[328] S. Gewies, "Modellgestützte Interpretation der elektrochemischen Charakteristik von Festoxid-Brennstozellen mit Ni/YSZ-Cermetanoden", Dissertation, Ruprecht-Karls-Universität Heidelberg, 2009.

[329] M. J. Jorgensen und M. Mogensen, "Impedance of Solid Oxide Fuel Cell LSM/YSZ Composite Cathodes", in Journal of the Electrochemical Society, Band 148, Heft 5, S. A433-A442, 2001.

[330] S. Primdahl und M. Mogensen, "Gas Conversion Impedance: A Test Geometry Effect in Characterization of Solid Oxide Fuel Cell Anodes", in Journal of the Electrochemical Society, Band 145, Heft 7, S. 2431-2438, 1998.

[331] K. H. Grote und J. Feldhusen, "Dubbel: Taschenbuch Für Den Maschinenbau", 22. Auflage, Berlin: Springer, 2007.

[332] S. H. Kim, K. B. Shim, C. S. Kim, J. T. Chou, T. Oshima, Y. Shiratori, K. Ito und K. Sasaki, "Degradation of Solid Oxide Fuel Cell Cathodes Accelerated at a High Water Vapor Concentration", in Journal of Fuel Cell Science and Technology, Band 7, Heft 2, S. 021011-1-021011-6, 2010.

Werkstoffwissenschaft @ Elektrotechnik /
Universität Karlsruhe, Institut für Werkstoffe der Elektrotechnik

Die Bände sind im Verlagshaus Mainz (Aachen) erschienen.

Band 1
Helge Schichlein
Experimentelle Modellbildung für die Hochtemperatur-Brennstoff-zelle SOFC. 2003
ISBN 3-86130-229-2

Band 2
Dirk Herbstritt
Entwicklung und Optimierung einer leistungsfähigen Kathoden-struktur für die Hochtemperatur-Brennstoffzelle SOFC. 2003
ISBN 3-86130-230-6

Band 3
Frédéric Zimmermann
Steuerbare Mikrowellendielektrika aus ferroelektrischen Dickschichten. 2003
ISBN 3-86130-231-4

Band 4
Barbara Hippauf
Kinetik von selbsttragenden, offenporösen Sauerstoffsensoren auf der Basis von $Sr(Ti,Fe)O_3$. 2005
ISBN 3-86130-232-2

Band 5
Daniel Fouquet
Einsatz von Kohlenwasserstoffen in der Hochtemperatur-Brennstoff-zelle SOFC. 2005
ISBN 3-86130-233-0

Band 6
Volker Fischer
Nanoskalige Nioboxidschichten für den Einsatz in hochkapazitiven Niob-Elektrolytkondensatoren. 2005
ISBN 3-86130-234-9

Band 7
Thomas Schneider
**Strontiumtitanferrit-Abgassensoren.
Stabilitätsgrenzen / Betriebsfelder.** 2005
ISBN 3-86130-235-7

Band 8
Markus J. Heneka
Alterung der Festelektrolyt-Brennstoffzelle unter thermischen und elektrischen Lastwechseln. 2006
ISBN 3-86130-236-5

Band 9
Thilo Hilpert
Elektrische Charakterisierung von Wärmedämmschichten mittels Impedanzspektroskopie. 2007
ISBN 3-86130-237-3

Band 10   Michael Becker
           Parameterstudie zur Langzeitbeständigkeit von Hochtemperatur-
           brennstoffzellen (SOFC). 2007
           ISBN 3-86130-239-X

Band 11   Jin Xu
           Nonlinear Dielectric Thin Films for Tunable Microwave Applications.
           2007
           ISBN 3-86130-238-1

Band 12   Patrick König
           Modellgestützte Analyse und Simulation von stationären Brennstoff-
           zellensystemen. 2007
           ISBN 3-86130-241-1

Band 13   Steffen Eccarius
           Approaches to Passive Operation of a Direct Methanol Fuel Cell. 2007
           ISBN 3-86130-242-X

Fortführung als

Schriften des Instituts für Werkstoffe der Elektrotechnik, Karlsruher Institut für Technologie (1868-1603)

bei KIT Scientific Publishing

**Die Bände sind unter www.ksp.kit.edu als PDF frei verfügbar oder
als Druckausgabe bestellbar.**

Band 14   Stefan F. Wagner
           **Untersuchungen zur Kinetik des Sauerstoffaustauschs an
           modifizierten Perowskitgrenzflächen. 2009**
           ISBN 978-3-86644-362-4

Band 15   Christoph Peters
           **Grain-Size Effects in Nanoscaled Electrolyte and Cathode Thin Films
           for Solid Oxide Fuel Cells (SOFC). 2009**
           ISBN 978-3-86644-336-5

Band 16   Bernd Rüger
           **Mikrostrukturmodellierung von Elektroden für die Festelektro-
           lytbrennstoffzelle. 2009**
           ISBN 978-3-86644-409-6

Band 17   Henrik Timmermann
           **Untersuchungen zum Einsatz von Reformat aus flüssigen Kohlen-
           wasserstoffen in der Hochtemperaturbrennstoffzelle SOFC. 2010**
           ISBN 978-3-86644-478-2